U0268894

北大社普通高等教育"十三五"规划教材

离 散 数 学

主　编　李晓培　陈小亘　曾　亮

副主编　李少白　桂现才　张　玮
　　　　韩志全　钱志祥

北京大学出版社

PEKING UNIVERSITY PRESS

内 容 简 介

本书将离散数学的主要内容体系结构分为以下 5 个部分:数理逻辑(第 1 章命题逻辑和第 2 章谓词逻辑)、集合论(第 3 章集合和第 4 章二元关系与函数)、图论(第 5 章图论简介和第 6 章特殊的图类)、代数系统(第 7 章代数系统简介和第 8 章格与布尔代数)及组合论(第 9 章组合数学简介).

全书内容丰富,条理清晰,层次分明,逻辑性强,阐述深入浅出.每章后配有适量难易程度不同的习题,并在书后给出了习题的参考答案.

本书适合作为普通高等学校计算机和软件工程及相关专业离散数学课程的本科生教材,也可供计算机科学工作者和科技人员阅读与参考.

前　言

　　离散数学是现代数学的一个重要分支,也是计算机科学与技术、电子信息技术、生物技术等专业的核心基础课程.它是研究离散量(如整数、有理数、有限字母表等)的数学结构、性质及关系的学问.一方面,它充分地描述了计算机科学离散性的特点,为学生进一步学习算法与数据结构、程序设计语言、操作系统、编译原理、电路设计、软件工程、数据库与信息检索系统、人工智能、网络、计算机图形学等专业课打好数学基础;另一方面,通过学习离散数学课程,学生在获得离散问题建模、离散数学理论、计算机求解方法和技术知识的同时,还可以培养和提高抽象思维能力和严密的逻辑推理能力,为今后处理离散信息以及用计算机处理大量的日常事务和科研项目、从事计算机科学和应用打下坚实基础.特别是对于那些从事计算机科学与理论研究的高层次计算机人员来说,离散数学更是必不可少的基础理论工具.

　　本书由李晓培、陈小亘、曾亮担任主编,李少白、桂现才、张玮、韩志全、钱志祥担任副主编,袁晓辉、钟运连、沈阳编辑了配套教学资源,魏楠、苏娟、汤晓提供了版式和装帧设计方案.本书是很多教师多年教学实践的结晶,他们为本书付出了大量的辛勤劳动;同时在本书的编写过程中,我们参阅了大量的离散数学书籍和资料,在此向各位教师及资料有关作者表示衷心的感谢.

　　限于水平,书中错误和不妥之处在所难免,敬请读者不吝指正.

编　者

目　　录

第一部分　数　理　逻　辑

第二部分　集　合　论

第三部分　图　　论

第四部分　代 数 系 统

第五部分　组 合 论

第一部分 数理逻辑

第1章 命 题 逻 辑

思维的形式结构包括概念、判断和推理.概念是思维的基本单位;判断是通过概念对事物是否具有某种属性进行肯定或否定的回答;由一个或者几个判断推出另一个判断的思维过程就是推理.研究推理有很多方法,其中,用数学方法来研究推理规律的学科统称为**数理逻辑**.这里所谓的数学方法就是引进一套符号体系的方法,所以数理逻辑也叫**符号逻辑**.它与数学的其他分支及计算机科学、人工智能、语音学等学科都有着密切的联系,并日益显示出其重要作用和广泛的应用前景.

我们主要介绍数理逻辑最基本的内容:**命题逻辑**和**谓词逻辑**,这是后续逻辑学的基础,而更多的逻辑学内容需要读者用时自学.本章介绍命题逻辑.

1.1 命题与联结词

1.1.1 命题基本概念

数理逻辑研究的中心问题是推理,而推理的前提和结论都是表达判断的陈述句,故表达判断的陈述句构成了推理的基本单位.命题对于数理逻辑来说是一个原始的概念,因此不能在数理逻辑的范围内给出它的精确定义,只能描述它的性质.

定义1.1 能判断真假但不能既真又假的陈述句的内容称为**命题**.

这种陈述句的判断只有两种可能,一种是正确的判断,一种是错误的判断.称判断是正确的命题的**真值**(或**值**)为**真**,称判断是错误的命题的真值为**假**.因而,又可以称命题是具有唯一真值的陈述句.

例1-1 判断下列句子中哪些是命题:

(1) 2 是素数.　　　　　　　　　　(2) 2+3=5.

(3) 雪是黑色的.　　　　　　　　　(4) 明年春节是晴天.

(5) 5 能被 2 整除.　　　　　　　　(6) 这朵小花多漂亮呀!

(7) 后天上午有课吗?　　　　　　　(8) 请随手关门!

(9) $x+y>3$.　　　　　　　　　　(10) 地球外的星球上也有人.

解 在上述的 10 个句子中,(6)是感叹句,(7)是疑问句,(8)是祈使句,这 3 句话都不是陈述句,因此不是命题.(9)不是命题,因为它没有唯一确定的真值.当 $x=1,y=2$ 时,$1+2>3$ 不正确;当 $x=2,y=2$ 时,$2+2>3$ 正确.其余的 6 句陈述句都是命题,其中,(1),(2)是真命题;(3),(5)是假命题;(4)的真值虽然现在不知道,但到明年春节就知道了,它的真值是唯一的,因而是命题;(10)的真值也是唯一的,只是我们还不知道而已,随着科学技术的发展,其真值会知道的,因而它是命题.

从上例可以看出,判断一个句子是否是命题,首先要看它是否是陈述句,然后要看它的真值是否唯一.当然真值是否唯一与我们是否知道它的真值是两码事.

例 1-1 中给出的 6 个命题都是简单的陈述句,都不能分解成更简单的句子了,我们称这样的命题为**简单命题**,用小写英文字母

$$p,q,r,\cdots,p_i,q_i,r_i,\cdots$$

表示,并将表示命题的符号放在该命题的前面,称为**命题符号化**.例如:

p:2 是素数.

q:5 能被 2 整除.

此时,称 p 是**真命题**,q 是**假命题**.

对于简单命题来说,它的真值是可以确定的,因而又称其为**命题常项**或**命题常元**.例如,p,q 都是命题常项.

例 1-1 中(9)不是命题,但当给出 x 与 y 确定的值后,它的真值也就确定下来了.这种真值变化的简单陈述句称为**命题变项**或**命题变元**,也用 $p,q,\cdots$ 表示.一个符号 p,它表示的是命题常项还是命题变项,可由上下文来确定.但注意,命题变项不是命题.

在数理逻辑中,将命题的真值也符号化.一般用 1(或 T)表示"真",用 0(或 F)表示"假".有时也用 1 表示真命题,用 0 表示假命题.

1.1.2　命题联结词

前面讨论的是简单命题.在数理逻辑中,由简单命题用联结词联结而形成的命题,称为**复合命题**.复合命题是数理逻辑的主要研究对象.

例 1-2　指出下列复合命题使用的联结词:

(1) 3 不是偶数.　　　　　　　　　　(2) 2 是素数和偶数.

(3) 小芳学过英语或日语.　　　　　　(4) 如果 $\angle A$ 和 $\angle B$ 是对顶角,那么 $\angle A=\angle B$.

解　这 4 个句子都是具有唯一真值的陈述句,都是命题,而且都是由简单命题用联结词联结而形成的复合命题.

(1)中命题也可说成"3 并非是偶数",使用了联结词"并非".

(2)中命题也可说成"2 是素数并且 2 是偶数",使用了联结词"并且".

(3)中命题使用了联结词"或".

(4)中命题使用了联结词"如果……那么……".

除了上述 4 种联结词外,常用的还有"当且仅当".以上 5 种联结词是自然语言中常用的联结词,但自然语言中有的联结词具有不精确性.如"或",有时表示相容,有时表示排斥,可是数理逻辑中不允许这样.因而,必须对联结词给出精确定义,并为了书写和推理方便,还要将联结词符号化.下面介绍 5 种常用联结词的符号表示及相应复合命题的定义.

定义 1.2　设 p 为任一命题,复合命题"非 p"称为 p 的**否定式**(简称**否定**),记为 $\neg p$,其中,$\neg$ 称为否定联结词.$\neg p$ 为真当且仅当 p 为假.

在例 1-2(1)中,设 p 表示"3 是偶数",则 $\neg p$ 表示"3 不是偶数".显然,p 的真值为 0,$\neg p$ 的真值为 1.

定义 1.3　设 p,q 为两命题,复合命题"p 与 q"称为 p 与 q 的**合取式**,记为 $p\wedge q$,其中,$\wedge$ 称为合取联结词.$p\wedge q$ 为真当且仅当 p 与 q 同时为真.

在例 1-2(2)中,用 p 表示"2 是素数",q 表示"2 是偶数",则 $p \wedge q$ 表示"2 是素数和偶数". 由于 p,q 的真值均为 1,因此 $p \wedge q$ 的真值是 1.

$p \wedge q$ 表达的逻辑关系是 p 与 q 两个命题同时成立,故自然语言中常用的联结词"既……又……""不仅……而且……""虽然……但是……"等,都可以符号化为 $\wedge$.

例 1-3 将下列命题符号化:

(1) 小明既聪明又用功.   (2) 小明虽然不聪明,但用功.

(3) 小明虽然聪明,但不用功.   (4) 小明不是不聪明,而是不用功.

解 令 p:小明聪明;q:小明用功,则

(1) $p \wedge q$;   (2) $\neg p \wedge q$;

(3) $p \wedge \neg q$;   (4) $\neg(\neg p) \wedge \neg q$.

定义 1.4 设 p,q 为两命题,复合命题"p 或 q"称为 p 与 q 的**析取式**,记为 $p \vee q$,其中,$\vee$ 称为析取联结词. $p \vee q$ 为真当且仅当 p 与 q 中至少有一个为真.

显然,$p \vee q$ 表示的是一种相容性"或". 也就是说,仅 p 为真时,或仅 q 为真时,或 p 与 q 同时为真时,$p \vee q$ 为真.

自然语言中的"或"具有二义性,有时表示相容性"或",有时表示排斥性"或". 如"派小王或小李中的一人去开会"就不能符号化为 $p \vee q$ 的形式,因为这里是排斥性"或",但可以借助于联结词 $\neg,\wedge,\vee$ 共同来表达这种排斥性"或",即符号化为 $(p \wedge \neg q) \vee (\neg p \wedge q)$ 的形式或 $(p \vee q) \wedge \neg(p \wedge q)$ 的形式,其中,p:派小王去开会;q:派小李去开会.

定义 1.5 设 p,q 为两命题,复合命题"如果 p,那么 q"称为 p 与 q 的**蕴涵式**,记为 $p \rightarrow q$,其中,p 称为蕴涵式的前件,q 称为蕴涵式的后件,$\rightarrow$ 称为蕴涵联结词. $p \rightarrow q$ 为假当且仅当 p 为真且 q 为假.

$p \rightarrow q$ 表示的基本逻辑关系为:q 是 p 的必要条件,p 是 q 的充分条件. 因此,复合命题"只要 p,就 q""p 仅当 q""只有 q,才能 p"等,都可以符号化为 $p \rightarrow q$ 的形式.

注:在自然语言中,"如果 p,那么 q"中的 p 与 q 往往有某种内在的联系,但在数理逻辑中,"$p \rightarrow q$"中的 p 与 q 不一定有什么内在联系;在数学中,"如果 p,那么 q"往往表示前件 p 为真,后件 q 为真的推理关系,但在数理逻辑中,当前件 p 为假时,$p \rightarrow q$ 为真,这在反证法中经常被使用.

例 1-4 将下列命题符号化:

(1) 只要不下雨,我就骑自行车上班.   (2) 只有不下雨,我才骑自行车上班.

(3) 若 $1+1=2$,则太阳从东方升起.   (4) 若 $1+1 \neq 2$,则太阳从东方升起.

(5) 若 $1+1=2$,则太阳从西方升起.   (6) 若 $1+1 \neq 2$,则太阳从西方升起.

解 令 p:天下雨;q:我骑自行车上班,则

(1) $\neg p$ 是 q 的充分条件,故符号化为 $\neg p \rightarrow q$.

(2) $\neg p$ 是 q 的必要条件,故符号化为 $q \rightarrow \neg p$.

注:在使用蕴涵联结词时,一定要先认真分析蕴涵式的前件与后件,然后组成蕴涵式. 还要注意同一命题的不同等价说法. 如"除非下雨,否则我就骑自行车上班"与(1)等价;"如果下雨,我就不骑自行车上班"与(2)等价.

令 p:$1+1=2$;q:太阳从东方升起;r:太阳从西方升起,则

(3) $p \to q$.

(4) $\neg p \to q$.

(5) $p \to r$.

(6) $\neg p \to r$.

上述 4 个蕴涵式中,前件与后件之间无内在联系.由于 p, q, r 的真值都知道,故这 4 个蕴涵式的真值分别为 1,1,0,1.

定义 1.6　设 p, q 为两命题,复合命题"p 当且仅当 q"称为 p 与 q 的**等价式**,记为 $p \leftrightarrow q$,其中,$\leftrightarrow$ 称为等价联结词.$p \leftrightarrow q$ 为真当且仅当 p, q 真值相同.

等价式 $p \leftrightarrow q$ 所表达的逻辑关系是 p 与 q 互为充要条件.只要 p 与 q 的真值同为真或同为假,$p \leftrightarrow q$ 的真值就为真;否则,$p \leftrightarrow q$ 的真值为假.

例 1-5　分析下列命题的真值:

(1) $1+1=2$ 当且仅当 3 是奇数.

(2) $1+1=2$ 当且仅当 3 不是奇数.

(3) $1+1 \neq 2$ 当且仅当 3 是奇数.

(4) $1+1 \neq 2$ 当且仅当 3 不是奇数.

(5) 两圆的面积相等当且仅当它们的半径相等.

(6) 两角相等当且仅当它们是对顶角.

解　令 $p: 1+1=2$;$q: 3$ 是奇数,则 p, q 均为真命题.

(1) $p \leftrightarrow q$ 的真值为 1.

(2) $p \leftrightarrow \neg q$ 的真值为 0.

(3) $\neg p \leftrightarrow q$ 的真值为 0.

(4) $\neg p \leftrightarrow \neg q$ 的真值为 1.

(5) 因两圆面积相等与半径相等同为真或同为假,故该命题为真,它的真值为 1.

(6) 因相等的两角不一定是对顶角,故该命题是假,它的真值为 0.

以上 5 种常用联结词也称**真值联结词**或**逻辑联结词**,可以用这些联结词将各种各样的复合命题符号化,基本步骤如下:

(1) 分析出各简单命题,将它们符号化;

(2) 使用合适的联结词,把简单命题逐个联结起来,组成复合命题的符号化表示.

例 1-6　将下列命题符号化:

(1) 小王是游泳冠军或百米赛跑冠军.

(2) 小丽现在在宿舍或图书馆里.

(3) 选小王或小丽其中的一人当班长.

(4) 如果我上街,就去书店看看,除非我很累.

(5) 丁一是计算机系的学生,她生于 1978 年或 1979 年,她是三好学生.

解　(1) 令 p:小王是游泳冠军;q:小王是百米赛跑冠军,则可符号化为 $p \vee q$.

(2) 这里是排斥性"或",但因小丽在宿舍与在图书馆不能同时发生,因而可符号化为 $p \vee q$,其中,p:小丽在宿舍;q:小丽在图书馆.

(3) 这里也是排斥性"或",令 p:选小王当班长;q:选小丽当班长,因 p 与 q 可同时为真,所以应符号化为 $(p \wedge \neg q) \vee (\neg p \wedge q)$.

注:在使用析取联结词时,首先应分析表达的是相容性"或"还是排斥性"或".若是相容性"或",或是 p,q 不能同时为真的排斥性"或",则可符号化为 $p \lor q$ 的形式;若是排斥性"或",并且 p 与 q 可同时为真,则应符号化为 $(p \land \lnot q) \lor (\lnot p \land q)$ 的形式.

(4) $\lnot r \rightarrow (p \rightarrow q)$,其中,$p$:我上街;$q$:我去书店看看;$r$:我很累.该命题也可符号化为 $(\lnot r \land p) \rightarrow q$.

(5) $p \land (q \lor r) \land s$,其中,$p$:丁一是计算机系学生;$q$:她生于 1978 年;$r$:她生于 1979 年;$s$:她是三好学生.

5 种联结词也称为**逻辑运算符**.与普通数的运算符一样,我们规定它们运算的优先级的顺序为 $\lnot$,$\land$,$\lor$,$\rightarrow$,$\leftrightarrow$.如果出现的联结词相同,又无括号时,则按从左到右的顺序运算;若遇有括号时,则先进行括号中的运算.

习题 1.1

以下 10 个语句中,是简单命题的有 ⬚ ,是复合命题的有 ⬚ ,是真命题的有 ⬚ ,是假命题的有 ⬚ ,是真值待定命题的有 ⬚ .

(1) 15 是素数.

(2) 8 能被 2 整除,3 是偶数.

(3) 你下午有课吗? 若没课,请到我这儿来!

(4) $3x + 4 > 0$.

(5) 2 或是素数或是合数.

(6) 这个男孩真勇敢啊!

(7) 如果 $2 + 2 = 1$,则 5 是奇数.

(8) 只有 4 是偶数,3 才能被 2 整除.

(9) 明年劳动节是晴天.

(10) 圆的面积等于半径的平方与 π 的乘积.

1.2 命 题 公 式

1.2.1 命题公式的定义

用 5 种联结词和多个命题常项可组成复杂的复合命题.若在复合命题中,p,q,r 等不仅可以代表命题常项,而且可以代表命题变项,则称这样组成的复合型命题形式为**命题公式**.抽象地说,命题公式是由命题常项、命题变项、联结词、括号等组成的符号串.但并非由任意的这些符号组成的符号串都是命题公式.因而有下述定义.

定义 1.7 一个**合式公式**是由命题常项、命题变项、联结词和括号按以下规则组成的符号串:

(1) 单个命题常项或命题变项 $p,q,r,\cdots,0,1$ 是合式公式;

(2) 如果 A 是合式公式,则 $(\lnot A)$ 也是合式公式;

(3) 如果 A,B 是合式公式,则 $(A \wedge B),(A \vee B),(A \rightarrow B),(A \leftrightarrow B)$ 也是合式公式;

(4) 只有有限次地应用(1)～(3)构成的符号串才是合式公式.

将合式公式称为**命题公式**,简称**公式**.

为方便起见,规定 $(\neg A),(A \wedge B)$ 等的外层括号可以省去 $(A,B$ 为任意的命题公式).

根据定义,

$$\neg(p \vee q), \quad p \rightarrow (q \rightarrow r), \quad (p \wedge q) \leftrightarrow r$$

等都是命题公式,但

$$pq \rightarrow r$$

不是命题公式.由此可以看出,命题公式的结构很复杂,但为了便于演算,我们需要定义命题公式的层次.

定义 1.8　命题公式的**层次**定义如下:

(1) 若 A 是单个命题(常项或变项) $p,q,r,\cdots,0,1$,则称 A 是 0 层公式.

(2) 称 A 是 $n+1(n \geqslant 0)$ 层公式是指 A 符合下列情况之一:

① $A = \neg B,B$ 是 n 层公式;

② $A = B \wedge C$,其中,B,C 分别为 i 层和 j 层公式,且 $n = \max\{i,j\}$;

③ $A = B \vee C$,其中,B,C 的层次及 n 的取值均同②;

④ $A = B \rightarrow C$,其中,B,C 的层次及 n 的取值均同②;

⑤ $A = B \leftrightarrow C$,其中,B,C 的层次及 n 的取值均同②.

(3) 若 A 的层次为 k,则称 A 是 k 层公式.

在上述定义中,"$=$"为通常意义下的符号.显然

$$\neg p \vee q, \quad p \wedge q \wedge r, \quad \neg(\neg p \wedge q) \rightarrow (r \vee s)$$

分别为 2 层、2 层、4 层公式.

一个含有命题变项的命题公式的真值是不确定的,只有对它的每个命题变项用指定的命题常项代替后,该命题公式才变成命题,其真值也就唯一确定了.例如,在命题公式 $(p \wedge q) \rightarrow r$ 中,若指定 p:2 是素数;q:3 是奇数;r:4 能被 2 整除,则 $(p \wedge q) \rightarrow r$ 变成真命题;若改 r:3 能被 2 整除,那么 $(p \wedge q) \rightarrow r$ 就变成了假命题.

1.2.2　赋值、真值表与公式的类型

定义 1.9　设 A 为一命题公式,$p_1,p_2,\cdots,p_n$ 为出现在 A 中的所有命题变项,若给 $p_1,p_2,\cdots,p_n$ 指定一组真值,则称其为对 A 的一个**赋值**或**解释**.若指定的一组值使 A 的值为真,则称这组值为 A 的**成真赋值**;若使 A 的值为假,则称这组值为 A 的**成假赋值**.

若命题公式 A 中含命题变项 $p_1,p_2,\cdots,p_n$,则给定一个赋值 $a_1 a_2 \cdots a_n (a_i$ 为 0 或 1,$i=1,2,\cdots,n)$ 是指

$$p_1 = a_1, \quad p_2 = a_2, \quad \cdots, \quad p_n = a_n.$$

若命题变项为 $p,q,r,\cdots$,则指定 $a_1 a_2 a_3 \cdots$ 的顺序为字典顺序.如公式 $A = (p \wedge q) \rightarrow r$,110 $(p=1,q=1,r=0)$ 为 A 的成假赋值,111,011,010 都是 A 的成真赋值.

含 $n(n \geqslant 1)$ 个命题变项的命题公式,共有 2^n 个赋值,将命题公式 A 在所有赋值之下取值的情况列成表,称为 A 的**真值表**.构造真值表的具体步骤如下:

（1）找出命题公式中所含的所有命题变项 $p_1, p_2, \cdots, p_n$，列出所有可能的 2^n 个赋值；

（2）按从低到高的顺序写出命题公式的各层次；

（3）对应每个赋值，计算命题公式各层次的值，直到最后计算出命题公式的值.

例 1-7　求下列命题公式的真值表：

（1）$p \wedge (q \vee \neg r)$；

（2）$(p \wedge (p \rightarrow q)) \rightarrow q$；

（3）$\neg (p \rightarrow q) \wedge q$.

解　（1）表 1-1 给出 $p \wedge (q \vee \neg r)$ 的真值表.

表 1-1

p	q	r	$\neg r$	$q \vee \neg r$	$p \wedge (q \vee \neg r)$
0	0	0	1	1	0
0	0	1	0	0	0
0	1	0	1	1	0
0	1	1	0	1	0
1	0	0	1	1	1
1	0	1	0	0	0
1	1	0	1	1	1
1	1	1	0	1	1

（2）表 1-2 给出 $(p \wedge (p \rightarrow q)) \rightarrow q$ 的真值表.

表 1-2

p	q	$p \rightarrow q$	$p \wedge (p \rightarrow q)$	$(p \wedge (p \rightarrow q)) \rightarrow q$
0	0	1	0	1
0	1	1	0	1
1	0	0	0	1
1	1	1	1	1

（3）表 1-3 给出 $\neg (p \rightarrow q) \wedge q$ 的真值表.

表 1-3

p	q	$p \rightarrow q$	$\neg (p \rightarrow q)$	$\neg (p \rightarrow q) \wedge q$
0	0	1	0	0
0	1	1	0	0
1	0	0	1	0
1	1	1	0	0

由表 1-1 知，100，110，111 是命题公式（1）的成真赋值，其余的都是成假赋值；由表 1-2 知，命题公式（2）无成假赋值；由表 1-3 知，命题公式（3）无成真赋值.

根据命题公式在各种赋值下的取值情况,可将其进行分类.

定义 1.10 设 A 为一个命题公式.

(1) 若 A 在它的各种赋值下取值均为真,则称 A 为**重言式**或**永真式**;

(2) 若 A 在它的各种赋值下取值均为假,则称 A 为**矛盾式**或**永假式**;

(3) 若 A 至少存在一个赋值是成真赋值,则称 A 为**可满足式**.

显然,重言式一定是可满足式,但反之不然.

给定一个命题公式,判断其类型的一种方法是利用命题公式的真值表.若真值表最后一列全是 1,则对应的命题公式为重言式;若最后一列全是 0,则对应的命题公式为矛盾式;若最后一列既有 0 又有 1,则对应的命题公式为非重言式的可满足式.在例 1-7 中,由真值表可知,命题公式(1)为非重言式的可满足式,命题公式(2)为重言式,命题公式(3)为矛盾式.

给定 $n(n \geqslant 1)$ 个命题变项,按合式公式的形成规则可以形成无数多个命题公式,但这无数多个命题公式中,有些具有相同的真值表.例如,当 $n=2$ 时,

$$p \to q, \quad \neg p \lor q, \quad \neg(p \land \neg q), \quad \cdots,$$

表面看来它们是不同的命题公式,但它们在 4 个赋值 00,01,10,11 下均具有相同的真值表.实际上,n 个命题变项只能生成 2^{2^n} 个真值不同的命题公式.当 $n=2$ 时,只能生成 $2^{2^2}=16$ 个真值不同的命题公式.这就存在着如何判断哪些命题公式具有相同真值的问题.设 A,B 是均含有 n 个命题变项 $p_1, p_2, \cdots, p_n$ 的命题公式,若 A,B 具有相同的真值表,则 $A \leftrightarrow B$ 总取值为 1,即 $A \leftrightarrow B$ 是重言式.

1.2.3 等值演算

定义 1.11 设 A,B 为命题公式,若等价式 $A \leftrightarrow B$ 是重言式,则称 A 与 B 是**等值**的,记为 $A \Leftrightarrow B$.

注:"$\Leftrightarrow$"不是联结词符号,它只是当 A 与 B 等值时的一种简便记法,千万不能将"$\Leftrightarrow$"与"$\leftrightarrow$"及"$=$"混为一谈.

由定义知,判断两个命题公式是否等值可用真值表法,但需将真值表简化.设 A,B 为两命题公式,由定义判断 A 与 B 是否等值应判断 $A \leftrightarrow B$ 是否为重言式.若 $A \leftrightarrow B$ 的真值表最后一列全为 1,则 $A \leftrightarrow B$ 为重言式,从而 $A \Leftrightarrow B$,而最后一列全为 1 当且仅当在各个赋值下,A 与 B 的真值相同,故判断 A 与 B 是否等值相当于判断 A,B 的真值表是否相同.

例 1-8 判断下列命题公式是否等值:

(1) $\neg(p \lor q)$ 与 $\neg p \lor \neg q$;

(2) $\neg(p \lor q)$ 与 $\neg p \land \neg q$.

解 (1) 表 1-4 给出 $\neg(p \lor q)$ 与 $\neg p \lor \neg q$ 的真值表.

表 1-4

p	q	$\neg p$	$\neg q$	$p \lor q$	$\neg(p \lor q)$	$\neg p \lor \neg q$
0	0	1	1	0	1	1
0	1	1	0	1	0	1
1	0	0	1	1	0	1
1	1	0	0	1	0	0

由表 1-4 知,¬$(p \lor q)$ 与 ¬$p \lor$ ¬q 不等值.

(2) 表 1-5 给出 ¬$(p \lor q)$ 与 ¬$p \land$ ¬q 的真值表.

表 1-5

p	q	¬p	¬q	$p \lor q$	¬$(p \lor q)$	¬$p \land$ ¬q
0	0	1	1	0	1	1
0	1	1	0	1	0	0
1	0	0	1	1	0	0
1	1	0	0	1	0	0

由表 1-5 知,¬$(p \lor q)$ 与 ¬$p \land$ ¬q 是等值的.

还可以用真值表法验证许多等值式,其中有些是很重要的,它们是通常所说的布尔(Boole)代数或逻辑代数的重要组成部分.下面给出数理逻辑中重要的 24 个等值式,请读者牢记,其中,A,B,C 表示任意的命题公式.

(1) 双重否定律 $A \Leftrightarrow$ ¬¬A.

(2) 幂等律 $A \Leftrightarrow A \lor A$;$A \Leftrightarrow A \land A$.

(3) 交换律 $A \lor B \Leftrightarrow B \lor A$;$A \land B \Leftrightarrow B \land A$.

(4) 结合律 $(A \lor B) \lor C \Leftrightarrow A \lor (B \lor C)$;$(A \land B) \land C \Leftrightarrow A \land (B \land C)$.

(5) 分配律 $A \lor (B \land C) \Leftrightarrow (A \lor B) \land (A \lor C)$;$A \land (B \lor C) \Leftrightarrow (A \land B) \lor (A \land C)$.

(6) 德·摩根(De Morgan)律 ¬$(A \lor B) \Leftrightarrow$ ¬$A \land$ ¬B;¬$(A \land B) \Leftrightarrow$ ¬$A \lor$ ¬B.

(7) 吸收律 $A \land (A \lor B) \Leftrightarrow A$;$A \lor (A \land B) \Leftrightarrow A$.

(8) 零律 $A \land 0 \Leftrightarrow 0$;$A \lor 1 \Leftrightarrow 1$.

(9) 同一律 $A \land 1 \Leftrightarrow A$;$A \lor 0 \Leftrightarrow A$.

(10) 排中律 $A \lor$ ¬$A \Leftrightarrow 1$.

(11) 矛盾律 $A \land$ ¬$A \Leftrightarrow 0$.

(12) 蕴涵等值式 $A \rightarrow B \Leftrightarrow$ ¬$A \lor B$.

(13) 等价等值式 $A \leftrightarrow B \Leftrightarrow (A \rightarrow B) \land (B \rightarrow A)$.

(14) 逆反律 $A \rightarrow B \Leftrightarrow$ ¬$B \rightarrow$ ¬A.

(15) 等价否定等值式 $A \leftrightarrow B \Leftrightarrow$ ¬$A \leftrightarrow$ ¬B.

(16) 归谬论 $(A \rightarrow B) \land (A \rightarrow$ ¬$B) \Leftrightarrow$ ¬A.

在以上公式中,因 A,B,C 表示任意的命题公式,故每一个公式都是一个模式,它可以代表无数多个同类型的命题公式. 如

$$(p \land q) \lor \neg(p \land q) \Leftrightarrow 1, \quad (\neg p) \lor \neg(\neg p) \Leftrightarrow 1$$

等都是等值式(10)的具体形式. 每个具体的命题公式都称为对应模式的一个**实例**.

有了上述基本等值式后,不用真值表法就可以推演出更多的等值式来. 根据已知的等值式,推演出另外一些等值式的过程称为**等值演算**. 在进行等值演算时,往往还会用到置换规则.

定理 1.1(置换规则) 设 $\varPhi(A)$ 是含命题公式 A 的命题公式,$\varPhi(B)$ 是用命题公式 B 置换了 $\varPhi(A)$ 中的 A 之后得到的命题公式. 如果 $A \Leftrightarrow B$,则 $\varPhi(A) \Leftrightarrow \varPhi(B)$.

证明从略.

例如,已知命题公式

$$p \wedge \neg(q \vee r),$$

由德·摩根律,可用 $\neg q \wedge \neg r$ 置换上述公式中的 $\neg(q \vee r)$,使其变成 $p \wedge (\neg q \wedge \neg r)$.

有了基本的等值式及置换规则,就可以进行等值演算了.利用等值演算可以验证两个命题公式是等值的,也可以判断命题公式的类型,还可以用来解决许多实际问题.

例 1-9　验证下列等值式:

(1) $p \rightarrow (q \rightarrow r) \Leftrightarrow (p \wedge q) \rightarrow r$;

(2) $p \Leftrightarrow (p \wedge q) \vee (p \wedge \neg q)$.

解　(1) $p \rightarrow (q \rightarrow r) \Leftrightarrow \neg p \vee (q \rightarrow r)$（蕴涵等值式）

$\qquad\qquad\qquad \Leftrightarrow \neg p \vee (\neg q \vee r)$（蕴涵等值式）

$\qquad\qquad\qquad \Leftrightarrow (\neg p \vee \neg q) \vee r$（结合律）

$\qquad\qquad\qquad \Leftrightarrow \neg(p \wedge q) \vee r$（德·摩根律）

$\qquad\qquad\qquad \Leftrightarrow (p \wedge q) \rightarrow r$（蕴涵等值式）.

注:上述演算的每一步都用了置换规则,演算可以从左到右,当然也可以从右到左.

(2) $p \Leftrightarrow p \wedge 1$（同一律）

$\qquad \Leftrightarrow p \wedge (q \vee \neg q)$（排中律）

$\qquad \Leftrightarrow (p \wedge q) \vee (p \wedge \neg q)$（分配律）.

例 1-10　判断下列公式的类型:

(1) $q \vee \neg((\neg p \vee q) \wedge p)$;

(2) $(p \vee \neg p) \rightarrow ((q \wedge \neg q) \wedge r)$;

(3) $(p \rightarrow q) \wedge \neg p$.

解　(1) $q \vee \neg((\neg p \vee q) \wedge p) \Leftrightarrow q \vee \neg((\neg p \wedge p) \vee (q \wedge p))$（分配律）

$\qquad\qquad\qquad \Leftrightarrow q \vee \neg(0 \vee (q \wedge p))$（矛盾律）

$\qquad\qquad\qquad \Leftrightarrow q \vee \neg(q \wedge p)$（同一律）

$\qquad\qquad\qquad \Leftrightarrow q \vee (\neg q \vee \neg p)$（德·摩根律）

$\qquad\qquad\qquad \Leftrightarrow (q \vee \neg q) \vee \neg p$（结合律）

$\qquad\qquad\qquad \Leftrightarrow 1 \vee \neg p$（排中律）

$\qquad\qquad\qquad \Leftrightarrow 1$（零律）,

故(1)为重言式.

(2) $(p \vee \neg p) \rightarrow ((q \wedge \neg q) \wedge r) \Leftrightarrow 1 \rightarrow ((q \wedge \neg q) \wedge r)$（排中律）

$\qquad\qquad\qquad\qquad \Leftrightarrow 1 \rightarrow (0 \wedge r)$（矛盾律）

$\qquad\qquad\qquad\qquad \Leftrightarrow 1 \rightarrow 0$（零律）

$\qquad\qquad\qquad\qquad \Leftrightarrow \neg 1 \vee 0$（蕴涵等值式）

$\qquad\qquad\qquad\qquad \Leftrightarrow 0 \vee 0$

$\qquad\qquad\qquad\qquad \Leftrightarrow 0$（幂等律）,

故(2)为矛盾式.

(3) $(p \rightarrow q) \wedge \neg p \Leftrightarrow (\neg p \vee q) \wedge \neg p$（蕴涵等值式）

$\qquad\qquad\qquad \Leftrightarrow \neg p$（吸收律）.

易知 $00, 01$ 是其成真赋值;$10, 11$ 是其成假赋值. 故(3)是非重言式的可满足式.

例 1-11　用等值演算法解决下面问题.

现有 A，B，C，D 4 人进行百米竞赛，观众甲、乙、丙 3 人预测比赛名次分别为

甲：C 第一，B 第二；

乙：C 第二，D 第三；

丙：A 第二，D 第四.

比赛结束后发现，甲、乙、丙每人预测的情况都是各对一半.问：实际名次如何（假设没有并列者）?

解　设 $p_i,q_i,r_i,s_i(i=1,2,3,4)$ 分别表示 A 第 i 名，B 第 i 名，C 第 i 名，D 第 i 名.显然 $p_i,q_i,r_i,s_i(i=1,2,3,4)$ 中均有一个真命题.由题意可知，我们要寻找使下列 3 式均成立的真命题：

$$(r_1 \wedge \neg q_2) \vee (\neg r_1 \wedge q_2) \Leftrightarrow 1;　　　　　　　　　　①$$

$$(r_2 \wedge \neg s_3) \vee (\neg r_2 \wedge s_3) \Leftrightarrow 1;　　　　　　　　　　②$$

$$(p_2 \wedge \neg s_4) \vee (\neg p_2 \wedge s_4) \Leftrightarrow 1.　　　　　　　　　　③$$

因为 $1 \wedge 1 \Leftrightarrow 1$，所以

$1 \Leftrightarrow$ ①式 $\wedge$ ②式

$\Leftrightarrow ((r_1 \wedge \neg q_2) \vee (\neg r_1 \wedge q_2)) \wedge ((r_2 \wedge \neg s_3) \vee (\neg r_2 \wedge s_3))$

$\Leftrightarrow (r_1 \wedge \neg q_2 \wedge r_2 \wedge \neg s_3) \vee (r_1 \wedge \neg q_2 \wedge \neg r_2 \wedge s_3)$

　　　$\vee (\neg r_1 \wedge q_2 \wedge r_2 \wedge \neg s_3) \vee (\neg r_1 \wedge q_2 \wedge \neg r_2 \wedge s_3).$

因 C 不能既第一又第二，B 与 C 不能都第二，故

$$r_1 \wedge \neg q_2 \wedge r_2 \wedge \neg s_3 \Leftrightarrow 0;$$

$$\neg r_1 \wedge q_2 \wedge r_2 \wedge \neg s_3 \Leftrightarrow 0.$$

由同一律得

$$(r_1 \wedge \neg q_2 \wedge \neg r_2 \wedge s_3) \vee (\neg r_1 \wedge q_2 \wedge \neg r_2 \wedge s_3) \Leftrightarrow 1.　　　　④$$

由③，④两式得

$1 \Leftrightarrow$ ③式 $\wedge$ ④式

$\Leftrightarrow (p_2 \wedge \neg s_4 \wedge r_1 \wedge \neg q_2 \wedge \neg r_2 \wedge s_3) \vee (p_2 \wedge \neg s_4 \wedge \neg r_1 \wedge q_2 \wedge \neg r_2 \wedge s_3)$

　　　$\vee (\neg p_2 \wedge s_4 \wedge r_1 \wedge \neg q_2 \wedge \neg r_2 \wedge s_3) \vee (\neg p_2 \wedge s_4 \wedge \neg r_1 \wedge q_2 \wedge \neg r_2 \wedge s_3).$

因 A，B 不能同时第二，D 不能既第三又第四，故

$$1 \Leftrightarrow p_2 \wedge \neg s_4 \wedge r_1 \wedge \neg q_2 \wedge \neg r_2 \wedge s_3 \Leftrightarrow p_2 \wedge \neg q_2 \wedge r_1 \wedge \neg r_2 \wedge s_3 \wedge \neg s_4.　　　⑤$$

由⑤式知，r_1,p_2,s_3 是真命题，所以 C 第一，A 第二，D 第三，B 只能是第四了.

等值演算在计算机软件设计、开关理论及电子元器件选取中都占有重要地位.

习题 1. 2

在以下 10 个命题公式中，重言式的为 □ ，矛盾式的为 □ .

(1) $(p \wedge q) \rightarrow (p \vee q)$；

(2) $(p \leftrightarrow q) \leftrightarrow ((p \rightarrow q) \wedge (q \rightarrow p))$；

(3) $\neg (p \rightarrow q) \wedge q$；

(4) $(p \wedge \neg p) \leftrightarrow q$；

(5) $p \rightarrow (p \vee q)$；

(6) $(p \rightarrow \neg p) \rightarrow ((q \wedge \neg q) \wedge r)$；

(7) $((p\rightarrow q)\rightarrow p)\leftrightarrow p$;

(8) $(p\wedge q)\vee(p\wedge\neg q)$;

(9) $\neg(p\vee q\vee r)\leftrightarrow(\neg p\wedge\neg q\wedge\neg r)$;

(10) $(p\wedge q)\wedge r$.

1.3　命题公式的范式

1.3.1　析取范式和合取范式

定义 1.12　在仅有联结词 $\neg,\wedge,\vee$ 的命题公式 A 中,将 $\vee$ 换成 $\wedge,\wedge$ 换成 $\vee$;若 A 中含 0 或 1,就将 0 换成 1,1 换成 0,所得命题公式称为 A 的**对偶式**,记作 A^*.

显然,对偶式是相互的,即 $(A^*)^*=A$.

例如,

$$p\wedge q\text{ 与 }p\vee q,\quad\neg(p\wedge q)\text{ 与 }\neg(p\vee q),$$
$$\neg p\vee(q\wedge r)\text{ 与 }\neg p\wedge(q\vee r),\quad(p\vee q)\vee 0\text{ 与 }(p\wedge q)\wedge 1$$

等均互为对偶式.

定理 1.2　设 A 与 A^* 互为对偶式,$p_1,p_2,\cdots,p_n$ 是出现在 A 和 A^* 中的全部命题变项,若将 A 和 A^* 写成 n 元函数形式,则

(1) $\neg A(p_1,p_2,\cdots,p_n)\Leftrightarrow A^*(\neg p_1,\neg p_2,\cdots,\neg p_n)$;

(2) $A(\neg p_1,\neg p_2,\cdots,\neg p_n)\Leftrightarrow\neg A^*(p_1,p_2,\cdots,p_n)$.

证明从略.

例如,设

$$A(p,q,r)\Leftrightarrow p\wedge(\neg q\vee r),$$

则

$$A^*(p,q,r)\Leftrightarrow p\vee(\neg q\wedge r).$$

于是

$$\neg A(p,q,r)\Leftrightarrow\neg p\vee(q\wedge\neg r)\Leftrightarrow A^*(\neg p,\neg q,\neg r);$$
$$A(\neg p,\neg q,\neg r)\Leftrightarrow\neg p\wedge(q\vee\neg r)\Leftrightarrow\neg A^*(p,q,r).$$

定理 1.3　设 A,B 为命题公式,若 $A\Leftrightarrow B$,则 $A^*\Leftrightarrow B^*$,其中,A^*,B^* 分别为 A,B 的对偶式.

定理 1.3 称为**对偶原理**,证明从略.

显然,若 A 为重言式,则 A^* 必为矛盾式.

例如,设 A 为 $p\vee(\neg p\vee(q\wedge\neg q))$,则

$$A\Leftrightarrow p\vee(\neg p\vee 0)\Leftrightarrow p\vee\neg p\Leftrightarrow 1.$$

由对偶原理不用推演就知 A^* 为矛盾式,即

$$p\wedge(\neg p\wedge(q\vee\neg q))\Leftrightarrow 0.$$

若 $A\Leftrightarrow B$,且 B 是比 A 简单的命题公式,则由对偶原理可直接求出较简单的 B^* 与 A^* 等值.例如,已知

$$(p \wedge q) \vee (\neg p \vee (\neg p \vee q)) \Leftrightarrow \neg p \vee q,$$

则

$$(p \vee q) \wedge (\neg p \wedge (\neg p \wedge q)) \Leftrightarrow \neg p \wedge q.$$

定义 1.13 仅由有限个命题变项或其否定构成的析取式称为**简单析取式**；仅由有限个命题变项或其否定构成的合取式称为**简单合取式**.

例如，给定命题变项 p, q，则

$$p, \quad q, \quad \neg p, \quad \neg q, \quad p \vee q, \quad p \vee \neg q, \quad \neg p \vee q, \quad \neg p \vee \neg q$$

等都是简单析取式；而

$$p, \quad q, \quad \neg p, \quad \neg q, \quad p \wedge q, \quad \neg p \wedge q, \quad p \wedge \neg q, \quad \neg p \wedge \neg q$$

等都是简单合取式.

显然，一个简单析取式是重言式，当且仅当它同时含有一个命题变项及其否定；一个简单合取式是矛盾式，当且仅当它同时含有一个命题变项及其否定.

例如，$p \vee \neg p \vee q$ 是重言式，$p \wedge \neg p \wedge q$ 是矛盾式.

常用 $A_1, A_2, \cdots, A_n$ 表示 n 个简单析取式或 n 个简单合取式.

定义 1.14 仅由有限个简单合取式构成的析取式称为**析取范式**；仅由有限个简单析取式构成的合取式称为**合取范式**.

显然，任何析取范式的对偶式都为合取范式；任何合取范式的对偶式都为析取范式.

例如，设 $A = (p \wedge \neg q \wedge r) \vee (\neg p \wedge q) \vee (q \wedge \neg q)$，则

$$A^* = (p \vee \neg q \vee r) \wedge (\neg p \vee q) \wedge (q \vee \neg q),$$

其中，A 为析取范式，A^* 为合取范式.

析取范式与合取范式具有下列性质：

(1) 一个析取范式是矛盾式，当且仅当它的每一个简单合取式都是矛盾式；

(2) 一个合取范式是重言式，当且仅当它的每一个简单析取式都是重言式.

对于任意给定的命题公式，是否都能求出与之等值的析取范式与合取范式呢？答案是肯定的.

定理 1.4（范式存在原理） 任一命题公式都存在与之等值的析取范式和合取范式.

首先，可用基本的等值公式

$$p \rightarrow q \Leftrightarrow \neg p \vee q, \quad p \leftrightarrow q \Leftrightarrow (\neg p \vee q) \wedge (p \vee \neg q)$$

及置换规则将命题公式中的联结词 $\rightarrow, \leftrightarrow$ 消去.

其次，若遇有

$$\neg \neg p, \quad \neg (p \wedge q) \quad \text{或} \quad \neg (p \vee q)$$

等形式，则利用双重否定律和德·摩根律将否定号消去或内移，即

$$\neg \neg p \Leftrightarrow p;$$
$$\neg (p \wedge q) \Leftrightarrow \neg p \vee \neg q;$$
$$\neg (p \vee q) \Leftrightarrow \neg p \wedge \neg q.$$

最后，若是求析取范式，则用"$\wedge$"对"$\vee$"的分配律；若是求合取范式，则用"$\vee$"对"$\wedge$"的分配律.

上述分析既给出了范式存在性的证明，也给出了求任何命题公式的范式的具体方法与步骤. 但值得注意的是：任何命题公式的析取范式和合取范式都不是唯一的.

例 1-12 求命题公式 $((p \vee q) \rightarrow r) \rightarrow p$ 的合取范式和析取范式.

解　(1) 求合取范式.

$$((p \lor q) \to r) \to p \Leftrightarrow (\neg(p \lor q) \lor r) \to p \text{（消去第一个} \to\text{）}$$
$$\Leftrightarrow \neg(\neg(p \lor q) \lor r) \lor p \text{（消去第二个} \to\text{）}$$
$$\Leftrightarrow \neg((\neg p \land \neg q) \lor r) \lor p \text{（} \neg \text{内移）}$$
$$\Leftrightarrow ((\neg\neg p \lor \neg\neg q) \land \neg r) \lor p \text{（} \neg \text{内移）}$$
$$\Leftrightarrow ((p \lor q) \land \neg r) \lor p \text{（消去} \neg\text{）}$$
$$\Leftrightarrow (p \lor q \lor p) \land (\neg r \lor p) \text{（} \lor \text{对} \land \text{的分配律）}$$
$$\Leftrightarrow (p \lor q) \land (\neg r \lor p) \text{（交换律和幂等律）}.$$

可见,与原命题公式等值的合取范式不是唯一的.

(2) 求析取范式.

由于求析取范式与合取范式的前两个步骤相同,在(1)中第 6 步用 $\land$ 对 $\lor$ 的分配律,即

$$((p \lor q) \to r) \to p \Leftrightarrow ((p \lor q) \land \neg r) \lor p$$
$$\Leftrightarrow (p \land \neg r) \lor (q \land \neg r) \lor p \text{（} \land \text{对} \lor \text{的分配律）}$$
$$\Leftrightarrow p \lor (q \land \neg r) \text{（交换律和吸收律）}.$$

可见,与原命题公式等值的析取范式也不是唯一的.

1.3.2　主范式

由于与某一命题公式等值的析取范式与合取范式不是唯一的,因此它们不能作为同一真值所对应的命题公式的标准形式.为此,引入主析取范式与主合取范式的概念.

定义 1.15　在含 n 个命题变项的简单合取式中,若每个命题变项与其否定不同时存在,但二者之一必出现且仅出现一次,并且第 i 个命题变项或其否定出现在从左起的第 i 位上(若命题变项无角标,则按字典顺序排列),则称这样的简单合取式为**极小项**.

例如,3 个命题变项 p, q, r 可形成多个极小项,若将命题变项看成 1,命题变项的否定看为 0,则每个极小项对应一个二进制数,也对应一个十进制数.而二进制数正是该极小项的成真赋值,十进制数可作为该极小项抽象表示的角码,即

$$\neg p \land \neg q \land \neg r \text{——} 000 \text{——} 0, \quad \text{记作 } m_0; \qquad \neg p \land \neg q \land r \text{——} 001 \text{——} 1, \quad \text{记作 } m_1;$$
$$\neg p \land q \land \neg r \text{——} 010 \text{——} 2, \quad \text{记作 } m_2; \qquad \neg p \land q \land r \text{——} 011 \text{——} 3, \quad \text{记作 } m_3;$$
$$p \land \neg q \land \neg r \text{——} 100 \text{——} 4, \quad \text{记作 } m_4; \qquad p \land \neg q \land r \text{——} 101 \text{——} 5, \quad \text{记作 } m_5;$$
$$p \land q \land \neg r \text{——} 110 \text{——} 6, \quad \text{记作 } m_6; \qquad p \land q \land r \text{——} 111 \text{——} 7, \quad \text{记作 } m_7.$$

一般地,n 个命题共产生 2^n 个极小项,分别记为 $m_0, m_1, m_2, \cdots, m_{2^n-1}$.

定义 1.16　设命题公式 A 中含有 n 个命题变项,若 A 的析取范式中的简单合取式全是极小项,则称该析取范式为 A 的**主析取范式**.

定理 1.5　任何命题公式的主析取范式都是存在的,并且是唯一的.

求给定命题公式 A 的主析取范式的步骤如下:

(1) 求 A 的析取范式 A';

(2) 若 A' 的某简单合取式 B 中不含命题变项 p_i 或其否定 $\neg p_i$,则将 B 展开成如下形式:

$$B \Leftrightarrow B \land 1 \Leftrightarrow B \land (p_i \lor \neg p_i) \Leftrightarrow (B \land p_i) \lor (B \land \neg p_i);$$

(3) 将重复出现的命题变项、矛盾式以及极小项都"消去",如

$$p \land p \Leftrightarrow p, \quad p \land \neg p \Leftrightarrow 0, \quad m_i \lor m_i \Leftrightarrow m_i;$$

(4) 将极小项按角码由小到大的顺序排列,并用 $\sum$ 表示之,如 $m_1 \vee m_2 \vee m_5$ 用 $\sum(1,2,5)$ 表示.

例 1-13 求命题公式 $((p \vee q) \rightarrow r) \rightarrow p$ 的主析取范式.

解 $((p \vee q) \rightarrow r) \rightarrow p) \Leftrightarrow p \vee (q \wedge \neg r)$ (析取范式)

$$\Leftrightarrow (p \wedge (\neg q \vee q) \wedge (\neg r \vee r)) \vee ((\neg p \vee p) \wedge (q \wedge \neg r))$$
$$\Leftrightarrow (p \wedge \neg q \wedge \neg r) \vee (p \wedge \neg q \wedge r) \vee (p \wedge q \wedge \neg r)$$
$$\vee (p \wedge q \wedge r) \vee (\neg p \wedge q \wedge \neg r) \vee (p \wedge q \wedge \neg r)$$
$$\Leftrightarrow m_4 \vee m_5 \vee m_6 \vee m_7 \vee m_2 \vee m_6$$
$$\Leftrightarrow m_2 \vee m_4 \vee m_5 \vee m_6 \vee m_7$$
$$\Leftrightarrow \sum(2,4,5,6,7).$$

由极小项的定义知,2,4,5,6,7 的二进制表示 010,100,101,110,111 为原公式的成真赋值,而此公式的主析取范式中没有 m_0, m_1, m_3,其角码 0,1,3 的二进制表示 000,001,011 为原公式的成假赋值. 因而,只要知道了一个命题公式 A 的主析取范式,即可写出 A 的真值表;反之,若已知 A 的真值表,就可找出所有的成真赋值,则以其对应的十进制数为角码的极小项即为 A 的主析取范式中所含的全部极小项,从而可立即写出 A 的主析取范式.

例 1-14 已知 $p \wedge q \vee r$ 的真值表如表 1-6 所示,求它的主析取范式.

表 1-6

p	q	r	$p \wedge q$	$p \wedge q \vee r$
0	0	0	0	0
0	0	1	0	1
0	1	0	0	0
0	1	1	0	1
1	0	0	0	0
1	0	1	0	1
1	1	0	1	1
1	1	1	1	1

由表 1-6 知,001,011,101,110,111 是原公式的成真赋值. 故以其对应的十进制数 1,3,5,6,7 为角码的极小项 m_1, m_3, m_5, m_6, m_7 就是 $p \wedge q \vee r$ 的主析取范式中所含的全部极小项,即

$$p \wedge q \vee r \Leftrightarrow m_1 \vee m_3 \vee m_5 \vee m_6 \vee m_7$$
$$\Leftrightarrow \sum(1,3,5,6,7).$$

主析取范式的应用如下.

1. 判断两命题公式是否等值

因任何命题公式的主析取范式都是唯一的,故有:若 $A \Leftrightarrow B$,则 A 与 B 有相同的主析取范式;反之,若 A 与 B 有相同的主析取范式,则 $A \Leftrightarrow B$. 例如,由于

$$p \rightarrow q \Leftrightarrow \neg p \vee q$$
$$\Leftrightarrow (\neg p \wedge (\neg q \vee q)) \vee ((\neg p \vee p) \wedge q)$$
$$\Leftrightarrow (\neg p \wedge \neg q) \vee (\neg p \wedge q) \vee (p \wedge q)$$
$$\Leftrightarrow m_0 \vee m_1 \vee m_3,$$
$$\neg (p \wedge \neg q) \Leftrightarrow \neg p \vee q \Leftrightarrow m_0 \vee m_1 \vee m_3,$$

故

$$p \rightarrow q \Leftrightarrow \neg (p \wedge \neg q).$$

2. 判断命题公式的类型

给定一个命题公式,判断它是重言式、矛盾式还是可满足式,这类问题称为**判定问题**. 前面已有两种解决方法:真值表法和等值演算法. 但当命题变项的数目较多时,这两种方法就显得很不方便. 为此,可将命题公式化成标准形式(主析取范式和主合取范式). 在这种方法下,同一真值所对应的所有命题公式都具有相同的标准形式,这无疑对判断命题公式是否等值以及判断公式的类型都是一种好的方法.

设 A 是含 n 个命题变项的命题公式,则 A 为重言式,当且仅当 A 的主析取范式中含全部的 2^n 个极小项;A 为矛盾式,当且仅当 A 的主析取范式中不含任何极小项,即 A 的主析取范式为 0;A 为可满足式,当且仅当 A 的主析取范式中至少含一个极小项.

例 1 - 15　判断下列命题公式的类型:

(1) $\neg (p \rightarrow q) \wedge q$;　　(2) $((p \rightarrow q) \wedge p) \rightarrow q$;　　(3) $(p \rightarrow q) \wedge q$.

解　(1) $\neg (p \rightarrow q) \wedge q \Leftrightarrow \neg (\neg p \vee q) \wedge q$
$$\Leftrightarrow p \wedge \neg q \wedge q$$
$$\Leftrightarrow 0,$$

(1) 为矛盾式.

(2) $((p \rightarrow q) \wedge p) \rightarrow q \Leftrightarrow \neg ((p \rightarrow q) \wedge p) \vee q$
$$\Leftrightarrow \neg (\neg p \vee q) \vee \neg p \vee q$$
$$\Leftrightarrow (p \wedge \neg q) \vee \neg p \vee q$$
$$\Leftrightarrow (p \wedge \neg q) \vee (\neg p \wedge (\neg q \vee q)) \vee ((p \vee \neg p) \wedge q)$$
$$\Leftrightarrow (\neg p \wedge \neg q) \vee (\neg p \wedge q) \vee (p \wedge \neg q) \vee (p \wedge q)$$
$$\Leftrightarrow m_0 \vee m_1 \vee m_2 \vee m_3$$
$$\Leftrightarrow \sum (0,1,2,3),$$

(2) 为重言式.

(3) $(p \rightarrow q) \wedge q \Leftrightarrow (\neg p \vee q) \wedge q$
$$\Leftrightarrow (\neg p \wedge q) \vee q$$
$$\Leftrightarrow (\neg p \wedge q) \vee (p \wedge q)$$
$$\Leftrightarrow \sum (1,3),$$

(3) 为非重言式的可满足式.

3. 求命题公式的成真赋值和成假赋值

如例 1 - 15(3)中,01,11 是命题公式(3)的成真赋值,00,10 是命题公式(3)的成假赋值.

定义 1.17　在含 n 个命题变项的简单析取式中,若每个命题变项与其否定不同时存在,但二者之一必出现且仅出现一次,并且第 i 个命题变项或其否定出现在从左起的第 i 位上(若命题变项无角码,则按字典顺序排列),则称这样的简单析取式为**极大项**.

同极小项情况类似,n 个命题变项可产生 2^n 个极大项,每个极大项对应一个二进制数和一个十进制数.二进制数为该极大项的成假赋值,十进制数可作为该极大项抽象表示的角码.

例如,当 $n=3$ 时,8 个极大项对应的二进制数(成假赋值)、角码及记法如下:

$p \lor q \lor r - 000 - 0$,   记作 M_0; $p \lor q \lor \neg r - 001 - 1$,   记作 M_1;

$p \lor \neg q \lor r - 010 - 2$,   记作 M_2; $p \lor \neg q \lor \neg r - 011 - 3$,   记作 M_3;

$\neg p \lor q \lor r - 100 - 4$,   记作 M_4; $\neg p \lor q \lor \neg r - 101 - 5$,   记作 M_5;

$\neg p \lor \neg q \lor r - 110 - 6$,   记作 M_6; $\neg p \lor \neg q \lor \neg r - 111 - 7$,   记作 M_7.

定义 1.18 设命题公式 A 中含有 n 个命题变项,如果 A 的合取范式中的简单析取式全是极大项,则称该合取范式为 A 的**主合取范式**.

任何命题公式的主合取范式一定存在,且是唯一的.

求一命题公式的主合取范式与求主析取范式的步骤相似,也是先求出合取范式 A',若 A' 的某简单析取范式 B 中不含命题变项 p_i 或其否定 $\neg p_i$,则将 B 展成

$$B \Leftrightarrow B \lor 0 \Leftrightarrow B \lor (p_i \land \neg p_i) \Leftrightarrow (B \lor p_i) \land (B \lor \neg p_i).$$

例 1-16 求命题公式 $(p \land q) \lor r$ 的主合取范式.

解 $(p \land q) \lor r \Leftrightarrow (p \lor r) \land (q \lor r)$ (合取范式)

$\Leftrightarrow (p \lor (q \land \neg q) \lor r) \land ((p \land \neg p) \lor q \lor r)$

$\Leftrightarrow (p \lor q \lor r) \land (p \lor \neg q \lor r) \land (p \lor q \lor r) \land (\neg p \lor q \lor r)$

$\Leftrightarrow M_0 \land M_2 \land M_4$

$\Leftrightarrow \prod(0,2,4)$,

这里用 $\prod$ 表示合取.

只要注意到极小项与极大项的关系:

$$\neg m_i \Leftrightarrow M_i, \quad \neg M_i \Leftrightarrow m_i \quad (i=0,1,2,\cdots,2^n-1),$$

也可用命题公式 A 的主析取范式求出它的主合取范式(反之亦然).事实上,设 A 中含有 n 个命题变项,且其主析取范式中含有 k 个极小项 $m_{i_1}, m_{i_2}, \cdots, m_{i_k}$,则 $\neg A$ 的主析取范式中含有 $2^n - k$ 个极小项.设 $\neg A$ 的极小项为 $m_{j_1}, m_{j_2}, \cdots, m_{j_{2^n-k}}$,即 $\neg A \Leftrightarrow m_{j_1} \lor m_{j_2} \lor \cdots \lor m_{j_{2^n-k}}$,则

$A \Leftrightarrow \neg \neg A$

$\Leftrightarrow \neg(m_{j_1} \lor m_{j_2} \lor \cdots \lor m_{j_{2^n-k}})$

$\Leftrightarrow \neg m_{j_1} \land \neg m_{j_2} \land \cdots \land \neg m_{j_{2^n-k}}$

$\Leftrightarrow M_{j_1} \land M_{j_2} \land \cdots \land M_{j_{2^n-k}}$.

因此,由 A 的主析取范式求其主合取范式的步骤如下:

(1) 求出 A 的主析取范式中没包含的极小项 $m_{j_1}, m_{j_2}, \cdots, m_{j_{2^n-k}}$;

(2) 写出与(1)中极小项角码相同的极大项 $M_{j_1}, M_{j_2}, \cdots, M_{j_{2^n-k}}$;

(3) 由以上极大项构成的合取式即为 A 的主合取范式.

例如,若 A 中含 3 个命题变项,且其主析取范式为

$$A \Leftrightarrow m_0 \lor m_1 \lor m_5 \lor m_7 \Leftrightarrow \sum(0,1,5,7),$$

则其主合取范式为

$$A \Leftrightarrow M_2 \wedge M_3 \wedge M_4 \wedge M_6 \Leftrightarrow \prod(2,3,4,6).$$

通过主合取范式也可以判断公式间是否等值,判断公式的类型,以及求公式的成假赋值等.

习题 1.3

给定命题公式$(\neg p \rightarrow q) \rightarrow (\neg q \vee p)$. 该命题公式的主析取范式中含极小项的个数为 □,主合取范式中含极大项的个数为 □,成真赋值个数为 □,成假赋值个数为 □.

① 0 ② 1 ③ 2 ④ 3 ⑤ 4

1.4 联结词的功能完全集

考虑到实际中的应用,我们将 5 种基本联结词进行扩充,给出在逻辑设计中常用的另外 3 种联结词.

定义 1.19 设 p,q 为两命题,复合命题"p,q 之中恰有一个成立"称为 p 与 q 的**排斥或式**或**异或式**,记为 $p \overline{\vee} q$,其中,$\overline{\vee}$ 称为排斥或或异或联结词. $p \overline{\vee} q$ 为真,当且仅当 p,q 中恰有一个为真,即

$$p \overline{\vee} q \Leftrightarrow (p \wedge \neg q) \vee (\neg p \wedge q).$$

定义 1.20 设 p,q 为两命题,复合命题"p 与 q 的否定"称为 p 与 q 的**与非式**,记为 $p \uparrow q$,其中,$\uparrow$ 称为与非联结词. $p \uparrow q$ 为真,当且仅当 p,q 不同时为真,即

$$p \uparrow q \Leftrightarrow \neg(p \wedge q).$$

定义 1.21 设 p,q 为两命题,复合命题"p 或 q 的否定"称为 p 与 q 的**或非式**,记为 $p \downarrow q$,其中,$\downarrow$ 称为或非联结词. $p \downarrow q$ 为真,当且仅当 p,q 同时为假,即

$$p \downarrow q \Leftrightarrow \neg(p \vee q).$$

在一个形式系统中有多少个联结词最"适合"呢? 一般来说,在自然推理系统中,联结词集中的联结词可以多些,但在公理系统中,联结词集中的联结词却越少越好. 不管联结词集中的联结词有多少,它们必须具备一定的功能,那就是任一真值函数都可以用仅含此联结词集中的联结词的命题公式来表示. 具有这种性质的联结词集称为**全功能集**.

定义 1.22 一个从 $n(n \geqslant 1)$ 维卡氏积 $\{0,1\}^n$ 到 $\{0,1\}$ 的函数称为一个 n **元真值函数**. 设 F 是一 n 元真值函数,则可记为 $F:\{0,1\}^n \rightarrow \{0,1\}$.

n 个命题变项共有 2^n 个可能的赋值,对于每个赋值,真值函数 F 的函数值非 0 即 1,故 n 个命题变项共可以形成 2^{2^n} 个不同的真值函数. 而每个真值函数可对应无穷多个命题公式,但它们彼此之间都是等值的.

例如,含两个命题 p,q 的真值函数共有 16 个,表 1-7 给出了这 16 个真值函数 $F_i(i=1,2,\cdots,16)$,其中,F_1 对应的所有命题公式均为矛盾式;F_{16} 对应的所有命题公式均为重言式;F_2 表示 $p \wedge q$ 或与其等值的命题公式;F_3 表示 $\neg(p \rightarrow q)$ 或与其等值的命题公式……

表 1－7

p	q	F_1	F_2	F_3	F_4	F_5	F_6	F_7	F_8	F_9	F_{10}	F_{11}	F_{12}	F_{13}	F_{14}	F_{15}	F_{16}
0	0	0	0	0	0	0	0	0	0	1	1	1	1	1	1	1	1
0	1	0	0	0	0	1	1	1	1	0	0	0	0	1	1	1	1
1	0	0	0	1	1	0	0	1	1	0	0	1	1	0	0	1	1
1	1	0	1	0	1	0	1	0	1	0	1	0	1	0	1	0	1

定义 1.23　在一个联结词的集合中,如果一个联结词可由集合中的其他联结词定义,则称此联结词为**冗余**的联结词;否则,称为**独立**的联结词.

例如,在 $\{\neg,\wedge,\vee,\rightarrow,\leftrightarrow\}$ 中,因

$$p\rightarrow q\Leftrightarrow\neg p\vee q;$$
$$p\leftrightarrow q\Leftrightarrow(p\rightarrow q)\wedge(q\rightarrow p)\Leftrightarrow(\neg p\vee q)\wedge(\neg q\vee p),$$

故 $\rightarrow,\leftrightarrow$ 都是冗余的.

又在 $\{\neg,\wedge,\vee\}$ 中,因

$$p\vee q\Leftrightarrow\neg\neg(p\vee q)\Leftrightarrow\neg(\neg p\wedge\neg q),$$

故 $\vee$ 是冗余的. $\{\neg,\wedge\}$ 和 $\{\neg,\vee\}$ 中无冗余的联结词.

定义 1.24　若任一真值函数都可以用仅含某一联结词集中的联结词的命题公式表示,则称该联结词集为**全功能集**.若一个联结词的全功能集中不含冗余的联结词,则称它是**极小全功能集**.

可以证明,$\{\neg,\wedge,\vee,\rightarrow,\leftrightarrow,\overline{\vee}\}$,$\{\neg,\wedge,\vee,\rightarrow,\leftrightarrow,\uparrow,\downarrow\}$,$\{\neg,\wedge,\vee,\rightarrow,\leftrightarrow\}$,$\{\neg,\wedge\}$,$\{\neg,\wedge,\vee\}$,$\{\neg,\rightarrow\}$,$\{\neg,\vee\}$,$\{\uparrow\}$,$\{\downarrow\}$ 都是全功能集,其中,$\{\neg,\wedge\}$,$\{\neg,\vee\}$,$\{\uparrow\}$,$\{\downarrow\}$ 都是极小全功能集.

例 1－17　若已知 $\{\neg,\rightarrow\}$ 是全功能集,证明:$\{\neg,\vee\}$ 也是全功能集.

证明　因 $\{\neg,\rightarrow\}$ 是全功能集,故任一真值函数均可由仅含 $\{\neg,\rightarrow\}$ 中的联结词的命题公式表示.又因对任意的命题公式 A,B,均有

$$A\rightarrow B\Leftrightarrow\neg A\vee B,$$

故任一真值函数均可由仅含 $\{\neg,\vee\}$ 中的联结词的命题公式表示,即 $\{\neg,\vee\}$ 也是全功能集.

例 1－18　分别用下列各联结词集中的联结词写出

$$F_3\Leftrightarrow\neg(p\rightarrow q)$$

的一个命题公式:

(1) $\{\neg,\wedge\}$;　(2) $\{\neg,\vee\}$;　(3) $\{\uparrow\}$;　(4) $\{\downarrow\}$.

解　(1) $F_3\Leftrightarrow\neg(p\rightarrow q)\Leftrightarrow\neg(\neg p\vee q)\Leftrightarrow p\wedge\neg q$.

(2) $F_3\Leftrightarrow\neg(p\rightarrow q)\Leftrightarrow\neg(\neg p\vee q)$.

(3) 注意到 $\neg p\Leftrightarrow\neg(p\wedge p)\Leftrightarrow p\uparrow p$,故有

$$F_3\Leftrightarrow\neg(p\rightarrow q)\Leftrightarrow p\wedge\neg q\Leftrightarrow p\wedge(q\uparrow q)$$
$$\Leftrightarrow\neg(\neg(p\wedge(q\uparrow q)))\Leftrightarrow\neg(p\uparrow(q\uparrow q))$$
$$\Leftrightarrow(p\uparrow(q\uparrow q))\uparrow(p\uparrow(q\uparrow q)).$$

(4) 注意到 $\neg p\Leftrightarrow\neg(p\vee p)\Leftrightarrow p\downarrow p$,故有

$$F_3\Leftrightarrow\neg(p\rightarrow q)\Leftrightarrow p\wedge\neg q\Leftrightarrow\neg(\neg p\vee q)\Leftrightarrow\neg p\downarrow q\Leftrightarrow(p\downarrow p)\downarrow q.$$

习题 1.4

给定命题公式$(p \vee q) \to r$,(1) 该公式在全功能集$\{\neg, \to\}$中的形式为 ☐ ;

① $(p \to q) \to r$　　　　② $(\neg p \to q) \to r$　　　　③ $(\neg p \to \neg q) \to r$

(2) 在$\{\neg, \wedge\}$中的形式为 ☐ ;

① $\neg p \wedge \neg q \wedge \neg r$　　　　② $p \wedge q \wedge \neg r$　　　　③ $\neg(\neg p \wedge \neg q) \wedge \neg r$

④ $\neg(\neg(\neg p \wedge \neg q) \wedge \neg r)$　　　　⑤ $\neg((\neg p \wedge \neg q) \wedge \neg r)$

(3) 在$\{\neg, \vee\}$中的形式为 ☐ ;

① $p \vee q \vee r$　　　　② $\neg(p \vee q \vee r)$　　　　③ $\neg(p \vee q) \vee r$

(4) 在$\{\uparrow\}$中的形式为 ☐ ;

① $((p \uparrow p) \uparrow (q \uparrow q)) \uparrow (r \uparrow r)$　　② $(p \uparrow q) \uparrow (r \uparrow r)$　　③ $((p \uparrow p) \uparrow (q \uparrow q)) \uparrow r$

(5) 在$\{\downarrow\}$中的形式为 ☐ .

① $((p \downarrow q) \downarrow (p \downarrow q)) \downarrow r$　　② $((p \downarrow q) \downarrow r) \downarrow ((p \downarrow q) \downarrow r)$　　③ $(p \downarrow q) \downarrow r$

1.5　推理规则和证明方法

1.5.1　命题逻辑的推理规则

推理是从前提推出结论的思维过程.**前提**是指已知的命题公式,前提可以多个;**结论**是从前提出发应用推理规则推出的命题公式.

定义 1.25　若

$$(A_1 \wedge A_2 \wedge \cdots \wedge A_k) \to B$$

为重言式,则称 $A_1, A_2, \cdots, A_k$ 推出结论 B 的**推理正确**,记为

$$(A_1 \wedge A_2 \wedge \cdots \wedge A_k) \Rightarrow B.$$

上式称为**重言蕴涵式**,B 称为前提 $A_1, A_2, \cdots, A_k$ 的**逻辑结论**或**有效结论**,

$$(A_1 \wedge A_2 \wedge \cdots \wedge A_k) \to B$$

称为由前提 $A_1, A_2, \cdots, A_k$ 推出结论 B 的**推理的形式结构**.

显然,判断推理是否正确的方法就是判断蕴涵式是否为重言式的方法,有真值表法、等值演算法、主析取范式法等.

例 1-19　判断下列推理是否正确:

(1) 如果天气凉快,小丽就不去游泳;天气凉快,所以小丽没有去游泳.

(2) 如果我上街,我一定去书店;我没上街,所以我没去书店.

解　(1) 令 p:天气凉快;q:小丽去游泳.

前提:$p \to \neg q, p$;

结论:$\neg q$.

推理的形式结构为

$$((p \to \neg q) \land p) \to \neg q.$$

判断上式是否为重言式，选用等值演算法.

$$
\begin{aligned}
((p \to \neg q) \land p) \to \neg q &\Leftrightarrow ((\neg p \lor \neg q) \land p) \to \neg q \\
&\Leftrightarrow \neg((\neg p \lor \neg q) \land p) \lor \neg q \\
&\Leftrightarrow (\neg(\neg p \lor \neg q) \lor \neg p) \lor \neg q \\
&\Leftrightarrow ((p \land q) \lor \neg p) \lor \neg q \\
&\Leftrightarrow (\neg p \lor q) \lor \neg q \\
&\Leftrightarrow \neg p \lor 1 \\
&\Leftrightarrow 1,
\end{aligned}
$$

所以推理正确.

(2) 令 p:我上街;q:我去书店.

前提:$p \to q, \neg p$;

结论:$\neg q$.

推理的形式结构为

$$((p \to q) \land \neg p) \to \neg q.$$

判断上式是否为重言式，选用主析取范式法.

$$
\begin{aligned}
((p \to q) \land \neg p) \to \neg q &\Leftrightarrow \neg((\neg p \lor q) \land \neg p) \lor \neg q \\
&\Leftrightarrow (\neg(\neg p \lor q) \lor p) \lor \neg q \\
&\Leftrightarrow (p \land \neg q) \lor p) \lor \neg q \\
&\Leftrightarrow (p \land \neg q) \lor (p \land (q \lor \neg q)) \lor (\neg q \land (p \lor \neg p)) \\
&\Leftrightarrow (\neg p \land \neg q) \lor (p \land \neg q) \lor (p \land q) \\
&\Leftrightarrow m_0 \lor m_2 \lor m_3 \\
&\Leftrightarrow \sum(0,2,3),
\end{aligned}
$$

所以推理不正确.

在推理过程中,如果命题变项较多,则前面介绍的 3 种方法就显得不是很方便,故引入构造证明的方法.但这种方法必须在给定的规则下进行,其中有些规则建立在**推理定律**(即重言蕴涵式)的基础之上.

常用的推理定律如下:

(1) 附加　$A \Rightarrow (A \lor B)$.

(2) 化简　$A \land B \Rightarrow A$.

(3) 假言推理　$(A \to B) \land A \Rightarrow B$.

(4) 拒取式　$(A \to B) \land \neg B \Rightarrow \neg A$.

(5) 析取三段论　$(A \lor B) \land \neg A \Rightarrow B$.

(6) 假言三段论　$(A \to B) \land (B \to C) \Rightarrow (A \to C)$.

(7) 等价三段论　$(A \leftrightarrow B) \land (B \leftrightarrow C) \Rightarrow (A \leftrightarrow C)$.

(8) 构造性二难　$(A \to B) \land (C \to D) \land (A \lor C) \Rightarrow (B \lor D)$.

而证明则是一个描述推理过程的命题公式序列,其中每一个命题公式或是已知的前提,或是由某些前提应用推理规则而得到的结论.

证明中常用的推理规则如下：

(1) 前提引入规则　在证明的任何步骤上,都可以引入前提.

(2) 结论引入规则　在证明的任何步骤上,所证明的结论都可作为后续证明的前提.

(3) 置换规则　在证明的任何步骤上,命题公式中的任何子命题公式都可以用与之等值的命题公式置换.

在以下推理规则中,用 $A_1,A_2,\cdots,A_k \vdash B$ 表示 B 是 $A_1,A_2,\cdots,A_k$ 的逻辑结论. 在证明的序列中,若已有 $A_1,A_2,\cdots,A_k$,则可以引入 B,并由前面 8 条推理定律可得下面的推理规则：

(4) 假言推理规则　$A{\to}B,A \vdash B$.

(5) 附加规则　$A \vdash A\vee B$.

(6) 化简规则　$A\wedge B \vdash A$.

(7) 拒取式规则　$A{\to}B,\neg B \vdash \neg A$.

(8) 假言三段论规则　$A{\to}B,B{\to}C \vdash A{\to}C$.

(9) 析取三段论规则　$A\vee B,\neg A \vdash B$.

(10) 构造性二难规则　$A{\to}B,C{\to}D,A\vee C \vdash B\vee D$.

(11) 合取引入规则　$A,B \vdash A\wedge B$.

例 1-20　构造下列推理的证明：

(1) 前提：$p{\to}r,q{\to}s,p\vee q$;

　　　结论：$r\vee s$.

(2) 前提：$p\vee q,p{\to}\neg r,s{\to}t,\neg s{\to}r,\neg t$;

　　　结论：q.

证明　(1) ① $p{\to}r$,　　（前提引入）

　　　　　② $q{\to}s$,　　（前提引入）

　　　　　③ $p\vee q$,　　（前提引入）

　　　　　④ $r\vee s$.　　（①,②,③构造性二难）

(2) ① $s{\to}t$,　　（前提引入）

　　② $\neg t$,　　（前提引入）

　　③ $\neg s$.　　（①,②拒取式）

　　④ $\neg s{\to}r$,　　（前提引入）

　　⑤ r.　　（③,④假言推理）

　　⑥ $p{\to}\neg r$,　　（前提引入）

　　⑦ $\neg p$.　　（⑤,⑥拒取式）

　　⑧ $p\vee q$,　　（前提引入）

　　⑨ q.　　（⑦,⑧析取三段论）

1.5.2　命题逻辑的证明方法

在使用构造证明的方法进行推理时,常采用一些技巧.

1. 附加前提证明法

有时要证明的结论以蕴涵式的形式出现,即推理的形式结构为

$$(A_1\wedge A_2\wedge\cdots\wedge A_k){\to}(A{\to}B).$$

注意到

$$(A_1 \wedge A_2 \wedge \cdots \wedge A_k) \to (A \to B) \Leftrightarrow \neg(A_1 \wedge A_2 \wedge \cdots \wedge A_k) \vee (\neg A \vee B)$$
$$\Leftrightarrow \neg(A_1 \wedge A_2 \wedge \cdots \wedge A_k \wedge A) \vee B$$
$$\Leftrightarrow (A_1 \wedge A_2 \wedge \cdots \wedge A_k \wedge A) \to B,$$

即原来结论中的前件 A 已经变成了前提. 若证得后者为重言式,则前者也是重言式. 此时称 A 为**附加前提**,称这种将结论中的前件作为前提的证明方法为**附加前提证明法**.

例 1 – 21　证明下面推理:

前提: $p \to (q \to r)$, $\neg s \vee p$, q;

结论: $s \to r$.

证明　① $\neg s \vee p$,　　　　　（前提引入）

　　　　② s,　　　　　　　　（附加前提引入）

　　　　③ p.　　　　　　　　（①,②析取三段论）

　　　　④ $p \to (q \to r)$,　　（前提引入）

　　　　⑤ $q \to r$.　　　　　（③,④假言推理）

　　　　⑥ q,　　　　　　　　（前提引入）

　　　　⑦ r.　　　　　　　　（⑤,⑥假言推理）

故推理正确.

这种方法增加了已知条件,改变了待证明的目标,增加了证明的可能性.

2. 归谬法

设 $A_1, A_2, \cdots, A_k$ 是 k 个命题公式. 若

$$A_1 \wedge A_2 \wedge \cdots \wedge A_k$$

是可满足式,则称 $A_1, A_2, \cdots, A_k$ 是**相容**的;若 $A_1 \wedge A_2 \wedge \cdots \wedge A_k$ 是矛盾式,则称 $A_1, A_2, \cdots, A_k$ 是**不相容**的. 因为

$$(A_1 \wedge A_2 \wedge \cdots \wedge A_k) \to B \Leftrightarrow \neg(A_1 \wedge A_2 \wedge \cdots \wedge A_k \wedge \neg B),$$

所以若 $A_1, A_2, \cdots, A_k, \neg B$ 不相容,则说明 B 是公式 $A_1, A_2, \cdots, A_k$ 的逻辑结论. 这种将 $\neg B$ 作为附加前提推出矛盾的证明方法称为**归谬法**.

例 1 – 22　构造下面推理的证明:

前提: $p \to (\neg(r \wedge s) \to \neg q)$, p, $\neg s$;

结论: $\neg q$.

证明　① $p \to (\neg(r \wedge s) \to \neg q)$,　（前提引入）

　　　　② p,　　　　　　　　　　（前提引入）

　　　　③ $\neg(r \wedge s) \to \neg q$.　　（①,②假言推理）

　　　　④ $\neg(\neg q)$,　　　　　　　（否定结论引入）

　　　　⑤ q,　　　　　　　　　　（④置换）

　　　　⑥ $r \wedge s$.　　　　　　　　（③,⑤拒取式）

　　　　⑦ $\neg s$,　　　　　　　　　（前提引入）

　　　　⑧ s,　　　　　　　　　　（⑥化简）

　　　　⑨ $s \wedge \neg s$.　　　　　　　（⑦,⑧合取）

由⑨得出矛盾,根据归谬法,说明推理正确.

习题 1.5

1. 给定下列 3 组前提:

(1) $\neg(p \wedge \neg q), \neg q \vee r, \neg r$;

(2) $(p \wedge q) \rightarrow r, \neg r \vee s, \neg s$;

(3) $\neg p \vee q, \neg q \vee r, r \rightarrow s$.

上述各前提中,(1)的逻辑结论为 ☐ ,(2)的逻辑结论为 ☐ ,(3)的逻辑结论为 ☐ .

① r　② q　③ $\neg p$　④ s　⑤ $\neg p \vee \neg q$　⑥ $p \rightarrow s$　⑦ $p \wedge q$

2. 以下推理中,推理正确的是 ☐ .

① 前提:$\neg p \vee q, \neg(q \vee \neg r), \neg r$;

　　结论:$\neg p$.

② 前提:$\neg p, p \vee q$;

　　结论:$p \wedge q$.

③ 如果 a, b 两数之积是负的,则 a, b 中恰有一个为负数;a, b 两数之积是非负的,所以 a, b 中不是恰有一个为负数.

④ 如果今天是星期五,则明天是星期日;今天是星期五,所以明天是星期日.

3. 一位公安人员审查一起盗窃案,已知的事实如下:

(1) 甲或乙盗窃了录音机;

(2) 若甲盗窃了录音机,则作案时间不能发生在午夜前;

(3) 若乙的证词正确,则午夜时屋里灯光未灭;

(4) 若乙的证词不正确,则作案时间发生在午夜前;

(5) 午夜时屋里灯光灭了.

那么,盗窃录音机的是 ☐ .

① 甲　　② 乙

总练习题 1

1. 判断下列语句是否为命题;若是命题,请指出是简单命题还是复合命题:

(1) $\sqrt{2}$ 是无理数.

(2) 5 能被 2 整除.

(3) 现在开会吗?

(4) $x + 5 > 0$.

(5) 这朵花真好看呀!

(6) 2 是素数当且仅当三角形有 3 条边.

(7) 雪是黑色的当且仅当太阳从东方升起.

(8) 明年 10 月 2 日天气晴好.

(9) 太阳系外的星球上有生物.

(10) 小丽在宿舍里.

(11) 全体起立!

(12) 4 是 2 的倍数或是 3 的倍数.

(13) 4 既是偶数又是奇数.

(14) 小明与小华是同学.

(15) 蓝色和黄色可以调配成绿色.

2. 判断下列命题的真值:

(1) 若 2+2=4,则 3+3=6.　　　　　　(2) 若 2+2=4,则 3+3≠6.

(3) 若 2+2≠4,则 3+3=6.　　　　　　(4) 若 2+2≠4,则 3+3≠6.

(5) 2+2=4 当且仅当 3+3=6.　　　　　(6) 2+2=4 当且仅当 3+3≠6.

(7) 2+2≠4 当且仅当 3+3=6.　　　　　(8) 2+2≠4 当且仅当 3+3≠6.

3. 将下列命题符号化,并讨论其真值:

(1) 如果今天是 1 号,则明天是 2 号.

(2) 如果今天是 1 号,则明天是 3 号.

4. 将下列命题符号化:

(1) 2 是偶数又是素数.　　　　　　　(2) 小王不但聪明而且用功.

(3) 虽然天气很冷,老王还是来了.　　　(4) 他一边吃饭,一边看电视.

(5) 如果天下大雨,他就乘公共汽车上班.　(6) 如果天下大雨,他才乘公共汽车上班.

(7) 除非天下大雨,否则他不乘公共汽车上班.　(8) 不经一事,不长一智.

5. 设 p,q 的真值为 0;r,s 的真值为 1,求下列命题公式的真值:

(1) $p \lor (q \land r)$;　　　　　　　　(2) $(p \leftrightarrow r) \land (\neg q \lor s)$;

(3) $(p \land (q \lor r)) \to ((p \lor q) \land (r \land s))$;　(4) $\neg(p \lor (q \to (r \land \neg p))) \to (r \lor \neg s)$.

6. 判断下列命题公式的类型:

(1) $p \to (p \lor q \lor r)$;　　　　　　(2) $(p \to \neg p) \to \neg p$;

(3) $\neg(q \to p) \land p$;　　　　　　　(4) $(p \to q) \to (\neg q \to \neg p)$;

(5) $(\neg p \to q) \to (q \to \neg p)$;　　　(6) $(p \land \neg p) \leftrightarrow q$;

(7) $(p \lor \neg p) \to ((q \land \neg q) \land \neg r)$;　(8) $(p \leftrightarrow q) \to \neg(p \lor q)$;

(9) $((p \to q) \land (q \to r)) \to (p \to r)$;　(10) $((p \lor q) \to r) \leftrightarrow s$.

7. 证明下列等值式:

(1) $(p \land q) \lor (p \land \neg q) \Leftrightarrow p$;

(2) $((p \to q) \land (p \to r)) \Leftrightarrow (p \to (q \land r))$;

(3) $\neg(p \leftrightarrow q) \Leftrightarrow ((p \lor q) \land \neg(p \land q))$.

8. 用等值演算法判断下列命题公式的类型:

(1) $\neg((p \land q) \to p)$;

(2) $((p \to q) \land (q \to p)) \leftrightarrow (p \leftrightarrow q)$;

(3) $(\neg p \to q) \to (q \to \neg p)$.

9. 设 A,B,C 为任意的命题公式.

(1) 已知 $A \lor C \Leftrightarrow B \lor C$,问:$A \Leftrightarrow B$ 吗?

(2) 已知 $A \land C \Leftrightarrow B \land C$,问:$A \Leftrightarrow B$ 吗?

(3) 已知 $\neg A \Leftrightarrow \neg B$,问:$A \Leftrightarrow B$ 吗?

10. 求下列命题公式的主析取范式、主合取范式、成真赋值及成假赋值:

(1) $(p \lor (q \land r)) \to (p \land q \land r)$;

(2) $(\neg p \to q) \to (\neg q \lor p)$;

(3) $\neg(p \to q) \land q \land r$.

11. 通过求主析取范式判断下列各组命题公式是否等值:

(1) ① $p \to (q \to r)$,② $q \to (p \to r)$;

(2) ① $p \uparrow q$,② $p \downarrow q$.

12. 某勘探队有甲、乙、丙 3 名队员,有一天取得一块矿样,3 人的判断如下:

甲:这不是铁,也不是铜;

乙:这不是铁,是锡;

丙:这不是锡,是铁.

实验室鉴定后发现,其中一个人两个判断都正确,一个人对一半,另一个人全错了. 根据以上情况判断这块矿样的种类.

13. 判断下列推理是否正确(先将命题符号化,再写出前提和结论,然后进行判断):

(1) 如果今天是 1 号,则明天是 6 号;今天是 1 号,所以明天是 6 号.

(2) 如果今天是 1 号,则明天是 6 号;明天是 6 号,所以今天是 1 号.

(3) 如果今天是 1 号,则明天是 6 号;明天不是 6 号,所以今天不是 1 号.

(4) 如果今天是 1 号,则明天是 6 号;今天不是 1 号,所以明天不是 6 号.

14. 构造下面推理的证明:

(1) 前提:$\neg(p \wedge \neg q), \neg q \vee r, \neg r$;

　　结论:$\neg p$.

(2) 前提:$p \rightarrow (q \rightarrow s), q, p \vee \neg r$;

　　结论:$r \rightarrow s$.

(3) 前提:$p \rightarrow q$;

　　结论:$p \rightarrow (p \wedge q)$.

(4) 前提:$q \rightarrow p, q \leftrightarrow s, s \leftrightarrow t, t \wedge r$;

　　结论:$p \wedge q \wedge s \wedge r$.

15. 如果她是理科学生,她必学好数学;如果她不是文科学生,她必是理科学生;她没学好数学,所以她是文科学生.

判断上面推理是否正确,并证明你的结论.

16. 给定命题公式 $p \vee (q \wedge \neg r)$,(1) 该公式的成真赋值为 $\boxed{}$;

① 无　② 全体赋值　③ 010,100,101,111　④ 010,100,101,110,111

(2) 该公式的成假赋值为 $\boxed{}$;

① 无　② 全体赋值　③ 000,001,011　④ 000,010,110

(3) 该公式的类型为 $\boxed{}$.

① 重言式　② 矛盾式　③ 非重言式的可满足式

17. 给定命题公式 $\neg(p \wedge q) \rightarrow r$,(1) 该公式的主析取范式中含极小项的个数为 $\boxed{}$;

① 2　② 3　③ 5　④ 0　⑤ 8

(2) 该公式的主合取范式中含极大项的个数为 $\boxed{}$;

① 0　② 8　③ 5　④ 3　⑤ 6

(3) 该公式的成真赋值为 $\boxed{}$.

① 000,001,110　② 001,011,101,110,111　③ 全体赋值　④ 无

18. 设计一个符合如下要求的室内照明控制线路:在房间的门外、门内及床头分别装有控制同一个电灯 F 的 3 个开关 A, B, C,当且仅当一个开关的按键向上或 3 个开关的按键同时向上时,电灯亮,那么 F 的逻辑关系式可化简为 $\boxed{}$.

① $A \vee B \vee C$　② $A \vee B \vee C \vee (A \wedge B \wedge C)$　③ $\neg A \,\underline{\vee}\, (B \,\underline{\vee}\, C)$　④ $A \,\underline{\vee}\, (B \,\underline{\vee}\, C)$

第2章 谓词逻辑

谓词逻辑也称**一阶逻辑**,它研究由个体、函数及关系构成的命题,由这些命题通过使用量词和命题联结词构成的更复杂的命题,以及这类命题之间的推理关系.在用数学的语言和推理构建形式系统的过程中,谓词逻辑处于核心地位,多数常见的数学公理系统都可在谓词逻辑中表述.谓词逻辑的形式系统包括它的语言(即一阶语言)、逻辑公理,以及推理规则.

2.1 谓词逻辑的基本概念

第1章讲述的是命题逻辑,其中命题是演算的基本单位.但实际上还需要对简单命题进行分解,否则就无法研究命题的内部结构及其内在的联系,甚至无法处理一些简单而又常见的推理过程.例如著名的"苏格拉底(Socrates)三段论":凡人都是要死的;苏格拉底是人,所以苏格拉底是要死的.我们知道,这个推理是正确的,但用命题逻辑无法说明这一点.

在命题逻辑中,令 p, q, r 表示以上 3 个命题,则 $(p \land q) \to r$ 表示上述推理.这个命题公式不是重言式,我们无法判断其正确性.可是凭我们的直觉,上述论断是正确的.这就是命题逻辑的局限性,原因是没有将 p, q, r 之间的内在联系反映出来.为此,需要对简单命题做进一步分析,将简单命题分解成个体词和谓词两部分.**个体词**是指可以独立存在的客体,它可以是一个具体的事物,也可以是一个抽象的概念,如小丽、李明、梅花、桌子、自然数、$\sqrt{2}$、思想、定理等;而**谓词**是用来刻画个体词的性质或个体词之间关系的词.

例如,在以下 3 个简单命题中:

(1) $\sqrt{3}$ 是无理数;

(2) 小张是打字员;

(3) 小王比小明高 2 cm,

"$\sqrt{3}$""小张""小王""小明"都是个体词;而"……是无理数""……是打字员""……比……高 2 cm"都是谓词.前两个谓词是表示个体词性质的,后一个谓词是表示个体词之间的关系的.

表示具体或特定的客体的个体词称为**个体常项**,用 $a, b, c, \cdots$ 表示;表示抽象或泛指的个体词称为**个体变项**,用 $x, y, z, \cdots$ 表示.个体变项的取值范围称为**个体域**(或**论域**),个体域可以是有限事物的集合,如 $\{1, 2, 3\}, \{a, b, c\}, \{1, 人\}$;也可以是无限事物的集合,如自然数集、实数集等.特别地,将宇宙间的一切事物组成的个体域称为**全总个体域**.

表示具体性质或关系的谓词称为**谓词常项**,用 $F, G, H, \cdots$ 表示,如用 F 表示"……是无理数";表示抽象的或泛指的性质或关系的谓词称为**谓词变项**,也用 $F, G, H, \cdots$ 表示.具体谓词是常项还是变项可根据上下文而定.个体变项 x 具有性质 F,记作 $F(x)$;个体变项 x, y 具有关系 L,记作 $L(x, y)$.这种个体变项和谓词的联合体 $F(x), L(x, y)$ 等仍称为谓词,如 $F(x)$ 表示"x

是无理数",a 表示 $\sqrt{2}$,则 $F(a)$ 表示"$\sqrt{2}$ 是无理数";$L(x,y)$ 表示"x 比 y 高 2 cm",b 表示小王,c 表示小明,则 $L(b,c)$ 表示"小王比小明高 2 cm".

在谓词中所包含的个体词数量称为**元数**. 含 $n(n\geqslant 1)$ 个个体词的谓词称为 n **元谓词**. 一元谓词是表示个体词性质的;$n(n\geqslant 2)$ 元谓词是表示个体词之间关系的. 通常用 $P(x_1,x_2,\cdots,x_n)$ 表示 n 元谓词,它是以个体变项的个体域为定义域,以 $\{0,1\}$ 为值域的 n 元函数,这里要注意,n 个个体变项的顺序不能随意改动. 一般来说,谓词 $P(x_1,x_2,\cdots,x_n)$ 不是命题,它的真值无法确定,要想使它成为命题,必须指定某一谓词常项代替 P,同时还要用 n 个个体常项代替 n 个个体变项. 例如,$L(x,y)$ 是一个二元谓词,它不是命题;当令 $L(a,b)$ 表示"a 小于 b"时,该谓词中的谓词部分成为常项,但它仍不是命题;当进一步取 a 为 2,b 为 3 时,$L(a,b)$ 才是命题,并且是真命题.

将不带个体变项的谓词称为 0 **元谓词**. 如当 $c=2,d=1$ 时,$L(c,d)$ 是 0 元谓词,是假命题. 一旦谓词 L 的意义明确之后,0 元谓词都是命题. 命题逻辑中简单命题都可以用 0 元谓词来表示,因而可将命题看成谓词的特殊情况. 谓词逻辑就是对简单命题做进一步分析,分析出其中的个体词、谓词、量词等,研究它们的形式结构及逻辑关系,总结出正确的推理形式和规则. 命题逻辑中的联结词在谓词逻辑中均可使用.

例 2 - 1　将下列命题用 0 元谓词符号化:

(1) 2 是素数且是偶数.

(2) 如果 2 大于 3,则 2 大于 5.

(3) 如果小明比李丽高,李丽比丁一高,则小明比丁一高.

解　(1) $F(x)$:x 是素数;$G(x)$:x 是偶数;a:2,则该命题符号化为

$$F(a)\wedge G(a).$$

(2) $L(x,y)$:x 大于 y;a:2;b:3;c:5,则该命题符号化为

$$L(a,b)\rightarrow L(a,c).$$

(3) $H(x,y)$:x 比 y 高;a:小明;b:李丽;c:丁一,则该命题符号化为

$$H(a,b)\wedge H(b,c)\rightarrow H(a,c).$$

现在考虑如下形式的命题在谓词逻辑中的符号化问题:

(1) 所有的人都是要死的.

(2) 有的人活了百岁以上.

在这两个命题中,除了有个体词和谓词之外,还有表示数量的词. 表示数量的词称为**量词**. 量词主要有以下两种:

(1) **全称量词**. 日常语言中的"一切""所有的""任意的"等称为全称量词,用"$\forall$"表示. $\forall x$ 表示对个体域中的所有个体,$\forall xF(x)$ 表示个体域中的所有个体都有性质 F.

(2) **存在量词**. 日常语言中的"存在着""有一个""至少有一个"等称为存在量词,用"$\exists$"表示. $\exists x$ 表示存在个体域中的个体,$\exists xF(x)$ 表示个体域中存在具有性质 F 的个体.

上述两个命题在符号化前必须明确它们的个体域.

(1) 命题(1)的个体域 D 为人类集合,命题(1)符号化为

$$\forall xF(x),\quad 其中 F(x):x 是要死的.$$

这是个真命题.

(2) 命题(2)的个体域 D 为人类集合,命题(2)符号化为

$$\exists xG(x), \quad \text{其中 } G(x):x \text{ 活了百岁以上.}$$

这也是个真命题.

若将个体域 D 视为全总个体域,则命题(1)就不能符号化为 $\forall xF(x)$,命题(2)也不能符号化为 $\exists xG(x)$.因为这时 $\forall xF(x)$ 表示宇宙间的一切事物都是要死的,$\exists xG(x)$ 表示宇宙间的一切事物中存在百岁以上的,显然与原命题不符或没表达出原意.在这种情况下,要将人分离出来,即以上命题可叙述如下:

(1) 对所有个体而言,如果他是人,则他是要死的.

(2) 存在着个体,他是人并且活了百岁以上.

于是,在符号化时,必须引进一个新的谓词

$$M(x):x \text{ 是人.}$$

称这个谓词为**特性谓词**.因此,

命题(1)可符号化为 $\forall x(M(x) \rightarrow F(x))$;

命题(2)可符号化为 $\exists x(M(x) \wedge G(x))$.

注:在使用量词时,

(1) 在不同个体域中,命题符号化的形式可能不一样.

(2) 若事先没有给出个体域,则都应以全总个体域为个体域.

(3) 在引入特性谓词后,使用全称量词与存在量词符号化的形式是不同的.

(4) 个体域和谓词的含义确定之后,n 元谓词要转化为命题至少需要 n 个量词.

(5) 当个体域为有限集时,如

$$D = \{a_1, a_2, \cdots, a_n\},$$

对任意的谓词 $A(x)$,都有

① $\forall xA(x) \Leftrightarrow A(a_1) \wedge A(a_2) \wedge \cdots \wedge A(a_n)$;

② $\exists xA(x) \Leftrightarrow A(a_1) \vee A(a_2) \vee \cdots \vee A(a_n)$.

这就将谓词逻辑中的命题公式转化为命题逻辑中的命题公式了.

(6) 多个量词同时出现时,不能随意颠倒其顺序,否则可能会改变原命题的含义.例如命题

"对任意的 x,存在着 y,使 $x+y=5$",

若取个体域为实数集,则可符号化为 $\forall x \exists yH(x,y)$,其中,$H(x,y):x+y=5$.这是个真命题.若颠倒顺序为 $\exists y \forall xH(x,y)$,则其含义为"存在着 y,对任意的 x,都有 $x+y=5$",改变了命题原意,成了假命题,产生错误.

例 2-2　在谓词逻辑中将下列命题符号化:

(1) 凡是有理数均可表示成分数.

(2) 有的有理数是整数.

要求:Ⅰ.个体域为有理数集;Ⅱ.个体域为实数集;Ⅲ.个体域为全总个体域.

解　Ⅰ.当个体域为有理数集时,不用引入特性谓词.

(1) $\forall xF(x)$,其中,$F(x):x$ 可表示成分数.

(2) $\exists xG(x)$,其中,$G(x):x$ 是整数.

Ⅱ.当个体域为实数集时,引入特性谓词 $R(x):x$ 是有理数.

(1) $\forall x(R(x) \rightarrow F(x))$,其中,$F(x):x$ 可表示成分数.

(2) $\exists x(R(x) \wedge G(x))$,其中,$G(x):x$ 是整数.

Ⅲ. 当个体域为全总个体域时,命题(1),(2)的符号化与个体域为实数集时相同.

上述命题均为真命题.

例 2-3 将下列命题符号化:

(1) 对所有的 x,均有 $x^2-1=(x+1)(x-1)$.

(2) 存在 x,使 $x+5=2$.

要求:Ⅰ. 个体域为自然数集;Ⅱ. 个体域为实数集.

解 Ⅰ. 当个体域为自然数集时,

(1) $\forall x F(x)$,其中,$F(x):x^2-1=(x+1)(x-1)$,真命题.

(2) $\exists x G(x)$,其中,$G(x):x+5=2$,假命题.

Ⅱ. 当个体域为实数集时,

(1) $\forall x F(x)$,其中,$F(x):x^2-1=(x+1)(x-1)$,真命题.

(2) $\exists x G(x)$,其中,$G(x):x+5=2$,真命题.

例 2-4 在谓词逻辑中将下列命题符号化:

(1) 所有偶数都能被 2 整除.　　　(2) 存在着偶素数.

(3) 没有不犯错误的人.　　　(4) 在广州工作的人未必都是广州人.

解 由于命题未指定个体域,故取全总个体域.

(1) $\forall x(F(x) \rightarrow G(x))$,其中,$F(x):x$ 是偶数;$G(x):x$ 能被 2 整除.

(2) $\exists x(F(x) \wedge G(x))$,其中,$F(x):x$ 是偶数;$G(x):x$ 是素数.

(3) $\neg \exists x(M(x) \wedge \neg F(x))$,其中,$M(x):x$ 是人;$F(x):x$ 犯错误. 该命题也可表示为:所有的人都会犯错误,即 $\forall x(M(x) \rightarrow F(x))$,与上式等值.

(4) $\neg \forall x(F(x) \rightarrow G(x))$,其中,$F(x):x$ 在广州工作;$G(x):x$ 是广州人. 该命题也可表示为:存在着在广州工作的非广州人,即 $\exists x(F(x) \wedge \neg G(x))$,与上式等值.

例 2-5 在谓词逻辑中将下列命题符号化:

(1) 所有人都不一样高.

(2) 每个自然数都有后继数.

(3) 有的自然数无先驱数.

解 由于个体域没指明,故取全总个体域.

(1) $\forall x \forall y(M(x) \wedge M(y) \wedge H(x,y) \rightarrow \neg L(x,y))$,其中,$M(x):x$ 是人;$H(x,y):x \neq y$;$L(x,y):x$ 与 y 一样高. 该命题也可表示为

$$\neg \exists x \exists y(M(x) \wedge M(y) \wedge H(x,y) \wedge L(x,y)).$$

(2) $\forall x(F(x) \rightarrow \exists y(F(y) \wedge H(x,y)))$,其中,$F(x):x$ 是自然数;$H(x,y):y$ 是 x 的后继数.

(3) $\exists x(F(x) \wedge \forall y(F(y) \rightarrow \neg L(x,y)))$,其中,$F(x):x$ 是自然数;$L(x,y):y$ 是 x 的先驱数.

习题 2.1

1. 在谓词逻辑中,将下列命题符号化:

(1) 鸟都会飞翔.　　　(2) 并不是所有的人都爱吃糖.

(3) 有人爱看小说.　　　　　　　(4) 没有不爱看电影的人.

(5) 每个大学生不是文科生就是理科生.　　(6) 有些人喜欢所有的花.

(7) 任何金属都可以溶解在某种液体中.　　(8) 凡对顶角都相等.

2. 有命题如下:

(1) 每列火车都比某些汽车快.

(2) 某些汽车比所有的火车慢.

令 $F(x)$: x 是火车; $G(y)$: y 是汽车; $H(x,y)$: x 比 y 快. 命题(1)的符号化公式为 ☐ 或 ☐ ;

① $\forall x(F(x) \wedge \exists y(G(y) \wedge H(x,y)))$

② $\forall x \exists y(F(x) \rightarrow (G(y) \rightarrow H(x,y)))$

③ $\forall x(F(x) \rightarrow \exists y(G(y) \wedge H(x,y)))$

④ $\exists y \forall x(F(x) \rightarrow (G(y) \wedge H(x,y)))$

⑤ $\forall x \exists y(F(x) \rightarrow (G(y) \wedge H(x,y)))$

命题(2)的符号化公式为 ☐ 或 ☐ .

① $\exists y(G(y) \rightarrow \forall x(F(x) \wedge H(x,y)))$

② $\exists y(G(y) \wedge \forall x(F(x) \rightarrow H(x,y)))$

③ $\forall x \exists y(G(y) \rightarrow (F(x) \wedge H(x,y)))$

④ $\exists y \forall x(G(y) \wedge (F(x) \rightarrow H(x,y)))$

⑤ $\exists y(G(y) \rightarrow \forall x(F(x) \rightarrow H(x,y)))$

2.2　谓词逻辑公式

2.2.1　合式公式

为了使命题符号化更准确、规范,我们需要进行谓词演算与推理.

定义 2.1　项的定义如下:

(1) 个体常项和个体变项是项;

(2) 若 $\varphi(x_1, x_2, \cdots, x_n)$ 是任意 n 元函数, $t_1, t_2, \cdots, t_n$ 是项,则 $\varphi(t_1, t_2, \cdots, t_n)$ 是项;

(3) 只有有限次地使用(1),(2)生成的符号串才是项.

这里 φ 表示任意的函数,可视为表示函数的模式,我们称其为**元语言符号**. 所谓**元语言**,就是用来描述对象语言的语言,而对象语言是用来描述研究对象的语言. 显然,

$$a, \quad b, \quad x, \quad y, \quad f(x,y)=x+y, \quad g(x,y)=x-y,$$
$$h(x,y)=xy, \quad f(a,g(x,y))=a+(x-y),$$
$$g(h(x,y),f(a,b))=xy-(a+b)$$

等都是项.

定义 2.2　设 $R(x_1, x_2, \cdots, x_n)$ 是任意的 n 元谓词, $t_1, t_2, \cdots, t_n$ 是项,则称 $R(t_1, t_2, \cdots, t_n)$ 为**原子公式**,其中,R 是元语言符号.

定义 2.3　**合式公式**(也称**谓词公式**)的定义如下:

(1) 原子公式是合式公式;

(2) 若 A 是合式公式,则 $(\neg A)$ 也是合式公式;

(3) 若 A,B 是合式公式,则 $(A\wedge B),(A\vee B),(A\rightarrow B),(A\leftrightarrow B)$ 也是合式公式;

(4) 若 A 是合式公式,则 $(\forall xA),(\exists xA)$ 也是合式公式;

(5) 只有有限次地应用(1),(2),(3),(4)构成的符号串才是合式公式.

为简单起见,合式公式的最外层括号可以省去,并将合式公式简称为**公式**.

定义 2.4 在合式公式 $\forall xA$ 和 $\exists xA$ 中,x 称为**指导变项**,A 称为相应量词的**辖域**.在辖域 A 中,x 的所有出现称为**约束出现**(即指导变项 x 受相应量词的约束),而 A 中不受约束出现的其他变项的出现称为**自由出现**.

例 2 - 6 指出下列公式中的指导变项、量词的辖域、个体变项的自由出现和约束出现:

(1) $\forall x(F(x)\rightarrow\exists yH(x,y))$;

(2) $\exists xF(x)\wedge G(x,y)$;

(3) $\forall x\forall y(R(x,y)\vee L(y,z))\wedge\exists xH(x,y)$.

解 (1) 在 $\exists yH(x,y)$ 中,y 为指导变项,$\exists$ 的辖域为 $H(x,y)$,y 是约束出现的,x 是自由出现的.在整个公式中,x 是指导变项,$\forall$ 的辖域为 $F(x)\rightarrow\exists yH(x,y)$,$x,y$ 都是约束出现的,x 约束出现 2 次,y 约束出现 1 次.

(2) 在 $\exists xF(x)$ 中,x 是指导变项,$\exists$ 的辖域为 $F(x)$,x 是约束出现的.在 $G(x,y)$ 中,x,y 都是自由出现的.在整个公式中,x 约束出现 1 次,自由出现 1 次,y 自由出现 1 次.

(3) 在 $\forall x\forall y(R(x,y)\vee L(y,z))$ 中,x,y 都是指导变项,$\forall$ 的辖域为 $R(x,y)\vee L(y,z)$,x,y 都是约束出现的,z 是自由出现的.在 $\exists xH(x,y)$ 中,x 是指导变项,$\exists$ 的辖域为 $H(x,y)$,x 是约束出现的,y 是自由出现的.在整个公式中,x 约束出现 2 次,y 约束出现 2 次,自由出现 1 次,z 自由出现 1 次.

常用元语言符号 $A(x)$ 表示 x 是自由出现的任意公式,例如 $A(x)$ 为
$$F(x)\rightarrow G(x),\quad F(x)\vee\exists yG(x,y),\quad \forall y\forall z(R(x,y)\vee L(y,z))$$
等.一旦在 $A(x)$ 前加上 $\forall x$ 或 $\exists x$,即得公式 $\forall xA(x)$ 或 $\exists xA(x)$,x 就成了约束出现的个体变项.同样,用 $A(x,y)$ 表示 x,y 是自由出现的公式,例如 $A(x,y)$ 为
$$R(x,y)\rightarrow L(x),\quad R(x,y)\vee\exists zH(x,z).$$
在 $\forall xA(x,y)$ 中,x 就成了约束出现的变项,y 仍为自由出现的变项;而在 $\exists x\forall yA(x,y)$ 中,x,y 都成为约束出现的变项.反之,对 $\forall xA(x,y),\exists x\forall yA(x,y)$ 去掉量词之后,所得 $A(x,y)$ 中的 x,y 就成了自由出现的变项.

定义 2.5 设 A 为任意公式,若 A 中无自由出现的个体变项,则称 A 是**封闭**的合式公式,简称**闭式**.

例如,
$$\forall x(F(x)\rightarrow G(x)),\quad \exists x\forall y(F(x)\vee G(x,y))$$
是闭式,而
$$\forall x(F(x)\rightarrow G(x,y)),\quad \exists z\forall yL(x,y,z)$$
不是闭式.

2.2.2 换名规则与代替规则

在一个合式公式中,有的个体变项既可以约束出现,又可以自由出现,容易产生混淆.为此,采用下面两条规则来避免混淆.

（1）**换名规则**：将量词辖域中某个约束出现的个体变项及对应的指导变项，改成辖域中未曾出现过的个体变项符号，公式中其余部分不变.

（2）**代替规则**：对某自由出现的个体变项，用与原公式中所有个体变项符号不同的变项符号去代替，且处处代替.

例如，在例 $2-6$ 中，（2）可用换名规则改写为 $\exists zF(z) \wedge G(x,y)$，也可用代替规则改写为 $\exists xF(x) \wedge G(z,y)$.

一般情况下，一个谓词逻辑合式公式中含有个体常项、个体变项（自由出现或约束出现的）、函数变项、谓词变项等. 对各种变项指定特殊的常项去代替，就构成了一个公式的解释；也可以给定一解释后，用来解释多个公式. 下面给出解释的定义.

定义 2.6　一个解释 I 由下面 4 部分组成：

（1）非空个体域 D_I；

（2）D_I 中一部分特定元素；

（3）D_I 上一些特定的函数；

（4）D_I 上一些特定的谓词.

在使用一个解释 I 解释一个公式 A 时，将 A 中的个体常项、函数和谓词分别用 I 中的特定元素、特定函数和特定谓词代替.

例 2-7　给定一解释 I 如下：

（1）$D_I=\{2,3\}$.

（2）D_I 中有特定元素 $a=2$.

（3）D_I 上的特定函数 $f(x)$ 为 $f(2)=3,f(3)=2$.

（4）D_I 上的特定谓词 $F(x)$ 为 $F(2)=0,F(3)=1$；特定谓词 $G(x,y)$ 为 $G(i,j)=1(i,j=2,3)$；特定谓词 $L(x,y)$ 为 $L(2,2)=L(3,3)=1,L(2,3)=L(3,2)=0$.

在解释 I 下，求下列公式的真值：

① $A=\forall x(F(x) \wedge G(x,a))$；

② $B=\exists x(F(f(x)) \wedge G(x,f(x)))$；

③ $C=\forall x\exists yL(x,y)$.

解　在解释 I 下，

① $A \Leftrightarrow (F(2) \wedge G(2,2)) \wedge (F(3) \wedge G(3,2)) \Leftrightarrow (0 \wedge 1) \wedge (1 \wedge 1) \Leftrightarrow 0$.

② $B \Leftrightarrow (F(f(2)) \wedge G(2,f(2))) \vee (F(f(3)) \wedge G(3,f(3)))$
　　　$\Leftrightarrow (F(3) \wedge G(2,3)) \vee (F(2) \wedge G(3,2)) \Leftrightarrow (1 \wedge 1) \vee (0 \wedge 1) \Leftrightarrow 1 \vee 0 \Leftrightarrow 1$.

③ $C \Leftrightarrow (L(2,2) \vee L(2,3)) \wedge (L(3,2) \vee L(3,3)) \Leftrightarrow 1 \wedge 1 \Leftrightarrow 1$.

例 2-8　给定一解释 N 如下：

（1）个体域为自然数集 D_N.

（2）D_N 中有特定元素 $a=0$.

（3）D_N 上的特定函数为 $f(x,y)=x+y,g(x,y)=xy$.

（4）D_N 上的特定谓词为 $F(x,y):x=y$.

在解释 N 下，下面哪些公式为真命题？哪些公式为假命题？

① $\forall xF(g(x,a),x)$；

② $\forall x\forall y(F(f(x,a),y) \rightarrow F(f(y,a),x))$；

③ $\forall x \forall y \exists z F(f(x,y),z)$;

④ $\forall x \forall y F(f(x,y),g(x,y))$;

⑤ $F(f(x,y),f(y,z))$.

解　在解释 N 下,

① $\forall x(x \cdot 0=x)$,是假命题.

② $\forall x \forall y(x+0=y \rightarrow y+0=x)$,是真命题.

③ $\forall x \forall y \exists z(x+y=z)$,是真命题.

④ $\forall x \forall y(x+y=xy)$,是假命题.

⑤ $x+y=y+z$,不是命题.

注:有的公式在具体的解释下真值确定,是命题;有的公式在具体的解释下真值不确定,不是命题.而对闭式来说,每个个体变项都受量词约束,它在具体的解释下总表达一个意义确定的语句,故一定是一个命题,不真就假.而不是闭式的公式就不一定具有这种性质.

定义 2.7　设 A 为一合式公式,如果 A 在任何解释下都是真的,则称 A 为**逻辑有效式**或**永真公式**;如果 A 在任何解释下都是假的,则称 A 是**矛盾式**或**永假公式**;如果至少存在一个解释使 A 为真,则称 A 是**可满足式**.

显然,逻辑有效式是可满足式.

因公式的复杂性和解释的多样性,我们在判断某一公式是否为可满足式或矛盾式方面,至此还没有一个可行的算法,但对一些特殊的公式还是可以判断的.

定义 2.8　设 A_0 是含命题变项 $p_1,p_2,\cdots,p_n$ 的命题公式, $A_1,A_2,\cdots,A_n$ 是 n 个合式公式,用 $A_i(i=1,2,\cdots,n)$ 处处代换 p_i,所得公式 A 称为 A_0 的**代换实例**.

例如,

$$F(x) \rightarrow G(x), \quad \forall x F(x) \rightarrow \exists x G(x)$$

都是 $p \rightarrow q$ 的代换实例.

注:命题公式中,重言式的代换实例在合式公式中仍可称为重言式,这样的重言式都是逻辑有效式.命题公式中的矛盾式的代换实例仍为矛盾式.

例 2-9　判断下列公式中,哪些是逻辑有效式,哪些是矛盾式:

(1) $\forall x F(x) \rightarrow \exists x F(x)$;

(2) $\forall x F(x) \rightarrow (\forall x \exists y G(x,y) \rightarrow \forall x F(x))$;

(3) $\forall x F(x) \rightarrow (\forall x F(x) \vee \exists y G(y))$;

(4) $\neg(F(x,y) \rightarrow R(x,y)) \wedge R(x,y)$;

(5) $\forall x \exists y F(x,y) \rightarrow \exists x \forall y F(x,y)$.

解　(1) 设 I 为任意的解释,其个体域为 D. 若存在 $x_0 \in D$,使 $F(x_0)$ 为假,则 $\forall x F(x)$ 为假,所以 $\forall x F(x) \rightarrow \exists x F(x)$ 为真. 若对任意 $x \in D$,都有 $F(x)$ 为真,则 $\forall x F(x)$, $\exists x F(x)$ 均为真,所以 $\forall x F(x) \rightarrow \exists x F(x)$ 为真. 因此,在解释 I 下,题设公式为真. 由 I 的任意性,可知题设公式是逻辑有效式.

(2) 易知 $p \rightarrow (q \rightarrow p)$ 为重言式,而题设公式是该重言式的代换实例,故为逻辑有效式.

(3) 题设公式是 $p \rightarrow (p \vee q)$ 的代换实例,而 $p \rightarrow (p \vee q)$ 是重言式,故题设公式是逻辑有效式.

(4) 题设公式是 $\neg(p \rightarrow q) \wedge q$ 的代换实例,而 $\neg(p \rightarrow q) \wedge q$ 是矛盾式,故题设公式为矛盾式.

(5) 取解释 I 如下:

① 个体域为自然数集 $\mathbf{N}$;

② 特定谓词为 $F(x,y):x=y$.

在这个解释 I 下,前件化为 $\forall x \exists y(x=y)$,这是真的;而后件化为 $\exists x \forall y(x=y)$,这是假的,故蕴涵式为假,说明题设公式不是逻辑有效式.

若将上面解释中的特定谓词改为 $F(x,y):x \leqslant y$,构成新的解释 I',则在解释 I' 下,蕴涵式的前、后件都是真的,故蕴涵式为真,说明题设公式也不是矛盾式.

因此,题设公式是非逻辑有效式的可满足式.

定义 2.9 设 A,B 是谓词逻辑中任意的两个公式,若 $A \leftrightarrow B$ 为逻辑有效式,则称 A 与 B 是**等值**的,记作 $A \Leftrightarrow B$,称 $A \Leftrightarrow B$ 为谓词逻辑中的**等值式**.

因重言式都是逻辑有效式,故命题逻辑中的 24 个等值式及其代换实例都是谓词逻辑中的等值式.如

$$\forall x A(x) \Leftrightarrow \forall x A(x) \wedge \forall x A(x);$$
$$(\forall x A(x) \rightarrow \exists x B(x)) \Leftrightarrow (\neg \forall x A(x) \vee \exists x B(x)).$$

并且在换名规则与代替规则下,所得公式与原来公式也是等值的.

下面给出谓词逻辑中其他一些重要的等值式,其证明均从略.

定理 2.1 量词否定等值式:

(1) $\neg \forall x A(x) \Leftrightarrow \exists x \neg A(x)$;

(2) $\neg \exists x A(x) \Leftrightarrow \forall x \neg A(x)$,

其中,$A(x)$ 是任意的公式.

定理 2.2 量词辖域收缩与扩张等值式:

(1) $\forall x(A(x) \vee B) \Leftrightarrow \forall x A(x) \vee B,$

   $\forall x(A(x) \wedge B) \Leftrightarrow \forall x A(x) \wedge B,$

   $\forall x(A(x) \rightarrow B) \Leftrightarrow \exists x A(x) \rightarrow B,$

   $\forall x(B \rightarrow A(x)) \Leftrightarrow B \rightarrow \forall x A(x);$

(2) $\exists x(A(x) \vee B) \Leftrightarrow \exists x A(x) \vee B,$

   $\exists x(A(x) \wedge B) \Leftrightarrow \exists x A(x) \wedge B,$

   $\exists x(A(x) \rightarrow B) \Leftrightarrow \forall x A(x) \rightarrow B,$

   $\exists x(B \rightarrow A(x)) \Leftrightarrow B \rightarrow \exists x A(x).$

在以上各式中,$A(x)$ 是含 x 自由出现的任意公式,而 B 中不含有 x 的出现.

定理 2.3 量词分配等值式:

(1) $\forall x(A(x) \wedge B(x)) \Leftrightarrow \forall x A(x) \wedge \forall x B(x)$;

(2) $\exists x(A(x) \vee B(x)) \Leftrightarrow \exists x A(x) \vee \exists x B(x)$,

其中,(1)称为 $\forall$ 对 $\wedge$ 的分配等值式;(2)称为 $\exists$ 对 $\vee$ 的分配等值式.但 $\forall$ 对 $\vee$ 及 $\exists$ 对 $\wedge$ 都不存在分配等值式.

例 2-10 证明:

(1) $\forall x(A(x) \vee B(x)) \not\Leftrightarrow \forall x A(x) \vee \forall x B(x)$;

(2) $\exists x(A(x) \wedge B(x)) \not\Leftrightarrow \exists x A(x) \wedge \exists x B(x)$.

证明 取谓词公式 $F(x),G(x)$ 分别代替 $A(x)$ 和 $B(x)$. 只要证

$$\forall x(F(x) \vee G(x)) \leftrightarrow \forall x F(x) \vee \forall x G(x),$$

①

$$\exists x(F(x) \land G(x)) \leftrightarrow \exists xF(x) \land \exists xG(x) \qquad\qquad ②$$

都不是逻辑有效式即可.

取解释 I 的个体域 D 为自然数集;$F(x)$:x 是奇数;$G(x)$:x 是偶数. 此时 $\forall x(F(x) \lor G(x))$ 为真,但 $\forall xF(x) \lor \forall xG(x)$ 为假,故①式为假,不是逻辑有效式.

同理可证,②式也不是逻辑有效式.

定理 2.4 (1) $\forall x \forall yA(x,y) \Leftrightarrow \forall y \forall xA(x,y)$;

(2) $\exists x \exists yA(x,y) \Leftrightarrow \exists y \exists xA(x,y)$,

其中,$A(x,y)$ 是任意的含 x,y 自由出现的合式公式.

同命题逻辑一样,谓词逻辑中合式公式也有其规范模式,即前束范式.

定义 2.10 设 A 是一合式公式,如果 A 具有形式

$$Q_1x_1Q_2x_2\cdots Q_kx_kB,$$

则称 A 是**前束范式**,其中,$Q_i(i=1,2,\cdots,k)$ 为量词 $\forall$ 或 $\exists$,B 为不含量词的合式公式.

例如,

$$\forall x \exists y(F(x,y) \rightarrow G(x,y)), \quad \exists x \forall y \forall z(F(x,y,z) \rightarrow G(x,y,z))$$

都是前束范式;而

$$\forall xF(x) \land \forall xG(x,y), \quad \forall x(F(x) \rightarrow \forall y(G(y) \rightarrow H(x)))$$

都不是前束范式.

在谓词逻辑中,任何合式公式 A 的前束范式都是存在的,可用换名规则及代替规则求 A 的前束范式,而且前束范式是不唯一的.

例 2-11 求下列公式的前束范式:

(1) $\forall xF(x) \land \neg \exists xG(x)$;   (2) $\forall xF(x) \lor \neg \exists xG(x)$;

(3) $\forall xF(x) \rightarrow \exists xG(x)$;   (4) $\exists xF(x) \rightarrow \forall xG(x)$;

(5) $(\forall xF(x,y) \rightarrow \exists yG(y)) \rightarrow \forall xH(x,y)$.

解 (1) $\forall xF(x) \land \neg \exists xG(x) \Leftrightarrow \forall xF(x) \land \forall x \neg G(x)$

$\Leftrightarrow \forall x(F(x) \land \neg G(x))$.

(2) $\forall xF(x) \lor \neg \exists xG(x) \Leftrightarrow \forall xF(x) \lor \forall x \neg G(x)$

$\Leftrightarrow \forall xF(x) \lor \forall y \neg G(y)$

$\Leftrightarrow \forall x(F(x) \lor \forall y \neg G(y))$

$\Leftrightarrow \forall x \forall y(F(x) \lor \neg G(y))$.

(3) $\forall xF(x) \rightarrow \exists xG(x) \Leftrightarrow \neg \forall xF(x) \lor \exists xG(x)$

$\Leftrightarrow \exists x \neg F(x) \lor \exists xG(x)$

$\Leftrightarrow \exists x(\neg F(x) \lor G(x))$.

(4) $\exists xF(x) \rightarrow \forall xG(x) \Leftrightarrow \neg \exists xF(x) \lor \forall xG(x)$

$\Leftrightarrow \forall x \neg F(x) \lor \forall xG(x)$

$\Leftrightarrow \forall x \neg F(x) \lor \forall yG(y)$

$\Leftrightarrow \forall x(\neg F(x) \lor \forall yG(y))$

$\Leftrightarrow \forall x \forall y(\neg F(x) \lor G(y))$.

(5) $(\forall xF(x,y) \rightarrow \exists yG(y)) \rightarrow \forall xH(x,y) \Leftrightarrow (\forall xF(x,z) \rightarrow \exists yG(y)) \rightarrow \forall xH(x,z)$

$\Leftrightarrow (\forall xF(x,z) \rightarrow \exists yG(y)) \rightarrow \forall tH(t,z)$

$$\Leftrightarrow \exists x(F(x,z) \rightarrow \exists yG(y)) \rightarrow \forall tH(t,z)$$
$$\Leftrightarrow \exists x\exists y(F(x,z) \rightarrow G(y)) \rightarrow \forall tH(t,z)$$
$$\Leftrightarrow \forall x\forall y((F(x,z) \rightarrow G(y)) \rightarrow \forall tH(t,z))$$
$$\Leftrightarrow \forall x\forall y\forall t((F(x,z) \rightarrow G(y)) \rightarrow H(t,z)).$$

若等值演算时顺序不同,则公式的前束范式可能不同. 例如,例 2 - 11(3)的前束范式也可表示为

$$\exists x\exists y(F(x) \rightarrow G(y)) \quad 或 \quad \exists y\exists x(F(x) \rightarrow G(y)).$$

应注意,一个公式的前束范式的各指导变项应是各不相同的,原公式中自由出现的个体变项在前束范式中还应是自由出现的. 若发现前束范式中有相同的指导变项,或原来自由出现的个体变项变成约束出现了,则说明换名规则或代替规则用得有错或用的次数不够,应检查纠正.

习题 2.2

1. 给定一解释 I:

(1) 个体域 D_I 为整数集合;

(2) D_I 中有特定元素 $a_0 = 0, a_1 = 1$;

(3) D_I 上的特定函数为 $f(x,y) = x - y, \varphi(x,y) = x + y$;

(4) D_I 上的特定谓词为 $F(x,y): x < y$.

在解释 I 下,以下 7 个公式中为真的是 ☐,为假的是 ☐.

① $F(f(x,a_1),\varphi(x,a_1))$

② $\forall x\forall yF(f(x,y),\varphi(x,y))$

③ $\forall x\exists yF(f(x,y),\varphi(x,y))$

④ $\forall yF(f(y,a_0) \rightarrow \forall x(\neg F(f(x,y),\varphi(x,y))))$

⑤ $\forall y\forall x(F(x,y) \rightarrow F(f(x,y),x))$

⑥ $F(f(x,y),\varphi(x,y))$

⑦ $\forall x(F(x,a_0) \rightarrow F(f(x,y),\varphi(x,y)))$

2. 给定下列合式公式:

(1) $\forall x(\neg F(x) \rightarrow \neg F(x))$;

(2) $\forall xF(x) \rightarrow \exists xF(x)$;

(3) $\neg (F(x) \rightarrow (\forall yG(x,y) \rightarrow F(x)))$;

(4) $\forall x\exists yF(x,y) \rightarrow \exists x\forall yF(x,y)$;

(5) $\neg \forall xF(x) \leftrightarrow \exists x\neg F(x)$;

(6) $\forall x(F(x) \land G(x)) \rightarrow (\forall xF(x) \lor \forall xG(x))$;

(7) $\exists x\exists yF(x,y) \rightarrow \forall x\forall yF(x,y)$;

(8) $\forall x(F(x) \lor G(x)) \rightarrow (\forall xF(x) \lor \forall xG(x))$;

(9) $(\forall xF(x) \lor \forall xG(x)) \rightarrow \forall x(F(x) \lor G(x))$;

(10) $\forall x\forall yF(x,y) \leftrightarrow \forall y\forall xF(x,y)$;

(11) $\neg (\forall xF(x) \rightarrow \forall yG(y)) \land \forall yG(y)$.

上面 11 个公式中,为逻辑有效式的是 ☐,为矛盾式的是 ☐.

2.3　谓词演算的推理规则

在谓词逻辑中,推理的形式结构仍为

$$A_1 \wedge A_2 \wedge \cdots \wedge A_k \rightarrow B.$$

若上式是逻辑有效式,则推理正确.此时称 B 是 $A_1,A_2,\cdots,A_k$ 的**逻辑结论**,并将上式记为

$$A_1 \wedge A_2 \wedge \cdots \wedge A_k \Rightarrow B.$$

通常称逻辑有效蕴涵式为**推理定律**.命题逻辑中的重言蕴涵式、谓词逻辑中的代换实例都是推理定律,并且每个等值式均可产生两条推理定律.

定理 2.5　关于谓词分配的推理定律还有:

(1)　$\forall xA(x) \vee \forall xB(x) \Rightarrow \forall x(A(x) \vee B(x))$;

(2)　$\exists x(A(x) \wedge B(x)) \Rightarrow \exists xA(x) \wedge \exists xB(x)$;

(3)　$\forall x(A(x) \rightarrow B(x)) \Rightarrow \forall xA(x) \rightarrow \forall xB(x)$;

(4)　$\exists x(A(x) \rightarrow B(x)) \Rightarrow \exists xA(x) \rightarrow \exists xB(x)$.

在推理过程中,除了用到命题逻辑中的 11 条推理规则外,还要用到下面 4 条推理规则.注意 $A \Rightarrow B$ 不一定表示 $A \rightarrow B$ 是逻辑有效式,而表示的只是在一定条件下,当 A 为真时,B 也为真的推理关系.

1. 全称量词消去规则(简称 UI 规则)

UI 规则有如下两种形式:

$$\forall xA(x) \Rightarrow A(y);$$

$$\forall xA(x) \Rightarrow A(c).$$

在推理过程中根据需要选用上述两种形式,其成立的条件是:

(1)　x 是 $A(x)$ 中自由出现的个体变项;

(2)　y 为任意的不在 $A(x)$ 中约束出现的个体变项;

(3)　c 为任意的个体常项.

在使用 UI 规则时要注意条件,否则会犯错误.例如,对于实数集上的二元谓词 $F(x,y)$:$x>y$,公式 $\forall x\exists yF(x,y)$ 是真命题,设 $A(x)=\exists yF(x,y)$,则 x 在 $A(x)$ 中是自由出现的,而 y 在 $A(x)$ 中是约束出现的,但在适用上述规则时,若取 y 代替 x,则得

$$\forall x\exists yF(x,y) \Rightarrow \exists yF(y,y),$$

而 $\exists yF(y,y)$ 表示的结论为"存在 y,使 $y>y$",这是假命题,不难发现,其错误的原因是违背了 UI 规则的条件(2).

2. 全称量词引入规则(简称 UG 规则)

$$A(y) \Rightarrow \forall xA(x).$$

其成立的条件是:

(1)　y 在 $A(y)$ 中自由出现,且 y 取任何值时 $A(y)$ 均为真;

(2)　取代 y 的 x 不能在 $A(y)$ 中约束出现,否则也会产生错误.

例如,在实数集中,取 $F(x,y)$:$x>y$,则 $A(y)=\exists xF(x,y)$ 对任意给定的 y 都是成立的,

但在适用上述规则时,若取 x 代替 y,则得 $\forall x \exists x(x>x)$,这是假命题,不难发现,其错误的原因是违背了 UG 规则的条件(2).

3. 存在量词引入规则(简称 EG 规则)

$$A(c) \Rightarrow \exists x A(x).$$

其成立的条件是:

(1) c 是特定的个体常项;

(2) 取代 c 的 x 不能在 $A(c)$ 中出现过.

例如,在实数集中,取 $F(x,y):x>y$,并取 $A(2)=\exists x F(x,2)$,则 $A(2)$ 仍然是真命题,且 x 在 $A(2)$ 中出现过,但在适用该规则时,若取 x 代替 2,则会得到 $\exists x F(x,x)$,这是假命题,不难发现,其错误的原因是违背了 EG 规则的条件(2).

4. 存在量词消去规则(简称 EI 规则)

$$\exists x A(x) \Rightarrow A(c).$$

其成立的条件是:

(1) c 是使 $A(c)$ 为真的特定的个体常项;

(2) $A(x)$ 中除 x 外还有其他自由出现的个体变项时不能用此规则.

例如,在自然数集中,设 $F(x):x$ 是奇数;$G(x):x$ 是偶数,则

$$\exists x F(x) \wedge \exists x G(x)$$

是真命题,如果不注意条件,则会推出假命题来:

① $\exists x F(x)$,　　　　　　　(前提引入)

② $F(c)$.　　　　　　　　　　(EI 规则)

③ $\exists x G(x)$,　　　　　　　(前提引入)

④ $G(c)$.　　　　　　　　　　(EI 规则)

⑤ $F(c) \wedge G(c)$,　　　　　　(②,④合取)

⑥ $\exists x(F(x) \wedge G(x))$.　　　(EG 规则)

⑥是假命题,因违背了 EI 规则的条件(1),即②,④中 c 不应该相同.

又如,在实数集中,$\forall x \exists y(x>y)$ 是真命题,$\forall x(x>c)$ 是假命题,而

① $\forall x \exists y(x>y)$,　　　(前提引入)

② $\exists y(z>y)$,　　　　　　(UI 规则)

③ $z>c$,　　　　　　　　　　(EI 规则)

④ $\forall x(x>c)$.　　　　　　(UG 规则)

④是假命题,其错误的原因是违背了 EI 规则的条件(2),对②适用 EI 规则时,z 为除 y 以外自由出现的个体变项.

例 2-12　证明苏格拉底三段论:"凡人都是要死的;苏格拉底是人,所以苏格拉底是要死的."

证明　首先将命题符号化为 $F(x):x$ 是人;$G(x):x$ 是要死的;a:苏格拉底.

前提:$\forall x(F(x) \rightarrow G(x)),F(a)$;

结论:$G(a)$.

其次证明该推理:

① $\forall x(F(x) \rightarrow G(x))$,　　　(前提引入)

② $F(a) \rightarrow G(a)$.　　　　　　（UI 规则）

③ $F(a)$,　　　　　　　　　　（前提引入）

④ $G(a)$.　　　　　　　　　　（②,③假言推理）

例 2-13　每个学术会的成员都是工人并且是专家；有些成员是青年人，所以有的成员是青年专家. 请在谓词逻辑中证明上述推理.

证明　首先将命题符号化为 $F(x):x$ 是学术会成员；$G(x):x$ 是专家；$H(x):x$ 是工人；$R(x):x$ 是青年人.

前提：$\forall x(F(x) \rightarrow (G(x) \wedge H(x)))$, $\exists x(F(x) \wedge R(x))$;

结论：$\exists x(F(x) \wedge R(x) \wedge G(x))$.

其次证明该推理：

① $\exists x(F(x) \wedge R(x))$,　　　　　（前提引入）

② $F(c) \wedge R(c)$.　　　　　　　　（EI 规则）

③ $\forall x(F(x) \rightarrow (G(x) \wedge H(x)))$,　　（前提引入）

④ $F(c) \rightarrow (G(c) \wedge H(c))$.　　　（UI 规则）

⑤ $F(c)$,　　　　　　　　　　（②化简）

⑥ $G(c) \wedge H(c)$,　　　　　　　（④,⑤假言推理）

⑦ $R(c)$,　　　　　　　　　　（②化简）

⑧ $G(c)$,　　　　　　　　　　（⑥化简）

⑨ $F(c) \wedge R(c) \wedge G(c)$,　　　　　（⑤,⑦,⑧合取）

⑩ $\exists x(F(x) \wedge R(x) \wedge G(x))$.　　（EG 规则）

若将证明步骤改为

① $\forall x(F(x) \rightarrow (G(x) \wedge H(x)))$,　　（前提引入）

② $F(c) \rightarrow (G(c) \wedge H(c))$.　　　（UI 规则）

③ $\exists x(F(x) \wedge R(x))$,　　　　　（前提引入）

④ $F(c) \wedge R(c)$.　　　　　　　　（EI 规则）

……

最后，虽然也能推出结论

$$\exists x(F(x) \wedge R(x) \wedge G(x)),$$

但证明过程是错误的. 原因在于违背了 EI 规则的条件(1)，即②中的 c 不一定能使④为真，故②和④中的 c 不应相同.

由例 2-13 知，若所给前提中既有存在量词公式，又有全称量词公式，则应先引入存在量词公式.

在通常的数学证明中，EI 规则是经常被使用的，但是由于 EI 规则有其成立条件(1)，(2) 两个限制，从而使得 EI 规则的适应范围大大受到限制. 前面已经指出，在引入全称量词公式时，应先引入存在量词公式，但 EI 规则具有限制性很强的条件，这使它在计算机逻辑和自动证明中一般难以应用. 事实上，当能使 A 为真的特定的个体常项有很多时，我们并不知道这个常项到底是哪一个，因此为了使存在量词公式的条件或者结论在后续证明中可以使用（主要是在假言推理中可以直接用到），我们不是将存在量词消去，而是使对应的假言推理的前件在合适的条件下增加存在量词，这样就不用消去存在量词，但在应用时却达到了存在量词消去的效果. 具体如下：

$$A(x) \rightarrow B \Rightarrow \exists x A(x) \rightarrow B,$$

x 不在 B 和已知前件中自由出现.

　　上述规则在一些书中仍被直接称为存在量词消去规则,只是名不对号,很不好理解. 我们建议称其为**存在量词使用规则**. 引用该规则,例 2-13 可以证明如下:

　　① $\forall x(F(x) \rightarrow (G(x) \wedge H(x)))$,　　　　　　　　　（前提引入）

　　② $F(c) \rightarrow (G(c) \wedge H(c))$.　　　　　　　　　　　　（UI 规则）

　　③ $F(x) \rightarrow F(x)$,　　　　　　　　　　　　　　　　　（等值规则）

　　④ $(F(x) \rightarrow (G(x) \wedge H(x))) \wedge (F(x) \rightarrow F(x))$.　　（UI 规则）

　　⑤ $(\neg F(x) \vee (G(x) \wedge H(x))) \wedge (\neg F(x) \vee F(x))$,　　（③,④合取引入）

　　⑥ $F(x) \rightarrow (G(x) \wedge H(x) \wedge F(x))$,　　　　　　　（⑤等值规则）

　　⑦ $\exists x F(x) \rightarrow (G(x) \wedge H(x) \wedge F(x))$.　　　　　（⑥存在量词使用规则）

　　⑧ $\exists x F(x)$,　　　　　　　　　　　　　　　　　　　（前提引入）

　　⑨ $G(x) \wedge H(x) \wedge F(x)$,　　　　　　　　　　　　　（⑦,⑧假言推理）

　　⑩ $\exists x(G(x) \wedge H(x) \wedge F(x))$.　　　　　　　　　（⑨存在量词使用规则）

　　存在量词使用规则的约束条件较少,且比较直接;而存在量词消去规则虽然比较直接,但是约束条件较多,并且涉及规则使用顺序问题. 在实际证明中,读者可根据需要选择存在量词使用规则和存在量词消去规则,只要引用条件合适就可以.

　　例 2-14　构造下面推理的证明:

　　前提:$\neg \exists x(F(x) \wedge H(x))$,$\forall x(G(x) \rightarrow H(x))$;

　　结论:$\forall x(G(x) \rightarrow \neg F(x))$.

　　证明　① $\neg \exists x(F(x) \wedge H(x))$,　　　（前提引入）

　　② $\forall x(\neg F(x) \vee \neg H(x))$,　　　　　　（①置换）

　　③ $\forall x(H(x) \rightarrow \neg F(x))$,　　　　　　　（②置换）

　　④ $H(y) \rightarrow \neg F(y)$.　　　　　　　　　　（UI 规则）

　　⑤ $\forall x(G(x) \rightarrow H(x))$,　　　　　　　　（前提引入）

　　⑥ $G(y) \rightarrow H(y)$.　　　　　　　　　　　（UI 规则）

　　⑦ $G(y) \rightarrow \neg F(y)$,　　　　　　　　　　（④,⑥假言三段论）

　　⑧ $\forall x(G(x) \rightarrow \neg F(x))$.　　　　　　　（UG 规则）

　　本例结论中带全称量词,因而在用 UI 规则时,用个体变项 y 取代 x.

习题 2.3

1. 给定下面两个推理的证明过程:

(1)　① $\forall x(F(x) \rightarrow G(x))$,　　　　（前提引入）

　　② $F(y) \rightarrow G(y)$.　　　　　　　　（UI 规则）

　　③ $\exists x F(x)$,　　　　　　　　　　　（前提引入）

　　④ $F(y)$.　　　　　　　　　　　　　（EI 规则）

　　⑤ $G(y)$,　　　　　　　　　　　　（②,④假言推理）

　　⑥ $\forall x G(x)$.　　　　　　　　　　（UG 规则）

(2) ① $\forall x\exists yF(x,y)$,　　　（前提引入）

　　② $\exists yF(z,y)$,　　　　　（UI 规则）

　　③ $F(z,c)$,　　　　　　　（EI 规则）

　　④ $\forall xF(x,c)$,　　　　　（UG 规则）

　　⑤ $\exists y\forall xF(x,y)$.　　　（EG 规则）

在上面推理(1)中，□到□是错误的；推理(2)中，□到□是错误的.

2. 在谓词逻辑中给出下面 4 个推理：

(1) 前提：$\forall x(F(x)\rightarrow G(x))$,$\exists yF(y)$;　　(2) 前提：$\exists x(F(x)\wedge G(x))$;

　　结论：$\exists yG(y)$.　　　　　　　　　　　　结论：$\exists yG(y)$.

(3) 前提：$\exists xF(x)$,$\forall xG(x)$;　　　　　　(4) 前提：$\forall x(F(x)\rightarrow H(x))$,$\neg H(y)$;

　　结论：$\exists y(F(y)\wedge G(y))$.　　　　　　　结论：$\forall x(\neg F(x))$.

在以上 4 个推理中，□是正确的.

3. 给定一推理：

每个喜欢步行的人都不喜欢坐汽车；每个人或者喜欢坐汽车或者喜欢骑自行车；有的人不喜欢骑自行车，所以有的人不喜欢步行.

首先将命题符号化为 $F(x)$：x 喜欢步行；$G(x)$：x 喜欢坐汽车；$H(x)$：x 喜欢骑自行车.

前提：$\forall x(F(x)\rightarrow\neg G(x))$,$\forall x(G(x)\vee H(x))$,$\exists x(\neg H(x))$;

结论：$\exists x(\neg F(x))$.

其次证明上述推理：

① $\exists x(\neg H(x))$,　　　　　　（前提引入）

② $\neg H(c)$.

③ $\forall x(G(x)\vee H(x))$,　　　　（前提引入）

④ $G(c)\vee H(c)$,

⑤ $G(c)$.

⑥ $\forall x(F(x)\rightarrow\neg G(x))$,　　（前提引入）

⑦ $F(c)\rightarrow\neg G(c)$,　　　　　（UI 规则）

⑧ $\neg F(c)$,

⑨ $\exists x(\neg F(x))$.　　　　　　　（EG 规则）

在上述证明过程中，②用的推理规则为□，④用的推理规则为□，⑤是由②，④利用推理规则□得到的，⑧是由⑤，⑦利用推理规则□得到的.

① UI 规则　② EI 规则　③ UG 规则　④ EG 规则　⑤ 拒取式　⑥ 假言推理　⑦ 析取三段论

总练习题 2

1. 在谓词逻辑中，将下列命题符号化，并指出各命题在不同个体域的真值：

(1) 对于任意的 x,均有 $(x+1)^2=x^2+2x+1$.

(2) 存在 x,使得 $x+2=0$.

(3) 存在 x,使得 $5x=1$.

个体域分别为：Ⅰ.自然数集 **N**（**N** 中含 0）；Ⅱ.整数集 **Z**；Ⅲ.实数集 **R**.

2. 将下列公式翻译成自然语言,然后在不同个体域中确定它们的真值:

(1) $\forall x \exists y(xy=0)$;　　　　　　　　　　　(2) $\exists x \forall y(xy=0)$;

(3) $\forall x \exists y(xy=1)$;　　　　　　　　　　　(4) $\exists x \forall y(xy=1)$;

(5) $\forall x \exists y(xy=x)$;　　　　　　　　　　　(6) $\forall x \forall y \exists z(x-y=z)$.

个体域分别为:Ⅰ.实数集 **R**;Ⅱ.整数集 **Z**;Ⅲ.正整数集 **Z**$^{+}$;Ⅳ.**R**－{0}(非零实数集合).

3. (1) 试给出解释 I_1,使得

$$\forall x(F(x){\to}G(x))\quad 与 \quad \forall x(F(x){\wedge}G(x))$$

在 I_1 下具有不同的真值;

(2) 试给出解释 I_2,使得

$$\exists x(F(x){\wedge}G(x))\quad 与 \quad \exists x(F(x){\to}G(x))$$

在 I_2 下具有不同的真值.

4. 设解释 I:D 是实数集;D 中有特定元素 $a=0$;D 上的特定函数为 $f(x,y)=x-y$;D 上的特定谓词为 $F(x,y)$:$x<y$. 在解释 I 下,下列公式哪些为真? 哪些为假?

(1) $\forall xF(f(a,x),a)$;

(2) $\forall x \forall y(\neg F(f(x,y),x))$;

(3) $\forall x \forall y \forall z(F(x,y) \vee \neg F(f(x,z),f(y,z)))$;

(4) $\forall x \exists yF(x,f(f(x,y),y))$.

5. 给出解释 I,使下面两个公式在解释 I 下均为假,从而说明这两个公式都不是逻辑有效式:

(1) $\forall x(F(x) \vee G(x)){\to}(\forall xF(x) \vee \forall xG(x))$;

(2) $(\exists xF(x) \wedge \exists xG(x)){\to}\exists x(F(x) \wedge G(x))$.

6. 给出一个闭式 A,使 A 在某些解释下为真,而在另一些解释下为假.

7. 给出一个非封闭的公式 A,使 A 存在解释 I,且在解释 I 下,A 的真值不确定,即 A 仍不是命题.

8. 设个体域 $D=\{a,b,c\}$,在 D 上验证下列量词否定等值式:

(1) $\neg \forall xA(x) \Leftrightarrow \exists x\neg A(x)$;

(2) $\neg \exists xA(x) \Leftrightarrow \forall x\neg A(x)$.

9. 在谓词逻辑中,将下面命题符号化,并要求只能用全称量词:

(1) 没有人长着绿色头发.

(2) 有的北京人没去过香山.

10. 设个体域 $D=\{a,b,c\}$,消去下列公式中的量词:

(1) $\forall xF(x){\to}\exists yG(y)$;

(2) $\forall x(F(x) \wedge \exists yG(y))$;

(3) $\exists x \forall yH(x,y)$.

11. 设解释 I 为:个体域 $D_I=\{-2,3,6\}$;一元谓词 $F(x)$:$x{\leqslant}3$;$G(x)$:$x{>}5$;$R(x)$:$x{\leqslant}7$. 在解释 I 下求下列公式的真值:

(1) $\forall x(F(x) \wedge G(x))$;

(2) $\forall x(R(x){\to}F(x)) \vee G(5)$;

(3) $\exists x(F(x) \vee G(x))$.

12. 求下列公式的前束范式,要求使用约束变项换名规则:

(1) $\neg \exists xF(x){\to}\forall yG(x,y)$;

(2) $\neg(\forall xF(x,y) \vee \exists yG(x,y))$.

13. 求下列公式的前束范式,要求使用自由变项换名规则:

(1) $\forall xF(x) \vee \exists yG(x,y)$;

(2) $\exists x(F(x) \wedge \forall yG(x,y,z)){\to}\exists zH(x,y,z)$.

14. 指出下列推理的证明过程中的错误:

(1) ① $\forall xF(x){\rightarrow}G(x)$, 　　（前提引入）

　　② $F(y){\rightarrow}G(y)$. 　　（UI 规则）

(2) ① $\forall x(F(x)\vee G(x))$, 　　（前提引入）

　　② $F(a)\vee G(b)$. 　　（UI 规则）

(3) ① $F(x){\rightarrow}G(x)$, 　　（前提引入）

　　② $\exists y(F(y){\rightarrow}G(y))$. 　　（EG 规则）

(4) ① $F(x){\rightarrow}G(c)$, 　　（前提引入）

　　② $\exists x(F(x){\rightarrow}G(x))$. 　　（EG 规则）

(5) ① $F(a){\rightarrow}G(b)$, 　　（前提引入）

　　② $\exists x(F(x){\rightarrow}G(x))$. 　　（EG 规则）

(6) ① $\exists x(F(x)\wedge G(x))$, 　　（前提引入）

　　② $F(c)\wedge G(c)$, 　　（EI 规则）

　　③ $F(c)$. 　　（化简）

　　④ $\exists y(H(y)\wedge R(y))$, 　　（前提引入）

　　⑤ $H(c)\wedge R(c)$, 　　（EI 规则）

　　⑥ $H(c)$, 　　（化简）

　　⑦ $F(c)\wedge H(c)$, 　　（③,⑥合取）

　　⑧ $\exists x(F(x)\wedge H(x))$. 　　（EG 规则）

15. 构造下面推理的证明：

(1) 前提：$\exists xF(x)\rightarrow\forall y((F(y)\vee G(y))\rightarrow R(y))$，$\exists xF(x)$；

　　结论：$\exists xR(x)$.

(2) 前提：$\forall x(F(x)\rightarrow(G(y)\wedge R(x)))$，$\exists xF(x)$；

　　结论：$\exists x(F(x)\wedge R(x))$.

16. 取个体域为整数集，给定下列公式：

(1) $\forall x\exists y(xy=0)$; 　　　　　　(2) $\forall x\exists y(xy=1)$;

(3) $\exists y\exists x(xy=2)$; 　　　　　　(4) $\forall x\forall y\exists z(x-y=z)$;

(5) $x-y=-y+x$; 　　　　　　(6) $\forall x\forall y(xy=y)$;

(7) $\forall x(xy=x)$; 　　　　　　(8) $\exists x\forall y(x+y=2y)$.

在上述公式中，真命题的为 　　 ，假命题的为 　　 .

17. 给定下列公式：

(1) $(\neg\exists xF(x)\vee\forall yG(y))\wedge(F(u)\rightarrow\forall zH(z))$；

(2) $\exists xF(y,x)\rightarrow\forall yG(y)$；

(3) $\forall x(F(x,y)\rightarrow\forall yG(x,y))$.

在下列公式中，　　 是(1)的前束范式，　　 是(2)的前束范式，　　 是(3)的前束范式.

① $\exists x\forall y\forall z((\neg F(x)\vee G(y))\wedge(F(u)\rightarrow H(z)))$

② $\forall x\forall y\forall z((\neg F(x)\vee G(y))\wedge(F(u)\rightarrow H(z)))$

③ $\exists x\forall y(F(y,x)\rightarrow G(y))$

④ $\forall x\forall y(F(z,x)\rightarrow G(y))$

⑤ $\forall x\forall y(\neg F(z,x)\vee G(y))$

⑥ $\forall x\exists y(F(x,z)\rightarrow G(x,y))$

⑦ $\forall x\forall y(F(x,z)\rightarrow G(x,y))$

⑧ $\forall y\forall x(F(x,z)\rightarrow G(x,y))$

⑨ $\forall y\forall x(\neg F(z,x)\vee G(y))$

第二部分 集合论

第3章 集 合

  集合是现代数学中最重要的基本概念之一. 集合概念的使用使数学概念的建立变得完善并且统一起来. 大多数数学家相信所有数学都可以用集合论语言来表达. 集合论已成为现代各个数学分支的基础, 同时还渗透到了各个科学技术领域, 成为不可缺少的数学工具的表达语言. 对于计算机科学工作者来说, 集合论也是必备的基础知识. 在开关理论、形式语言、编译原理以及数据库原理等方面, 集合论都有着广泛的应用.

  集合论起源于为微积分寻求严格基础的研究, 它是由德国数学家康托(Cantor)于 1874 年创立的. 集合论为数学的统一提供了基础. 正当集合论被誉为绝对严格的数学基础时, 1900 年前后, 集合论的悖论相继被提出, 尤其是罗素(Russell)悖论的提出, 动摇了整个数学的基础, 使人们对数学的严密可靠性产生了怀疑, 从而触发了极为严重的第三次数学危机. 为了排除悖论, 克服危机, 恢复数学的"绝对严格性质", 数学家和逻辑学家做了大量工作, 展开了激烈的论战. 于是在 20 世纪初, 便产生了一个新的数学领域——数学基础, 并逐步形成了 3 大学派, 即布劳威尔(Brouwer)的直觉主义、罗素的逻辑主义以及希尔伯特(Hilbert)的形式主义. 同时, 数学家对集合论也进行了公理化改造, 建立了各种形式的公理集合论, 其中最具代表性的是策梅洛-弗兰克尔(Zermelo-Frankel)公理系统和哥德尔(Godel)公理系统.

  本章介绍的是集合论的基础知识, 属于朴素集合论的范围.

3.1 集合的基本概念

  集合是数学中的基本概念, 如同几何中点、线、面等概念一样, 是不能用其他概念精确定义的原始概念. 集合是什么呢? **集合**就是人们直观上或思想上能够明确区分的一些确定的、彼此不同的事物所构成的整体. 把组成这个集合的个别事物称为集合的**元素**. 例如, 一个班级里的全体学生构成一个集合; 全体实数构成实数集合; 平面上的所有点构成一个集合; 一本书定义的概念构成一个集合; 一个程序的全部语句构成一个集合. 集合元素所表示的事物可以是具体的, 也可以是抽象的. 集合的元素既是任意的, 又必须是可确认的和可区分的. 例如, "某学校高个子学生"这样的客体就不能构成集合, 因为"高个子"是一个界定不清的概念, 身高多少才算高个子呢? 这个概念不能明确界定集合的元素, 因此不能构成集合.

  通常用大写英文字母 $A, B, \cdots$ 表示集合的名称, 用小写英文字母 $a, b, \cdots$ 表示集合的元素. 若元素 a **属于**集合 A, 则记作 $a \in A$; 若元素 a **不属于**集合 A, 则记为 $a \notin A$. 若构成一个集合的全体元素的个数是有限的, 则称该集合为**有限集**; 否则, 称其为**无限集**. 有限集 S 中所含元素的数目称为集合 S 的**元数**或**基数**, 记作 $|S|$. 若 $|S| = 0$, 则称 S 为**空集**, 记为 $\varnothing$.

  注: 集合在某些场合又称为**类**、**族**或**搜集**.

  集合的表示法通常有下列 3 种.

1. 列举法

列举法就是将集合的元素按某一次序逐一列在花括号内,并用逗号分开的方法. 例如

$$A=\{a,b,c\}, \quad B=\{1,2,3,\cdots\}, \quad C=\{2,4,6,\cdots\}.$$

2. 描述法

用谓词描述出集合元素的公共特征,其形式为 $S=\{x\mid P(x)\}$,即 S 是使 $P(x)$ 为真的 x 的全体. 例如

$$A=\{x\mid \exists y(y\in \mathbf{Z}\wedge x=2y)\},$$
$$B=\{x\mid x\in \mathbf{N}\wedge x\geqslant 1\wedge x\leqslant 100\},$$
$$C=\{x\mid \exists y(y\in \mathbf{N}\wedge x=2y+1)\}.$$

上述两种方法中,列举法适用于元素不太多的有限集或元素的构造规律比较明显简单的集合,而描述法刻画了集合元素的共同特征. 还有一种描述非空集合的方法,其基本思想是从一个初始非空集合出发,利用某种规则扩充该集合,使其成为所要描述的集合.

3. 归纳定义法

归纳定义法通常包括以下 3 步:

(1) 基本步: S_0 非空且 S_0 中的任意元素均是 A 的元素;

(2) 归纳步:给出一组规则,从 A 的元素出发,依据这些规则所得到的仍是 A 的元素;

(3) 极小化:若 S 的任意元素均是 A 的元素,并且 S 满足(1)和(2),则 S 与 A 含有相同的元素.

基本步是构造 A 的基础,并且保证 A 是非空集;归纳步是构造 A 的关键,它给出了集合元素的构造方法;极小化说明 A 中的任意元素都可以通过有限次使用(1)和(2)得到,并保证所构造的集合 A 是唯一的. 由于极小化在归纳定义法中总是存在的,因此在默认的情况下常常将其省略.

例如,设 $R\in \mathbf{Z}^+$,A_R 表示能够被 R 整除的自然数所构成的集合,则 A_R 可归纳定义如下:

(1) $0\in A_R$;

(2) 若 $n\in A_R$,则 $n+R\in A_R$.

又如,设 Σ 是一个字母表(一个由符号构成的非空有限集),由 Σ 中有限个字母并排放在一起所组成的符号串称为 Σ 上的**字**;不含任何字母的符号串称为**空字**,用 ε 表示,那么 Σ 上的所有字构成的集合 Σ^* 用归纳定义法定义如下:

(1) $\varepsilon\in \Sigma^*$;

(2) 若 $x\in \Sigma^*$ 且 $a\in \Sigma^*$,则 $ax\in \Sigma^*$.

实际上,命题公式和合式公式就是采用归纳定义法定义的. 在 3.3 节中我们将会看到,用归纳定义法定义自然数集合,乃是数学归纳法的理论基础.

下面介绍一些有关集合的概念.

定义 3.1 设有集合 A,B. 若 $\forall x, x\in A\rightarrow x\in B$,则称 A 是 B 的**子集**,也称 A **包含于** B 或 B **包含** A,记为 $A\subseteq B$ 或 $B\supseteq A$;否则,称 A 不是 B 的子集,记为 $A\nsubseteq B$ 或 $B\nsupseteq A$.

定义 3.2 设有集合 A,B. 若 $A\subseteq B$,且 $B\subseteq A$,则称 A 与 B **相等**,记为 $A=B$;否则,称 A 与 B **不相等**,记为 $A\neq B$.

定义 3.3 设有集合 A,B. 若 $A\subseteq B$,且 $A\neq B$,则称 A 是 B 的**真子集**,也称 A **真包含于** B

或 B **真包含** A,记为 $A\subset B$ 或 $B\supset A$.

例 3-1 设 $A=\{a,b,c,d\}$,$B=\{a,b,x,y\}$,$C=\{a,c\}$,则有 $C\subseteq A$,但 $C\nsubseteq B$.

例 3-2 $\{x\,|\,x\in\mathbf{Z}\wedge x^2-3x+2=0\}=\{1,2\}$;$\{x\,|\,x\in\mathbf{N}\wedge x^2+1=0\}=\varnothing$.

例 3-3 $\{a,b\}\subset\{a,b,c\}$.

定义 3.4 若集合 E 包含我们讨论的每一个集合,则称 E 是所讨论问题的**完全集**,简称**全集**或**论述域**.

全集是一个相对的概念,它根据所讨论的问题的不同而有所不同. 例如,当讨论有关整数的问题时,可把整数集或有理数集取为全集;当讨论有关"人"的问题时,可把全人类取为全集;等等.

读者不难证明以下结论.

定理 3.1 设 A,B,C 是任意集合,E 为全集,则

(1) $\varnothing\subseteq A$;

(2) $A\subseteq A$;

(3) $A\subseteq E$;

(4) 若 $A\subseteq B$ 且 $B\subseteq C$,则 $A\subseteq C$;

(5) 若 $A\subset B$ 且 $B\subset C$,则 $A\subset C$.

定理 3.2 空集是存在的并且是唯一的.

定义 3.5 设 A 是集合,则称 $\{x\,|\,x\subseteq A\}$ 为 A 的**幂集**,记为 $\rho(A)$,有时也记为 2^A,即 A 的幂集是由 A 的所有子集构成的集合.

例如,设 $A=\{a\}$,则 $\rho(A)=\{\varnothing,\{a\}\}$;设 $B=\{a,b\}$,则 $\rho(B)=\{\varnothing,\{a\},\{b\},\{a,b\}\}$.

定理 3.3 如果有限集 A 的基数为 n,则
$$|\rho(A)|=2^n=2^{|A|}.$$

证明 A 的所有由 $m(0<m\leqslant n)$ 个元素构成的子集的个数为从 n 个元素中取出 m 个元素的组合数 C_n^m,又 $\varnothing\subseteq A$,所以 $\rho(A)$ 的基数 $|\rho(A)|$ 可表示为
$$|\rho(A)|=1+\mathrm{C}_n^1+\cdots+\mathrm{C}_n^m+\cdots+\mathrm{C}_n^n=2^n.$$

习题 3.1

1. 用列举法表示下列集合:

(1) $A=\{x\,|\,x\in\mathbf{N}\wedge|3-x|<3\}$;

(2) $A=\{(x,y)\,|\,x,y\in\mathbf{N}\wedge x+y\leqslant 4\}$;

(3) 小于 20 的素数集合;

(4) 构成字 aggregate 的字母集合;

(5) 真值构成的集合.

2. 用描述法表示下列集合:

(1) $\{1,2,3,\cdots,50\}$;

(2) 奇整数集合;

(3) 重言式集合;

(4) 所有实系数一元一次方程的解;

(5) 极坐标表示的单位圆及其内部的点.

3. 判断下列命题的正确与错误:

(1) $\varnothing\subseteq\varnothing$;

(2) $\varnothing\in\varnothing$;

(3) $\varnothing\subseteq\{\varnothing\}$;

(4) $\varnothing\in\{\varnothing\}$;

(5) $\{a,b\}\subseteq\{a,b,c,\{a,b,c\}\}$;

(6) $\{a,b\}\subseteq\{a,b\}\in\{a,b,c,\{a,b,c\}\}$;

(7) $\{a,b\}\subseteq\{a,b,\{\{a,b\}\}\}$;

(8) $\{a,b\}\in\{a,b,\{\{a,b\}\}\}$.

4. 证明:若 a,b,c,d 都是任意客体,则$\{\{a\},\{a,b\}\}=\{\{c\},\{c,d\}\}$,当且仅当 $a=c$ 且 $b=d$.

5. 写出下列集合的全部子集:

(1) $\{\varnothing\}$;　　　　　　(2) $\{\varnothing,\{\varnothing\}\}$;　　　　　　(3) $\{\{\varnothing,a\},\{a\}\}$.

6. 求下列集合等式成立时 a,b,c,d 应该满足的条件:

(1) $\{a,b\}=\{a,b,c\}$;　　　　　　　　(2) $\{a,b,a\}=\{a,b\}$;

(3) $\{a,\{b,c\}\}=\{a,\{d\}\}$;　　　　　　(4) $\{\{a,b\},\{c\}\}=\{\{b\}\}$;

(5) $\{\{a,\varnothing\},b,\{c\}\}=\{\{\varnothing\}\}$.

7. 设 A,B,C 是集合,如果 $A\in B$ 且 $B\in C$,那么 $A\in C$ 可能吗? $A\in C$ 常真吗? 试举例说明.

8. 对任意集合 A,B,C 确定下列命题是否为真;若为真,请证明,若为假,试举一反例.

(1) 如果 $A\in B$ 及 $B\subseteq C$,则 $A\in C$;　　　　(2) 如果 $A\in B$ 及 $B\subseteq C$,则 $A\subseteq C$;

(3) 如果 $A\subseteq B$ 及 $B\in C$,则 $A\in C$;　　　　(4) 如果 $A\subseteq B$ 及 $B\in C$,则 $A\subseteq C$.

9. 写出下列集合的幂集 $\rho(A)$:

(1) $A=\{\varnothing\}$;　　　　　　　　　　(2) $A=\{\{1\},1\}$;

(3) $A=\rho(\{1,2\})$;　　　　　　　　　　(4) $A=\{\{1,1\},\{2,1\},\{1,2,1\}\}$;

(5) $A=\{x\mid x\in\mathbf{R}\wedge x^3-2x^2-x+2=0\}$.

3.2　集合的运算

　　按照某些规则,对一个或多个集合进行运算能够产生新的集合. 本节将讨论集合的一些运算规律及其应用.

　　定义 3.6　设 A 和 B 是集合,E 为全集,则它们的**并** $A\bigcup B$,**交** $A\bigcap B$,**差** $A-B$ 以及 A 的**补集** $\overline{A}$ 分别定义如下:

$$A\bigcup B=\{x\mid x\in A\vee x\in B\},$$
$$A\bigcap B=\{x\mid x\in A\wedge x\in B\},$$
$$A-B=\{x\mid x\in A\wedge x\notin B\},$$
$$\overline{A}=E-A=\{x\mid x\in E\wedge x\notin A\}.$$

若 $A\bigcap B=\varnothing$,则称 A 与 B 是**不相交的**;$A-B$ 又称为**相对补**;$\overline{A}$ 又称为**绝对补**.

　　例 3-4　设全集 $E=\{x\mid x\in\mathbf{Z}\wedge x\geqslant0\wedge x\leqslant9\}$,$A=\{2,4,5,6,8\}$,$B=\{1,4,5,9\}$,$C=\{x\mid x\in\mathbf{Z}\wedge x\geqslant2\wedge x\leqslant5\}$,求 $B-A$,$\overline{B-A}$,$\overline{B-A}\bigcap(A-B)$ 及 $\overline{C}\bigcup B$.

　　解　$B-A=\{1,9\}$,$\overline{B-A}=\{0,2,3,4,5,6,7,8\}$,$A-B=\{2,6,8\}$,$\overline{B-A}\bigcap(A-B)=\{2,6,8\}$,$\overline{C}\bigcup B=\{0,1,4,5,6,7,8,9\}$.

由定义很容易证明下面定理.

　　定理 3.4　设 A,B,C 是集合,则

(1) $A\subseteq A\bigcup B,B\subseteq A\bigcup B$;　　　　　(2) $A\bigcap B\subseteq A,A\bigcap B\subseteq B$;

(3) $A-B\subseteq A$;　　　　　　　　　　　　(4) $A-B=A\bigcap\overline{B}$;

(5) 若 $A\subseteq C,B\subseteq C$,则 $A\bigcup B\subseteq C$;　　(6) 若 $A\subseteq B,A\subseteq C$,则 $A\subseteq B\bigcap C$;

(7) 若 $A\subseteq B$,则 $\overline{B}\subseteq\overline{A}$.

集合的并与交运算可以推广到多个集合的情形.

　　定义 3.7　设 $A_1,A_2,\cdots,A_n$ 是 n 个集合,它们的**并**与**交**分别定义如下:

$$\bigcup_{i=1}^{n} A_i = \{x \mid x \in A_1 \vee x \in A_2 \vee \cdots \vee x \in A_n\},$$

$$\bigcap_{i=1}^{n} A_i = \{x \mid x \in A_1 \wedge x \in A_2 \wedge \cdots \wedge x \in A_n\}.$$

例 3 - 5 设 $A_1 = \{1,2\}$，$A_2 = \{2,3\}$ 和 $A_3 = \{1,2,3,6\}$，求 $\bigcup\limits_{i=1}^{3} A_i$ 和 $\bigcap\limits_{i=1}^{3} A_i$．

解 $\bigcup\limits_{i=1}^{3} A_i = \{1,2,3,6\}$，$\bigcap\limits_{i=1}^{3} A_i = \{2\}$．

集合与集合之间的相互关系和它们之间的一部分运算可以用**文氏**(Venn)**图**给予形象、直观的描述．

文氏图是一种图解集合的工具，当集合的数量不多时，可用它表达对集合的各种运算．

文氏图是用点的集合作为集合的示意表示．通常用一个矩形区域表示全集 E，矩形中的点表示全集 E 中的元素，E 的子集用矩形内的圆形区域表示，具体情形如图 3-1 所示．

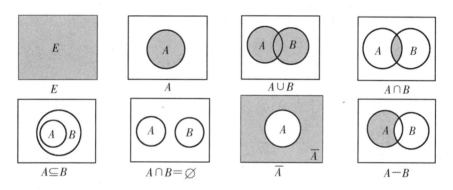

图 3 - 1

由文氏图容易看出下列关系成立：

(1) $A \cup B = B \cup A$，$A \cap B = B \cap A$；

(2) 若 $A \subseteq B$，则 $A \cap B = A$，$A \cup B = B$．

图 3-2 表示的文氏图可以方便地得到全集 E 的两个子集 A 与 B 的许多关系，这两个子集将全集 E 分为 4 个互不相交的子集，它们在图中分别用区域 S_1，S_2，S_3，S_4 表示．由文氏图可以明显地验证差集等价式：$A - B = A \cap \overline{B}$．

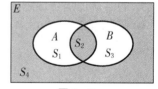

图 3 - 2

以上讨论说明，文氏图有时能够对一些问题给出简单、直观的解释，这种解释对分析解决问题有很大帮助．但是，文氏图只是起一种示意作用，它可以揭示子集之间的某些关系而不能证明恒等式．

集合的运算和文氏图还可以应用到有限集的计数问题上．利用文氏图既可以验证公式计算的结果，也可以直接得出结论．

定理 3.5 设 A，B 是两个有限集，则

$$|A \cup B| = |A| + |B| - |A \cap B|.$$

证明 当 A 与 B 不相交，即 $A \cap B = \varnothing$ 时，显然有

$$|A \cup B| = |A| + |B|.$$

若 $A \cap B \neq \varnothing$，则公共元素个数是 $|A \cap B|$．计算 $|A \cup B|$ 时，每个元素只计算一次，而计算

$|A|+|B|$ 时,公共元素计算了两次,因此有 $|A\cup B|=|A|+|B|-|A\cap B|$.

此定理称为**包含排斥定理**.

例 3 - 6 求从 1 到 300 的整数中能被 5 或 7 整除的数的个数.

解 设 P 表示从 1 到 300 的整数中能被 5 整除的数的集合,S 表示从 1 到 300 的整数中能被 7 整除的数的集合.用文氏图表示,如图 3 - 3 所示.因为

$$|P|=60, \quad |S|=42, \quad |P\cap S|=8,$$

所以

$$|P\cup S|=|P|+|S|-|P\cap S|=60+42-8=94.$$

对任意 3 个集合 A,B,C,定理 3.5 的结论可推广为

$$|A\cup B\cup C|=|A|+|B|+|C|-|A\cap B|-|A\cap C|-|B\cap C|+|A\cap B\cap C|.$$

证明从略,可通过图 3 - 4 验证.

例 3 - 7 求从 1 到 500 之间能被 2,3,7 中任何一个数整除的整数个数.

解 设 A,B,C 分别表示从 1 到 500 之间能被 2,3,7 整除的整数的集合,则

$$|A|=250, \quad |B|=166, \quad |C|=71, \quad |A\cap B|=83,$$
$$|A\cap C|=35, \quad |B\cap C|=23, \quad |A\cap B\cap C|=11.$$

所以

$$|A\cup B\cup C|=250+166+71-83-35-23+11=357.$$

用文氏图表示,如图 3 - 5 所示.

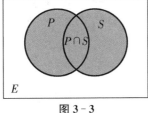

图 3 - 3

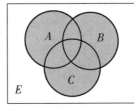

图 3 - 4

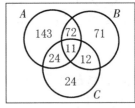

图 3 - 5

包含排斥定理推广到 n 个集合的情形可表述如下.

定理 3.6 设 $A_1,A_2,\cdots,A_n$ 均为有限集,其基数分别为 $|A_1|,|A_2|,\cdots,|A_n|$,则

$$|A_1\cup A_2\cup\cdots\cup A_n|=\sum_{i=1}^{n}|A_i|-\sum_{1\leqslant i<j\leqslant n}|A_i\cap A_j|$$
$$+\sum_{1\leqslant i<j<k\leqslant n}|A_i\cap A_j\cap A_k|-\cdots$$
$$+(-1)^{n-1}|A_1\cap A_2\cap\cdots\cap A_n|.$$

证明从略.

集合的并、交、补运算具有许多性质,下面列出这些性质中最主要的几条,称其为**集合运算的基本定律**.

(1) 交换律 $A\cup B=B\cup A;B\cap A=A\cap B$.

(2) 结合律 $(A\cup B)\cup C=A\cup(B\cup C);(A\cap B)\cap C=A\cap(B\cap C)$.

(3) 分配律 $A\cup(B\cap C)=(A\cup B)\cap(A\cup C);A\cap(B\cup C)=(A\cap B)\cup(A\cap C)$.

(4) 幂等律 $A\cup A=A;A\cap A=A$.

(5) 同一律 $A\cup\varnothing=A;A\cap E=A$.

(6) 零一律 $A \bigcup E = E; A \bigcap \varnothing = \varnothing$.

(7) 互补律 $A \bigcup \overline{A} = E; A \bigcap \overline{A} = \varnothing$.

(8) 对合律(或称双重否定律) $\overline{\overline{A}} = A$.

(9) 吸收律 $A \bigcup (A \bigcap B) = A; A \bigcap (A \bigcup B) = A$.

(10) 德·摩根律 $\overline{A \bigcup B} = \overline{A} \bigcap \overline{B}; \overline{A \bigcap B} = \overline{A} \bigcup \overline{B}$.

由于上述等式对于全集 E 的任意子集 A, B, C 均成立,因此它们是集合恒等式. 这些恒等式的正确性均可一一加以证明. 下面仅对分配律的恒等式之一给出证明,其余留给读者证明.

例 3-8 证明: $A \bigcap (B \bigcup C) = (A \bigcap B) \bigcup (A \bigcap C)$.

证明 对任意的 x,有

$$x \in A \bigcap (B \bigcup C) \Leftrightarrow x \in A \wedge x \in (B \bigcup C)$$
$$\Leftrightarrow x \in A \wedge (x \in B \vee x \in C)$$
$$\Leftrightarrow (x \in A \wedge x \in B) \vee (x \in A \wedge x \in C)$$
$$\Leftrightarrow (x \in (A \bigcap B)) \vee (x \in (A \bigcap C))$$
$$\Leftrightarrow x \in (A \bigcap B) \bigcup (A \bigcap C),$$

所以 $A \bigcap (B \bigcup C) = (A \bigcap B) \bigcup (A \bigcap C)$.

集合运算的交换律、结合律、分配律、德·摩根律等结论还可以推广到有限个集合中去.

定理 3.7 对 n 个集合 $A_1, A_2, \cdots, A_n$ 和集合 B,有如下分配律成立:

$$B \bigcup (\bigcap_{i=1}^{n} A_i) = \bigcap_{i=1}^{n} (B \bigcup A_i);$$
$$B \bigcap (\bigcup_{i=1}^{n} A_i) = \bigcup_{i=1}^{n} (B \bigcap A_i).$$

证明从略.

定理 3.8 对 n 个集合 $A_1, A_2, \cdots, A_n$,有如下德·摩根律成立:

$$\overline{\bigcup_{i=1}^{n} A_i} = \bigcap_{i=1}^{n} \overline{A_i};$$
$$\overline{\bigcap_{i=1}^{n} A_i} = \bigcup_{i=1}^{n} \overline{A_i}.$$

证明从略.

利用集合运算的基本定律可以证明集合恒等式.

例 3-9 设有集合 A, B, C,已知 $A \bigcup B = A \bigcup C, A \bigcap B = A \bigcap C$,试证明: $B = C$.

证明 $B = B \bigcap (B \bigcup A)$
$\quad = B \bigcap (A \bigcup C)$
$\quad = (B \bigcap A) \bigcup (B \bigcap C)$
$\quad = (A \bigcap C) \bigcup (B \bigcap C)$
$\quad = (A \bigcup B) \bigcap (A \bigcup C) \bigcap (C \bigcup B) \bigcap C$
$\quad = (A \bigcup B) \bigcap C$
$\quad = (A \bigcup C) \bigcap C$
$\quad = C$.

例 3-10 试证明: $(A \bigcup B) - (A \bigcap B) = (B - A) \bigcup (A - B)$.

证明 $(A \bigcup B) - (A \bigcap B) = (A \bigcup B) \bigcap (\overline{A \bigcap B})$

$$=(A\cup B)\cap(\overline{A}\cup\overline{B})$$
$$=((A\cup B)\cap\overline{A})\cup((A\cup B)\cap\overline{B})$$
$$=((A\cap\overline{A})\cup(B\cap\overline{A}))\cup((A\cap\overline{B})\cup(B\cap\overline{B}))$$
$$=(\varnothing\cup(B\cap\overline{A}))\cup((A\cap\overline{B})\cup\varnothing)$$
$$=(B\cap\overline{A})\cup(A\cap\overline{B})$$
$$=(B-A)\cup(A-B).$$

定义 3.8 集合 $(A-B)\cup(B-A)$ 或 $(B-A)\cup(A-B)$ 称为集合 A 与 B 的**对称差**或**环和**,记作 $A\oplus B$. 集合 $\overline{A\oplus B}$ 称为 A 与 B 的**环积**,记作 $A\otimes B$.

关于环和与环积,有下列一些性质.

定理 3.9 设 A,B,C 为任意集合,则

(1) $A\oplus A=\varnothing$； (2) $A\otimes A=E$；

(3) $A\oplus B=B\oplus A$； (4) $A\otimes B=B\otimes A$；

(5) $(A\oplus B)\oplus C=A\oplus(B\oplus C)$； (6) $(A\otimes B)\otimes C=A\otimes(B\otimes C)$；

(7) $A\cap(B\oplus C)=(A\cap B)\oplus(A\cap C)$； (8) $A\cup(B\otimes C)=(A\cup B)\otimes(A\cup C)$.

这些性质请读者自己证明.

习题 3.2

1. 给出正整数集合 $\mathbf{Z}^+$ 的如下子集:

$$A=\{x\mid x<12\};\quad B=\{x\mid x\leqslant 8\};\quad C=\{x\mid x=2k,k\in\mathbf{Z}^+\};$$
$$D=\{x\mid x=3k,k\in\mathbf{Z}^+\};\quad E=\{x\mid x=2k-1,k\in\mathbf{Z}^+\}.$$

试用 A,B,C,D,E 表示下列集合:

(1) $\{2,4,6,8\}$； (2) $\{3,6,9\}$； (3) $\{10\}$； (4) $\{x\mid x$ 是偶数 $\wedge x>10\}$；

(5) $\{x\mid x$ 是偶数且 $x\leqslant 10$,或 x 是奇数且 $x\geqslant 9\}$.

2. 设 S,T,M 为任意集合,判断下列命题的真假:

(1) 如果 $S\cup T=S\cup M$,则 $T=M$； (2) 如果 $S-T=\varnothing$,则 $S=T$；

(3) 如果 $\overline{S}\cup T=E$,则 $S\subseteq E,S\subseteq T$； (4) $S\oplus S=S$.

3. 计算 $A\cup B,A\cap B,A-B,A\oplus B$,其中 A,B 分别为:

(1) $A=\{\{a,b\},c\},B=\{c,d\}$；

(2) $A=\{\{a,\{b\}\},c,\{c\},\{b\}\},B=\{\{a,b\},c,\{b\}\}$；

(3) $A=\{x\mid x\in\mathbf{N}\wedge x<3\},B=\{x\mid x\in\mathbf{N}\wedge x\geqslant 2\}$；

(4) $A=\{x\mid x\in\mathbf{R}\wedge x<1\},B=\{x\mid x\in\mathbf{Z}\wedge x<1\}$.

4. 设 A,B,C 是任意集合,若 $A\cap B=A\cap C$,且 $\overline{A}\cap B=\overline{A}\cap C$,问:是否有 $B=C$? 并证明之.

5. 设 A,B 是任意集合,若 $A-B=B$,问:A,B 有何关系?

6. 设 x 和 y 是实数,定义运算 $x\triangle y=x^y$ (x 的 y 次幂).

(1) 证明:运算 $\triangle$ 既不满足交换律,也不满足结合律.

(2) 设 $*$ 代表实数的乘法运算,下列分配律哪些成立?

① $x*(y\triangle z)=(x*y)\triangle(x*z)$；

② $(y*z)\triangle x=(y\triangle x)*(z\triangle x)$.

7. 作出下列各式的文氏图:

(1) $\overline{A}\cap\overline{B}$； (2) $A-(\overline{B\cup C})$； (3) $(A\oplus B)\otimes C$.

8. 证明集合运算基本定律的若干恒等式.

9. 证明环和与环积性质的若干恒等式.

10. 设 A,B,C 是集合. 证明：

(1) 如果 $C \supseteq A, C \supseteq B$，那么 $C \supseteq (A \cup B)$（也就是说，$A \cup B$ 是包含 A 和 B 的最小集合）；

(2) 如果 $C \subseteq A, C \subseteq B$，那么 $C \subseteq (A \cap B)$（也就是说，$A \cap B$ 是包含在 A 和 B 中的最大集合）.

11. 设 A,B,C 是全集 E 的任意子集,证明下列等式：

(1) $A \cap (B-A) = \varnothing$；

(2) $A \cup (B-A) = A \cup B$；

(3) $A - (B \cup C) = (A-B) \cap (A-C)$；

(4) $A - (B \cap C) = (A-B) \cup (A-C)$.

12. 证明：$A \subseteq B, \overline{A} \cup B = E$ 和 $A \cap \overline{B} = \varnothing$ 这 3 者是等价的.

13. 设 A,B 是任意集合,证明：$\rho(A) \cap \rho(B) = \rho(A \cap B)$.

14. 求出下列集合中的 $\bigcup\limits_{S \in C} S$ 和 $\bigcap\limits_{S \in C} S$：

(1) $C = \{\varnothing\}$；

(2) $C = \{\varnothing, \{\varnothing\}\}$；

(3) $C = \{\{a\}, \{b\}, \{a,b\}\}$；

(4) $C = \{\{i\} \mid i \in \mathbf{Z}\}$.

15. 设 $|A| = 3, |\rho(B)| = 64, |\rho(A \cup B)| = 256$,求 $|B|, |A \cap B|, |A-B|, |A \oplus B|$.

3.3　归纳法与自然数

在 3.1 节中我们讲到集合的定义方法,其中之一是归纳定义法. 集合的归纳定义与归纳原理有密切联系.

定义 3.9　设 S 是任一集合,称 $S^+ = S \cup \{S\}$ 为 S 的**后继集**.

例 3-11　$\{a,b\}$ 的后继集为
$$\{a,b\}^+ = \{a,b\} \cup \{\{a,b\}\} = \{a,b,\{a,b\}\}.$$

定义 3.10　自然数集 $\mathbf{N}$ 的**归纳定义**是：

(1) $\varnothing \in \mathbf{N}$；

(2) 若 $n \in \mathbf{N}$,则 $n^+ = n \cup \{n\} \in \mathbf{N}$；

(3) 若 $S \subseteq \mathbf{N}$,且 S 满足(1)和(2),则 $S = \mathbf{N}$.

现约定,依次记
$$0 = \varnothing, \quad 1 = 0^+ = \varnothing^+ = \{\varnothing\}, \quad 2 = 1^+ = \{\varnothing\}^+ = \{\varnothing\} \cup \{\{\varnothing\}\} = \{\varnothing, \{\varnothing\}\}, \quad \cdots,$$
于是有 $n = \{0,1,2,\cdots,n-1\}$.

也许有人会按以下方式归纳定义 $\mathbf{N}$：

(1) $0 \in \mathbf{N}$；

(2) 若 $n \in \mathbf{N}$,则 $n+1 \in \mathbf{N}$；

(3) 此外无它.

如此定义的问题在于 0 和 1 尚未定义,$n+1$ 的含义未定义. 在集合的归纳定义中不允许使用未知的对象作为基础,也不允许使用未定义的方法做归纳. 但是,以下关于自然数集 $\mathbf{N}$ 的**佩亚诺**(Peano)**公理定义**是允许的：

(1) $\varnothing \in \mathbf{N}$(以下记 $0 = \varnothing$)；

(2) 若 $n \in \mathbf{N}$,则 $n^+ \in \mathbf{N}$;

(3) 若 $n \in \mathbf{N}$,则 $n^+ \neq 0$;

(4) 对任意 $n, m \in \mathbf{N}$,若 $n^+ = m^+$,则 $n = m$;

(5) 若 $S \subseteq \mathbf{N}$,且 S 满足①$0 \in S$ 和②若 $n \in S$ 则 $n^+ \in S$,那么 $S = \mathbf{N}$.

以上定义虽未直接给出 n^+ 的定义,但(2),(3),(4)这 3 条公理定义了 n^+ 的基本性质,实际上就是用这 3 条公理给出了 n^+ 的定义. 通常称佩亚诺公理定义中的(5)为**归纳原理**,它是归纳法的基础.

下面讨论两种形式的归纳法.

1. 第一归纳法

设 $P(n)$ 是自然数集 $\mathbf{N}$ 上的性质(或谓词),如果

(1) $P(0)$ 真;

(2) $\forall n(n \in \mathbf{N} \wedge P(n) \rightarrow P(n^+))$ 真,

则 $\forall n(n \in \mathbf{N} \rightarrow P(n))$ 真.

证明 令 $S = \{n \mid n \in \mathbf{N} \wedge P(n)\}$,则 $S \subseteq \mathbf{N}$.

(1) 因为 $0 \in \mathbf{N}$,且 $P(0)$ 真,所以 $0 \in S$.

(2) 对任意 $n \in S$,有 $P(n) \wedge n \in \mathbf{N}$ 真,从而由 $\forall n(n \in \mathbf{N} \wedge P(n) \rightarrow P(n^+))$ 真可知 $P(n^+)$ 真. 又由 $n \in \mathbf{N}$ 知 $n^+ \in \mathbf{N}$,所以 $n^+ \in S$.

可见 $S = \mathbf{N}$,即 $\forall n(n \in \mathbf{N} \rightarrow P(n))$ 真.

例 3 – 12 证明:$\forall n \in \mathbf{N}$, $\displaystyle\sum_{i=0}^{n} i^2 = \frac{n(n+1)(2n+1)}{6}$.

证明 令 $P(n)$:$\displaystyle\sum_{i=0}^{n} i^2 = \frac{n(n+1)(2n+1)}{6}$,$n^+ = n+1$.

(1) 因 $\displaystyle\sum_{i=0}^{0} i^2 = 0 = \frac{0(0+1)(2 \times 0+1)}{6}$,故 $P(0)$ 真.

(2) 若 $P(n)$ 真,即 $\displaystyle\sum_{i=0}^{n} i^2 = \frac{n(n+1)(2n+1)}{6}$,则

$$\sum_{i=0}^{n+1} i^2 = \sum_{i=0}^{n} i^2 + (n+1)^2 = \frac{n(n+1)(2n+1)}{6} + (n+1)^2$$

$$= (n+1)\left[\frac{n(2n+1)}{6} + n+1\right] = (n+1)\left(\frac{2n^2+7n+6}{6}\right)$$

$$= \frac{(n+1)(n+2)(2n+3)}{6},$$

即 $P(n^+)$ 真.

应用第一归纳法可知,$\forall n \in \mathbf{N}$,有 $\displaystyle\sum_{i=0}^{n} i^2 = \frac{n(n+1)(2n+1)}{6}$.

2. 第二归纳法

设 $P(n)$ 是自然数集 $\mathbf{N}$ 上的性质(或谓词),如果

(1) $P(0)$ 真;

(2) $\forall n(n \in \mathbf{N} \wedge \forall n'(n' \in \mathbf{N} \wedge n' \leqslant n \rightarrow P(n')) \rightarrow P(n^+))$ 真,

则 $\forall n(n \in \mathbf{N} \rightarrow P(n))$ 真.

证明　令 $Q(n)$：$\forall n'(n' \in \mathbf{N} \land n' \leqslant n \to P(n'))$，则条件（2）变为 $\forall n(n \in \mathbf{N} \land Q(n) \to P(n^+))$ 真.

（1）因 $Q(0)$ 即 $P(0)$，故 $Q(0)$ 真.

（2）因对任意 $n \in \{n \mid n \in \mathbf{N} \land Q(n)\}$，有 $Q(n)$ 真，而没有自然数 m 使 $n < m < n^+$，故当自然数 $n' < n^+$ 时，仍有 $P(n')$ 为真. 又由条件知 $P(n^+)$ 真，故 $Q(n^+)$ 真.

因此，据第一归纳法，有 $\forall n(n \in \mathbf{N} \to Q(n))$ 真. 而由 $Q(n)$ 的定义知 $\forall n(n \in \mathbf{N} \to P(n))$ 真.

例 3 - 13　有数目相等的两堆棋子，甲、乙两人轮流从任意一堆里任意取棋子，规定不可不取，也不可同时在两堆里取，最后使两堆棋子取完者为胜. 证明：后取者可以必胜.

证明　对每堆棋子数目 n 做归纳. 不妨设甲先取，乙后取.

当 $n = 1$ 时，甲必须在某一堆中取一颗棋子，则乙取另一堆中的一颗棋子，此时乙取胜.

设 $n < m$ 时，所证结论均成立，那么当 $n = m$ 时，若甲先从某一堆中取出 k 颗棋子（$1 \leqslant k \leqslant m$），则有以下两种情形：

（1）$k = m$，这时乙取尽另一堆棋子即可取胜；

（2）$k < m$，这时乙同样取另一堆的 k 个棋子，那么两堆棋子数目均为 $m - k < m$，根据归纳假设可知乙取胜.

由第二归纳法即可得证.

习题 3.3

1. 给出下列集合的归纳定义：

（1）十进制无符号整数集合，定义的集合将包含 6, 235, 0045 等.

（2）把算术表达式中的运算符和运算对象全删去，所得的括号叫作成形括号串. 例如，

$$\text{[]}, \quad \text{[[]]}, \quad \text{[][]}, \quad \text{[[][]][]}$$

等都是成形括号串（上面用 [] 代 () 是为了明晰），试定义成形括号串集合.

2. 证明：成形括号串的左、右括号个数相等.

3. 用归纳法证明：对一切 $n \in \mathbf{Z}^+$，有 $(1 + 2 + \cdots + n)^2 = 1^3 + 2^3 + \cdots + n^3$.

4. 证明：对于任何 $n \geqslant 4$，有 $2^n < n!$.

5. 证明：$2 + 2^2 + 2^3 + \cdots + 2^n = 2^{n+1} - 2$.

6. 如果每根连接多边形两个顶点的直线均位于多边形内，那么这个多边形叫作凸多边形. 证明：对一切 $n \geqslant 3$，n 边凸多边形的内角之和等于 $(n - 2) \times 180°$.（提示：连接两个非邻接的顶点的直线可将多边形划分为两部分.）

7. 设 $A_1, A_2, \cdots, A_n$ 是非空集合，对 n 做归纳，证明下述推广的德·摩根律：

$$\overline{\bigcup_{i=1}^{n} A_i} = \bigcap_{i=1}^{n} \overline{A_i}; \qquad \overline{\bigcap_{i=1}^{n} A_i} = \bigcup_{i=1}^{n} \overline{A_i}.$$

8. 证明：所有大于 1 的整数 n 都能写成若干个素数之积.

9. 如果要证明，对一切 n 和一切 S，如果 S 是 n 个人的集合，那么在 S 中的所有人都有同样的身材. 下面"所有人都有同样的身材"的证明错在哪里？

（1）（基础）设 S 是一非空集合，那么对所有的 x 和 y，如果 $x \in S$ 和 $y \in S$，那么 x 和 y 有同样的身材.

（2）（归纳）假定对所有包含 n 个人的集合断言是真的，证明对包含 $n+1$ 个人的集合也真. 任何由 $n+1$ 个人组成的集合包含两个 n 个人组成的不同的但交搭的子集，用 S' 和 S'' 表示这两个子集. 那么根据归纳前提，在 S' 中的所有人有相同的身材，在 S'' 中的所有人有相同的身材，因为 S' 和 S'' 是交搭的，所以所有在 $S = S' \cup S''$ 中的人都有相同的身材.

3.4 笛 卡 儿 积

笛卡儿积是集合论中的基本概念之一,在后面的各章中,将经常使用这个概念.在阐述笛卡儿积之前,先来研究有序 n 元组.

定义 3.11 对于自然数 n,n 个客体 $a_1,a_2,\cdots,a_n$ 按一定的次序排列成的一个序列称为**有序 n 元组**,简称 n **元组**,记为 $(a_1,a_2,\cdots,a_n)$,其中,$a_i(i=1,2,\cdots,n)$ 称为该 n 元组的第 i 个元素.

$(a_1,a_2,\cdots,a_n)=(b_1,b_2,\cdots,b_n)$,当且仅当 $a_i=b_i(i=1,2,\cdots,n)$.

$n=2$ 时的有序二元组称为**序偶**.

例如,笛卡儿坐标系中二维平面上一个点的坐标 (x,y) 就是序偶;三维空间中的一个点的坐标 (x,y,z) 就是有序三元组;n 元一次线性方程组的一个解,可用有序 n 元组 $(c_1,c_2,\cdots,c_n)$ 来表示.

定义 3.12 设 n 为自然数,$A_1,A_2,\cdots,A_n$ 是任意的 n 个集合,由 $A_1,A_2,\cdots,A_n$ 构成的新集合

$$\{(a_1,a_2,\cdots,a_n)\,|\,a_i\in A_i,i=1,2,\cdots,n\}$$

称为 $A_1,A_2,\cdots,A_n$ 的**笛卡儿积**,记作 $A_1\times A_2\times\cdots\times A_n$,即

$$A_1\times A_2\times\cdots\times A_n=\{(a_1,a_2,\cdots,a_n)\,|\,a_i\in A_i,i=1,2,\cdots,n\}.$$

当 $A_1=A_2=\cdots=A_n=A$ 时,记 $A_1\times A_2\times\cdots\times A_n$ 为 A^n.

例 3-14 设 $A=\{\alpha,\beta\}$,$B=\{a,b\}$,$C=\{c\}$,求 $A\times B\times C$.

解 $A\times B\times C=\{(\alpha,a,c),(\alpha,b,c),(\beta,a,c),(\beta,b,c)\}$.

例 3-15 设 $A=\{1,2\}$,$B=\{b_1,b_2\}$,$C=\varnothing$,求:(1) A^2;(2) $A\times B$;(3) $B\times A$;(4) $A\times B\times C$.

解 (1) $A^2=\{(1,1),(1,2),(2,1),(2,2)\}$.

(2) $A\times B=\{(1,b_1),(1,b_2),(2,b_1),(2,b_2)\}$.

(3) $B\times A=\{(b_1,1),(b_1,2),(b_2,1),(b_2,2)\}$.

(4) $A\times B\times C=\varnothing$.

上例说明了笛卡儿积不满足交换律;在笛卡儿积中若有一个集合是空集,则笛卡儿积一定是空集.

笛卡儿积与集合的某些运算具有以下性质.

定理 3.10 设 A,B,C 为任意集合,则

(1) $A\times(B\cup C)=(A\times B)\cup(A\times C)$;

(2) $A\times(B\cap C)=(A\times B)\cap(A\times C)$;

(3) $(A\cup B)\times C=(A\times C)\cup(B\times C)$;

(4) $(A\cap B)\times C=(A\times C)\cap(B\times C)$;

(5) $A\times(B-C)=(A\times B)-(A\times C)$;

(6) $(A-B)\times C=(A\times C)-(B\times C)$.

证明 我们仅证(1)式,其余各式的证明留给读者完成.

对任意的 x,有

$$(x,y) \in A \times (B \bigcup C) \Leftrightarrow x \in A \land y \in (B \bigcup C)$$
$$\Leftrightarrow x \in A \land (y \in B \lor y \in C)$$
$$\Leftrightarrow (x \in A \land y \in B) \lor (x \in A \land y \in C)$$
$$\Leftrightarrow (x,y) \in (A \times B) \lor (x,y) \in (A \times C)$$
$$\Leftrightarrow (x,y) \in ((A \times B) \bigcup (A \times C)).$$

定理 3.11　设 A,B,C,D 是 4 个非空集合,则 $A \times B \subseteq C \times D$ 的充要条件是
$$A \subseteq C \quad 且 \quad B \subseteq D.$$

证明　**充分性**　已知 $A \subseteq C, B \subseteq D$. 因对任意的 $(x,y) \in A \times B$,有 $x \in A \land y \in B$,故由 $A \subseteq C$ 且 $B \subseteq D$,得 $x \in C \land y \in D$,即 $(x,y) \in C \times D$,从而 $A \times B \subseteq C \times D$.

必要性　已知 $A \times B \subseteq C \times D$,因此由 $(x,y) \in A \times B \subseteq C \times D$,可得 $x \in C$,从而 $A \subseteq C$. 同理可证 $B \subseteq D$.

注:定理 3.11 中,当 $A \neq \varnothing, B = \varnothing$ 时,不能保证必要性成立. 例如,取 $A = \{1\}, B = \varnothing, C = \{2\}, D = \{3\}$,则 $A \times B = \varnothing \subseteq \{(2,3)\} = C \times D$,但 $A \not\subseteq C$.

同样,当 $A = \varnothing, B \neq \varnothing$ 时,也不能保证必要性成立.

定理 3.12　设 A,B,C 为任意 3 个集合,且 $C \neq \varnothing$,则

(1) $A \subseteq B$ 的充要条件是 $A \times C \subseteq B \times C$;

(2) $A \subseteq B$ 的充要条件是 $C \times A \subseteq C \times B$.

证明　(1) 因为 $C \neq \varnothing$,故存在元素 $b \in C$. 若 $A \subseteq B$,则对任意的 $(a,b) \in A \times C$,其中 $a \in A, b \in C$,必有 $(a,b) \in B \times C$,其中 $a \in A \subseteq B, b \in C$. 因此
$$A \times C \subseteq B \times C.$$

反之,若 $A \times C \subseteq B \times C$,且 $C \neq \varnothing$,则对任意的 $a \in A$(这里假设 A 非空,否则,$A \subseteq B$ 显然成立),任取 $b \in C$,有 $(a,b) \in A \times C \subseteq B \times C$,故 $a \in B$,即得 $A \subseteq B$.

(2)的证明留给读者作为练习.

前面讲到,笛卡儿积一般不满足交换律,但可以找到使 $A \times B = B \times A$ 成立的充要条件.

定理 3.13　设 A 和 B 是集合,则 $A \times B = B \times A$ 的充要条件是
$$A = \varnothing \quad 或 \quad B = \varnothing \quad 或 \quad A = B.$$

证明　**充分性**　若 $A = \varnothing$ 或 $B = \varnothing$,则 $A \times B = \varnothing = B \times A$. 若 $A = B$,则 $A \times B = A^2 = B \times A$.

必要性　利用反证法. 若 $A \neq \varnothing, B \neq \varnothing$ 且 $A \neq B$,则必存在 $x \in A$ 且 $x \notin B$,或存在 $y \in B$ 且 $y \notin A$. 不妨设存在 $x \in A$ 且 $x \notin B$,由于 $B \neq \varnothing$,因此存在 $y \in B$,使得 $(x,y) \in A \times B$. 而 $A \times B = B \times A$,故有 $(x,y) \in B \times A$,从而 $x \in B$,这与 $x \notin B$ 矛盾.

定理 3.14　设 $A_1, A_2, \cdots, A_n(n$ 是自然数)是有限集,则
$$|A_1 \times A_2 \times \cdots \times A_n| = |A_1| \cdot |A_2| \cdot \cdots \cdot |A_n|.$$

证明　因 $A_1 \times A_2 \times \cdots \times A_n = \{(a_1, a_2, \cdots, a_n) | a_i \in A_i, i = 1, 2, \cdots, n\}$,而 $(a_1, a_2, \cdots, a_n)$ 中的第 i 个分量 a_i 有 $|A_i|$ 种取法,因此
$$|A_1 \times A_2 \times \cdots \times A_n| = |A_1| \cdot |A_2| \cdot \cdots \cdot |A_n|.$$

习题 3.4

1. 设 $A = \{1,3\}, B = \{1,2,4\}$,求 $A \times B$ 和 $B \times A$,那么 $A \times B = B \times A$ 是否成立?

2. 如果 $A=\{a,b\}$ 和 $B=\{c\}$,试确定下列集合:(1) $A\times\{0,1\}\times B$;(2) $B^2\times A$;(3) $(A\times B)^2$.

3. 设某人拥有的上装的集合是 A,拥有的下装的集合是 B,那么如何解释 $A\times B$?

4. 设 A,B,C,D 是任意 4 个集合,试证明:$(A\cap B)\times(C\cap D)=(A\times C)\cap(B\times D)$.

5. 设 $A=\{0,1\}$,求集合 $\rho(A)\times A$.

6. 设 A,B,C 是任意 3 个集合,试证明定理 3.10 中的(2),(3),(4),(5),(6).

7. 试证明定理 3.12 中的(2).

总练习题 3

1. 填空题(选出正确答案填入题中的□内):

(1) 设 S,T,M 为任意的集合,且 $S\cap M=\varnothing$. 下面是一些集合表达式,每一个表达式与图 3-6 的某一个文氏图的阴影区域相对应,请指明这种对应关系:

① $S\cap T\cap M$ 对应于 [ ];

② $\bar{S}\cup T\cup M$ 对应于 [ ];

③ $S\cup(T\cap M)$ 对应于 [ ];

④ $(\bar{S}\cap T)-M$ 对应于 [ ];

⑤ $\bar{S}\cap\bar{T}\cap M$ 对应于 [ ].

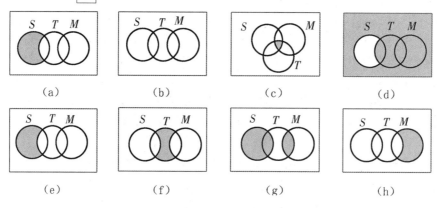

图 3-6

(2) 对 60 个人的调查表明:有 25 人阅读《每周新闻》杂志,26 人阅读《时代》杂志,26 人阅读《幸运》杂志,9 人阅读《每周新闻》和《幸运》杂志,11 人阅读《每周新闻》和《时代》杂志,8 人阅读《时代》和《幸运》杂志,还有 8 人什么杂志也不阅读.那么阅读全部 3 种杂志的有 [ ] 人,只阅读《每周新闻》的有 [ ] 人,只阅读《时代》杂志的有 [ ] 人,只阅读《幸运》杂志的有 [ ] 人,只阅读一种杂志的有 [ ] 人.

① 2　　② 3　　③ 6　　④ 8　　⑤ 10

⑥ 12　　⑦ 15　　⑧ 28　　⑨ 30　　⑩ 31

(3) 从 1 到 300 的整数中:

① 能同时被 3,5 和 7 这 3 个数整除的数有 [ ] 个;

② 不能被 3,5,也不能被 7 整除的数有 □ 个;

③ 可以被 3 整除,但不能被 5 和 7 整除的数有 □ 个;

④ 能被 3 或 5 整除,但不能被 7 整除的数有 □ 个;

⑤ 只能被 3,5 和 7 其中的一个数整除的数有 □ 个.

A. 2　　　　B. 6　　　　C. 56　　　　D. 68　　　　E. 80

F. 102　　　G. 120　　　H. 124　　　I. 138　　　J. 162

(4) 75 个学生去书店买语文、数学、英语的课外书,每种书每个学生至多买 1 本.已知有 20 个学生每人买 3 书,55 个学生每人至少买 2 本书.设每本书的价格都是 1 元,所有的学生总共花费 140 元.那么恰好买 2 本的有 □ 个学生,至少买 2 本的学生花费 □ 元,买 1 本书的有 □ 个学生,至少买 1 本书的有 □ 个学生,没买书的有 □ 个学生.

① 10　　　② 15　　　③ 30　　　④ 35　　　⑤ 40

⑥ 55　　　⑦ 60　　　⑧ 65　　　⑨ 130　　　⑩ 140

2. 设 A,B 和 C 是集合,证明或否定以下断言:

(1) $(A\not\subseteq B\wedge B\not\subseteq C)\Rightarrow A\not\subseteq C$;　　　(2) $(A\notin B\wedge B\notin C)\Rightarrow A\notin C$;

(3) $(A\subset B\wedge B\not\subseteq C)\Rightarrow A\not\subseteq C$.

3. 判断以下命题的真假:

(1) $\{\varnothing\}\in\rho(\varnothing)$;　　　(2) $\varnothing\subseteq\rho(\{\varnothing\})$;

(3) $\rho(\varnothing)\subseteq\{\varnothing\}$;　　　(4) $\rho(\varnothing)\in\rho(\{\varnothing\})$.

4. 在 1 到 1 000 000 之间(包括 1 和 1 000 000 在内)有多少个整数既不是完全平方数,也不是完全立方数?

5. 设 $A=\{x\mid x<5\wedge x\in\mathbf{N}\}$,$B=\{x\mid x<9\wedge x>0\wedge x$ 是奇数$\}$,求 $A\bigcap B$,$A\bigcup B$,$A-B$,$B-A$,$A\oplus B$.

6. 求 $\rho(\varnothing)$,$\rho(\rho(\varnothing))$ 和 $\rho(\rho(\rho(\varnothing)))$.

7. 设 C 是一非空的某全集 E 的子集的全体,B 是 E 的子集.证明下列分配律的推广:

(1) $B\bigcap(\bigcup_{S\in C}S)=\bigcup_{S\in C}(B\bigcap S)$;　　　(2) $B\bigcup(\bigcap_{S\in C}S)=\bigcap_{S\in C}(B\bigcup S)$.

8. 试确定在 1 到 250 之间能被 2,3,5,7 任何一数整除的整数个数.

9. 计算机专业某班学生共有 50 人,会 FORTRAN 语言的有 40 人,会 ALGOL 语言的有 35 人,会 PL/SQL 语言的有 10 人,以上 3 门都会的有 5 人,都不会的有 0 人,问:仅会 2 门的有几人?

10. 将 3.3 节中的自然数集的佩亚诺公理定义交替地删去其中第(5)条、第(4)条或第(2)条的唯一性,为这样所得的公理系统分别构造模型,说明它们都不是自然数集.

11. 设 a 是一正数,证明: $\forall m\forall n((a^m)^n=a^{mn})$ 为真,这里 $m,n\in\mathbf{N}$.

12. 我们有 3 分和 5 分两种不同面值的邮票,试证明:用这两种邮票就足以组成 8 分或更多的任意邮资.

13. 如果 $a*(b*c)=(a*b)*c$,那么二元运算 $*$ 称为可结合的,从它可推得更强的结果,即在任何仅含运算 $*$ 的表达式中,括号的位置不影响结果,只有出现于表达式中的运算对象和次序才是重要的.为了证明这个"推广的结合律",定义"$*$ 表达式集合"如下:

(1) (基础)单个运算对象 a_1 是 $*$ 表达式;

(2) (归纳)设 e_1 和 e_2 是 $*$ 表达式,那么(e_1*e_2) 也是一个 $*$ 表达式;

(3) (极小性)只有有限次应用(1)和(2)构成的式子才是 $*$ 表达式.

推广的结合律陈述如下:

设 e 是一个 $*$ 表达式,它有 $a_1,a_2,\cdots,a_n$ 个运算对象,且依次序出现于表达式中,那么

$$e=(a_1*(a_2*(a_3*(\cdots(a_{n-1}*a_n))\cdots))).$$

证明这个推广的结合律.(提示:用第二归纳法.)

14. 设 B_i 是实数集合,它被定义为:$B_0 = \{b \mid b \leqslant 1\}$,$B_i = \left\{ b \mid b < 1 + \dfrac{1}{i} \right\}$ $(i=1,2,\cdots)$,证明:$\bigcap\limits_{i=1}^{\infty} B_i = B_0$.

15. 设有集合 $\{1,2,\cdots,n\}$,若其有一个无重复排列 $(a_1,a_2,\cdots,a_n)$ 满足 $a_i \neq i$ $(i=1,2,\cdots,n)$,则称这个排列为该集合的一个错列.求证集合 $\{1,2,\cdots,n\}$ 的错列的个数为

$$D_n = \left[1 - \frac{1}{1!} + \frac{1}{2!} - \frac{1}{3!} + \cdots + (-1)^n \frac{1}{n!} \right](n!).$$

16. 设 A,B,C 为 3 个任意集合,试证明:

(1) 若 $A \times A = B \times B$,则 $A = B$;

(2) 若 $A \times B = A \times C$,且 $A = \varnothing$,则 $B = C$.

17. 设 A 是一个集合,那么 $A \subseteq A \times A$ 可能成立吗? 为什么?

18. 设 $A = \{1,2\}$,求 $\rho(A) \times A$ 和 $A \times \rho(A)$.

19. 指出下列各式是否成立:

(1) $(A \cup B) \times (C \cup D) = (A \times C) \cup (B \times D)$;

(2) $(A - B) \times (C - D) = (A \times C) - (B \times D)$;

(3) $(A \oplus B) \times (C \oplus D) = (A \times C) \oplus (B \times D)$;

(4) $(A - B) \times C = (A \times C) - (B \times C)$;

(5) $(A \oplus B) \times C = (A \times C) \oplus (B \times C)$.

第4章 二元关系与函数

数学上的"等于关系""大于关系",生活上的"父子关系""师生关系"等,这些关系大都是建立在笛卡儿积的概念上的二元关系.

本章主要介绍二元关系的概念、关系的性质分类、关系的闭包、等价关系、偏序关系以及函数的性质等基本知识和方法.

4.1 二元关系的基本概念

4.1.1 二元关系

定义 4.1 如果一个集合满足下列条件之一:

(1) 集合非空,且它的元素都是有序偶;

(2) 集合是空集,

则称该集合为一个**二元关系**,记作 R. 二元关系也可以简称为**关系**. 对于二元关系 R,如果 $(x,y) \in R$,则记作 xRy;如果 $(x,y) \notin R$,则记作 $x\cancel{R}y$.

例如,$R_1 = \{(a,b),(1,2)\}$,$R_2 = \{(a,b),1,2\}$,则 R_1 是二元关系,$1R_12$,aR_1b,$a\cancel{R_1}c$;而 R_2 不是二元关系,只是一个集合.

定义 4.2 设 A,B 为集合,$A \times B$ 的任何子集所定义的二元关系 R 称为从 A 到 B 的**二元关系**. A 称为关系 R 的**定义域**,记作 $\operatorname{dom} R$;B 称为关系 R 的**值域**,记作 $\operatorname{ran} R$;R 的定义域和值域的并集称为关系 R 的**域**,记作 $\operatorname{fld} R$.

例如,设 $R = \{(1,2),(1,3),(2,4),(4,3),(3,2)\}$,则

$$\operatorname{dom} R = \{1,2,3,4\}, \quad \operatorname{ran} R = \{2,3,4\}, \quad \operatorname{fld} R = \{1,2,3,4\}.$$

特别地,当 $\operatorname{dom} R = \operatorname{ran} R = X$,$X$ 为一集合时,称此时的关系 R 为**集合 X 上的关系**.

对任何集合 A,由于 $\varnothing$ 是 $A \times A$ 的子集,故称其为 A 上的**空关系**.

如果 $R = \{(x,y) \mid x \in A \text{ 且 } y \in A\} = A \times A$,则称此时的 R 为 A 上的**全域关系**,记作 E_A.

如果 $R = \{(x,x) \mid x \in A\}$,则称此时的 R 为 A 上的**恒等关系**,记作 I_A.

4.1.2 关系的表示法

给出一个关系,除了用以上的集合表示法表达之外,还可以用图和矩阵表示.

设 R 为集合 $X = \{x_1, x_2, \cdots, x_n\}$ 上的关系,用图表示的原则为:集合 X 中元素用图中的结点表示;如果 $(x_i, x_j) \in R$,则用图中从结点 x_i 到结点 x_j 的有向边表示该序偶.

例 4-1 设有 5 个元素的集合 $P = \{P_1, P_2, P_3, P_4, P_5\}$,它们之间有一关系为 $R = \{(P_1,P_2),(P_3,P_4),(P_2,P_5),(P_3,P_5)\}$,此关系可用图 4-1 表示.

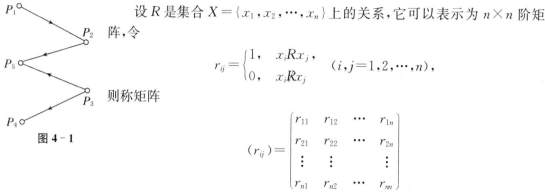

图 4-1

设 R 是集合 $X=\{x_1,x_2,\cdots,x_n\}$ 上的关系,它可以表示为 $n\times n$ 阶矩阵,令

$$r_{ij}=\begin{cases}1, & x_iRx_j,\\ 0, & x_i\cancel{R}x_j\end{cases}\quad(i,j=1,2,\cdots,n),$$

则称矩阵

$$(r_{ij})=\begin{pmatrix}r_{11} & r_{12} & \cdots & r_{1n}\\ r_{21} & r_{22} & \cdots & r_{2n}\\ \vdots & \vdots & & \vdots\\ r_{n1} & r_{n2} & \cdots & r_{nn}\end{pmatrix}$$

为关系 R 的**关系矩阵**,记作 $\boldsymbol{M}_R$.

例 4-1 中的关系 R 所对应的关系矩阵为

$$\boldsymbol{M}_R=\begin{pmatrix}0 & 1 & 0 & 0 & 0\\ 0 & 0 & 0 & 0 & 1\\ 0 & 0 & 0 & 1 & 1\\ 0 & 0 & 0 & 0 & 0\\ 0 & 0 & 0 & 0 & 0\end{pmatrix}.$$

4.1.3 关系的性质

关系的性质主要有 5 种:自反性、反自反性、对称性、反对称性和传递性.

定义 4.3 设 R 是集合 X 上的关系,若对任意 $x\in X$,有 $(x,x)\in R$,则称 R 是**自反**的.

定义 4.4 设 R 是集合 X 上的关系,若对任意 $x\in X$,有 $(x,x)\notin R$,则称 R 是**反自反**的.

例如,集合 X 上的全域关系 E_X、恒等关系 I_X 都是自反的;而整数集上的小于关系是反自反的.

例 4-2 设 $X=\{1,2,3\}$,R_1,R_2,R_3 是 X 上的关系,其中,

$$R_1=\{(1,1),(2,2)\},$$
$$R_2=\{(1,1),(2,2),(3,3),(1,2),(1,3)\},$$
$$R_3=\{(1,3),(2,3)\}.$$

讨论 R_1,R_2,R_3 是否为 X 上的自反关系或反自反关系.

解 R_2 是自反的;R_3 是反自反的;R_1 既不是自反的也不是反自反的.

定义 4.5 设 R 是集合 X 上的关系,若对任意 $(x,y)\in R$,必有 $(y,x)\in R$,则称 R 是**对称**的.

定义 4.6 设 R 是集合 X 上的关系,若对任意 $(x,y)\in R$ 且 $x\neq y$,必有 $(y,x)\notin R$,则称 R 是**反对称**的.

例如,集合 X 上的全域关系 E_X、恒等关系 I_X 和空关系 $\varnothing$ 都是对称的;而 I_X 和 $\varnothing$ 也是反对称的.

例 4-3 设 $X=\{1,2,3\}$,R_1,R_2,R_3,R_4 都是 X 上的关系,其中,

$$R_1=\{(1,1),(2,2)\},$$
$$R_2=\{(1,1),(1,2),(2,1),(1,3),(3,1)\},$$
$$R_3=\{(1,2),(1,3),(2,3)\},$$

$$R_4 = \{(1,2),(2,1),(1,3)\}.$$

讨论 R_1,R_2,R_3,R_4 是否为 X 上的对称或反对称的关系.

解　R_1 既是对称的,又是反对称的;R_2 是对称的,但不是反对称的;R_3 是反对称的,但不是对称的;R_4 既不是对称的,也不是反对称的.

定义 4.7　设 R 是集合 X 上的关系,若对任意 $(x,y)\in R$ 及 $(y,z)\in R$,必有 $(x,z)\in R$,则称 R 是**传递**的.

例如,集合 X 上的全域关系 E_X、恒等关系 I_X 和空关系 $\varnothing$ 都是传递的;集合间的包含关系也是传递的.

例 4-4　设 $X=\{1,2,3\}$,R_1,R_2,R_3 是 X 上的关系,其中,
$$R_1 = \{(1,1),(2,2)\},$$
$$R_2 = \{(1,2),(2,3),(1,1)\},$$
$$R_3 = \{(1,3),(1,2)\}.$$

讨论 R_1,R_2,R_3 是否为 X 上的传递关系.

解　R_1 和 R_3 是 X 上的传递关系;R_2 不是 X 上的传递关系.

关系的性质不仅反映在它的集合表达式上,也明显地反映在它的关系矩阵和关系图上.表 4-1 给出了 5 种性质在关系矩阵和关系图中的特点.

表 4-1

表示	性质				
	自反性	反自反性	对称性	反对称性	传递性
关系矩阵	主对角线元素全是 1	主对角线元素全是 0	矩阵是对称矩阵	若 $r_{ij}=1$ 且 $i\neq j$,则 $r_{ji}=0$	对应于 $\boldsymbol{M}_R^2$ 中非零元素所在的位置,$\boldsymbol{M}_R$ 中相应位置的元素都是 1
关系图	每个结点都有环	每个结点都没有环	若两结点间有边,则必是一对方向相反的有向边(无单向边)	若两结点间有边,则必是一条单向的有向边(无双向边)	若结点 x_i 到 x_j 有边,x_j 到 x_k 有边,则从 x_i 到 x_k 也有边

例 4-5　判断图 4-2 中关系的性质,并说明理由.

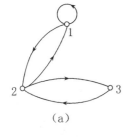　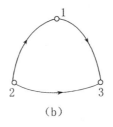　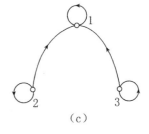

（a）　　　　　　　　（b）　　　　　　　　（c）

图 4-2

解　图 4-2(a)所示的关系是对称的,不是反对称的,因为图中有双向边,无单向边;它不是自反的,也不是反自反的,因为有的结点有环,有的结点没有环;它也不是传递的,因为图中有从 1 到 2 和从 2 到 3 的边,但没有从 1 到 3 的边.

图 4-2(b)所示的关系是反自反的,不是自反的,因为每个结点都没有环;它是反对称的,

不是对称的,因为图中只有单向边;它是传递的.

图 4-2(c)所示的关系是自反的,不是反自反的,因为每个结点都有环;它是反对称的,不是对称的,因为图中只有单向边;它是传递的.

习题 4.1

1. 列出从 $A=\{1,2\}$ 到 $B=\{1\}$ 的所有的二元关系.

2. 设 $X=\{1,2,4,6\}$,列出下列关系 R:

(1) $R=\{(x,y)|x,y\in X$ 且 $x+y\neq2\}$;

(2) $R=\{(x,y)|x,y\in X$ 且 $|x-y|=1\}$;

(3) $R=\left\{(x,y)\left|x,y\in X$ 且 $\dfrac{x}{y}\in X\right.\right\}$;

(4) $R=\{(x,y)|x,y\in X$ 且 y 为素数$\}$.

3. 设 $X=\{1,2,3,4\}$,R 是 X 上的关系,且 $R=\{(1,1),(1,4),(3,1),(3,2),(3,4),(4,3)\}$,给出 R 的关系矩阵和关系图.

4. 设 X 上的关系 R 满足对称性和传递性,问:R 是否一定满足自反性?说明理由.

5. 设 X 上的关系 R 是自反的,则 R 一定不是反自反的.这句话是否正确?说明理由.

6. 设 X 上的关系 R 是对称的,则 R 一定不是反对称的.这句话是否正确?说明理由.

7. 在学生集合 X 上定义关系 R:学生 $x,y\in X$,$(x,y)\in R\Leftrightarrow x$ 与 y 同年龄.问:R 是否为自反的、对称的、传递的?

8. 设在整数集 $\mathbf{Z}$ 中,任意两元素 x 与 y 之间有关系 R:

$$xRy\Leftrightarrow x^2+x=y^2+y.$$

问:R 是否为自反的、对称的、反对称的、传递的?

9. 设 $X=\{1,2,\cdots,10\}$,定义 X 上的关系

$$R=\{(x,y)|x,y\in X,x+y=10\},$$

讨论 R 具有哪些性质,并说明理由.

10. 设 $X=\{1,2,3\}$,图 4-3 给出了 X 上的 6 种关系(R_1,R_2,R_3,R_4,R_5,R_6 的关系图分别如图 4-3(a),(b),(c),(d),(e),(f)所示),对于每种关系写出相应的关系矩阵,并说明它所具有的性质.

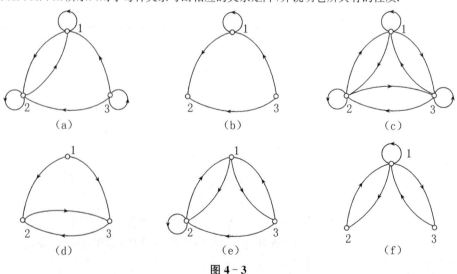

图 4-3

4.2　关系的合成

4.2.1　关系的交、并、补、差

由于关系是一些有序偶的集合,因此有关集合的运算,如集合的交、并、补、差等在关系中也是适合的.

例如,设 $A=\{1,2,3\}$,$B=\{a,b\}$,且有从 A 到 B 的关系

$$R=\{(1,a),(2,b),(3,b)\},\quad S=\{(1,a),(2,a),(3,a)\},$$

则有

$$R\cup S=\{(1,a),(2,b),(3,b),(2,a),(3,a)\},$$
$$R\cap S=\{(1,a)\},$$
$$\overline{R}=\{(2,a),(1,b),(3,a)\},$$
$$R-S=\{(2,b),(3,b)\}.$$

以上这些关系运算,或者说关系合成,结果都建立了新的关系,而且还都是从 A 到 B 的关系;以前有关集合的运算性质在关系中也同样适合.

由于关系是一个由有序偶组成的特殊集合,因此除了上述几种合成以外,在关系中还有两种新的合成,即复合关系与逆关系.

4.2.2　复合关系

定义 4.8　设 F 是一个从 A 到 B 的关系,G 是一个从 B 到 C 的关系,则 F 与 G 的**复合关系**:$F\circ G=\{(a,c)\mid a\in A,c\in C,$ 至少存在一个 $b\in B$,使得 $(a,b)\in F$ 且 $(b,c)\in G\}$.

这个复合关系是一个从 A 到 C 的关系.

例 4-6　设 F,G 都是 $X=\{1,2,3,4,5\}$ 上的关系,

$$F=\{(1,2),(3,4),(2,2)\},\quad G=\{(4,2),(2,5),(3,1)\},$$

此时有

$$F\circ G=\{(1,5),(3,2),(2,5)\};\quad G\circ F=\{(4,2),(3,2)\};$$
$$(F\circ G)\circ F=\{(3,2)\};\quad F\circ(G\circ F)=\{(3,2)\}.$$

从上例可得:复合关系不满足交换律.下面的定理说明,复合关系满足结合律.

定理 4.1　设 F 是从 A 到 B 的关系,G 是从 B 到 C 的关系,H 是从 C 到 D 的关系,则

$$(F\circ G)\circ H=F\circ(G\circ H).$$

证明　任取 (x,y),有

$$(x,y)\in(F\circ G)\circ H\Leftrightarrow \exists t\in C((x,t)\in F\circ G\wedge(t,y)\in H)$$
$$\Leftrightarrow \exists t\in C(\exists s\in B((x,s)\in F\wedge(s,t)\in G)\wedge(t,y)\in H)$$
$$\Leftrightarrow \exists s\in B((x,s)\in F\wedge \exists t\in C((s,t)\in G\wedge(t,y)\in H))$$
$$\Leftrightarrow \exists s\in B((x,s)\in F\wedge(s,y)\in G\circ H)$$
$$\Leftrightarrow (x,y)\in F\circ(G\circ H),$$

所以 $(F\circ G)\circ H=F\circ(G\circ H)$.

复合关系除了满足结合律外,还具有以下性质.

定理 4.2 设 R 为集合 A 上的关系,则
$$R \circ I_A = I_A \circ R = R.$$

证明 任取 (x, y),则

$(x, y) \in R \circ I_A$

$\Leftrightarrow \exists t \in A((x, t) \in R \wedge (t, y) \in I_A)$

$\Leftrightarrow \exists t \in A((x, t) \in R \wedge t = y)$

$\Rightarrow (x, y) \in R.$

$(x, y) \in R$

$\Rightarrow (x, y) \in R \wedge y \in A$

$\Rightarrow (x, y) \in R \wedge (y, y) \in I_A$

$\Rightarrow (x, y) \in R \circ I_A.$

因此有
$$R \circ I_A = R.$$

同理可证
$$I_A \circ R = R.$$

类似可以证明以下定理.

定理 4.3 设 F, G, H 为集合 X 上的任意关系,则

(1) $F \circ (G \cup H) = F \circ G \cup F \circ H$;

(2) $(G \cup H) \circ F = G \circ F \cup H \circ F$;

(3) $F \circ (G \cap H) \subseteq F \circ G \cap F \circ H$;

(4) $(G \cap H) \circ F \subseteq G \circ F \cap H \circ F$.

在复合关系的基础上可以定义关系的幂.

定义 4.9 设 R 是集合 A 上的关系,n 为自然数,则 R 的 n 次方幂可定义为:

(1) $R^0 = \{(x, x) \mid x \in A\} = I_A$;

(2) $R^{n+1} = R^n \circ R$.

关系的幂具有以下性质.

定理 4.4 设 A 为 n 个元素的集合,R 是 A 上的关系,则存在自然数 s 和 $t(s < t)$,使得 $R^s = R^t$.

证明 已知 R 为 A 上的关系,对任何自然数 k,R^k 都是 $A \times A$ 的子集. 又知 $|A \times A| = n^2$,$|\rho(A \times A)| = 2^{n^2}$,即 $A \times A$ 的不同的子集仅有 2^{n^2} 个. 当列出 R 的各次方幂 $R^0, R^1, R^2, \cdots, R^{2^{n^2}}, \cdots$ 时,可以发现,必存在自然数 s 和 $t(s < t)$,使得 $R^s = R^t$.

该定理说明,有限集上只有有限多个不同的二元关系,但当 t 足够大时,R^t 必与某个 R^s ($s < t$)相等.

例 4-7 设 $X = \{a, b, c, d\}$,R 是 X 上的关系,且
$$R = \{(a, b), (b, a), (b, c), (c, d)\},$$
则有
$$R^2 = \{(a, a), (b, b), (a, c), (b, d)\},$$
$$R^3 = \{(a, b), (a, d), (b, a), (b, c)\},$$
$$R^4 = \{(a, a), (b, b), (a, c), (b, d)\},$$
$$R^5 = \{(a, b), (a, d), (b, a), (b, c)\},$$
$$\cdots\cdots$$
由此可得

$$R^2 = R^4 = R^6 = \cdots,$$
$$R^3 = R^5 = R^7 = \cdots.$$

定理 4.5　设 R 为集合 A 上的关系，$m, n \in \mathbf{N}$，则

(1) $R^m \circ R^n = R^{m+n}$；

(2) $(R^m)^n = R^{mn}$.

证明从略.

4.2.3　逆关系

定义 4.10　设 R 是一个从 A 到 B 的关系，则称从 B 到 A 的关系 R^{-1}：
$$R^{-1} = \{(y, x) \mid (x, y) \in R\}$$
为 R 的**逆关系**.

例 4-8　设 $A = \{1, 2, 3\}$，$B = \{a, b, c\}$，并设 R 是从 A 到 B 的关系，且
$$R = \{(1, a), (2, b), (3, c)\},$$
则有
$$R^{-1} = \{(a, 1), (b, 2), (c, 3)\}, \quad (R^{-1})^{-1} = \{(1, a), (2, b), (3, c)\}.$$
逆关系具有以下性质.

定理 4.6　设 F 是 A 到 B 的关系，G 是 B 到 C 的关系，则

(1) $(F^{-1})^{-1} = F$；

(2) $(F \circ G)^{-1} = G^{-1} \circ F^{-1}$.

证明　(1) 任取 (x, y)，由逆关系的定义有
$$(x, y) \in (F^{-1})^{-1} \Leftrightarrow (y, x) \in F^{-1} \Leftrightarrow (x, y) \in F,$$
所以有
$$(F^{-1})^{-1} = F.$$

(2) 任取 (x, y)，则
$$(x, y) \in (F \circ G)^{-1} \Leftrightarrow (y, x) \in F \circ G$$
$$\Leftrightarrow \exists t \in B((y, t) \in F \wedge (t, x) \in G)$$
$$\Leftrightarrow \exists t \in B((x, t) \in G^{-1} \wedge (t, y) \in F^{-1})$$
$$\Leftrightarrow (x, y) \in G^{-1} \circ F^{-1},$$
所以 $(F \circ G)^{-1} = G^{-1} \circ F^{-1}$.

复合关系和逆关系从关系图和关系矩阵上也能体现出各自所具有的特征，这些留给读者自己总结归纳.

习题 4.2

1. 设 $X = \{0, 1, 2, 3\}$，X 上有两个关系：$R_1 = \left\{(i, j) \,\middle|\, j = i+1 \text{ 或 } j = \dfrac{i}{2}\right\}$，$R_2 = \{(i, j) \mid i = j+2\}$. 试求：

(1) $R_1 \circ R_2$；(2) $R_2 \circ R_1$；(3) $R_1 \circ R_2 \circ R_1$；(4) $R_1 \circ R_1$；(5) $R_1 \circ R_1 \circ R_1$；(6) R_1^{-1}.

2. 设 $A = \{a, b, c\}$，试给出 A 上两个不同的关系 R_1 和 R_2，使得 $R_1^2 = R_1$，$R_2^2 = R_2$.

3. 设 F, G 都是 X 上的关系，F, G 是自反的，证明：$F \circ G, F \bigcap G$ 亦是自反的.

4. 设有 A 上的关系 R，I_A 是 A 上的恒等关系，试证：

(1) R 是自反的当且仅当 $I_A \subseteq R$；

(2) R 是反自反的当且仅当 $I_A \cap R = \varnothing$；

(3) R 是对称的当且仅当 $R = R^{-1}$；

(4) R 是反对称的当且仅当 $R \cap R^{-1} \subseteq I_A$；

(5) R 是传递的当且仅当 $(R \circ R) \subseteq R$.

5. 设 $A = \{1, 2, 3, 4, 5\}$ 上有关系 $R_1 = \{(1,2), (3,4), (2,2)\}$ 和 $R_2 = \{(4,2), (2,5), (3,1), (1,3)\}$，试求：

(1) $\boldsymbol{M}_{R_1 \cdot R_2}$，并总结其与 $\boldsymbol{M}_{R_1}$, $\boldsymbol{M}_{R_2}$ 的关系；

(2) $\boldsymbol{M}_{R_2 \cdot R_1}$，并总结其与 $\boldsymbol{M}_{R_1}$, $\boldsymbol{M}_{R_2}$ 的关系；

(3) $\boldsymbol{M}_{R_1^{-1}}$，并总结其与 $\boldsymbol{M}_{R_1}$ 的关系.

4.3 闭 包

4.3.1 闭包的定义

设 R 是 X 上的关系，我们希望 R 具有某些有用的性质. 例如，对于由 4 个元素所组成的集合 $P = \{P_1, P_2, P_3, P_4\}$ 上的关系：

$$R = \{(P_1, P_2), (P_2, P_4), (P_1, P_3), (P_3, P_4)\},$$

我们希望在 R 的基础上添加一些新的有序偶，以建立满足传递性的新关系：

$$R' = \{(P_1, P_2), (P_2, P_4), (P_1, P_3), (P_3, P_4), (P_1, P_4)\}$$

或

$$R'' = \{(P_1, P_2), (P_2, P_4), (P_1, P_3), (P_3, P_4), (P_1, P_4), (P_2, P_2)\}.$$

但我们还希望像 R' 那样，在 R 的基础上添加的有序偶尽可能地少. 这样的 R' 称为 R 的传递闭包.

定义 4.11 设 R 是非空集合 X 上的关系，R 的**自反**（或**对称**或**传递**）**闭包**是 X 上满足以下条件的关系 R'：

(1) $R \subseteq R'$；

(2) R' 是自反（或对称或传递）的；

(3) 对 X 上任何包含 R 的自反（或对称或传递）关系 R''，有 $R' \subseteq R''$.

一般将 R 的自反闭包记作 $r(R)$，对称闭包记作 $s(R)$，传递闭包记作 $t(R)$.

4.3.2 闭包的性质

下面的定理给出了构造闭包的方法.

定理 4.7 设 R 是集合 A 上的关系，则有

(1) $r(R) = R \cup R^0$；

(2) $s(R) = R \cup R^{-1}$；

(3) $t(R) = R \cup R^2 \cup R^3 \cup \cdots$.

证明 只证 (1) 和 (3)，(2) 留作练习.

(1) 由 $I_A = R^0 \subseteq R \cup R^0$，可知 $R \cup R^0$ 是自反的，且满足 $R \subseteq R \cup R^0$.

设 R'' 是 A 上包含 R 的自反关系，则有 $R \subseteq R''$ 和 $I_A \subseteq R''$. 任取 (x, y)，有

$$(x,y)\in R\cup R^0 \Leftrightarrow (x,y)\in R\cup I_A$$
$$\Leftrightarrow (x,y)\in R \lor (x,y)\in I_A$$
$$\Rightarrow (x,y)\in R'',$$

从而证明了 $R\cup R^0\subseteq R''$.

综上所述，$R\cup R^0$ 满足定义 4.11 的 3 个条件，所以 $r(R)=R\cup R^0$.

（3）先证

$$R\cup R^2\cup\cdots\subseteq t(R)$$

成立，为此只需证明对任意的正整数 n，有 $R^n\subseteq t(R)$ 即可，可用第一归纳法进行证明.

当 $n=1$ 时，有

$$R^1=R\subseteq t(R).$$

假设 $R^n\subseteq t(R)$ 成立，那么对任意 (x,y)，有

$$(x,y)\in R^{n+1}=R^n\circ R \Leftrightarrow \exists t((x,t)\in R^n \land (t,y)\in R)$$
$$\Rightarrow \exists t((x,t)\in t(R) \land (t,y)\in t(R)) \quad (因为 R^n\subseteq t(R), R\subseteq t(R))$$
$$\Rightarrow (x,y)\in t(R) \quad (因为 t(R) 是传递的).$$

这就证明了

$$R^{n+1}\subseteq t(R).$$

再证

$$t(R)\subseteq R\cup R^2\cup\cdots$$

成立，为此只需证明 $R\cup R^2\cup\cdots$ 是传递的.

任取 $(x,y),(y,z)$，有

$$(x,y)\in R\cup R^2\cup\cdots \land (y,z)\in R\cup R^2\cup\cdots \Rightarrow \exists t((x,y)\in R^t)\land \exists s((y,z)\in R^s))$$
$$\Rightarrow \exists t\exists s((x,z)\in R^t\circ R^s)$$
$$\Rightarrow \exists t\exists s((x,z)\in R^{t+s})$$
$$\Rightarrow (x,z)\in R\cup R^2\cup\cdots,$$

从而证明了 $R\cup R^2\cup\cdots$ 是传递的.

下面的定理给出了闭包的主要性质.

定理 4.8 设 R 是非空集合 A 上的关系，则

（1）R 是自反的当且仅当 $r(R)=R$；

（2）R 是对称的当且仅当 $s(R)=R$；

（3）R 是传递的当且仅当 $t(R)=R$.

定理 4.9 设 R_1 和 R_2 是非空集合 A 上的关系，且 $R_1\subseteq R_2$，则

（1）$r(R_1)\subseteq r(R_2)$；

（2）$s(R_1)\subseteq s(R_2)$；

（3）$t(R_1)\subseteq t(R_2)$.

定理 4.10 设 R 是非空集合 A 上的关系.

（1）若 R 是自反的，则 $s(R)$ 与 $t(R)$ 也是自反的；

（2）若 R 是对称的，则 $r(R)$ 与 $t(R)$ 也是对称的；

（3）若 R 是传递的，则 $r(R)$ 是传递的.

定理 4.8，定理 4.9，定理 4.10 的证明留给读者作为练习.

定理 4.10 讨论了关系所具有的性质与闭包运算之间的联系. 如果关系 R 是自反的或对称的, 那么经过求闭包运算以后所得到的关系仍旧是自反的或对称的. 但是对于传递的关系则不然, 它的自反闭包仍旧保持传递性, 而对称闭包就有可能失去传递性. 例如, $A=\{1,2,3\}$, $R=\{(1,3)\}$ 是 A 上的传递关系, R 的对称闭包

$$s(R)=\{(1,3),(3,1)\}$$

显然不再是 A 上的传递关系.

习题 4.3

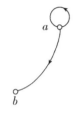

图 4 - 4

1. 设集合 $A=\{a,b,c\}$ 上一关系 R 的关系图如图 4 - 4 所示, 试求 $r(R),s(R)$ 和 $t(R)$.

2. 设有 $A=\{a,b,c\}$ 上一关系 $R=\{(a,b),(a,c),(c,b)\}$, 画出 $r(R),s(R)$ 和 $t(R)$ 的关系图, 并写出这 3 种闭包的关系矩阵.

3. 设 R 是非空集合 A 上的关系, 试证:

(1) R 是自反的当且仅当 $r(R)=R$;

(2) R 是对称的当且仅当 $s(R)=R$;

(3) R 是传递的当且仅当 $t(R)=R$.

4. 设 R 是非空集合 A 上的关系, 试证:

(1) 若 R 是自反的, 则 $s(R)$ 与 $t(R)$ 也是自反的;

(2) 若 R 是对称的, 则 $r(R)$ 与 $t(R)$ 也是对称的;

(3) 若 R 是传递的, 则 $r(R)$ 是传递的.

5. 设 R_1 和 R_2 是非空集合 A 上的关系, 且 $R_1 \subseteq R_2$, 试证:

(1) $r(R_1) \subseteq r(R_2)$;

(2) $s(R_1) \subseteq s(R_2)$;

(3) $t(R_1) \subseteq t(R_2)$.

6. 设 R_1 和 R_2 是非空集合 A 上的关系, 试证:

(1) $r(R_1 \bigcup R_2)=r(R_1) \bigcup r(R_2)$;

(2) $s(R_1 \bigcup R_2)=s(R_1) \bigcup s(R_2)$;

(3) $t(R_1 \bigcup R_2) \supseteq t(R_1) \bigcup t(R_2)$, 并举一反例说明, 在一般情况下, $t(R_1 \bigcup R_2) \neq t(R_1) \bigcup t(R_2)$.

4.4 偏 序 关 系

4.4.1 次序关系的分类

次序关系是满足反对称的、传递的关系, 根据其是自反的还是反自反的, 可以把次序关系分为以下两类.

定义 4.12 设 R 为非空集合 X 上的关系, 如果 R 是自反的、反对称的、传递的, 则称 R 是**偏序的**, 或称 R 为 X 上的**偏序关系**, 记作 $\leqslant$. 设 $\leqslant$ 为偏序关系, 如果 $(x,y) \in \leqslant$, 则记作 $x \leqslant y$, 读作 x "小于或等于"y.

注: $\leqslant$ 是符号, 并不意味着是数的"小于或等于"关系; $\leqslant$ 指的是偏序关系的顺序性.

例 4 - 9 集合 A 的幂集 $\rho(A)$ 上的"$\subseteq$"是自反的、反对称的、传递的,所以它是偏序的.

例 4 - 10 集合 $X=\{2,3,6,8\}$ 上的"整除"关系 R:
$$R=\{(2,2),(3,3),(6,6),(8,8),(2,6),(3,6),(2,8)\}$$
是偏序的.

定义 4.13 如果集合 X 上的关系 R 是反自反的、传递的,则称 R 为 X 上的**拟序关系**,记作 $<$.

从偏序关系和拟序关系的定义出发,很容易得到:如果 R 是 A 上的偏序关系,则 $R-I_A$ 是拟序关系且是反对称的.

4.4.2 偏序关系

偏序关系是次序关系中很重要的关系,它又分为线性次序的和非线性次序的.

定义 4.14 设 R 是集合 X 上的偏序关系,如果对每个 $x,y\in X$,必有 $x\leqslant y$ 或 $y\leqslant x$,则称 R 是**线性次序**的(也称**全序**的),或称 R 为集合 X 上的**线性次序关系**;否则,称 R 为集合 X 上的**非线性次序关系**.

例 4 - 11 集合 $X=\{1,2,4,8\}$ 上的整除关系就是线性次序的.

定义 4.15 集合 X 和 X 上的偏序关系 $\leqslant$ 一起称为**偏序集**,记作 $(X,\leqslant)$. 如果对偏序集 $(X,\leqslant)$ 中任意两元素 x 和 y,$x\leqslant y$ 和 $y\leqslant x$ 这两式中至少有一个成立,则称 x 与 y 是**可比**的. 设 $Y\subseteq X$,若 Y 中任意两个元素都可比,则称 Y 为 X 的一个**链**,Y 中元素的个数称为**链的长度**.

例如,$(\rho(A),\subseteq)$ 和 $(\mathbf{Z},\leqslant)$ 等都是偏序集.

定义 4.16 设 $(X,\leqslant)$ 为偏序集,$Y\subseteq X$,若 $\exists y\in Y$,

(1) 使得 $\forall x(x\in Y\rightarrow y\leqslant x)$ 成立,则称 y 为 Y 的**最小元**;

(2) 使得 $\forall x(x\in Y\rightarrow x\leqslant y)$ 成立,则称 y 为 Y 的**最大元**;

(3) 使得 $\forall x(x\in Y\wedge x\leqslant y\rightarrow x=y)$ 成立,则称 y 为 Y 的**极小元**;

(4) 使得 $\forall x(x\in Y\wedge y\leqslant x\rightarrow x=y)$ 成立,则称 y 为 Y 的**极大元**.

定义 4.17 设 $(X,\leqslant)$ 为偏序集,$Y\subseteq X$,若 $\exists y\in X$,

(1) 使得 $\forall x(x\in Y\rightarrow x\leqslant y)$ 成立,则称 y 为 Y 的**上界**;

(2) 使得 $\forall x(x\in Y\rightarrow y\leqslant x)$ 成立,则称 y 为 Y 的**下界**;

(3) 令 $M=\{y|y$ 是 Y 的上界$\}$,则称 M 的最小元为 Y 的**上确界**;

(4) 令 $N=\{y|y$ 是 Y 的下界$\}$,则称 N 的最大元为 Y 的**下确界**.

例 4 - 12 集合 $A=\{a,b,c\}$ 的幂集 $\rho(A)=\{\varnothing,\{a\},\{b\},\{c\},\{a,b\},\{a,c\},\{b,c\},\{a,b,c\}\}$ 上的 $\subseteq$ 关系是一个偏序关系,$(\rho(A),\subseteq)$ 是偏序集.

(1) 设 $B=\{\{a,b\},\{b,c\},\{b\},\{c\},\varnothing\}\subseteq\rho(A)$,则 B 没有最大元,但有极大元:$\{a,b\},\{b,c\}$;B 的上界与上确界都是 $\{a,b,c\}$;B 的最小元、极小元、下界及下确界都是 $\varnothing$.

(2) 若 $B=\{\{a\},\{c\}\}\subseteq\rho(A)$,则 B 没有最大元,也没有最小元. 但它的极大元是 $\{a\},\{c\}$;极小元也是 $\{a\},\{c\}$;上界为 $\{a,c\}$ 及 $\{a,b,c\}$;上确界是 $\{a,c\}$;下界和下确界都是 $\varnothing$.

由定义 4.16 和定义 4.17 可知,Y 的最大元、极大元、上界、上确界及相应的最小元、极小元、下界、下确界的概念有明确的区别,不能混淆;同时它们之间也有一定的联系:Y 的最大(小)元一定是 Y 的极大(小)元,还是 Y 的上(下)界、上(下)确界;如果 x 是 Y 的上(下)确界,且 $x\in Y$,则 x 必是 Y 的最大(小)元.

为了更直观地研究偏序关系,以及偏序关系中的有关概念,可借助**哈斯**(Hasse)**图**.

哈斯图的画法可描述为:设$(X,\leqslant)$是偏序集,对 X 中的每个元素用结点表示. 若 $x,y\in X$,且 $x\leqslant y$,则结点 x 画于结点 y 的下面. 若 x 与 y 之间不存在另一个 z,使 $x\leqslant z,z\leqslant y$,则在 x 与 y 之间用一线段连接.

例 4-13 集合 $X=\{2,3,6,12,24,36\}$ 上的整除关系 R 是偏序的,它的哈斯图如图 4-5 所示.

图 4-5   图 4-6

例 4-14 $A=\{a,b,c\}$,$\rho(A)$ 上的 $\subseteq$ 关系是偏序的,它的哈斯图如图 4-6 所示.

哈斯图的作用不仅在于可以比较形象地表示偏序关系,而且还能明显地找出偏序集的最大元、最小元、极大元、极小元、上界、下界、上确界和下确界.

习题 4.4

1. 若 R 是非空集合 X 上的拟序关系,试证:R^{-1} 也是 X 上的拟序关系.

2. 若 R 是非空集合 X 上的偏序关系,试证:R^{-1} 也是 X 上的偏序关系.

3. 画出 $X=\{3,9,27,54\}$ 上的整除关系的哈斯图,并说明其是否为全序关系.

4. 设 $A=\{a,b\}$,画出 $\rho(A)$ 上的 $\subseteq$ 关系的哈斯图,并求子集 $B_1=\{\varnothing,\{a\}\}$ 和 $B_2=\{\{a\},\{b\}\}$ 的最大元和最小元.

5. 设 $X=\{1,2,3,4,5,6\}$,R 为 X 上的整除关系,试求:

(1) X 的极大元、极小元、最大元和最小元;

(2) 子集 $B_1=\{2,3,6\}$ 和 $B_2=\{2,3,5\}$ 的上界、下界、上确界和下确界.

6. 设集合 $X=\{1,2,3,6,8,12,24,36\}$,画出 X 上的整除关系 R 的哈斯图,求 X 的极大元、极小元、最大元和最小元;上界、下界、上确界和下确界.

7. 画出 $X=\{1,2,3,4,6,8,12,24\}$ 上的整除关系 R 的哈斯图,并求 X 的极大元、极小元、最大元和最小元;上界、下界、上确界和下确界.

8. 图 4-7 是两个偏序集 (X,R) 的哈斯图,试分别写出集合 X 和偏序关系 R 的集合表达式.

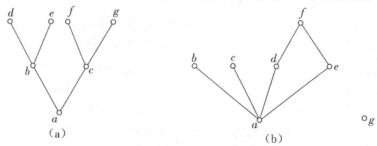

(a)   (b)

图 4-7

9. 分别画出下列集合 X 上的偏序关系 R 的哈斯图，并找出 X 的极大元、极小元、最大元和最小元：

(1) $X=\{a,b,c,d,e\}$，$R=\{(a,d),(a,c),(a,b),(a,e),(b,e),(c,e)\}\bigcup I_X$；

(2) $X=\{a,b,c,d,e\}$，$R=\{(c,d)\}\bigcup I_X$.

10. 设集合 $X=\{1,2,\cdots,12\}$，$\leqslant$ 为 X 上的整除关系，$B=\{x\mid x\in X\wedge 2\leqslant x\leqslant 4\}$（$\leqslant$ 为数的小于或等于关系）. 在偏序集 $(X,\leqslant)$ 中求 B 的上界、下界、上确界和下确界.

11. 设 $(X,\leqslant)$ 是偏序集，$Y\subseteq X$. 试证明：若 Y 的上（下）确界存在，则必唯一.

12. 证明：在线性次序集中，每一个子集的每个极小元都是最小元，每个极大元都是最大元.

4.5 等价关系和划分

4.5.1 等价关系

等价关系也是一类重要的二元关系.

定义 4.18 设 R 是非空集合 X 上的关系，如果 R 是自反的、对称的和传递的，则称 R 为 X 上的**等价关系**. 设 R 是一个等价关系，若 $(x,y)\in R$，则称 x **等价于** y，记作 $x\sim y$.

例 4-15 设 $X=\{1,2,3,4,5,6,7,8\}$，X 上的关系 $R=\{(x,y)\mid x-y$ 可被 3 整除，$x,y\in X\}$ 是 X 上的等价关系. 因为：

(1) 对每个 $x\in X$，$x-x$ 可被 3 整除，所以 R 是自反的；

(2) 对 $x,y\in X$，如果 $x-y$ 能被 3 整除，则 $y-x$ 亦能被 3 整除，所以 R 是对称的；

(3) 对 $x,y,z\in X$，如果 $x-y$，$y-z$ 均能被 3 整除，则 $x-z=(x-y)+(y-z)$ 亦能被 3 整除，所以 R 是传递的.

该关系的关系图如图 4-8 所示. 不难看到，该关系的关系图被分为 3 个互不连通的部分，每部分中的数两两都有关系，不同部分中的数则没有关系.

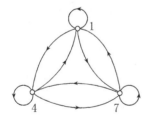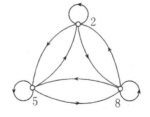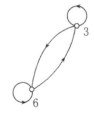

图 4-8

定义 4.19 设 R 是非空集合 X 上的等价关系，$\forall x\in X$，令
$$[x]_R=\{y\mid y\in X\wedge(x,y)\in R\},$$
称 $[x]_R$ 为 x 关于 R 的**等价类**，简称为 x 的**等价类**，简记为 $[x]$.

从以上定义可知，x 的等价类是 X 中所有与 x 等价的元素构成的集合. 例 4-15 中的等价类是：
$$[1]=[4]=[7]=\{1,4,7\},$$
$$[2]=[5]=[8]=\{2,5,8\},$$
$$[3]=[6]=\{3,6\}.$$

将例 4-15 推广到一般情形，即如下例子.

例 4-16 设 X 是整数集, X 上的关系 R:
$$R=\{(x,y)\mid x-y \text{ 能被 } m \text{ 整除}\}.$$
这个关系是等价关系,其中 m 是任一正整数. 也就是说,满足关系 R 的 x,y 用 m 除后有相同的余数,所以也称关系 R 为**同余关系**或**以 m 为模的同余关系**. 一般将此关系 xRy 写成
$$x \equiv y (\bmod\ m).$$

这样,整数集 **Z** 上以 n 为模的同余关系 $x \equiv y (\bmod\ n)$ 中任意 x,y 除以 n 后,根据余数分类如下:

余数为 0 的数,其形式为 nk $(k \in \mathbf{Z})$;

余数为 1 的数,其形式为 $nk+1$ $(k \in \mathbf{Z})$;

余数为 2 的数,其形式为 $nk+2$ $(k \in \mathbf{Z})$;

......

余数为 $n-1$ 的数,其形式为 $nk+n-1$ $(k \in \mathbf{Z})$.

以上构成了 n 个等价类:
$$[i]=\{nk+i \mid k \in \mathbf{Z}\}   (i=0,1,2,\cdots,n-1).$$

等价类又有下面的性质.

定理 4.11   设 R 是非空集合 X 上的等价关系,则

(1) $\forall x \in X, [x]$ 是非空的;

(2) $\forall x,y \in X$,如果 $(x,y) \in R$,则 $[x]=[y]$;

(3) $\forall x,y \in X$,如果 $(x,y) \notin R$,则 $[x] \cap [y]=\varnothing$;

(4) $\bigcup \{[x] \mid x \in X\}=X$.

证明 (1) 因为 R 是等价关系,所以 R 是自反的,即 $\forall x \in X$,有 $(x,x) \in R$,因此 $x \in [x]$,即 $[x]$ 是非空的.

(2) 任取 z,则有
$$z \in [x] \Rightarrow (x,z) \in R \Rightarrow (z,x) \in R   \text{ (因为 } R \text{ 是对称的)},$$
因此有
$$(z,x) \in R \land (x,y) \in R \Rightarrow (z,y) \in R   \text{ (因为 } R \text{ 是传递的)}$$
$$\Rightarrow (y,z) \in R   \text{ (因为 } R \text{ 是对称的)},$$
从而证明了 $z \in [y]$. 因此 $[x] \subseteq [y]$.

同理可证 $[y] \subseteq [x]$,从而得到 $[x]=[y]$.

(3) 假设 $[x] \cap [y] \neq \varnothing$,则存在 $z \in [x] \cap [y]$,从而有 $z \in [x] \land z \in [y]$,即
$$(x,z) \in R \land (y,z) \in R.$$
根据 R 的对称性和传递性必有 $(x,y) \in R$,这与 $(x,y) \notin R$ 矛盾,即假设不成立. 于是
$$[x] \cap [y]=\varnothing.$$

(4) 先证 $\bigcup \{[x] \mid x \in X\} \subseteq X$. 任取 y,则
$$y \in \bigcup \{[x] \mid x \in X\} \Rightarrow \exists x(x \in X \land y \in [x]) \Rightarrow y \in X   \text{ (因为 } [x] \subseteq X),$$
从而有 $\bigcup \{[x] \mid x \in X\} \subseteq X$ 成立.

再证 $X \subseteq \bigcup \{[x] \mid x \in X\}$. 任取 y,则
$$y \in X \Rightarrow y \in [y] \land y \in X \Rightarrow y \in \bigcup \{[x] \mid x \in X\},$$
从而有 $X \subseteq \bigcup \{[x] \mid x \in X\}$ 成立.

由集合相等的充要条件得

$$\bigcup\{[x]|x\in X\}=X.$$

根据等价类的性质,集合 X 上的等价关系 R 所构成的类,它们两两互不相交而且覆盖整个集合 X. 由它们构成一个新的集合——商集.

定义 4.20　设 R 为非空集合 X 上的等价关系,以 R 的所有等价类作为元素的集合称为 X 关于 R 的**商集**,记作 X/R,即

$$X/R=\{[x]|x\in X\}.$$

例 4-15 中的商集为 $\{\{1,4,7\},\{2,5,8\},\{3,6\}\}$,而整数集 $\mathbf{Z}$ 上以 n 为模的同余关系的商集是 $\{\{nk+i|k\in\mathbf{Z}\}|i=0,1,2,\cdots,n-1\}$.

4.5.2　集合的划分

与等价关系和商集密切联系的概念就是划分.

定义 4.21　设 S 是一个集合,$A_1,A_2,\cdots,A_m$ 是它的子集,如果它们满足下列条件:

(1) $A_i\neq\varnothing(i=1,2,\cdots,m)$;

(2) 所有 A_i 之间均是分离的,即对所有 $i,j(i,j=1,2,\cdots,m)$,如果 $i\neq j$,则 $A_i\bigcap A_j=\varnothing$;

(3) $A_1\bigcup A_2\bigcup\cdots\bigcup A_m=S$,

则称集合 $\pi=\{A_1,A_2,\cdots,A_m\}$ 为 S 的一个**划分**,而 $A_1,A_2,\cdots,A_m$ 称为这个划分的**块**.

例 4-17　设 $S=\{a,b,c,d\}$,给定 $\pi_1,\pi_2,\pi_3,\pi_4,\pi_5,\pi_6$ 如下:

$$\pi_1=\{\{a,b,c\},\{d\}\};\quad \pi_2=\{\{a,b\},\{c\},\{d\}\};$$
$$\pi_3=\{\{a\},\{a,b,c,d\}\};\quad \pi_4=\{\{a,b\},\{c\}\};$$
$$\pi_5=\{\varnothing,\{a,b\},\{c,d\}\};\quad \pi_6=\{\{a,\{a\}\},\{b,c,d\}\}.$$

可见,π_1 和 π_2 是 S 的划分,其他都不是 S 的划分. 因 π_3 中 $\{a\}\bigcap\{a,b,c,d\}=\{a\}\neq\varnothing$,$\pi_4$ 中 $\bigcup\pi_4\neq S$,π_5 中含有空集,而 π_6 根本不是 S 的子集族.

把商集 X/R 和划分的定义相比较,易知,商集就是 X 的一个划分,并且不同的商集将对应不同的划分;反之,任给 X 的一个划分

$$\pi=\{A_1,A_2,\cdots,A_m\},$$

可定义 X 上的关系 R:

$$R=(A_1\times A_1)\bigcup(A_2\times A_2)\bigcup\cdots\bigcup(A_m\times A_m),$$

且不难验证 R 为 X 上的等价关系.

例 4-18　$X=\{1,2,3\}$ 的所有划分为

$$\pi_1=\{\{1\},\{2\},\{3\}\};\quad \pi_2=\{\{1\},\{2,3\}\};\quad \pi_3=\{\{2\},\{1,3\}\};$$
$$\pi_4=\{\{3\},\{1,2\}\};\quad \pi_5=\{\{1,2,3\}\}.$$

于是 $\pi_1,\pi_2,\pi_3,\pi_4,\pi_5$ 所对应 $X=\{1,2,3\}$ 上的等价关系分别为

$$R_1=\{(1,1),(2,2),(3,3)\}=I_X;$$
$$R_2=\{(2,3),(3,2)\}\bigcup I_X;$$
$$R_3=\{(1,3),(3,1)\}\bigcup I_X;$$
$$R_4=\{(1,2),(2,1)\}\bigcup I_X;$$
$$R_5=\{(1,2),(2,1),(1,3),(3,1),(2,3),(3,2)\}\bigcup I_X=E_X.$$

1. 对于下面给定的 X 和 R,问:R 是否为 X 上的等价关系?

(1) X 为实数集,$R=\{(x,y)\,|\,x-y=2,x,y\in X\}$;

(2) $X=\{1,2,3\}$,$R=\{(x,y)\,|\,x+y\neq3,x,y\in X\}$;

(3) $X=\{1,2,\cdots,10\}$,$R=\{(x,y)\,|\,x+y=10\}$.

2. 设 $X=\{a,b,c,d\}$,X 上的等价关系 $R=\{(a,b),(b,a),(c,d),(d,c)\}\bigcup I_X$,画出 R 的关系图,并求出 X 中各元素的等价类.

3. 设 π 是正整数集 $\mathbf{Z}^+$ 的子集族,判断下列 π 是否构成 $\mathbf{Z}^+$ 的划分:

(1) $S_1=\{x\,|\,x\in\mathbf{Z}^+\wedge x$ 是素数$\}$,$S_2=\mathbf{Z}^+-S_1$,$\pi=\{S_1,S_2\}$;

(2) $\pi=\{\{x\}\,|\,x\in\mathbf{Z}^+\}$.

4. 给定集合 $X=\{1,2,3,4,5\}$,找出 X 上的等价关系 R,此关系 R 能够产生划分 $\{\{1,2\},\{3\},\{4,5\}\}$,并画出关系图.

5. 对任意非空集合 A,$\rho(A)$ 是 A 的幂集,且 $\rho(A)-\{\varnothing\}$ 是 A 的非空集合族,问:$\rho(A)-\{\varnothing\}$ 是否构成 A 的划分?

6. 设 $A=\{1,2,3,4\}$,在 $A\times A$ 上定义二元关系 R:$R=\{((u,v),(x,y))\,|\,u+y=x+v\}$.

(1) 证明:R 是 $A\times A$ 上的等价关系;

(2) 确定由 R 引起的对 $A\times A$ 的划分.

7. 设 R 是集合 X 上的对称的和传递的关系,证明:如果对于 $\forall x\in X$,$\exists y\in X$,使得 $(x,y)\in R$,则 R 是一个等价关系.

8. 设 R 是 X 上自反的和传递的关系,定义 X 上的关系 S,使得 $\forall x,y\in X$,有 $(x,y)\in S\Leftrightarrow(x,y)\in R\wedge(y,x)\in R$.证明:$S$ 是 X 上的等价关系.

9. 设 R 是 X 上的关系,$S=\{(x,y)\,|\,$若存在 $z\in X$,使得 $(x,z)\in R$ 且 $(z,y)\in R\}$.证明:若 R 是等价关系,则 S 也是一个等价关系.

10. 设 $\mathbf{C}^0$ 是实部非零的全体复数组成的集合,$\mathbf{C}^0$ 上的关系 R 定义为:$(a+bi)R(c+di)\Leftrightarrow ac>0$.证明:$R$ 是等价关系.

4.6　函数的基本概念

函数也称映射,是一种特殊的二元关系.

定义 4.22　设 f 是从 X 到 Y 的二元关系,若 f 满足:

(1) 对每个 $x\in X$,必存在 $y\in Y$,使得 $(x,y)\in f$;

(2) 对每个 $x\in X$,也只存在一个 $y\in Y$,使得 $(x,y)\in f$,

则称 f 为从 X 到 Y 的**函数**(或**映射**),记作

$$f:X\rightarrow Y\quad\text{或}\quad X\xrightarrow{\ f\ }Y\quad\text{或}\quad y=f(x).$$

X 称为函数 f 的**定义域**,记作 $\mathrm{dom}\,f$,即 $\mathrm{dom}\,f=X$;y 的取值范围称为函数 f 的**值域**,记作 $\mathrm{ran}\,f$,且 $\mathrm{ran}\,f\subseteq Y$.

例 4-19　设 $f_1=\{(x_1,y_1),(x_2,y_1),(x_3,y_2)\}$,$f_2=\{(x_1,y_1),(x_1,y_2)\}$,判断它们是否为函数;如果是函数,写出其定义域和值域.

解　f_1 是函数,$\mathrm{dom}\, f_1=\{x_1,x_2,x_3\}$,$\mathrm{ran}\, f_1=\{y_1,y_2\}$;$f_2$ 不是函数,因为 x_1 出现了两次.

由于函数是集合,故可用集合相等来定义函数相等.

定义 4.23　设函数 $f:A\to B$,$g:C\to D$. 如果 $A=C$,$B=D$,且对于所有 $x\in A$,即 $x\in C$,有 $f(x)=g(x)$,则称函数 f 和 g **相等**,记作 $f=g$.

例如,函数

$$f(x)=\frac{x^2-1}{x+1},\quad g(x)=x-1$$

是不相等的,因为 $\mathrm{dom}\, f=\{x\mid x\in\mathbf{R}\wedge x\neq -1\}$,而 $\mathrm{dom}\, g=\mathbf{R}$,所以 $\mathrm{dom}\, f\neq\mathrm{dom}\, g$.

从函数的定义可以知道,$X\times Y$ 的子集并不能都成为 X 到 Y 的函数.

定义 4.24　所有从 X 到 Y 的函数的集合记作 Y^X,读作"Y 上 X",符号化表示为

$$Y^X=\{f\mid f:X\to Y\}.$$

例 4-20　设 $X=\{a,b,c\}$,$Y=\{0,1\}$,求 Y^X.

解　$Y^X=\{f_0,f_1,\cdots,f_7\}$,其中,

$$f_0=\{(a,0),(b,0),(c,0)\},\quad f_1=\{(a,0),(b,0),(c,1)\},$$
$$f_2=\{(a,0),(b,1),(c,0)\},\quad f_3=\{(a,0),(b,1),(c,1)\},$$
$$f_4=\{(a,1),(b,0),(c,0)\},\quad f_5=\{(a,1),(b,0),(c,1)\},$$
$$f_6=\{(a,1),(b,1),(c,0)\},\quad f_7=\{(a,1),(b,1),(c,1)\}.$$

由排列组合的知识不难证明,若 $|X|=m$,$|Y|=n$,且 $m,n>0$,则 $|Y^X|=n^m$. 例如,在例 4-20 中,$|X|=3$,$|Y|=2$,而 $|Y^X|=2^3=8$.

设函数 $f:A\to B$,当 A 或 B 中至少有一个集合是空集时,B^A 可以分成下面 3 种情况:

(1) $A=\varnothing$ 且 $B=\varnothing$,则 $B^A=\varnothing^\varnothing=\{\varnothing\}$;

(2) $A=\varnothing$ 且 $B\neq\varnothing$,则 $B^A=B^\varnothing=\{\varnothing\}$;

(3) $A\neq\varnothing$ 且 $B=\varnothing$,则 $B^A=\varnothing^A=\varnothing$.

下面讨论函数的几种特殊情况.

定义 4.25　设函数 $f:X\to Y$.

(1) 若 $\mathrm{ran}\, f=Y$,则称 $f:X\to Y$ 是**满射**;

(2) 若 $\forall y\in\mathrm{ran}\, f$ 都存在唯一的 $x\in X$,使得 $f(x)=y$,则称 $f:X\to Y$ 是**单射**;

(3) 若 $f:X\to Y$ 既是满射又是单射,则称 $f:X\to Y$ 是**双射**(或**一一映射**).

由定义看出,如果 $f:X\to Y$ 是满射,则对于任意的 $y\in Y$,都存在 $x\in X$,使得 $f(x)=y$.

如果 $f:X\to Y$ 是单射,则对于 $x_1,x_2\in X$,$x_1\neq x_2$,一定有 $f(x_1)\neq f(x_2)$. 换句话说,如果对于 $x_1,x_2\in X$,有 $f(x_1)=f(x_2)$,则一定有 $x_1=x_2$.

例 4-21　判断下列函数是否为单射、满射、双射. 为什么?

(1) $f:\mathbf{R}\to\mathbf{R}$,$f(x)=-x^2+2x-1$;

(2) $f:\mathbf{Z}^+\to\mathbf{R}$,$f(x)=\ln x$,其中,$\mathbf{Z}^+$ 为正整数集;

(3) $f:\mathbf{R}\to\mathbf{Z}$,$f(x)=[x]$,其中,$[x]$ 是小于或等于 x 的最大整数;

(4) $f:\mathbf{R}\to\mathbf{R}$,$f(x)=2x+1$;

(5) $f:\mathbf{R}^+\to\mathbf{R}^+$,$f(x)=\dfrac{x^2+1}{x}$,其中,$\mathbf{R}^+$ 为正实数集.

解 (1) $f: \mathbf{R} \to \mathbf{R}, f(x) = -x^2 + 2x - 1$ 是开口向下的抛物线,以 $x = 1$ 为对称轴,极大值为 0. 因此,它既不是单射也不是满射.

(2) $f: \mathbf{Z}^+ \to \mathbf{R}, f(x) = \ln x$ 是单调递增的,因此是单射. 但不是满射,因为 $\operatorname{ran} f = \{\ln 1, \ln 2, \cdots\} \subset \mathbf{R}$.

(3) $f: \mathbf{R} \to \mathbf{Z}, f(x) = [x]$ 是满射,但不是单射,因为

$$f(1.2) = f(1.3) = 1.$$

(4) $f: \mathbf{R} \to \mathbf{R}, f(x) = 2x + 1$ 是满射,也是单射,从而是双射. 因为它是单调递增的且 $\operatorname{ran} f = \mathbf{R}$.

(5) $f: \mathbf{R}^+ \to \mathbf{R}^+, f(x) = \dfrac{x^2 + 1}{x}$ 既不是单射,也不是满射. 因为当 $x \to 0^+$ 时,$f(x) \to +\infty$;当 $x \to +\infty$ 时,$f(x) \to +\infty$;在 $x = 1$ 处函数 $f(x)$ 取得极小值 2,所以该函数既不是单射也不是满射.

习题 4.6

1. 设 $X = \{1,2\}, Y = \{a,b,c\}$,求 Y^X.

2. 对于以下给定的 X, Y 和 f,判断是否构成函数 $f: X \to Y$:

(1) $X = \{1,2,3,4,5\}, Y = \{6,7,8,9,10\}, f = \{(1,8),(3,9),(4,6),(2,10),(5,9)\}$;

(2) X, Y 同(1),$f = \{(1,7),(2,6),(4,5),(1,9),(5,10)\}$;

(3) X, Y 同(1),$f = \{(1,8),(3,10),(2,6),(4,9)\}$;

(4) $X = Y = \mathbf{R}, f(x) = x^3 (\forall x \in \mathbf{R})$;

(5) $X = Y = \mathbf{R}^+, f(x) = \dfrac{x}{x^2 + 1} (\forall x \in \mathbf{R}^+)$;

(6) $X = Y = \mathbf{R} \times \mathbf{R}, f((x,y)) = (x+y, x-y)$;

(7) $X = \mathbf{N} \times \mathbf{N}, Y = \mathbf{N}, f((x,y)) = |x^2 - y^2|$.

3. 判断下列函数中,哪些是满射,哪些是单射,哪些是双射:

(1) $f: \mathbf{N} \to \mathbf{N}, f(x) = x^2 + 2$;

(2) $f: \mathbf{N} \to \mathbf{N}, f(x) = 2x + 1$;

(3) $f: \mathbf{N} \to \mathbf{N}, f(x) = \begin{cases} 1, & x \text{ 为奇数}, \\ 0, & x \text{ 为偶数}; \end{cases}$

(4) $f: \mathbf{N} - \{0\} \to \mathbf{R}, f(x) = \lg x$;

(5) $f: \mathbf{R} \to \mathbf{R}, f(x) = x^2 - 2x - 15$.

4. 对于给定的集合 A 和 B,构造双射 $f: A \to B$.

(1) $A = \rho(\{1,2,3\}), B = \{0,1\}^{\{1,2,3\}}$;

(2) $A = [0,1], B = \left[\dfrac{1}{4}, \dfrac{1}{2}\right]$;

(3) $A = \left[\dfrac{\pi}{2}, \dfrac{3\pi}{2}\right], B = [-1,1]$.

5. 设 X 和 Y 为有限集,若 X 和 Y 的元素个数相同,即 $|X| = |Y|$,则 $f: X \to Y$ 是单射,当且仅当它是一个满射. 如果 X, Y 是无限集,那么结果如何?

4.7　特殊函数类

下面定义一些常用的特殊函数.

定义 4.26　(1) 设 $f:X{\rightarrow}Y$, 如果存在 $y{\in}Y$, 使得对所有的 $x{\in}X$, 都有 $f(x){=}y$, 则称 $f:X{\rightarrow}Y$ 是**常函数**.

(2) 对所有的 $x{\in}X$, 都有 $I_X(x){=}x$, 称 X 上的恒等关系 I_X 为 X 上的**恒等函数**.

(3) 设 $(X,{\leqslant}),(Y,{\leqslant})$ 为偏序集, $f:X{\rightarrow}Y$, 如果对任意的 $x_1,x_2{\in}X,x_1{\prec}x_2$($\prec$ 为 X 和 Y 上的拟序关系), 就有 $f(x_1){\leqslant}f(x_2)$, 则称 f 为**单调递增**的; 如果对任意的 $x_1,x_2{\in}X,x_1{\prec}x_2$, 就有 $f(x_1){\prec}f(x_2)$, 则称 f 为**严格单调递增**的. 类似地, 也可以定义**单调递减**和**严格单调递减**的函数.

(4) 设 A 为集合, 对任意的 $A'{\subseteq}A$, 由

$$\psi_{A'}(a)=\begin{cases}1, & a{\in}A', \\ 0, & a{\in}A{-}A'\end{cases}$$

定义的 $\psi_{A'}:A{\rightarrow}\{0,1\}$ 称为 A' 的**特征函数**.

(5) 设 R 是 X 上的等价关系, 令

$$g:X{\rightarrow}X/R,\quad g(x)=[x]\quad (\forall x{\in}X),$$

称 g 是从 X 到商集 X/R 的**自然映射**.

需要指出的是, 大家熟悉的实数集 **R** 上的函数

$$f:\mathbf{R}{\rightarrow}\mathbf{R},\quad f(x)=x{+}1$$

是单调递增和严格单调递增的, 但它只是上面定义中的单调函数的特例. 在上面的定义中, 单调函数可以定义于一般的偏序集上. 例如, 给定偏序集 $(\rho(\{a,b\}),{\subseteq})$ 和 $(\{0,1\},{\leqslant})$, 令

$$f:\rho(\{a,b\}){\rightarrow}\{0,1\},\quad f(\varnothing)=f(\{a\})=f(\{b\})=0,\quad f(\{a,b\})=1,$$

则 f 是单调递增的, 但不是严格单调递增的.

对于集合的特征函数来说, 设 A 为集合, 不难证明, A 的每一个子集 A' 都对应于一个特征函数, 不同的子集对应于不同的特征函数. 例如, 对集合 $A{=}\{a,b,c\}$, 则有

$$\psi_\varnothing=\{(a,0),(b,0),(c,0)\},\quad \psi_{\{a,b\}}=\{(a,1),(b,1),(c,0)\},$$
$$\psi_{\{a\}}=\{(a,1),(b,0),(c,0)\},\quad \psi_{\{a,b,c\}}=\{(a,1),(b,1),(c,1)\},$$

等等.

关于自然映射 g, 给定集合 X 和 X 上的等价关系 R, 就可以确定一个自然映射 $g:X{\rightarrow}X/R$. 例如, 设 $X{=}\{1,2,3\}$,

$$R=\{(1,2),(2,1)\}\bigcup I_X$$

是 X 上的等价关系, 那么有

$$g(1)=g(2)=\{1,2\},\quad g(3)=\{3\}.$$

不同的等价关系将确定不同的自然映射, 其中, 恒等关系所确定的自然映射是双射, 而其他的自然映射一般来说只是满射.

前面已经介绍过, 关系复合后可得到一个新的关系. 对于函数而言, 函数复合后也可得到一个特殊函数——复合函数.

定义 4.27　设函数 $f:X{\rightarrow}Y,g:W{\rightarrow}Z$, 若 $f(X){\subseteq}W$, 则称

$$g \circ f = \{(x,z) \mid x \in X \wedge z \in Z \wedge \exists y (y \in Y \wedge y = f(x) \wedge z = g(y))\}$$

为**复合函数**.

根据复合函数的定义,显然有

$$g \circ f(x) = g(f(x)).$$

例 4 - 22　设 $X = \{1,2,3\}, Y = \{p,q\}, Z = \{a,b\}, f = \{(1,p),(2,p),(3,q)\}, g = \{(p,b), (q,b)\}$,求 $g \circ f$.

解　$g \circ f = \{(1,b),(2,b),(3,b)\}$.

定理 4.12　两个函数的复合是一个函数.

证明　设 $f: X \to Y, g: W \to Z$,且 $f(X) \subseteq W$.

(1) 对任意的 $x \in X$,因为 f 为函数,故必有唯一的 $(x,y) \in f$,使得 $y = f(x)$ 成立. 而 $f(x) \in f(X), f(X) \subseteq W$,所以 $f(x) \in W$.

又因为 g 是函数,故必有唯一的 $(y,z) \in g$,使 $z = g(y)$ 成立. 根据复合定义,$(x,z) \in g \circ f$,即任意 $x \in X$ 对应某个 $z \in Z$.

(2) 假定 $g \circ f$ 中包含 (x,z_1) 和 (x,z_2),则在 Y 中必存在 y_1 和 y_2,使得 $(x,y_1),(x,y_2) \in f$, $(y_1,z_1),(y_2,z_2) \in g$.

因为 f 是函数,故 $y_1 = y_2$;又因 g 是函数,故 $z_1 = z_2$,即每个 $x \in X$,只能有唯一的 $(x,z) \in g \circ f$.

由 (1),(2) 知,$g \circ f$ 是一个函数.

定理 4.13　设 $g \circ f$ 是一个复合函数.

(1) 若 g 和 f 是满射,则 $g \circ f$ 是满射;

(2) 若 g 和 f 是单射,则 $g \circ f$ 是单射;

(3) 若 g 和 f 是双射,则 $g \circ f$ 是双射.

证明　(1) 设 $f: X \to Y, g: Y \to Z$,令 z 为 Z 的任意一个元素,因 g 是满射,故必有某个元素 $y \in Y$,使得 $g(y) = z$. 又因为 f 是满射,故必有某个元素 $x \in X$,使得 $f(x) = y$,所以

$$g \circ f(x) = g(f(x)) = g(y) = z.$$

因此,$g \circ f$ 是满射.

(2) 令 x_1, x_2 为 X 的元素,假设 $x_1 \neq x_2$,因为 f 是单射,故 $f(x_1) \neq f(x_2)$. 又因 g 是单射 且 $f(x_1) \neq f(x_2)$,故 $g(f(x_1)) \neq g(f(x_2))$,于是有 $x_1 \neq x_2 \Rightarrow g \circ f(x_1) \neq g \circ f(x_2)$. 因此,$g \circ f$ 是单射.

(3) 因为 g 和 f 是双射,故根据 (1) 和 (2),$g \circ f$ 既是满射又是单射,即 $g \circ f$ 是双射.

定理 4.13 说明,函数的复合运算能够保持函数单射、满射、双射的性质.

习题 4.7

1. 设 $A = \{1,2,3,4\}, A_1 = \{1,2\}, A_2 = \{1\}, A_3 = \varnothing$,求 $\psi_{A_1}, \psi_{A_2}, \psi_{A_3}, \psi_A$.

2. 设 $A = \{a,b,c\}, R$ 为 A 上的等价关系,且 $R = \{(a,b),(b,a)\} \cup I_A$,求自然映射 $g: A \to A/R$.

3. 设 $f, g, h \in \mathbf{R}^{\mathbf{R}}$,且 $f(x) = x+3, g(x) = 2x+1, h(x) = \dfrac{x}{2}$,求 $f \circ g, g \circ f, f \circ g, g \circ g, h \circ f, g \circ h, f \circ h, g \circ h \circ f$.

4. 设 $f, g, h \in \mathbf{N}^{\mathbf{N}}$,且 $f(n) = n+1, g(n) = 2n, h(n) = \begin{cases} 0, & n \text{ 为偶数,} \\ 1, & n \text{ 为奇数,} \end{cases}$ 求 $f \circ f, g \circ f, f \circ g, h \circ g, g \circ h, h \circ g \circ f$.

5. 判断下列说法是否正确,并说明理由.

(1) 若 $g \circ f$ 是单射,则 f 和 g 都是单射;

(2) 若 $g \circ f$ 是满射,则 f 和 g 都是满射;

(3) 若 $g \circ f$ 是双射,则 f 和 g 都是双射.

6. 设有函数 $f:A \to B, g:B \to C$,试证:

(1) 若 $g \circ f$ 是单射,则 f 是单射;

(2) 若 $g \circ f$ 是满射,则 g 是满射.

7. 证明:若 $f:A \to B$,则 $f = I_B \circ f = f \circ I_A$.

4.8 逆 函 数

前面已经介绍,对任一从 X 到 Y 的关系 R,它的逆关系 R^{-1} 都存在,是从 Y 到 X 的关系,即

$$(y,x) \in R^{-1} \Leftrightarrow (x,y) \in R.$$

但任给一个函数 f,它的逆 f^{-1} 不一定是函数,只是一个二元关系.

例如,设 $f = \{(x_1,y_1),(x_2,y_1)\}$,则有 $f^{-1} = \{(y_1,x_1),(y_1,x_2)\}$,显然 f^{-1} 不是函数,因为对 $y_1 \in \text{dom} f^{-1}$,有 x_1 和 x_2 两个值与之对应,破坏了函数的单值性定义.

任给单射函数 $f:A \to B$,则 f^{-1} 是从 $\text{ran} f$ 到 A 的双射函数,但不一定是从 B 到 A 的双射函数. 因为对于某些 $y \in B - \text{ran} f$,f^{-1} 没有值与之对应.

对于什么样的函数 $f:A \to B$,它的逆 f^{-1} 是从 B 到 A 的函数呢? 下面的定理给出了所需条件.

定理 4.14 设 $f:A \to B$ 是双射,则 $f^{-1}:B \to A$ 也是双射.

证明 设 $f = \{(x,y) \mid x \in A \wedge y \in B \wedge f(x) = y\}$,$f^{-1} = \{(y,x) \mid (x,y) \in f\}$.

因 f 是满射,故对每一 $y \in B$ 必存在 $(x,y) \in f$,因此必有 $(y,x) \in f^{-1}$,即 $\text{dom} f^{-1} = B$.

又因 f 是单射,故对每一个 $y \in B$ 恰有一个 $x \in A$,使得 $(x,y) \in f$,因此仅有一个 $x \in A$,使得 $(y,x) \in f^{-1}$,即 y 对应唯一的 x,故 f^{-1} 是函数.

又因 $\text{ran} f^{-1} = \text{dom} f = A$,故 f^{-1} 是满射.

假设当 $y_1 \neq y_2$ 时,有 $f^{-1}(y_1) = f^{-1}(y_2)$. 设 $f^{-1}(y_1) = x_1$,$f^{-1}(y_2) = x_2$,则由假设得 $x_1 = x_2$,故 $f(x_1) = f(x_2)$,即 $y_1 = y_2$. 矛盾.

因此 f^{-1} 是双射函数.

定义 4.28 设 $f:X \to Y$ 是双射函数,称 $Y \to X$ 的双射函数 f^{-1} 为 f 的**逆函数**.

例 4-23 设 $f:\mathbf{R} \to \mathbf{R}, g:\mathbf{R} \to \mathbf{R}$,

$$f(x) = \begin{cases} x^2, & x \geq 3, \\ -2, & x < 3, \end{cases} \quad g(x) = x+2.$$

试问:f,g 是否存在逆函数? 如果存在,求其逆函数.

解 因为 $f:\mathbf{R} \to \mathbf{R}$ 不是双射,所以不存在逆函数. 而 $g:\mathbf{R} \to \mathbf{R}$ 是双射,故存在逆函数,g 的逆函数为 $g^{-1}:\mathbf{R} \to \mathbf{R}, g^{-1}(x) = x-2$.

逆函数具有下面的性质.

定理 4.15 如果函数 $f:X \to Y$ 有逆函数 $f^{-1}:Y \to X$,则 $f^{-1} \circ f = I_X$,$f \circ f^{-1} = I_Y$.

证明 (1) $f^{-1}\circ f$ 与 I_X 的定义域均是 X.

(2) 因为 f 是双射函数,故 f^{-1} 也是双射函数.

若 $f:x\to f(x)$,则 $f^{-1}(f(x))=x$. 由(1),(2)得
$$x\in X\Rightarrow(f^{-1}\circ f)(x)=f^{-1}(f(x))=x,$$
故 $f^{-1}\circ f=I_X$.

同理可证 $f\circ f^{-1}=I_Y$.

定理 4.16 若 $f:X\to Y$ 是双射函数,则 $(f^{-1})^{-1}=f$.

证明 (1) 因 $f:X\to Y$ 是双射,故 $f^{-1}:Y\to X$ 也是双射. 因此,$(f^{-1})^{-1}:X\to Y$ 也是双射,且 $\operatorname{dom}f=\operatorname{dom}(f^{-1})^{-1}=X$.

(2) $x\in X\Rightarrow f:x\to f(x)\Rightarrow f^{-1}:f(x)\to x\Rightarrow(f^{-1})^{-1}:x\to f(x)$.

由(1),(2)可知 $(f^{-1})^{-1}=f$.

定理 4.17 若 $f:X\to Y,g:Y\to Z$ 均为双射函数,则 $(g\circ f)^{-1}=f^{-1}\circ g^{-1}$.

证明 (1) 因 $f:X\to Y,g:Y\to Z$ 均为双射函数,所以 f^{-1} 和 g^{-1} 均存在,且 $f^{-1}:Y\to X$,$g^{-1}:Z\to Y$,因此 $f^{-1}\circ g^{-1}:Z\to X$.

根据定理 4.13,$g\circ f:X\to Z$ 是双射,故 $(g\circ f)^{-1}$ 存在,且 $(g\circ f)^{-1}:Z\to X$ 是双射. 于是
$$\operatorname{dom}(f^{-1}\circ g^{-1})=\operatorname{dom}(g\circ f)^{-1}=Z.$$

(2) 对任意 $z\in Z$,存在唯一 $y\in Y$,使得 $g(y)=z$;存在唯一的 $x\in X$,使得 $f(x)=y$,故
$$(f^{-1}\circ g^{-1})(z)=f^{-1}(g^{-1}(z))=f^{-1}(y)=x.$$
而 $(g\circ f)(x)=g(f(x))=g(y)=z$,故 $(g\circ f)^{-1}(z)=x$. 因此,对任一 $z\in Z$,有
$$(g\circ f)^{-1}(z)=(f^{-1}\circ g^{-1})(z).$$

由(1),(2)可知 $(g\circ f)^{-1}=f^{-1}\circ g^{-1}$.

习题 4.8

1. 对于以下集合 A 和 B,构造从 A 到 B 的双射函数 $f:A\to B$,并求出 f^{-1}:

(1) $A=\{1,2,3\},B=\{a,b,c\}$;
(2) $A=\{0,1\},B=\{0,2\}$;

(3) $A=\{x\,|\,x\in\mathbf{Z}\wedge x<0\},B=\mathbf{N}$;
(4) $A=\mathbf{R},B=\mathbf{R}^+$.

2. 设 $f:\mathbf{R}\to\mathbf{R},f(x)=x^2-2;g:\mathbf{R}\to\mathbf{R},g(x)=x+4;h:\mathbf{R}\to\mathbf{R},h(x)=x^3-1$,试问:$f,g,h$ 中哪些函数有逆函数? 如果有,求其逆函数.

3. 设 $f:A\to B,B'\subseteq B,A'\subseteq A,f^{-1}(B')=\{x\,|\,f(x)\in B'\}$,证明:

(1) $f(f^{-1}(B'))\subseteq B'$;
(2) 如果 f 是满射,则 $f(f^{-1}(B'))=B'$;

(3) $f^{-1}(f(A'))\supseteq A'$;
(4) 如果 f 是单射,则 $f^{-1}(f(A'))=A'$.

4. 设有函数如下:

(a) $f:\mathbf{R}\to\mathbf{R}^+,f(x)=2^x$;
(b) $f:\mathbf{N}\to\mathbf{N}\times\mathbf{N},f(n)=(n,n+1)$;

(c) $f:\mathbf{Z}\to\mathbf{N},f(x)=|x|$;
(d) $f:\mathbf{R}\to\mathbf{R},f(x)=3$.

试对上述函数,

(1) 确定是否为单射、满射、双射;
(2) 确定由函数生成的等价关系;

(3) 当 f 是双射时,求出 f^{-1} 的表达式.

5. 证明:$f:\mathbf{N}\times\mathbf{N}\to\mathbf{N},f((x,y))=x+y;g:\mathbf{N}\times\mathbf{N}\to\mathbf{N},g((x,y))=xy$ 都是满射,但不是单射.

6. 设 $f:\mathbf{N}\times\mathbf{N}\to\mathbf{N}\times\mathbf{N},f((x,y))=\left(\dfrac{x+y}{2},\dfrac{x-y}{2}\right)$,证明:$f^{-1}$ 存在,并求出 f^{-1} 的表达式.

4.9　可数与不可数集合

集合的基数就是集合所含的元素的个数,基数越大的集合,所含的元素越多. 对于给定的两个集合,如何知道哪个集合的元素的个数更多呢? 如果是有限集,则只要数一数它们所含元素的个数即可,但若是无限集,那么此方法就不行了.

比较两个无限集的元素的个数大小的基本思想是在这两个无限集之间建立一一对应,若存在从一个集合到另一个集合的双射,则这两个集合所含元素一样多,即它们的基数相等,这种方法对有限集也适用. 为此先给出有限集、可数集、不可数集、集合基数的基本概念.

定义 4.29　设 A 和 B 是任意集合,若存在从 A 到 B 的双射,则称 A 与 B 是**等势**的,记为 $A \sim B$;否则,称 A 与 B **不等势**,记为 $A \nsim B$.

例 4-24　试证明 $\mathbf{N} \sim \mathbf{Z}$.

证明　构造函数 $f(n)=\begin{cases} \dfrac{n}{2}, & n=0,2,4,\cdots, \\ -\dfrac{(n+1)}{2}, & n=1,3,5,\cdots, \end{cases}$ 则 f 是 $\mathbf{N}$ 到 $\mathbf{Z}$ 的双射,因此 $\mathbf{N} \sim \mathbf{Z}$.

前面我们给出了有限集和无限集的直观描述,下面从等势的角度给出有限集和无限集的定义.

定义 4.30　若存在 $n \in \mathbf{N}$,使得 $\{0,1,2,\cdots,n-1\} \sim A$,则称 A 是**有限集**,且其基数为 n,记为 $|A|=n$;若 A 不是有限集,则称为**无限集**.

例 4-25　试证明:自然数集 $\mathbf{N}$ 是无限集.

证明　利用反证法. 假设 $\mathbf{N}$ 是有限集,则存在 $n \in \mathbf{N}$ 和双射 $f:\{0,1,2,\cdots,n-1\} \to \mathbf{N}$. 取 $k=\max\{f(i) \mid i \in \{0,1,2,\cdots,n-1\}\}+1$,则 $k \in \mathbf{N}$,但不存在 $x \in \{0,1,2,\cdots,n-1\}$,使得 $f(x)=k$,即 f 不是满射,这与 f 是双射矛盾,故 $\mathbf{N}$ 是无限集.

若在有限集 A 和有限集 B 之间存在双射,则 A 和 B 的元素个数相等. 故有下述定理.

定理 4.18　任何有限集都不能与它的真子集等势.

但是对无限集情形就不一样了,无限集可以与它的真子集等势,如 $\mathbf{Z} \sim \mathbf{N}$. 实际上,任何无限集都是如此,这也是有限集和无限集的本质区别.

定义 4.31　设 A 是任意集合,若 $\mathbf{N} \sim A$,则称 A 是**可数无限集**,并称 A 的基数为 $\aleph_0$(读作阿列夫零),记为 $|A|=\aleph_0$;有限集和可数无限集称为**可数集**或**可列集**;非可数的集合称为**不可数集**.

例 4-26　(1) $\mathbf{N}$ 是可数无限集,因为 $\mathbf{N} \sim \mathbf{N}$.

(2) $\mathbf{Z}$ 是可数无限集,参见例 4-24.

定义 4.32　集合 A 的枚举是从 $\{0,1,2,\cdots,n-1\}$ 到 A,或从 $\mathbf{N}$ 到 A 的一个满射 f. 若 f 也是单射,则称 f 是一个**无重复枚举**;否则,称 f 是**重复枚举**. 枚举 f 常记为

$$\langle f(0),f(1),\cdots,f(n-1)\rangle \quad \text{或} \quad \langle f(0),f(1),\cdots,f(n-1),f(n),\cdots\rangle.$$

例 4-27　(1) 设 $A=\{a,b\}$,则 $\langle a,b\rangle$ 和 $\langle b,a\rangle$ 是 A 的无重复枚举,$\langle a,a,b,a\rangle$ 是 A 的重复枚举.

(2) $\mathbf{Z}$ 的无重复枚举,如 $\langle 0,1,-1,2,-2,3,-3,\cdots\rangle$.

枚举与可数集之间有着紧密联系.

定理 4.19　设 A 是任意集合,那么 A 是可数集,当且仅当存在 A 的枚举.

证明　**必要性**　若 A 是可数集,则存在双射

$$f:\{0,1,2,\cdots,n-1\}\to A \quad \text{或} \quad f:\mathbf{N}\to A.$$

而双射也是满射,所以存在 A 的枚举.

充分性 若存在 A 的枚举 f,则

(1) 若 f 是双射或 A 是有限集,则 A 为可数集.

(2) 若 f 不是双射,且 A 是无限集,则 f 的定义域为 $\mathbf{N}$,按下述过程构造函数 g:

① $g(0)=f(0),i=1,j=1$.

② 若 $f(i)\notin\{g(0),g(1),\cdots,g(j-1)\}$,则转③;否则,转④.

③ $g(j)=f(i),f(j),j=j+1$.

④ $i=i+1$,转②.

由于该过程不停止,因此 g 的定义域为 $\mathbf{N}$;由 g 的构造可知,$g(0),g(1),g(2),\cdots$是无重复的序列,所以 g 是单射;由于 f 是满射,因此对任何 $a\in A$,存在 $i\in\mathbf{N}$,使得 $f(i)=a$,即存在 $j\in\mathbf{N}$,使得 $g(j)=a$,所以 g 是满射.因此,g 是从 $\mathbf{N}$ 到 A 的双射,故 A 是可数集.

此定理说明,要证明一个集合是可数的,只要证明该集合中的所有元素能够排成一个序列即可.

例 4-28 证明:$\mathbf{N}\times\mathbf{N}$ 是可数无限集.

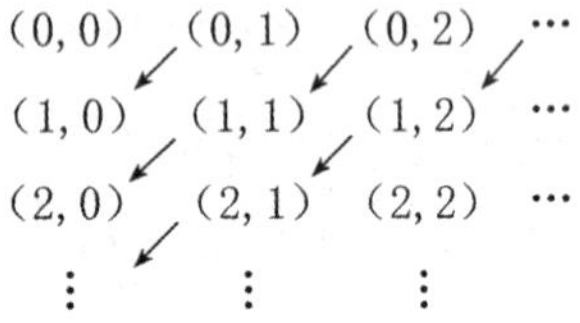

$(0,0)$ $(0,1)$ $(0,2)$ $\cdots$
$(1,0)$ $(1,1)$ $(1,2)$ $\cdots$
$(2,0)$ $(2,1)$ $(2,2)$ $\cdots$
$\vdots$ $\vdots$ $\vdots$

图 4-9

证明 我们按图 4-9 中箭头所指方向可得到 $\mathbf{N}\times\mathbf{N}$ 的无重复枚举:

$$\langle(0,0),(0,1),(1,0),(0,2),(1,1),(2,0),\cdots\rangle,$$

从而 $\mathbf{N}\times\mathbf{N}$ 是可数集,然而

$$\{(0,0),(0,1),(1,0),(0,2),(1,1),(2,0),\cdots\}$$

是一个无限集,所以 $\mathbf{N}\times\mathbf{N}$ 是可数无限集.

实际上,$\mathbf{N}\times\mathbf{N}$ 中所有元素可排列为如图 4-9 所示的序列.

不难证明下列推论.

推论 4.1 可数集的任何子集都是可数集.

推论 4.2 可数个可数集的并集仍是可数集.

证明 分两种情况进行讨论.

(1) 有限个可数集的并集.

设 $A_0,A_1,\cdots,A_{n-1}$ 是可数集,令

$$A_i=\{a_{i0},a_{i1},a_{i2},\cdots\} \quad (i=0,1,2,\cdots,n-1),$$

则 $A_i(i=0,1,2,\cdots,n-1)$ 中所有元素可排列成无限序列(若 A_i 是有限集,则重复 A_i 的最后一个元素).如图 4-10 所示,按图中箭头所指方向可以得到 $A_0\cup A_1\cup\cdots\cup A_{n-1}$ 是可数的.

(2) 可列无限个可数集的并集.

设 $A_0,A_1,A_2,\cdots$ 是可数集,与(1)一样,令 $A_i(i=0,1,2,\cdots)$ 中所有元素排列成如图 4-11 所示的序列.按图中箭头所指方向可得到 $A_0\cup A_1\cup A_2\cup\cdots$ 的一个枚举,故 $A_0\cup A_1\cup A_2\cup\cdots$ 是可数集.

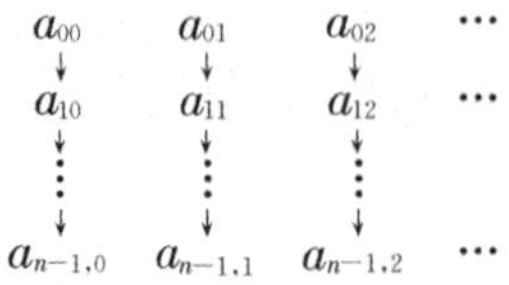

图 4-10 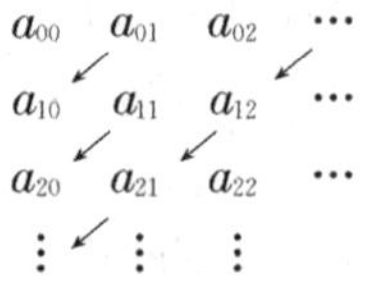   图 4-11

例 4-29 试证有理数集 **Q** 是可数无限集.

证明 (1) 先证 **Q⁺** 是可数无限集.

$$
\begin{array}{cccc}
1/1 & 1/2 & 1/3 & \cdots \\
2/1 & 2/2 & 2/3 & \cdots \\
3/1 & 3/2 & 3/3 & \cdots \\
\vdots & \vdots & \vdots &
\end{array}
$$

图 4-12

Q⁺ 的所有元素可排列成如图 4-12 所示的序列. 按图中箭头所指方向可得到 **Q⁺** 的重复枚举,由定理 4.19 知,**Q⁺** 是可数集.

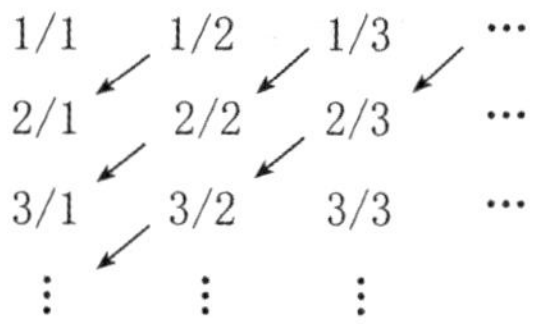

又 $\left\{\dfrac{1}{1},\dfrac{1}{2},\dfrac{1}{3},\cdots\right\}$ 是无限集,且 $\left\{\dfrac{1}{1},\dfrac{1}{2},\dfrac{1}{3},\cdots\right\}\subseteq\mathbf{Q}^{+}$,故 **Q⁺** 是无限集,从而 **Q⁺** 是可数无限集.

(2) 同理可证 **Q⁻** 是可数无限集.

(3) $\mathbf{Q}=\mathbf{Q}^{+}\cup\{0\}\cup\mathbf{Q}^{-}$,由推论 4.2 知,**Q** 是可数无限集.

前面论述的都是可数集,那么是否存在不可数集呢? 下面定理告诉我们,不可数集是存在的.

定理 4.20 实数集的子集 $[0,1]$ 不是可数集.

证明 只需要证明对任何函数 $f:\mathbf{N}\to[0,1]$,都有 $y\in[0,1]$,使 $y\notin f(\mathbf{N})$,即 f 不是满射,从而在 **N** 与 $[0,1]$ 之间不可能有双射.

设 $f:\mathbf{N}\to[0,1]$,把 f 的值按顺序排列为十进制小数,具体如下:

$$f(0)=0.x_{00}x_{01}x_{02}\cdots,$$
$$f(1)=0.x_{10}x_{11}x_{12}\cdots,$$
$$f(2)=0.x_{20}x_{21}x_{22}\cdots,$$
$$\cdots\cdots$$
$$f(n)=0.x_{n0}x_{n1}x_{n2}\cdots,$$
$$\cdots\cdots$$

其中 $0\leqslant x_{ij}\leqslant9(i,j\in\mathbf{N})$.

构造

$$y=0.y_{0}y_{1}y_{2}\cdots,\text{其中 } y_{i}=\begin{cases}1, & x_{ii}\neq1,\\ 2, & x_{ii}=1,\end{cases}$$

则 $y\in[0,1]$,但 $y\notin f(\mathbf{N})$,所以 f 不是满射,亦不是双射. 由 f 的任意性,**N** 与 $[0,1]$ 之间不存在双射,故 $[0,1]$ 不是可数集.

这个定理及其证明是由康托给出的,这种证明方法被称为**康托对角线法**,并广泛应用于计算理论中.

定义 4.33 设 A 是任意集合,若 $[0,1]\sim A$,则称 A 的基数为 $\aleph$(读作阿列夫),记为 $|A|=\aleph$,并称 A 是具有**连续统势**的集合.

例 4-30 试证下列集合的基数均为 $\aleph$:

(1) $[a,b]$ $(a,b\in\mathbf{R}$ 且 $a<b)$;

(2) $(0,1)$;

(3) 实数集 **R**.

证明 (1) 构造函数 $f:[0,1]\to[a,b]$,$f(x)=(b-a)x+a$.

易证 f 是从 $[0,1]$ 到 $[a,b]$ 的双射,故 $|[a,b]|=\aleph$.

(2) 构造函数 $g:[0,1]\to(0,1)$,$g(x)=\begin{cases}\dfrac{1}{2}, & x=0,\\[2mm] \dfrac{1}{n+2}, & x=\dfrac{1}{n}(n=1,2,3,\cdots),\\[2mm] x, & \text{其他}.\end{cases}$

易证 g 是从 $[0,1]$ 到 $(0,1)$ 的双射,故 $|(0,1)|=\aleph$.

(3) 构造函数 $h:(0,1)\rightarrow\mathbf{R},h(x)=\tan\pi\left(\dfrac{2x-1}{2}\right)$.

易证 h 是从 $(0,1)$ 到 $\mathbf{R}$ 的双射,从而 $h\circ g$ 是 $[0,1]$ 到 $\mathbf{R}$ 的双射(g 为(2)中构造的双射函数),故 $|\mathbf{R}|=\aleph$.

定理 4.21 设 A,B,C,D 是任意集合,若 $A\sim B,C\sim D,A\cap C=B\cap D=\varnothing$,则
$$A\cup C\sim B\cup D.$$

证明 由于 $A\sim B,C\sim D$,于是存在双射 $f_1:A\rightarrow B$ 和 $f_2:C\rightarrow D$.

令 $f:A\cup C\rightarrow B\cup D$,
$$f(x)=\begin{cases}f_1(x), & x\in A,\\ f_2(x), & x\in C.\end{cases}$$

由于 $A\cap C=\varnothing$,因此 f 是函数.下面证明 f 是双射.

(1) 对 $\forall y\in B\cup D$,有 $y\in B$ 或 $y\in D$.若 $y\in B$,则因 f_1 是满射,所以 $\exists x\in A$,使得 $y=f_1(x)$,即 $\exists x\in A\cup C$,使 $y=f_1(x)=f(x)$;若 $y\in D$,则同理可知,$\exists x\in C\subseteq A\cup C$,使 $y=f_2(x)=f(x)$.故 f 是满射.

(2) 对 $\forall x_1,x_2\in A\cup C$,若 $f(x_1)=f(x_2)$,那么当 $f(x_1)=f(x_2)\in B$ 时,由 $f(A)=B$,$f(C)=D$ 及 $B\cap D=\varnothing$ 可知 $x_1,x_2\in A$,故 $f(x_1)=f_1(x_1),f(x_2)=f_1(x_2)$,即 $f_1(x_1)=f_1(x_2)$,而 f_1 是单射,故 $x_1=x_2$.当 $f(x_1)=f(x_2)\in D$ 时,同理可证 $x_1=x_2$,从而 f 是单射.

所以 $A\cup C\sim B\cup D$.

习题 4.9

1. 若 A 和 B 都是无限集,C 是有限集,回答下述问题;对肯定的答复要列出理由,对否定的答复要举出反例.

(1) $A\cap B$ 是无限集吗?

(2) $A-B$ 是无限集吗?

(3) $A\cup C$ 是无限集吗?

2. 确定下述集合哪些是有限的,哪些是无限的;如果集合是有限的,找出其基数的表达式.

(1) 在 $\{a,b\}^*$ 中,素数长度的所有字的集合;

(2) 在 $\{a,b,c\}^*$ 中,长度不大于 k 的所有字的集合;

(3) 矩阵的项取自 $\{0,1,2,\cdots,k\}$ 的所有 $m\times n$ 矩阵集合,这里 m,n,k 是给定的正整数;

(4) 命题变项 p,q,r 和 s 上所有命题公式集合;

(5) 从 $\{0,1\}$ 到 $\mathbf{Z}$ 的所有函数集合;

(6) $\mathbf{N}^{\varnothing}$.

3. 构造一个从 $[0,1]$ 到下述集合的双射函数,以证明它们的基数为 $\aleph$.

(1) (a,b),这里 $a<b,a,b\in\mathbf{R}$;   (2) $\{x\mid x\in\mathbf{R}\wedge x\geqslant 0\}$;

(3) $(0,1]$;   (4) $\{(x,y)\mid x,y\in\mathbf{R}\wedge x^2+y^2=1\}$.

4. 设 A 是可数无限集,证明 $\rho(A)$ 是不可数集.

5. 设 $|A|=\aleph,|B|=\aleph,|D|=\aleph_0,|E|=n>0$,这里 A,B,D 和 E 是彼此不相交的任意集合,证明下列各式:

(1) $|A\cup B|=\aleph$;

(2) $|A\cup D|=\aleph$;

(3) $|D\times E|=\aleph_0$.

6. 证明:由 0 及 1 构成的序列的集合的基数是 $\aleph$.

7. 试找出一集合 S,使 $|\rho(S)| = \aleph_0$. 如果不成功,描述你所遇到的困难.

4.10　集合基数的比较

前面介绍了有限集基数和两个最常见的无限集基数等几类基数,这些基数之间的关系如何? 是否存在除此之外的基数呢? 本节将对这些问题进行讨论.

定义 4.34　设 A 和 B 是任意集合.

(1) 若存在从 A 到 B 的双射函数,则称 A 和 B 具有**相同的基数**,或称 A 的基数**等于** B 的基数,记为 $|A| = |B|$;否则,称 A 的基数**不等于** B 的基数,记为 $|A| \neq |B|$;

(2) 若存在从 A 到 B 的单射函数,则称 A 的基数**小于等于** B 的基数,记为 $|A| \leqslant |B|$;

(3) 若 $|A| \leqslant |B|$,且 $|A| \neq |B|$,则称 A 的基数**小于** B 的基数,记为 $|A| < |B|$.

基数间的相等关系"="具有自反性、对称性和传递性.

例 4-31　(1) $|\mathbf{N}| = |\mathbf{Z}| = |\mathbf{Q}| = \aleph_0$;

(2) $|[0,1]| = |(0,1)| = |\mathbf{R}| = \aleph$;

(3) $|\{a,b\}| \leqslant |\{0,1,2\}|$.

关于集合基数之间的 $=$,$\leqslant$ 和 $<$ 关系,有下述性质(证明从略,直接引用,有兴趣者可参考有关著作).

定理 4.22　设 A 和 B 是任意集合,则 $|A| = |B|$,$|A| < |B|$ 和 $|B| < |A|$ 恰有一个成立.

此定理称为**三歧性定理**,即任意两个集合的基数都是可以比较大小的.

定理 4.23　设 A 和 B 是任意集合,若 $|A| \leqslant |B|$ 且 $|B| \leqslant |A|$,则 $|A| = |B|$.

由 $|A| = |B|$ 的定义可知,要证明 A 和 B 有相同基数,则要找一个从 A 到 B 的双射;而定理 4.23 告诉我们,只要找一个从 A 到 B 的单射和一个从 B 到 A 的单射即可. 一般找单射要比找双射容易,定理 4.23 提供了证明两个集合基数相同的有效方法.

例 4-32　证明:$|(0,1)| = |[0,1]| = |[0,1)| = |(0,1]|$.

证明　(1) 证 $|(0,1)| = |[0,1]|$.

作 $f_1:(0,1) \to [0,1]$,$f_1(x) = x$,则 f_1 是单射,所以 $|(0,1)| \leqslant |[0,1]|$.

作 $f_2:[0,1] \to (0,1)$,$f_2(x) = \dfrac{x}{2} + \dfrac{1}{4}$,则 f_2 是单射,所以 $|[0,1]| \leqslant |(0,1)|$.

因此 $|(0,1)| = |[0,1]|$.

(2) 证 $|[0,1]| = |[0,1)|$.

作 $g_1:[0,1] \to [0,1)$,$g_1(x) = \dfrac{x}{2}$,则 g_1 是单射,所以 $|[0,1]| \leqslant |[0,1)|$.

作 $g_2:[0,1) \to [0,1]$,$g_2(x) = x$,则 g_2 是单射,所以 $|[0,1)| \leqslant |[0,1]|$.

因此 $|[0,1]| = |[0,1)|$.

(3) 证 $|[0,1)| = |(0,1]|$.

作 $h_1:[0,1) \to (0,1]$,$h_1(x) = \dfrac{x}{2} + \dfrac{1}{4}$,则 h_1 是单射,所以 $|[0,1)| \leqslant |(0,1]|$.

作 $h_2:(0,1]\rightarrow[0,1),h_2(x)=\dfrac{x}{2}$,则 h_2 是单射,所以 $|(0,1]|\leqslant|[0,1)|$.

因此 $|[0,1)|=|(0,1]|$.

由等号"$=$"的传递性即得证.

例 4-33 证明:$|[0,1)\times[0,1)|=\aleph$.

证明 作 $f=[0,1)\times[0,1)\rightarrow[0,1)$,

$$f(0.x_0x_1x_2\cdots,0.y_0y_1y_2\cdots)=0.x_0y_0x_1y_1x_2y_2\cdots,$$

其中,$0.x_0x_1x_2\cdots$ 和 $0.y_0y_1y_2\cdots$ 是二进制数,且均不会从某位开始其后全为 1.那么 f 是单射,所以有

$$|[0,1)\times[0,1)|\leqslant|[0,1)|.$$

又作 $g:[0,1)\rightarrow[0,1)\times[0,1),g(x)=(x,0)$,则 f 是单射,所以有

$$|[0,1)|\leqslant|[0,1)\times[0,1)|.$$

于是 $|[0,1)\times[0,1)|=|[0,1)|=\aleph$.

注:假如在构造 f 时不对 $0.x_0x_1x_2\cdots$ 和 $0.y_0y_1y_2\cdots$ 做上述限制,那么能否保证 f 一定是单射?

在讨论有限集的基数及 $\aleph_0,\aleph$ 之间的关系之前,我们先讨论一下无限集的特征性质.

定理 4.24 下列 3 个条件等价:

(1) A 是无限集;

(2) A 有可数无限子集;

(3) A 有与其自身等势的真子集.

证明 证(1)$\Rightarrow$(2).

若 A 是无限集,则因 $A\neq\varnothing$,所以有 $a_0\in A$.

令 $A_1=A-\{a_0\}$,则 A_1 是无限集(否则 A 是有限集,矛盾),因 $A_1\neq\varnothing$,所以有

$$a_1\in A_1\subseteq A.$$

令 $A_2=A_1-\{a_1\}$,则 A_2 是无限集(否则 A_1 是有限集,矛盾),因 $A_2\neq\varnothing$,所以有

$$a_2\in A_2\subseteq A.$$

$\cdots\cdots$

继续此过程,则可得到 A 的一个可数无限子集

$$\{a_0,a_1,a_2,\cdots\}.$$

证(2)$\Rightarrow$(3).

设 A_1 是 A 的可数无限子集,不妨设 $A_1=\{a_0,a_1,a_2,\cdots\}$.

作 $g:A\rightarrow A-\{a_0\},g(x)=\begin{cases}a_{i+1}, & x=a_i(i=0,1,2,\cdots),\\ x, & x\in A-A_1.\end{cases}$

易证 g 是双射,所以 $A\sim A-\{a_0\}$,而 $A-\{a_0\}\subset A$.

证(3)$\Rightarrow$(1).

利用反证法.若 A 是有限集,则 A 的任何真子集 B 也是有限集,所以 $|B|<|A|$,即 A 与 B 不等势,这与条件(3)矛盾,故 A 是无限集.

定理 4.25 (1) 若 A 是有限集,则 $|A|<\aleph_0<\aleph$;

(2) 若 A 是无限集,则 $|A|\geqslant\aleph_0$.

证明　(1) 因 A 是有限集,则有 $n \in \mathbf{N}$,使

$$|A| = |\{0,1,2,\cdots,n-1\}|.$$

作 $f:\{0,1,2,\cdots,n-1\} \to \mathbf{N}, f(x)=x$,则 f 是单射,所以有 $|\{0,1,\cdots,n-1\}| \leqslant \aleph_0$. 又 $\mathbf{N}$ 是无限集合,所以 $\{0,1,2,\cdots,n-1\} \nsim \mathbf{N}$,即有 $|\{0,1,2,\cdots,n-1\}| \neq \aleph_0$,故 $|A| < \aleph_0$.

再作 $g:\mathbf{N} \to [0,1], g(n)=\dfrac{1}{n+1}$,则 g 是单射,所以 $\aleph_0 \leqslant \aleph$. 而 $[0,1]$ 不是可数集,所以 $\aleph_0 \neq \aleph$,因而 $\aleph_0 < \aleph$.

(2) 因为 A 是无限集,由定理 4.24,A 有可数无限子集,不妨设为 A_1,则 $|A_1| = \aleph_0$.

作 $h:A_1 \to A, h(x)=x$,那么 h 是单射,所以 $|A_1| \leqslant |A|$,因而 $|A| \geqslant \aleph_0$.

定理 4.25 说明,有限集的基数小于自然数集的基数,自然数集的基数小于实数集的基数,且自然数集的基数是最小的无限集的基数,有限集的基数小于无限集的基数.

例 4-34　证明:$|\rho(\mathbf{N})| = \aleph$.

证明　作 $f:\rho(\mathbf{N}) \to [0,1]$,

$$f(S) = 0.x_0 x_1 x_2 \cdots,$$

其中 $0.x_0 x_1 x_2 \cdots$ 是十进制数,且 $x_i = \begin{cases} 0, & i \notin S, \\ 1, & i \in S \end{cases}$ $(i=0,1,2,\cdots)$,则 f 是单射. 因为对任意 S_1, $S_2 \in \rho(\mathbf{N})$,不妨设 $f(S_1)=0.x_0 x_1 x_2 \cdots, f(S_2)=0.y_0 y_1 y_2 \cdots$,若 $f(S_1)=f(S_2)$,则有 $x_i=y_i$ $(i \in \mathbf{N})$,从而 $S_1=S_2$. 因此 $|\rho(\mathbf{N})| \leqslant \aleph$.

又作 $g:[0,1] \to \rho(\mathbf{N})$,

$$g(0.x_0 x_1 x_2 \cdots) = \{i \mid i \in \mathbf{N} \wedge x_i = 1\},$$

则 g 是单射. 因为若 $0.x_0 x_1 x_2 \cdots \neq 0.y_0 y_1 y_2 \cdots$,则根据 $[0,1]$ 中二进制数的上述表示的唯一性,即知存在某个 $i \in \mathbf{N}$,使 $x_i \neq y_i$,从而 $\{i \mid i \in \mathbf{N} \wedge x_i=1\} \neq \{i \mid i \in \mathbf{N} \wedge y_i=1\}$. 因此 $\aleph \leqslant |\rho(\mathbf{N})|$.

于是 $|\rho(\mathbf{N})| = \aleph$.

基数除了有限集的基数,$\aleph_0$ 及 $\aleph$ 外,还有其他的基数吗?下面的定理将告诉我们,答案是肯定的,并且基数有无限多个.

定理 4.26　设 A 是任意集合,则 $|A| < |\rho(A)|$.

证明　(1) 先证 $|A| \leqslant |\rho(A)|$.

作 $f:A \to \rho(A), f(a)=\{a\}$.

因对任意 $a,b \in A$,若 $f(a)=f(b)$,即 $\{a\}=\{b\}$,则可得 $a=b$,所以 f 是单射,因此 $|A| \leqslant |\rho(A)|$.

(2) 再证 $|A| \neq |\rho(A)|$.

利用反证法. 若有双射 $g:A \to \rho(A)$,则取集合

$$B = \{x \mid x \in A \wedge x \notin g(x)\}.$$

由于 $B \subseteq A$,因此 $B \in \rho(A)$. 又因 g 是双射,故有 $y \in A$,使 $g(y)=B$. 因此,

① 若 $y \in B$,则根据 B 的定义,有 $y \notin g(y)$,即 $y \notin B$,矛盾;

② 若 $y \notin B$,即 $y \notin g(y)$,而 $y \in A$,则由 B 的定义知 $y \in B$,矛盾.

故 g 不是双射. 由于 g 的任意性,因此不存在从 A 到 $\rho(A)$ 的双射,从而 $|A| \neq |\rho(A)|$.

定理 4.26 说明,集合的基数有无限多个. 因为

$$|A| < |\rho(A)| < |\rho(\rho(A))| < \cdots.$$

设 A 是有限集，$|A|=n$，那么 $|\rho(A)|=2^n$，在 $|A|$ 和 $|\rho(A)|$ 之间还存在着其他的基数(当 $n\geq2$ 时)．又 $\rho(\mathbf{N})=\aleph$，于是人们认为 $\aleph=2^{|\mathbf{N}|}=2^{\aleph_0}$．康托提出这样一个问题：在 $\aleph_0$ 和 $\aleph$ 之间是否还存在其他的基数？著名的连续统假设认为：不存在基数 k，使得 $\aleph_0<k<\aleph$．这个假设迄今还未被证实或否定，仍是数学家们探讨的一个课题．

习题 4.10

1. 证明：如果 $A'\subseteq A$，那么 $|A'|\leq|A|$．

2. 设 A 和 B 是集合，A 是无限集．试应用上一题的结果，证明：

(1) $\rho(A)$ 是无限集； (2) 若 $B\neq\varnothing$，则 $A\times B$ 是无限集．

3. 设 $f:A\to B$ 是一单射函数，假设 A 是无限集，试证明：B 也是无限集．

4. 证明：如果 $|A|\leq|B|$，$|C|=|A|$，那么 $|C|\leq|B|$．

5. 找出两个与 $\mathbf{N}$ 等势的 $\mathbf{N}$ 的真子集．

6. 证明：如果存在一个从 A 到 B 的满射函数，那么 $|B|\leq|A|$．

7. 找出下述集合的基数，并予以证明：

(1) $\mathbf{Q}$； (2) $\mathbf{R}\times\mathbf{R}$；

(3) x 坐标轴上所有闭区间集合．

8. 记 $|\rho([0,1])|$ 为 $2^{\aleph}$，找出其他集合的基数为 $2^{\aleph}$ 的例子．

9. 证明：如果 A 是有限集，B 是无限集，那么 $|A|<|B|$．

10. 证明：可数集的任一无限子集都是可数的．

11. 找出下述集合的基数，并予以证明：

(1) $\rho(\mathbf{Q})$； (2) $\mathbf{R}-\mathbf{Q}$．

总练习题 4

1. 单项选择题

(1) 设 $A=\{1,2,3,4,5,6\}$ 到 $B=\{1,2,3\}$ 的关系为 $R=\{(a,b)|a=b^2\}$，则 dom R 和 ran R 分别为 ☐．

A. $\{(1,2)\}$ 和 $\{1,4\}$ B. $\{(1,4)\}$ 和 $\{2,1\}$ C. $\{1,4\}$ 和 $\{1,2\}$ D. $\{(4,1)\}$ 和 $\{3,1\}$

(2) 设 $A=\{0,b\}$，$B=\{1,b,3\}$，则 $A\cup B$ 上的恒等关系为 ☐．

A. $\{(0,0),(1,1),(b,b),(3,3)\}$ B. $\{(0,0),(1,1),(3,3)\}$

C. $\{(1,1),(b,b),(3,3)\}$ D. $\{(0,1),(1,b),(b,3),(3,0)\}$

(3) 设 A 是非空集合，则 A 上的空关系不具有 ☐．

A. 反自反性 B. 自反性 C. 对称性 D. 传递性

(4) 设 R_1 和 R_2 是集合 X 上的任意关系，则下列命题为真的是 ☐．

A. 若 R_1 和 R_2 是自反的，则 $R_1\circ R_2$ 也是自反的

B. 若 R_1 和 R_2 是反自反的，则 $R_1\circ R_2$ 也是反自反的

C. 若 R_1 和 R_2 是对称的，则 $R_1\circ R_2$ 也是对称的

D. 若 R_1 和 R_2 是传递的，则 $R_1\circ R_2$ 也是传递的

(5) 设 R_1 和 R_2 是非空集合 X 上的等价关系，则下述各式中为等价关系的是 ☐．

A. $X \times X - R_1$ 　　　　　B. R_1^2 　　　　　　　C. $R_1 - R_2$ 　　　　　D. $r(R_1 - R_2)$

(6) 在集合族上的等势关系是 □.

A. 拟序关系　　　　　B. 偏序关系　　　　　C. 全序关系　　　　　D. 等价关系

(7) 设集合 A 为一个划分,确定 A 的元素间的关系为 □.

A. 全序关系　　　　　B. 等价关系　　　　　C. 偏序关系　　　　　D. 逆序关系

(8) 设 $A = \{a, b, c\}$, $B = \{1, 2\}$, 构造函数 $f: A \to B$, 则不同的函数个数为 □.

A. $2 + 3$ 　　　　　　B. 2^3 　　　　　　　C. 2×3 　　　　　D. 32

(9) 将 52 张扑克牌分配给 4 个桥牌比赛者进行比赛,则扑克牌集合 A 到桥牌比赛者集合 B 的函数 $f: A \to B$ 为 □.

A. 单射函数　　　　　B. 双射函数　　　　　C. 满射函数　　　　　D. 一个映射

(10) 映射的复合运算满足 □.

A. 交换律　　　　　　B. 结合律　　　　　　C. 幂等律　　　　　D. 分配律

2. 填空题

(1) 关系 R 是自反的,当且仅当在关系矩阵中_____,在关系图上_____.

(2) 设 $X = \{a, b, c\}$ 上的关系图如图 4-13 所示,则关系 R 具有_____,不具有_____.

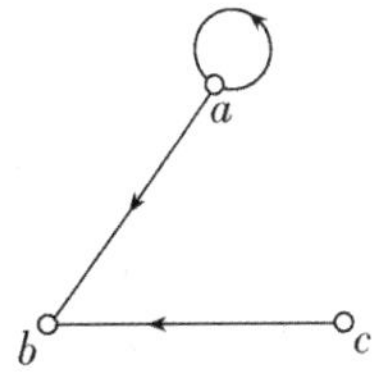

(3) 设 R 是集合 X 上的二元关系,则 $r(R) = $ _____, $s(R) = $ _____, $t(R) = $ _____.

图 4-13

(4) 设 $P = \{(1,2), (2,4), (3,3)\}$, $Q = \{(1,3), (2,4), (4,2)\}$, 则 $P \bigcup Q = $ _____, $P \bigcap Q = $ _____, $\mathrm{dom}(P \bigcap Q) = $ _____, $\mathrm{ran}(P \bigcap Q) = $ _____.

(5) 设 $A = \{a, b, c\}$ 上偏序集 $(\rho(A), \subseteq)$, 则 $\rho(A)$ 的子集 $B = \{\varnothing, \{a\}, \{b\}, \{a, b\}, \{b, c\}\}$ 的极大元是_____,最大元是_____,上界是_____,下确界是_____.

(6) 在有理数集 $\mathbf{Q}$ 中,子集 $A = \left\{ \dfrac{1}{10^n} \middle| n \in \mathbf{N} \right\}$ 的下界是_____,上界是_____,下确界是_____,上确界是_____.

(7) 设 $f: X \to Y$, $f(x) = \sin x$; $g: Y \to Z$, $g(y) = \dfrac{2y-1}{y+1}$, 则 $g \circ f: X \to Z$, $g \circ f(x) = $ _____.

(8) 设函数 $f: A \to B$ 有逆函数 $f^{-1}: B \to A$, 则 $f^{-1} \circ f = $ _____, $f \circ f^{-1} = $ _____.

3. 判断题(判断正误,并说明理由)

(1) 一个不是自反的关系,一定是反自反的.

(2) 一个关系是对称的,就不可能是反对称的.

(3) 设 R_1 与 R_2 是集合 X 上的关系,则必有:

　　① $r(R_1 \bigcup R_2) = r(R_1) \bigcup r(R_2)$;

　　② $s(R_1 \bigcup R_2) = s(R_1) \bigcup s(R_2)$;

　　③ $t(R_1 \bigcup R_2) = t(R_1) \bigcup t(R_2)$.

(4) 设 A 为有限集, R 为 A 上任一二元关系,则一定存在自然数 $s < t$, 使得 $R^s = R^t$.

(5) 数集 A 中的整除关系 R, 能得到一个 A 的划分.

(6) 数 0 是集合 $A = \left\{ 1, \dfrac{1}{2}, \dfrac{1}{3}, \cdots, \dfrac{1}{N}, \cdots \right\}$ 的最小元.

(7) 函数 f, g, h 可以复合,且 $f \circ (g \circ h) = (f \circ g) \circ h$.

(8) 函数 $f: \mathbf{R} \to \mathbf{R}$, $f(x) = x^3 + 2$, 则 $f^{-1}(x) = \sqrt[3]{x} - 2$.

4. 解答题

(1) 集合 $X=\{1,2,3,4\}$ 上的关系 $R=\{(1,1),(1,3),(2,2),(3,3),(3,1),(3,4),(4,3),(4,4)\}$，写出关系 R 的关系矩阵，画出关系图，并讨论 R 所具备的性质.

(2) 设 $X=\{a,b,c,d,e\}$ 上有一个划分 $\pi=\{\{a,b\},\{c\},\{d,e\}\}$，试由 π 确定 X 的一个等价关系.

(3) 设有 $X=\{1,2,3,4,5\}$ 上的关系：
$$R=\{(1,2),(3,4),(2,2)\}, \quad S=\{(4,2),(2,5),(3,1),(1,3)\}.$$
求：① $R\circ S$；② $S\circ R$；③ $(R\circ S)\circ R$；④ $R\circ(S\circ R)$；⑤ $r(R),s(R),t(R)$.

(4) 画出 $X=\{2,3,6,12,24,36\}$ 上整除关系的哈斯图，并找出 X 的最大元、极大元、上界、上确界、最小元、极小元、下界和下确界.

(5) 设 $A=\{0,1,2\}$ 上有函数 $f:A\rightarrow A$，试由条件 $f^2(x)=f(x)$，求 f 的表达式.

(6) 设 $f(x)=x+3,g(x)=2x+1$，试求 $(g\circ f)^{-1}$.

5. 证明题

(1) 设 R 和 S 都是集合 X 上的自反的、对称的、传递的关系，证明：$R\cap S$ 也是自反的、对称的、传递的.

(2) 设 P,Q,R 是 X 上的关系，证明：若 $P\subseteq Q$，则 $P\circ R\subseteq Q\circ R$.

(3) 设 R 和 S 是集合 X 上的关系，证明：若 $R\subseteq S$，则 $R^{-1}\subseteq S^{-1}$.

(4) 设 R 是集合 X 上的二元关系，证明：当且仅当 $R\circ R\subseteq R$ 时，R 是传递的.

(5) 设 $X=\{1,2,3,4,\cdots,9\}$，在 $X\times X$ 上定义的关系 R：$((a,b),(c,d))\in R$，当且仅当 $a+d=b+c$. 证明：R 是 $X\times X$ 上的等价关系，并找出 $[(2,5)]_R$.

(6) 设 A 和 B 是非空集合 S 的两个划分，讨论 $A-B$ 是否为 S 的划分.

6. 证明：集合 $[0,1]$ 是无限集.

7. 证明下述集合是可数无限集：

(1) Σ^*，这里 $\Sigma=\{a\}$；

(2) $\{(x_1,x_2,x_3)|x_i\in \mathbf{Z}\}$；

(3) $\{a,b\}^*$ 的所有有限子集的集合.

8. 以下是从 $\mathbf{N}$ 到 $\mathbf{N}$ 不存在双射函数的证明，试指出其错误.

假设 f 是从 $\mathbf{N}$ 到 $\mathbf{N}$ 的一个双射函数，$f(k)=i_k$. 对每一个 i_k，颠倒 i_k 的数字并放小数点于左边以构成一个在 $[0,1]$ 中的数. 例如，若 $i_k=123$，则被构成 0.321. 这样，定义了一个从 $\mathbf{N}$ 到 $[0,1]$ 的单射函数 g，例如
$$g(123)=0.321\ 000\cdots.$$

应用康托对角线法于数组
$$g\circ f(0)=0.x_{00}x_{01}x_{02}\cdots,$$
$$g\circ f(1)=0.x_{10}x_{11}x_{12}\cdots,$$
$$\cdots\cdots$$

来构造数 $y\in[0,1]$. 现在把 y 的数字颠倒，并把小数点放在右边，则其结果是一个不出现在 $f(0),f(1),f(2),\cdots$ 中的数，这与断言 f 是满射函数矛盾. 因此，从 $\mathbf{N}$ 到 $\mathbf{N}$ 没有双射函数存在.

9. 证明：$|[0,1]\times[0,1]|=\aleph$. (提示：作函数 $f((x,y))=z$，这里若 $x=0.x_0x_1x_2\cdots$（二进制数），$y=0.y_0y_1y_2\cdots$（二进制数），则 $z=0.x_02y_0x_12y_1\cdots$（三进制数）.)

10. (1) 证明：存在一个不可计算的数在任何两个有理数之间，这两个有理数在 $[0,1]$ 中；

(2) 证明：所有在 $[0,1]$ 中的有理数都是可计算的.

11. 证明：集合 A 是无限集的充要条件是对于从 A 到 A 的每个映射 f，有 A 的非空真子集 B，使 $f(B)\subseteq B$.

12. 证明或否定下列断言：

(1) $|A|=|B|\Rightarrow|\rho(A)|=|\rho(B)|$；

(2) $(|A|\leqslant|B|\wedge|C|\leqslant|D|)\Rightarrow|A^C|\leqslant|B^D|$；

(3) $(|A|\leqslant|B|\wedge|C|=|D|)\Rightarrow|A\times C|\leqslant|B\times D|$；

(4) $(|A|\leqslant|B|\wedge|C|\leqslant|D|)\Rightarrow|A\cup C|\leqslant|B\cup D|$.

第三部分 图 论

第5章 图论简介

图论是近年来发展迅速而又被广泛应用的一门新兴数学分支学科,它以图为研究对象.图论中的图是由若干给定的点及连接两点的线所构成的图形,这种图形通常用来描述某些事物之间的某种特定关系,且用点代表事物,用连接两点的线表示相应两个事物间具有这种关系.

本章将介绍一些图论的基本概念和定理,以及一些典型的应用实例,目的是让学习者在以后的学习和研究中,能以此基本知识作为工具.

5.1 有向图与无向图

本章所介绍的图是由一些结点和连接两个结点间的连线所组成,至于连线的长度及结点的位置无关紧要.例如,图 5-1 中的(a)和(b)都表示一个图.

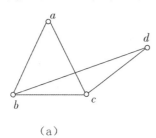
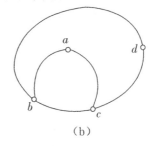

(a)   (b)

图 5-1

下面给出图的严格定义.

定义 5.1 一个**图** G 是指一个二元组 $\langle V, E \rangle$,其中 V 是非空的结点集(也记作 $V(G)$),E 是边集(也记作 $E(G)$),而每条边总是与两个结点关联.

例 5-1 $G = \langle V, E \rangle$,其中 $V = \{a, b, c, d\}$,$E = \{(a, b), (b, c), (c, d), (b, d), (a, c)\}$.

若边 e_i 与结点有序偶 $\langle v_i, v_j \rangle$ 相关联,则称该边为**有向边**.

若边 e_i 与结点无序偶 (v_i, v_j) 相关联,则称该边为**无向边**.

在与有向边 e_i 关联的两结点有序偶 $\langle v_i, v_j \rangle$ 中,v_i 称为 e_i 的**起始结点**,v_j 称为 e_i 的**终止结点**.

若图 G 的每一条边都是无向边,则称 G 为**无向图**,如图 5-2(a)所示;若图 G 中每一条边都是有向边,则称图 G 为**有向图**,如图 5-2(b)所示;若图 G 中既有有向边,又有无向边,则称图 G 为**混合图**,如图 5-2(c)所示.

一般情况下,我们只讨论有向图和无向图.

定义 5.2 在一个图中,若两个结点之间有一条边相关联,则称这两个结点为**邻结点**,如图 5-2(a)中的 v_1, v_2.在图中不与任何结点相关联的结点,称为**孤立结点**,如图 5-2(a)中的 v_5.图 $G = \langle V, E \rangle$ 中,若 $E = \varnothing$,则称 G 为**零图**.此时,若 $|V| = n$,则称 G 为 n **阶零图**,记为 N_n.特别地,称 N_1 为**平凡图**.关联于同一结点的边称为**环**,如图 5-2(c)中的边 (v_3, v_3).环的方向

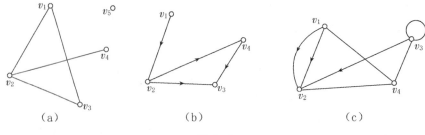

图 5 - 2

没有定义,它既可作为有向边,也可作为无向边.若连接同一对结点间的边不止一条,则称这些
边为**平行边**(若是有向边,则还要求方向相同),如图 5 - 2(c)中连接 v_1,v_2 的两条边.

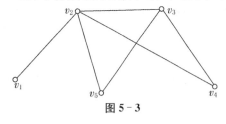

图 5 - 3

定义 5.3　$G=\langle V,E\rangle$ 是一个图,$v\in V$,E 中与 v 关联的边的数目,称为 v 的**度数**,简称**度**,记为 $\deg(v)$.

在图 5 - 3 中,$\deg(v_1)=1$,$\deg(v_2)=4$,$\deg(v_3)=3$,$\deg(v_4)=2$,$\deg(v_5)=2$.

记

$$\Delta(G)=\max\{\deg(v)\mid v\in V(G)\},$$
$$\delta(G)=\min\{\deg(v)\mid v\in V(G)\},$$

$\Delta(G)$ 和 $\delta(G)$ 分别称为图 G 的**最大度数**和**最小度数**.在图 5 - 3 中,$\Delta(G)=4$,$\delta(G)=1$.通常,对于结点 v_i,若 $\deg(v_i)$ 是奇数,则称 v_i 是**奇点**;若 $\deg(v_i)$ 是偶数,则称 v_i 是**偶点**.

定理 5.1　设图 $G=\langle V,E\rangle$,则 G 中结点度数的总和等于边数的 2 倍,即

$$\sum_{v_i\in V}\deg(v_i)=2\mid E\mid.$$

证明　因为每条边必关联 2 个结点,而每一条边对于它所关联的每个结点的度数为 1,因此在一个图中,结点度数的总和等于边数的 2 倍.

定理 5.2　任何图中,奇点的个数为偶数.

证明　设图 $G=\langle V,E\rangle$,并设共有 m 条边,则由定理 5.1 知,图中结点的度数总和为 $2m$.设 V_1 和 V_2 分别表示 G 中奇点集及偶点集,则有

$$\sum_{v\in V_1}\deg(v)+\sum_{v\in V_2}\deg(v)=2m.$$

由于 $\sum_{v\in V_2}\deg(v)$ 为偶数,且 $2m$ 为偶数,故 $\sum_{v\in V_1}\deg(v)$ 为偶数.由奇点的定义可知,奇点的个数必为偶数.

定义 5.4　在有向图中,射入一个结点的边数称为该结点的**入度**;由一个结点射出的边数称为该结点的**出度**.一个结点的入度和出度之和就是该结点的度数.

定理 5.3　在任何有向图中,所有结点的入度之和等于所有结点的出度之和.

此定理的证明较简单,在此不做证明,请读者自己给出证明.

定义 5.5　如果图 G 没有环,也没有平行边,则称图 G 为**简单图**.含有平行边或环的图称为**多重图**.

定义 5.6　若无向简单图 $G=\langle V,E\rangle$ 中每一对结点间都有边关联,则称该图为**无向完全图**.有 n 个结点的无向完全图称为 n **阶无向完全图**,记为 K_n.若具有 n 个结点的有向简单图中每个结点的出度和入度均为 $n-1$,则称该图为 n **阶有向完全图**.

图 5-4、图 5-5 分别给出一至五阶的无向完全图和一至三阶的有向完全图.

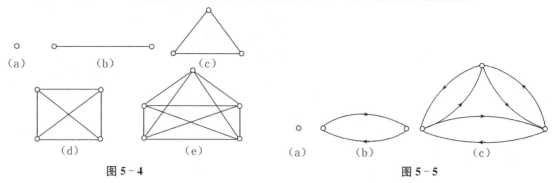

图 5-4　　　　　　　　　　　　　　　　　　　图 5-5

定义 5.7　设图 $G=\langle V,E\rangle$ 及图 $G'=\langle V',E'\rangle$. 如果存在一一映射 $\varphi:V\to V'$, $\varphi(v_i)=v_i'$, 且 $e=(v_i,v_j)$ 或 $e=\langle v_i,v_j\rangle$ 是 G 的一条边, 当且仅当 $e'=(\varphi(v_i),\varphi(v_j))$ 或 $e'=\langle\varphi(v_i),\varphi(v_j)\rangle$ 是 G' 的一条边, 则称 G 与 G' **同构**, 记作 $G\cong G'$.

从两图同构的定义可以看出, 若两图 G 和 G' 同构, 则它们有以下性质:

(1) G 和 G' 的结点数相等;

(2) G 和 G' 的边数相等;

(3) G 和 G' 中, 对应结点的度数相等.

但必须注意, 这 3 个性质只是判断 G 和 G' 同构的必要条件, 而不是充分条件.

下面给出的图中, 图 5-6(a) 和 (b) 是同构的, 而图 5-7 中的 (a) 和 (b) 满足上述 3 个性质, 但它们并不同构.

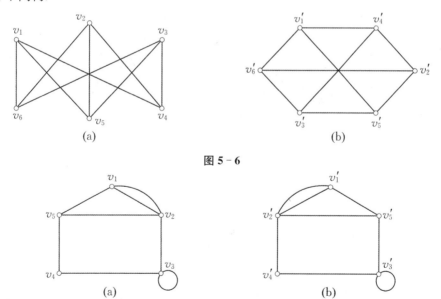

图 5-6

图 5-7

图 G 和 G' 同构的充要条件是: 两个图的结点集和边集分别存在着一一映射, 且保持关联关系.

在研究和描述图的性质时, 子图的概念占有重要的地位. 为此, 我们引进子图的定义.

定义 5.8 设有图 $G=\langle V,E\rangle$ 和 $G'=\langle V',E'\rangle$.

(1) 如果 $V'\subseteq V,E'\subseteq E$,则称 G' 是 G 的**子图**,G 是 G' 的**母图**;

(2) 如果 $V'\subseteq V,E'\subseteq E$,则称 G' 是 G 的**真子图**,记作 $G'\subset G$;

(3) 如果 $V'=V,E'\subseteq E$,则称 G' 是 G 的**生成子图**;

(4) 如果 $V'\subseteq V$,则以 V' 为结点集,以图 G 中两个结点均在 V' 中的边的全体为边集所组成的图 G 的子图,称为 G 的**由 V' 导出的子图**(结点导出);

(5) 如果 E' 是 E 的非空子集,则以 E' 为边集,以 E' 中边关联的结点全体为结点集所组成的图 G 的子图,称为 G 的**由 E' 导出的子图**(边导出).

图 5-8 中,(b),(c)都是(a)的子图,也是真子图,且(b)是(a)的生成子图.

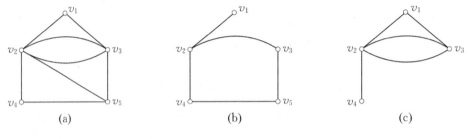

图 5-8

定义 5.9 设 $G=\langle V,E\rangle$ 是 n 阶无向完全图 K_n 的生成子图,则称 K_n-E 为图 G 的相对于图 K_n 的**补图**,记为 $\overline{G}$.

从定义中可以看出,$\overline{G}$ 是由 G 中所有的结点和所有能使 G 成为 K_n 的添加边所组成的.在图 5-9 中,(a),(b)互为补图.

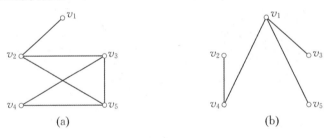

图 5-9

习题 5.1

1. 填空题

(1) 含有 n 个结点的无向完全图 K_n 的边数为_____.

(2) 若图 G 有 16 条边,且每个结点度数都是 2,则图 G 的结点数为_____.

(3) 设在 n 阶无向简单图 G 中,有 $\delta(G)=n-1$,则 $\Delta(G)=$_____.

2. 证明:在任何有向完全图中,所有结点入度的平方之和等于所有结点出度的平方之和.

3. 写出图 5-10 相对于完全图 K_5 的补图.

4. 证明图 5-11 中的两个图不同构.

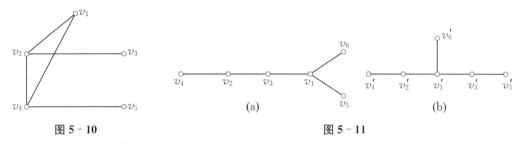

图 5 - 10　　　　　　　　　　　　　　　　(a)　　　　　(b)　　图 5 - 11

5. 如果一个无向图同构于它的补图,则称此图为**自补图**.

(1) 若一个图是自补图,则其对应的完全图的边数必为偶数;

(2) 是否存在有 3 个结点或 6 个结点的自补图?

6. 证明定理 5.3:在任何有向图中,所有结点的入度之和等于所有结点的出度之和.

7. 证明:无向简单图的最大度数小于结点数.

8. 画出三阶无向完全图所有非同构的子图,并指出哪些是生成子图.

5.2　路径与回路

在图论的应用中,常常碰到这样的问题:在图 G 中,从给定的结点 v_i 出发,沿着一些边连续移动而到达另一个结点 v_j,这种依次由点和边组成的序列,就形成了路径的概念.下面给出路径的严格定义.

定义 5.10　给定图 $G=\langle V,E\rangle$,其中,$v_0,v_1,v_2,\cdots,v_n\in V,e_1,e_2,\cdots,e_n\in E$,且当 e_i 为无向边时,v_{i-1} 和 v_i 为其关联的两结点;当 e_i 为有向边时,v_{i-1} 和 v_i 分别是 e_i 的起点和终点($i=1,2,\cdots,n$),则称序列 $v_0e_1v_1e_2v_2e_3\cdots v_{n-1}e_nv_n$ 为图 G 中从 v_0 到 v_n 的**路径**,n 称为该路径的**长度**.当 $v_0=v_n$ 时,这条路径称为**回路**.如果 $e_1,e_2,\cdots,e_n$ 互不相同,则称该路径为**简单路径**(也称**迹**).如果 $v_0,v_1,v_2,\cdots,v_n$ 互不相同,则称该路径为**基本路径**(也称**通路**).在回路中,若除 $v_0=v_n$ 外,其余结点均不相同,则称该路径为**圈**.

例如,在图 5 - 12 中,$v_1e_2v_3e_3v_2e_3v_3e_4v_2e_6v_5e_7v_3$ 为路径;$v_5e_8v_4e_5v_2e_6v_5e_7v_3e_4v_2$ 为简单路径;$v_4e_8v_5e_6v_2e_1v_1e_2v_3$ 为基本路径;$v_2e_1v_1e_2v_3e_7v_5e_6v_2$ 为圈.

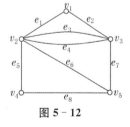

为了简便起见,在简单图中可以只用结点序列表示路径.

定理 5.4　设图 G 中有 n 个结点,如果存在从结点 v_i 到 v_j 的路径,则存在从 v_i 到 v_j 的基本路径,且长度小于 n.

图 5 - 12

证明　如果从结点 v_i 到 v_j 存在一条路径,设该路径的结点序列为 $v_i\cdots v_k\cdots v_j$.如果在这条路径中有 l 条边,则该序列中有 $l+1$ 个结点.若 $l>n-1$,则必有结点 v_s 在该路径中不止一次出现,即该结点序列为 $v_i\cdots v_s\cdots v_s\cdots v_j$.显然,该路径去掉从 v_s 到 v_s 的这些边后仍是 v_i 到 v_j 的路径,但新路径比原来路径的所含边少.如此重复进行下去,则必可得到一条从 v_i 到 v_j 的不多于 $n-1$ 条边的基本路径.

定义 5.11　在无向图 G 中,若结点 u 和 v 之间存在一条路径,则称结点 u 和 v 是**连通**的.

定义 5.12　在无向图 G 中,若任意两个结点都是连通的,则称 G 为**连通图**;否则,称 G 为**非连通图**.

若图 $G = \langle V, E \rangle$ 是非连通图, 把 V 分成非空子集 $V_1, V_2, \cdots, V_n$, 使得 V 中两结点是连通的, 当且仅当这两个结点属于同一个子集 V_i, 这样就有子图

$$G(V_1), G(V_2), \cdots, G(V_n).$$

称这些子图为图 G 的**连通分支**. 把图 G 的连通分支数记为 $\omega(G)$.

图 5-13(a) 是连通图, (b) 是具有 3 个连通分支的非连通图.

对于连通图, 如果删去其中的某些结点或某些边, 常常会使该连通图变为非连通图. 例如, 在图 5-13(a) 中, 若删去结点 v_2, 即是把结点 v_2 以及与结点 v_2 关联的边 e_1, e_2 都删去, 则变成图 5-14(a), 从而变成了非连通图. 而删去边, 仅需把该边删去. 例如, 若删去图 5-13(a) 中的边 e_2, 则变成图 5-14(b).

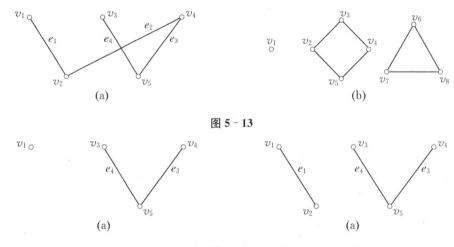

图 5-13

图 5-14

为了深入上面的讨论, 下面来研究割集的概念以及一些性质.

定义 5.13　设无向图 $G = \langle V, E \rangle$ 为连通图, 若存在 V 的真子集 V_1, 且在图 G 中删去 V_1 中的所有结点以及与这些结点关联的边后, 所得到 G 的子图 G' 为非连通图, 但删去 V_1 的任何真子集, 所得到的子图仍是连通图, 则称这样的结点集 V_1 为 G 的**点割集**. 若某一个结点构成一个点割集, 则称该结点为**割点**.

例如, 图 5-13(a) 中的结点 v_2 即为割点.

若 G 不是完全图, 则定义 $\kappa(G) = \min\{|V_1| \mid V_1$ 是 G 的点割集$\}$ 为 G 的**点连通度**(或称为**连通度**). 换句话说, 连通度 $\kappa(G)$ 是为了使连通图变为非连通图而需删去的最小结点数.

定理 5.5　一个无向连通图 G 中的结点 v 是割点的充要条件是: 存在两个结点 u 和 w, 使得 u 和 w 之间的每一条路径都通过 v.

证明　充分性　若连通图 G 中结点 u 和 w 之间的每一条路径都通过 v, 删去 v 及与 v 关联的所有边得到子图 G', 则在 G' 中结点 u 和 w 这两个结点之间必没有路径. 因此, G' 是非连通图, 故 v 是 G 的割点.

必要性　若结点 v 是连通图 $G = \langle V, E \rangle$ 的一个割点, 设删去 v 得到子图 G', 则 G' 至少包含两个连通分支, 设其为 $G_1 = \langle V_1, E_1 \rangle$, $G_2 = \langle V_2, E_2 \rangle$. 任取 $u \in V_1$, $w \in V_2$, 因为 G 是连通的, 故在 G 中, u, w 之间至少有一条路径 c, 但删去 v 后, u 和 w 在 G' 中又属于两个不同的连通分支, 故 u 和 w 之间无路径连接, 因此 c 必通过 v. 故 u 和 w 之间的任意一条路径都通过 v.

在有向图中,从结点 v_i 到 v_j 有路径不能保证从 v_j 到 v_i 有路径. 因此,无向图中的连通性不能直接推广到有向图. 下面讨论有向图的连通性.

在有向图 $G = \langle V, E \rangle$ 中,若从结点 v_i 到 v_j 有路径,则称结点 v_i **可达** v_j. 规定从结点 v_i 到 v_i 本身是可达的,即可达性具有自反性;另外,若结点 v_i 可达 v_k,而结点 v_k 可达 v_j,则必有路径经过 v_k,使得结点 v_i 可达 v_j,即可达性具有传递性. 但还应该看到:可达性不是对称的.

如果结点 v_i 可达 v_j,但它们之间的路径可能不止一条,则称这些路径中最短的长度为结点 v_i 到 v_j 之间的**距离**,记作 $d\langle v_i, v_j \rangle$. 显然,它满足:

(1) $d\langle v_i, v_j \rangle \geqslant 0$;

(2) $d\langle v_i, v_i \rangle = 0$;

(3) $d\langle v_i, v_k \rangle + d\langle v_k, v_j \rangle \geqslant d\langle v_i, v_j \rangle$.

如果从 v_i 到 v_j 是不可达的,则通常记为 $d\langle v_i, v_j \rangle = \infty$. 今后把 $D(G) = \max\{d\langle v_i, v_j \rangle \mid v_i, v_j \in V(G)\}$ 称为图 G 的**直径**.

定义 5.14　在有向简单图 G 中,

(1) 如果图 G 中任意两个结点间都是互相可达的,则称 G 是**强连通**的;

(2) 如果图 G 中任一对结点间,至少有一个结点到另一个结点是可达的,则称 G 是**单向连通**的;

(3) 如果图 G 中忽略边的方向,将它看成无向图后是连通的,则称 G 为**弱连通**的.

例如,图 5-15 中分别给出强连通图(a),单向连通图(b)和弱连通图(c).

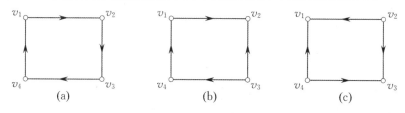

图 5-15

从定义 5.14 中,可以得出以下结论:

(1) 若图 G 是强连通的,则它必是单向连通的;

(2) 若图 G 是单向连通的,则它必是弱连通的.

但这两个命题的逆命题不成立.

令 G 是简单有向图,对于某种性质而言,若 G 中再没有其他包含子图 G_1 的真子图具有这种性质,则称 G_1 是 G 的关于该性质的极大子图.

定义 5.15　设 G 是有向图.

(1) G 的极大强连通子图称为 G 的**强分图**;

(2) G 的极大单向连通子图称为 G 的**单侧分图**;

(3) G 的极大弱连通子图称为 G 的**弱分图**.

例如,在图 5-16 中,由 $\{v_1, v_2, v_3, v_4\}$ 导出的子图是强分图,$\{v_5\}$ 导出的子图也是强分图;由 $\{v_1, v_2, v_3, v_4, v_5\}$ 导出的子图是单侧分图,同时也是弱分图.

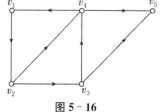

图 5-16

定理 5.6　在有向图 $G = \langle V, E \rangle$ 中,它的每一个结点都位于一个强分图中,且只能位于一个强分图中.

证明 （1）$\forall v \in V$，令 G 中所有与结点 v 互相可达的结点组成的集合记为 V_1，很显然，$v \in V_1$，由此得到的结点集 V_1 以及与其关联的边组成的子图必是 G 的一个强分图。故由结点 v 的任意性可知，G 的每一个结点必位于一个强分图中。

（2）假如有 $v \in V$ 位于两个不同的强分图 G_1 和 G_2 中，则由强分图的定义可知，G_1 中每个结点与 v 相互可达，而 v 与 G_2 中每个结点也相互可达。由此可推得，图 G_1 中每个结点都可通过 v 与 G_2 中每个结点都相互可达，这与 G_1 和 G_2 都是强分图矛盾。

由（1），（2）知，图 G 的每一个结点能位于一个强分图中，且只能位于一个强分图中。

习题 5.2

1. 填空题

（1）一个非连通图 G 的 $\kappa(G) = $ _____。

（2）存在割点的连通图的 $\kappa(G) = $ _____。

（3）在图 5-17 的 6 个图中，强连通图为 _____，单向连通图为 _____，图 5-17(c) 中 $d\langle a,b \rangle$ 为 _____，$d\langle b,a \rangle$ 为 _____。

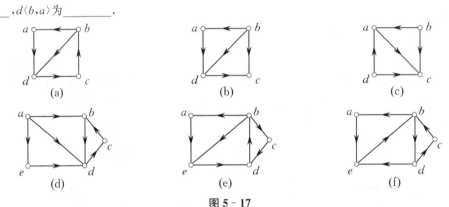

图 5-17

2. 分析图 5-18，求：

（1）从 A 到 F 的所有通路；

（2）从 A 到 F 的所有迹；

（3）A 和 F 之间的长度最小的路径的长度。

3. 证明：在无向图 G 中，若从结点 u 到结点 v 有一条长度为偶数的通路，以及一条长度为奇数的通路，则在 G 中必有一条长度为奇数的回路。

4. 证明：若无向图 G 中恰有两个奇数度的结点，则这两结点间必有一条路径。

5. 求图 5-19 中的有向图的强分图、单侧分图和弱分图。

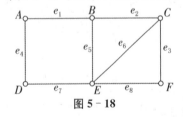

图 5-18

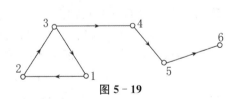

图 5-19

6. 求图 5-19 中的 $d\langle v_1, v_4 \rangle$，$d\langle v_2, v_5 \rangle$ 及 $d\langle v_3, v_6 \rangle$。

7. 证明：一个有向图 G 是强连通的，当且仅当 G 中有一个回路，它至少包含每个结点一次。

8. 证明：图 G 的每一个结点和每一条边都只包含于一个弱分图中。

9. 证明：对于任何一个图 G，有 $\kappa(G) \leqslant \lambda(G) \leqslant \delta(G)$，其中 $\lambda(G)$ 是为了产生一个非连通图需删去边的最少数目。

10. 有向图 5-20 中,长度为 2 的路径有哪些? 长度为 3 的回路有哪些?

11. 证明:若图 G 中没有奇点,又不是零图,则 G 中必有一条回路.

12. 证明:任一图都可唯一地表示为它的连通分支的不相交的并.

13. 证明:若 G 是连通图,G_1 是 G 的子图,$G-G_1$ 表示从 G 中减去 G_1 的边后所得到的图,则 $G-G_1$ 中的连通分支数不大于 G_1 中的结点数.

14. 证明:若 G 是非连通的,则 $\overline{G}$ 是连通的.

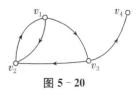

图 5-20

5.3   图的矩阵表示

在 5.1 和 5.2 节中,我们都是用图解法来表示和研究图的,但是如果图 G 中的结点和边的数目都比较多时,用此方法表示图就有一定的困难.因此在本节中,我们用矩阵来表示图,并且通过矩阵的各种运算,求出给定图的路径以及图的其他性质.

定义 5.16   设 $G=\langle V,E\rangle$ 是一个简单图,它有 n 个结点,即 $V=\{v_1,v_2,\cdots,v_n\}$,则称按如下方法定义的一个 $n\times n$ 阶矩阵 $\boldsymbol{A}(G)=(a_{ij})_{n\times n}$ 为图 G 的**邻接矩阵**,其中,

$$a_{ij}=\begin{cases}1, & v_i \text{ 邻接 } v_j, \\ 0, & v_i \text{ 不邻接 } v_j.\end{cases}$$

由此定义可以看出,按此方法定义的矩阵的元素或为 0 或为 1.在一般情况下,我们把元素或为 0 或为 1 的矩阵称为**布尔矩阵**.

定义 5.16 中给出的简单图包括有向图和无向图.当给定的简单图是无向图时,它所对应的邻接矩阵为对称矩阵.例如,图 5-21 的邻接矩阵 $\boldsymbol{A}(G)$ 为

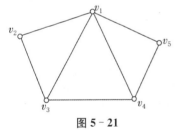

图 5-21

$$\boldsymbol{A}(G)=\begin{array}{c}\\ v_1 \\ v_2 \\ v_3 \\ v_4 \\ v_5\end{array}\begin{array}{c}\begin{array}{ccccc}v_1 & v_2 & v_3 & v_4 & v_5\end{array}\\ \begin{bmatrix}0 & 1 & 1 & 1 & 1\\ 1 & 0 & 1 & 0 & 0\\ 1 & 1 & 0 & 1 & 0\\ 1 & 0 & 1 & 0 & 1\\ 1 & 0 & 0 & 1 & 0\end{bmatrix}\end{array}.$$

可以看出,图 5-21 的邻接矩阵 $\boldsymbol{A}(G)$ 为对称矩阵.但当定义中给定的简单图是有向图时,它所对应的邻接矩阵不一定是对称的.例如,有向图 5-22 的邻接矩阵 $\boldsymbol{A}(G)$ 为

$$\boldsymbol{A}(G)=\begin{array}{c}\\ v_1 \\ v_2 \\ v_3 \\ v_4\end{array}\begin{array}{c}\begin{array}{cccc}v_1 & v_2 & v_3 & v_4\end{array}\\ \begin{bmatrix}0 & 1 & 0 & 0\\ 0 & 0 & 1 & 1\\ 1 & 1 & 0 & 1\\ 1 & 0 & 0 & 0\end{bmatrix}\end{array}.$$

图 5-22

在有向图的邻接矩阵的讨论中,必须注意以下问题:

(1) 当 $\boldsymbol{A}(G)$ 中的元素 a_{ij} 为 1 时,表示结点 v_i 是起点,而 v_j 是终点;

(2) 有向图的邻接矩阵依赖于结点集 V 中的各结点的次序关系.如图 5-22 所示,把图中结点重新排序,能够写出另一个邻接矩阵 $\boldsymbol{A}'(G)$.不过,在一般情况下,我们可选取图 G 的任何一个邻接矩阵.

$$\mathbf{A}'(G) = \begin{array}{c} \\ v_2 \\ v_3 \\ v_1 \\ v_4 \end{array} \begin{array}{cccc} v_2 & v_3 & v_1 & v_4 \\ \left(\begin{array}{cccc} 0 & 1 & 0 & 1 \\ 1 & 0 & 1 & 1 \\ 1 & 0 & 0 & 0 \\ 0 & 0 & 1 & 0 \end{array}\right) \end{array}.$$

从有向图所对应的邻接矩阵中,还可以看到该图的很多性质.

(1) $A(G)$ 中第 i 行元素是由结点 v_i 出发的边所决定;第 i 行中值为 1 的元素数目等于 v_i 的出度;同理,第 j 列中值为 1 的元素数目即为结点 v_j 的入度.

(2) 设有向图 G,其结点集 $V = \{v_1, v_2, \cdots, v_n\}$,其邻接矩阵 $A(G) = (a_{ij})_{n \times n}$. 现在来讨论 v_i 到 v_j 的长度为 2 的路径的数目.如果图中有路径 $v_i v_k v_j$ 存在,则必有 $a_{ik} \cdot a_{kj} = 1$;反之,如果图 G 中不存在路径 $v_i v_k v_j$,那么必有 $a_{ik} = 0$ 或 $a_{kj} = 0$,即有 $a_{ik} \cdot a_{kj} = 0$. 由此,可以得出如下结论:在图 G 中,结点 v_i 到 v_j 的长度为 2 的路径的数目为

$$a_{i1} \cdot a_{1j} + a_{i2} \cdot a_{2j} + \cdots + a_{in} \cdot a_{nj} = \sum_{k=1}^{n} a_{ik} \cdot a_{kj}.$$

依据矩阵的乘法法则,有下式成立:

$$(\mathbf{A}(G))^2 = (a_{ij}^{(2)})_{n \times n} = \begin{pmatrix} a_{11} & a_{12} & \cdots & a_{1n} \\ a_{21} & a_{22} & \cdots & a_{2n} \\ \vdots & \vdots & & \vdots \\ a_{n1} & a_{n2} & \cdots & a_{nn} \end{pmatrix} \begin{pmatrix} a_{11} & a_{12} & \cdots & a_{1n} \\ a_{21} & a_{22} & \cdots & a_{2n} \\ \vdots & \vdots & & \vdots \\ a_{n1} & a_{n2} & \cdots & a_{nn} \end{pmatrix}.$$

可见,$\mathbf{A}(G)^2$ 中第 i 行第 j 列的元素为

$$a_{i1} \cdot a_{1j} + a_{i2} \cdot a_{2j} + \cdots + a_{in} \cdot a_{nj} = \sum_{k=1}^{n} a_{ik} \cdot a_{kj}.$$

因此,得到以下结论.

矩阵 $(\mathbf{A}(G))^2$ 中元素 $a_{ij}^{(2)}$ 的值等于从 v_i 到 v_j 的长度为 2 的不同路径的数目.显然,矩阵 $(\mathbf{A}(G))^2$ 中主对角线上的元素 $a_{ii}^{(2)}$ $(i=1,2,\cdots,n)$ 的值表示结点 v_i 上长度为 2 的回路的数目. 以此类推,不难得出结论:矩阵 $(\mathbf{A}(G))^3$ 中第 i 行第 j 列的元素的值表示从结点 v_i 到 v_j 的长度为 3 的不同路径的数目,等等.

因此,有下面定理.

定理 5.7 设 $G = \langle V, E \rangle$ 是一有向简单图,它所对应的邻接矩阵为 $\mathbf{A}(G)$,那么矩阵 $(\mathbf{A}(G))^m$ 中的第 i 行第 j 列的元素的值等于从结点 v_i 到 v_j 的长度为 m 的路径的数目.

证明 对 m 用归纳法证明.

(1) 当 $m = 2$ 时,由上面的讨论可知,结论显然成立.

(2) 假设 $m = k$ 时,结论成立.下面证明 $m = k + 1$ 时,结论成立.

因为 $\mathbf{A}^{k+1} = \mathbf{A}^k \cdot \mathbf{A}$,所以应有

$$a_{ij}^{(k+1)} = \sum_{l=1}^{n} a_{il}^{(k)} \cdot a_{lj}.$$

根据邻接矩阵的定义,$a_{il}^{(k)}$ 是从结点 v_i 到结点 v_l 的长度为 k 的路径的数目,故 $a_{il}^{(k)} \cdot a_{lj}$ 是从结点 v_i 出发经过 v_l 到达 v_j 的长度为 $k+1$ 的路径的数目.因此,$a_{ij}^{(k+1)}$ 应是从结点 v_i 到 v_j 的长度为 $k+1$ 的全体路径的数目.所以,对于 $m = k + 1$,结论成立.

下面对图 5-22 中的邻接矩阵进行验证,不妨取 $\mathbf{A}(G)$ 进行讨论.

由 $\boldsymbol{A}(G) = \begin{pmatrix} 0 & 1 & 0 & 0 \\ 0 & 0 & 1 & 1 \\ 1 & 1 & 0 & 1 \\ 1 & 0 & 0 & 0 \end{pmatrix}$ 得

$$(\boldsymbol{A}(G))^2 = \begin{pmatrix} 0 & 0 & 1 & 1 \\ 2 & 1 & 0 & 1 \\ 1 & 1 & 1 & 1 \\ 0 & 1 & 0 & 0 \end{pmatrix}, \quad (\boldsymbol{A}(G))^3 = \begin{pmatrix} 2 & 1 & 0 & 1 \\ 1 & 2 & 1 & 1 \\ 2 & 2 & 1 & 2 \\ 0 & 0 & 1 & 1 \end{pmatrix}, \quad (\boldsymbol{A}(G))^4 = \begin{pmatrix} 1 & 2 & 1 & 1 \\ 2 & 2 & 2 & 3 \\ 3 & 3 & 2 & 3 \\ 2 & 1 & 0 & 1 \end{pmatrix},$$

分别把上面的矩阵与图 5-22 对照,可知定理 5.7 是成立的.

现在考虑矩阵

$$\boldsymbol{B}_n = \boldsymbol{A} + \boldsymbol{A}^2 + \cdots + \boldsymbol{A}^n,$$

其中,$\boldsymbol{B}_n$ 中第 i 行第 j 列的元素的值表示从结点 v_i 到 v_j 长度小于或等于 n 的路径的数目. 如果此值是非零的,则表示 v_i 到 v_j 是可达的.因此,为了确定两结点间的可达性,仅需要知道两结点间是否存在路径,而无须求出该路径的数目. 所以,下面试着用矩阵来表示结点间的可达性.

定义 5.17　令 $G = \langle V, E \rangle$ 是一个有向简单图,$V = \{v_1, v_2, \cdots, v_n\}$. 现在定义一个 $n \times n$ 阶矩阵 $\boldsymbol{P} = (p_{ij})_{n \times n}$,其中,

$$p_{ij} = \begin{cases} 1, & \text{从 } v_i \text{ 到 } v_j \text{ 至少存在一条路径}(v_i \text{ 可达 } v_j), \\ 0, & \text{从 } v_i \text{ 到 } v_j \text{ 不存在路径}, \end{cases}$$

则称矩阵 $\boldsymbol{P}$ 是有向图 G 的**可达性矩阵**.

从上面的讨论可知,由有向图 G 的邻接矩阵 $\boldsymbol{A}$ 可得到图 G 的可达性矩阵 $\boldsymbol{P}$. 只需把 $\boldsymbol{A} + \boldsymbol{A}^2 + \cdots + \boldsymbol{A}^n$ 中不为零的元素改为 1,而等于零的元素不变,这个改换后的矩阵即为图 G 的可达性矩阵 $\boldsymbol{P}$.

下面仍以图 5-22 为例,由它的邻接矩阵求出它的可达性矩阵 $\boldsymbol{P}$.

因为

$$\boldsymbol{A}(G) + (\boldsymbol{A}(G))^2 + (\boldsymbol{A}(G))^3 + (\boldsymbol{A}(G))^4 = \boldsymbol{B}_4 = \begin{pmatrix} 3 & 4 & 2 & 3 \\ 5 & 5 & 4 & 6 \\ 7 & 7 & 4 & 7 \\ 3 & 2 & 1 & 2 \end{pmatrix},$$

所以它的可达性矩阵 $\boldsymbol{P}$ 为

$$\boldsymbol{P} = \begin{pmatrix} 1 & 1 & 1 & 1 \\ 1 & 1 & 1 & 1 \\ 1 & 1 & 1 & 1 \\ 1 & 1 & 1 & 1 \end{pmatrix}.$$

由此可知,图 5-22 中的任意两个结点都是互相可达的.

定义 5.18　给定无向简单图 $G = \langle V, E \rangle$,$V = \{v_1, v_2, \cdots, v_m\}$,$E = \{e_1, e_2, \cdots, e_n\}$. 设矩阵 $\boldsymbol{M}(G) = (m_{ij})_{m \times n}$,其中,

$$m_{ij} = \begin{cases} 1, & v_i \text{ 关联 } e_j, \\ 0, & v_i \text{ 不关联 } e_j, \end{cases}$$

则称矩阵 $M(G)$ 为图 G 的 **完全关联矩阵**.

下面给出图 5-23 的完全关联矩阵.

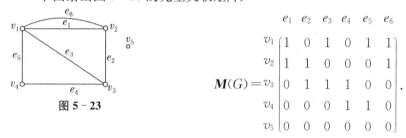

图 5-23

$$M(G) = \begin{array}{c} \\ v_1 \\ v_2 \\ v_3 \\ v_4 \\ v_5 \end{array} \begin{array}{c} \begin{array}{cccccc} e_1 & e_2 & e_3 & e_4 & e_5 & e_6 \end{array} \\ \begin{pmatrix} 1 & 0 & 1 & 0 & 1 & 1 \\ 1 & 1 & 0 & 0 & 0 & 1 \\ 0 & 1 & 1 & 1 & 0 & 0 \\ 0 & 0 & 0 & 1 & 1 & 0 \\ 0 & 0 & 0 & 0 & 0 & 0 \end{pmatrix} \end{array}.$$

从完全关联矩阵中,可以看出对应图 G 的一些性质:

(1) 图 G 中每一条边关联两个结点,故 $M(G)$ 中的每一列只有两个非零元素 1;

(2) $M(G)$ 中每一行的元素 1 的个数是对应结点的度数;

(3) 若 $M(G)$ 中某一行上的元素全为 0,则该行对应的结点为孤立结点;

(4) 图 G 中的两条平行边,在 $M(G)$ 中对应的两列相同;

(5) 图 G 中结点和边的顺序发生变化时,对应的 $M(G)$ 只有行序和列序的差别.

以上我们讨论的是无向图的矩阵,其实有向图也可用完全关联矩阵表示.现定义如下.

定义 5.19 给定有向简单图 $G = \langle V, E \rangle$,$V = \{v_1, v_2, \cdots, v_m\}$,$E = \{e_1, e_2, \cdots, e_n\}$.设矩阵 $M(G) = (m_{ij})_{m \times n}$,其中,

$$m_{ij} = \begin{cases} 1, & v_i \text{ 是 } e_j \text{ 的起点}, \\ -1, & v_i \text{ 是 } e_j \text{ 的终点}, \\ 0, & v_i \text{ 与 } e_j \text{ 不关联}, \end{cases}$$

则称矩阵 $M(G)$ 为图 G 的 **完全关联矩阵**.

下面以图 5-24 为例,它的完全关联矩阵为

$$M(G) = \begin{array}{c} \\ v_1 \\ v_2 \\ v_3 \\ v_4 \\ v_5 \end{array} \begin{array}{c} \begin{array}{ccccc} e_1 & e_2 & e_3 & e_4 & e_5 \end{array} \\ \begin{pmatrix} 1 & -1 & 1 & 0 & 0 \\ -1 & 0 & 0 & 0 & 1 \\ 0 & 0 & -1 & -1 & -1 \\ 0 & 1 & 0 & 1 & 0 \\ 0 & 0 & 0 & 0 & 0 \end{pmatrix} \end{array}.$$

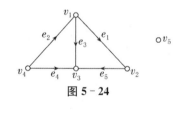

图 5-24

有向图的完全关联矩阵也有类似于无向图的完全关联矩阵的一些性质,归纳如下:

(1) G 中每一条有向边关联的两个结点,其中一个是该边的起点,另一个是该边的终点,故 $M(G)$ 中的每一列只有一个非零元素 1 和一个非零元素 -1;

(2) 矩阵 $M(G)$ 中每一行的元素 1 的个数是对应结点的出度,元素 -1 的个数是对应结点的入度;

(3) 若 $M(G)$ 中有某一行的元素全为 0,则该行对应的结点为孤立结点,如图 5-24 中的结点 v_5;

(4) 当有向图 G 中结点或边的顺序发生变化时,表现在对应的 $M(G)$ 中,两个完全关联矩阵仅有行序和列序的变化.

对于完全关联矩阵,我们还可以通过应用矩阵运算得到连通图 G 的结点数与完全关联矩

阵的秩之间的必然联系. 这些内容在此不做叙述, 有兴趣的读者可以查阅有关资料.

习题 5.3

1. 在有向图 5 - 25 中, v_1, v_2 之间长度为 3 的路径有 _____ 条, v_1 和 v_3 之间长度为 2 的路径有 _____ 条, 对应结点 v_2 有 _____ 条长度为 4 的回路.

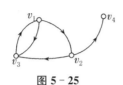

图 5 - 25

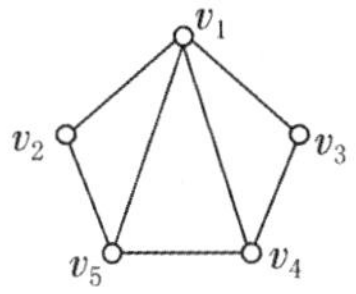

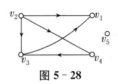

图 5 - 26

2. 求图 5 - 26 的邻接矩阵.

3. 求图 5 - 27 的完全关联矩阵.

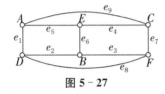

图 5 - 27

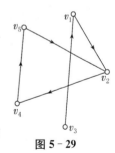

图 5 - 28

4. 对于邻接矩阵 A 的有向简单图 G, 定义它的距离矩阵 $D(G)$ 为: $d_{ij} = \infty$, 如果 $d\langle v_i, v_j \rangle = \infty$; $d_{ii} = 0$ ($i = 1, 2, \cdots, n$); $d_{ij} = k$, 这里的 k 是使 $a_{ij}^{(k)} \neq 0$ ($a_{ij}^{(k)}$ 是矩阵 A^k 的元素) 的最小正整数. 确定图 5 - 28 的距离矩阵, 并指出 $d_{ij} = 1$ 的意义.

总练习题 5

1. 填空题

(1) 设 G 是有 n 个结点、m 条边的简单图, v 为 G 中度数为 k 的结点, e 为 G 中的一条边, 则

① $G - v$ 中有 _____ 个结点和 _____ 条边;

② $G - e$ 中有 _____ 个结点和 _____ 条边.

(2) 具有 35 条边, 且每个结点的度数至少为 3 的图最多有 _____ 个结点.

(3) 在有向图 5 - 29 中, 结点 v_1 到 v_5 的长度为 3 的路径有 _____ 条; v_3 到 v_4 的长度为 3 的路径有 _____ 条.

图 5 - 29

2. 选择题

(1) 设图 G 中有 n 个结点, m 条边, 每个结点的度不是 k 就是 $k+1$. 若 G 中有 N_k 个 k 度结点, N_{k+1} 个 $k+1$ 度结点, 则 $N_k = \boxed{}$.

A. $\dfrac{n}{2}$　　B. nk　　C. $n(k+1)$　　D. $n(k+1) - 2m$　　E. $n(k+1) - m$

(2) 设 G 是有 n 个结点, m 条边的无向简单图. 若 G 是连通的, 则 m 的下界为 $\boxed{}$.

A. $n-1$　　B. n　　C. $n(n-1)$　　D. $\dfrac{1}{2}n(n-1)$

3. 设图 $G=\langle V,E\rangle$ 是无向简单图,证明:$e\leqslant\dfrac{v(v-1)}{2}$,其中 $e=|E|$,$v=|V|$.

4. 设有图 $G=\langle V,E\rangle$,$|V|=v$,$|E|=e$,证明:$\delta(G)\leqslant\dfrac{2e}{v}\leqslant\Delta(G)$.

5. 说明图 5-30 中(a),(b)两图是同构的.

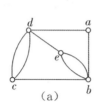 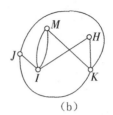

(a)　　　　　　　　　　(b)

图 5-30

6. 证明:若无向图 G 的直径大于 3,则 $\overline{G}$ 的直径小于 3.

7. 设 G 为至少有两个结点的简单图,证明:G 中至少有两个结点的度数相同.

8. 在具有 $n(n\geqslant2)$ 个结点的简单图 G 中,n 为奇数,问,$\overline{G}$ 与 G 中奇度数结点的个数有何关系?

9. 设无向连通图 $G=\langle V,E\rangle$ 中无回路,证明:G 中每条边都是割边(桥).[割边(桥)的定义见第 6 章定义 6.9.]

10. 设无向连通图 $G=\langle V,E\rangle$ 中有 n 个结点,m 条边,G 中无回路,证明:$m=n-1$.

11. 设 G 是有 n 个结点,m 条边的无向简单图,证明:若 G 连通,则有 $n-1\leqslant m\leqslant\dfrac{1}{2}n(n-1)$.

12. 设有向图 G 如图 5-31 所示,

(1) 求 G 的邻接矩阵 $\boldsymbol{A}$;

(2) G 中 v_1 到 v_4 长度为 4 的路径有几条?

(3) G 中长度小于等于 4 的路径的数目为多少?

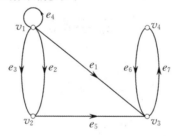

图 5-31

第6章 特殊的图类

本章介绍二部图、平面图及树等几类特殊的图.

6.1 二 部 图

定义 6.1 设无向图 $G=\langle V,E\rangle$,其中 $|V|=n$,若把 V 划分成 $r(r\geqslant2)$ 个互不相交的非空子集 $V_1,V_2,\cdots,V_r$,使得 $V_i(i=1,2,\cdots,r)$ 中任意两个结点都不邻接,则称 G 为 r 部图.设 G 是简单 r 部图,若对任意的 $i(i=1,2,\cdots,r)$,V_i 中任一个结点均与 $V_j(j\neq i)$ 中所有结点邻接,则称 G 为**完全 r 部图**.

特别地,当 $r=2$ 时,称 $G=\langle V_1,V_2,E\rangle$ 为**二部图**(或偶图).完全二部图记为 $G=K_{n_1,n_2}$,其中,n_1,n_2 分别表示结点集 V_1,V_2 中的结点数目.

在本节中,只讨论二部图的情况.

图 6-1(a),(b),(c),(d)都是二部图.可以看出:这 4 个二部图中,(a),(c),(d)为完全二部图,分别记为 $K_{2,3},K_{2,3},K_{3,3}$.而在(b)中,把结点集划分成两个不相交的子集 $\{v_1,v_2,v_3,v_4\}$ 和 $\{v_5,v_6,v_7\}$ 时,(b)是二部图;而把结点集划分成两个不相交的子集 $\{v_1,v_6,v_7\}$ 和 $\{v_2,v_3,v_4,v_5\}$ 时,(b)也是二部图.由此可知,二部图中的结点子集划分是不唯一的.

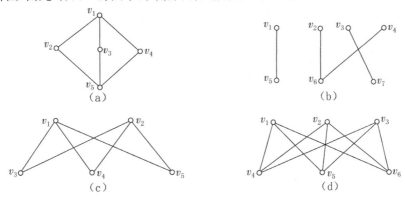

图 6-1

由定义可知,n 阶零图 $N_n(n\geqslant1)$ 是二部图.

关于二部图,有下面的判别定理.

定理 6.1 一个图为二部图,当且仅当该图中没有长度为奇数的圈.

证明 **必要性** 设有二部图 $G=\langle V_1,V_2,E\rangle$,若 G 中无圈,则结论显然成立.

如果 G 中有圈 $C=v_0e_1v_1\cdots v_{m-1}e_mv_0$,不妨设 $v_0\in V_1$,则 $v_1,v_3,\cdots,v_{m-1}$ 属于 V_2;而 v_2,$v_4,\cdots,v_{m-2}$ 属于 V_1.于是 m 为偶数,即 C 是长度为偶数的圈.

充分性 设图 G 中没有长度为奇数的圈,不妨设 G 为连通的(否则,可对 G 的每个连通分

支进行讨论). 任取 $v \in V(G)$, 令

$$V_1 = \{u \mid u \in V(G) \land d\langle u, v \rangle \text{为偶数}\},$$
$$V_2 = \{u \mid u \in V(G) \land d\langle u, v \rangle \text{为奇数}\},$$

则有 $V_1 \cap V_2 = \varnothing$, 且 $V_1 \cup V_2 = V(G)$.

下面取 $e \in E$, 则 e 的一个端点在 V_1 中, 而另一个端点在 V_2 中. 若不然, 设存在边 $e = (v_i, v_j)$, $v_i, v_j \in V_1$. 设 $d\langle v, v_i \rangle$ 和 $d\langle v, v_j \rangle$ 分别为 v 到 v_i 和 v 到 v_j 的通路的最短长度, 则 $d\langle v, v_i \rangle$ 和 $d\langle v, v_j \rangle$ 均为偶数. 设 v_k 是 v 到 v_i 和 v 到 v_j 的通路的唯一一个公共结点, 因为 v_k 到 v_i 和 v_k 到 v 的通路的长度具有相同的奇偶性(v_k 到 v_j 和 v_k 到 v 的通路的长度亦然), 所以 v_k 到 v_i 和 v_k 到 v_j 的通路及边 e (或 v_k 到 v 的一条回路)构成 G 中一个长度为奇数的圈(多个公共结点的情形可类似证明). 这与已知条件矛盾.

$v_i, v_j \in V_2$ 的情形可类似证明. 故图 G 为二部图.

定义 6.2 设无向图 $G = \langle V, E \rangle$, $E' \subseteq E$.

(1) 如果 E' 中没有环, 并且 E' 中的任何两条边都没有公共结点, 则称 E' 为 G 中的**匹配**;

(2) 如果 E' 是 G 中的匹配, 并且对于 G 中的一切匹配 E'', 只要 $E' \subseteq E''$, 必有 $E' = E''$, 则称 E' 为 G 中的**极大匹配**;

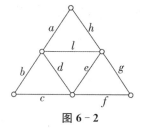

图 6-2

(3) G 中的边数最多的匹配称为 G 中的**最大匹配**;

(4) G 中的最大匹配包含的边数称为 G 的**匹配数**.

例如, 从图 6-2 可以看出: 边 $\{a, e\}$, $\{b, e\}$, $\{a, c, g\}$, $\{b, f, h\}$, $\{c, h\}$ 都是极大匹配; 最大匹配有 $\{a, c, g\}$, $\{b, f, h\}$; 该图的匹配数为 3.

从上面的讨论可以看出: 最大匹配一定是极大匹配, 而极大匹配不一定是最大匹配.

下面讨论二部图的匹配理论.

定义 6.3 设二部图 $G = \langle V_1, V_2, E \rangle$, 如果 G 的匹配数等于 $|V_1|$, 则称最大匹配为 V_1 到 V_2 的**完美匹配**.

定理 6.2 设有二部图 $G = \langle V_1, V_2, E \rangle$, 若存在正整数 t, 对于 V_1 中的每个结点, 在 V_2 中存在 t 个结点与其邻接; 对于 V_2 中的每个结点, 在 V_1 中至多存在 t 个结点与其邻接, 则存在 V_1 到 V_2 的完美匹配.

该定理的证明在此不详细叙述, 有兴趣的读者可参阅其他参考文献.

习题 6.1

1. 填空题

(1) 完全二部图 $K_{r,s}$ 的边数 $m = $ _____.

(2) 完全二部图 $K_{r,s}$ 的匹配数 $\beta_1 = $ _____.

2. 选择题

下列选项中为二部图的是 ☐.

A. 零图 N_5 B. 完全图 K_5 和 K_6 C. $K_{3,3}$ D. $K_{2,4}$

3. 设有工人甲、乙、丙要完成三项任务 a, b, c. 已知工人甲能胜任 a, b, c 三项任务; 工人乙能胜任 a, b 两项任务; 工人丙能胜任 b, c 两项任务. 你能给出一种安排方案, 使每个工人各完成一项他们能胜任的任务吗?

4. 画出完全二部图 $K_{1,3}$，$K_{2,2}$.

5. 设 G 为具有 $n(n{\geqslant}1)$ 个结点的二部图，问：至少要用几种颜色给 G 的结点染色，才能使相邻的结点颜色不同？

6.2　平　面　图

定义 6.4　设 $G=\langle V,E\rangle$ 是一个无向图，如果能够把 G 画在平面上，使它的边除了在端点外互不相交，则称该图为**平面图**，或称该图是**能嵌入平面的**.

图 6-3 的所有边除了在端点处相交外，没有别的交点，故为平面图. 在实际研究中，我们遇到的图并不是一眼就能看出它是平面图. 表面上看有些图有边相交，但如果换一种画法，就可以看出它是个平面图. 如图 6-4(a),(b)所示，在图 6-4(a)中，有边相交，但因为在本章所研究的图中，边的长度与结点的位置无关，故换一种画法将(a)变成(b)，就可以看出它是平面图.

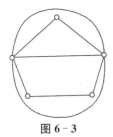

图 6-3

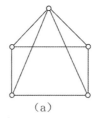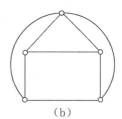

(a)　　　　(b)

图 6-4

而有些图形不论怎样换画法，总有边除端点外，总是相交，这样的图称为**非平面图**. 图 6-5 即为非平面图.

定义 6.5　设 G 是一个平面图，在由图中的边所包围的区域内，既不包含图的结点，也不包含图的边，这样的区域称为图 G 的**面**. 包围该面的所有边所构成的回路(可能不是圈)称为这个面的**边界**.

在图 6-6 中，有 4 个结点，6 条边，4 个面，这 4 个面分别为 r_1,r_2,r_3,r_4，其中，面 r_4 在图形外，不受边约束，称此面为**无限面**.

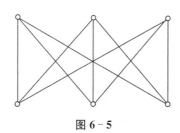

图 6-5

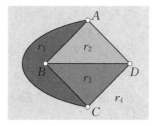

图 6-6

定义 6.6　在平面图 G 中，

(1) 如果 G 中的某两个面共有一条边，则称这样的两个面是**邻接面**；

(2) 组成面 r 的边界中边的数目称为该面的**次数**，记为 $d(r)$.

例如，图 6-6 中的 r_1 和 r_2，r_2 和 r_3 都是邻接面；$d(r_2)=d(r_3)=3$.

定理 6.3　一个有限平面图，面的次数之和等于其边数的两倍.

证明 因为任何边,或是两个面的公共边,或在一个面中作为边界被重复计算两次,故面的次数之和等于其边数的两倍.

定理 6.4（欧拉（Euler）定理） 设有连通平面图 $G=\langle V,E\rangle$,若 G 有 e 条边,k 个面和 v 个结点,则有欧拉公式成立:

$$v-e+k=2.$$

证明 对边数 e 用第一归纳法证明.

(1) 当 $e=0$ 时,G 为一孤立结点,此时 $v=1,k=1$,则 $v-e+k=2$ 成立.

(2) 当 $e=1$ 时,G 为两个结点构成的一条边,此时 $v=2,e=1,k=1$,则 $v-e+k=2$ 成立.

(3) 假设当 $e_i=i$ 时,欧拉公式成立,即有

$$v_i-e_i+k_i=2.$$

下面来看 $e_{i+1}=i+1$ 时的情况.

设图 G 为 i 条边的连通平面图,若再加上一条边,构成的图 G' 仍是连通平面图,则这条边的构成有两种情况:

① 这条边和 G 中一个结点以及 G 以外的一个结点关联,此时应该有

$$v_{i+1}=v_i+1, \quad e_{i+1}=e_i+1, \quad k_{i+1}=k_i,$$

故

$$v_{i+1}-e_{i+1}+k_{i+1}=2.$$

② 这条边关联图 G 中原有的两个结点,此时,边数和面数各增加 1,而结点数未变,所以仍有欧拉公式

$$v_{i+1}-e_{i+1}+k_{i+1}=2$$

成立.

推论 6.1 设图 G 是一个有 v 个结点,e 条边的连通简单平面图,若 $v\geqslant3$,则 $e\leqslant3v-6$.

证明 设图 G 的面数为 r.

当 $v=3$ 时,$e=2$ 或 3,结论成立.

当 $v>3$ 时,若 $e\geqslant3$,则 G 的每个面由 3 条或更多条边围成,故边数不小于 $3r$. 又因为每条边至少是两个面的公共边,也就是说,每条边至多被计算两次,所以图 G 中至少有 $\dfrac{3r}{2}$ 条边,即 $e\geqslant\dfrac{3}{2}r$,也即 $r\leqslant\dfrac{2}{3}e$. 代入欧拉公式有

$$2=v-e+r\leqslant v-e+\frac{2}{3}e, \quad 即 \quad v-\frac{e}{3}\geqslant2, \quad 亦即 \quad e\leqslant3v-6.$$

此推论可以作为判断某些图不是平面图的条件.

推论 6.2 设平面图 $G=\langle V,E\rangle$ 有 v 个结点,e 条边,若 G 中的每个面由 4 条或更多条边围成,则 $e\leqslant2v-4$.

证明 与推论 6.1 的证明类似,可以得到不等式

$$v-e+\frac{e}{2}\geqslant2, \quad 即 \quad e\leqslant2v-4.$$

定理 6.5 在连通简单平面图 G 中,至少存在一个结点 v_0,有 $\deg(v_0)\leqslant5$.

证明 反证法. 假设一个连通简单平面图的所有结点的度数都大于 5,又由推论 6.1 知,有 $3v-6\geqslant e$,所以有

$$6v-12\geqslant 2e=\sum_{v\in V}\deg(v)\geqslant 6v,$$

矛盾. 故在简单平面图 G 中至少有一个结点 v_0, 有 $\deg(v_0)\leqslant 5$.

欧拉公式的推论 6.1, 可以用来判断一个图 G 是非平面图. 而判断一个图是平面图的充要条件的研究曾持续了很多年. 直到 1930 年, 库拉托夫斯基(Kuratowski)定理给出了平面图的一个非常简单的特征. 在这里, 我们只对该定理做简单的介绍, 证明从略.

给定两个图 G_1 和 G_2, 如果它们是同构的, 或者可通过反复插入或除去度数为 2 的结点后, 使 G_1 与 G_2 同构, 则称 G_1 和 G_2 是在 2 度结点内同构的.

定理 6.6　一个图是平面图, 当且仅当它不包含与 K_5(或 $K_{3,3}$)在 2 度结点内同构的子图.

$K_{3,3}$ 和 K_5 常称**库拉托夫斯基图**.

习题 6.2

1. 填空题

(1) 设 G 是具有 $k(k\geqslant 2)$ 个连通分支的平面图, 则 $n-m+r=$ _____, 其中, n,m,r 分别为 G 的结点数、边数和面数.

(2) 设简单平面图 G 的结点数 $n=7$, 边数 $m=15$, 则 G 的每个面的次数为 _____.

(3) 设 G 是连通简单平面图, 它的结点数为 n, 边数为 m, 面数为 r, 若 $n\geqslant 3$, 则 $r\leqslant$ _____.

2. 证明: 若 G 是每一个面至少由 $k(k\geqslant 3)$ 条边围成的连通平面图, 则 $e\leqslant\dfrac{k(v-2)}{k-2}$, 这里 e,v 分别是图 G 的边数和结点数.

3. 证明: 小于 30 条边的简单平面图有一个结点的度数小于等于 4.

4. 证明: 在具有 6 个结点, 12 条边的连通简单平面图中, 每个面都由 3 条边围成.

5. 设 G 是有 11 个或更多个结点的图, 证明: G 或 $\overline{G}$ 是非平面图.

6. 设简单平面图 G 的结点数 $n=7$, 边数 $m=15$, 证明: G 是连通的.

7. 设一彼得森图如图 6-7 所示, 证明: 它不是平面图.

8. 设 G 为简单平面图, 证明: 若 G 中有圈, 则 G 的每个面至少由 3 条边围成.

9. 设 G 是连通简单平面图, 它的结点数为 n, 边数为 m, 面数为 r, 证明: 若 G 的最小度数 $\delta(G)=4$, 则 G 中至少有 6 个结点的度数小于等于 5.

图 6-7

10. 选择题

具有 6 个结点, 11 条边的所有可能的非同构的连通简单非平面图有 ☐ 个, 其中有 ☐ 个含有子图 $K_{3,3}$.

A. 1　　B. 2　　C. 3　　D. 4　　E. 5　　F. 6　　G. 7　　H. 8

11. 证明:

(1) 对于 K_5 的任意边 e, K_5-e 是平面图;

(2) 对于 $K_{3,3}$ 的任意边 e, $K_{3,3}-e$ 是平面图.

12. 设 G 是面数 r 小于 12 的简单平面图, G 中每个结点的度数至少为 3. 证明: G 中至少存在最多由 4 条边围成的面.

13. 在简单平面图 G 中, 如果在任何不相邻的两个结点之间加一条边, 所得图都为非平面图, 则称 G 为极大平面图. 证明: 极大平面图 G 一定是连通图.

6.3   树与有向树

定义 6.7   一个连通且无回路的无向图称为**树**,记为 T.树中度数为 1 的结点称为**树叶**或**悬挂点**;度数大于 1 的结点称为**分枝点**或**内点**.一个无回路的无向图称为**森林**,它的每个连通分支是树.

定理 6.7   给定图 $T = \langle V, E \rangle$,其中,e 是边数,v 是结点数.以下关于树的定义是等价的:

(1) T 为无回路的连通图;

(2) T 无回路,且 $e = v - 1$;

(3) T 是连通图,且 $e = v - 1$;

(4) T 无回路,但在 T 中任两个不相邻的结点之间添加一条边后,都可得到唯一一条回路(称 T 为**最大无回路图**);

(5) T 是连通图,但删去任一边后,便不连通(称 T 为**最小连通图**);

(6) T 的每一对结点间有唯一的一条路径.

证明   (1)⟹(2)   用第一归纳法.

① 当 $v = 2$ 时,T 连通无回路,则 $e = 1$,所以 $e = v - 1$ 成立.

② 假设 $v_k = k$ 时结论成立.当 $v_{k+1} = k + 1$ 时,由于连通无回路,则至少存在某一结点 u,其度数为 1. 不妨假设该结点关联的边为 (u, w),在 T 中删去结点 u 及其关联的边 (u, w) 后,便得到 k 个顶点的连通无回路的图.由归纳假设知,它有 $k - 1$ 条边,即 $e_k = v_k - 1$. 于是,再将结点 u 及其关联边 (u, w) 加到图中,则得到原图 T,因此有

$$e_{k+1} = e_k + 1 = v_k - 1 + 1 = v_{k+1} - 1.$$

(2)⟹(3)   用反证法.

假设图 T 不连通,不妨设 T 有 $w (w > 1)$ 个连通分支 $T_1, T_2, \cdots, T_w$,其边数分别为 $e_1, e_2, \cdots, e_w$,其结点数分别为 $v_1, v_2, \cdots, v_w$,并且 $\sum\limits_{i=1}^{w} v_i = |V| = n$.

由于每个分支连通无回路,则在 T_i 中有 $e_i = v_i - 1 (i = 1, 2, \cdots, w)$,所以在 T 中,边数

$$e = \sum_{i=1}^{w} e_i = \sum_{i=1}^{w} (v_i - 1) = n - w < n - 1,$$

矛盾.

(3)⟹(4)   用第一归纳法.

首先证明:T 是无回路的.

① 当 $v = 2$ 时,$e = 1$ 且 T 连通,显然 T 是无回路的.

② 假设 $v_{k-1} = k - 1$ 时结论成立.当 $v_k = k$ 时,由于 T 是连通的,因此每个结点的度数不小于 1. 可以证明:至少存在一个结点 u,使得 $\deg(u) = 1$. 因为如果每个结点的度数都至少为 2,则有 $\sum\limits_{v \in V} \deg(v) = 2e \geqslant 2k$,即在 T 中至少有 k 条边,与题设矛盾.因此,在 T 中至少存在一个结点 u,使得 $\deg(u) = 1$. 现删去结点 u 及其关联的边,则得到新的图 T'. 在 T' 中有 $k - 1$ 个结点,由归纳假设知:T' 是无回路的.所以将 u 及其关联边加入图 T' 中后得到的原图 T 仍然是无回路的.

其次证明:如果在连通图 T 的任意两个不相邻的结点 v_i, v_j 间添加一条边 (v_i, v_j),则该边与 T 中从 v_i 到 v_j 的原来的路径必构成回路,并且该回路一定是唯一的.因为如果回路不唯一,则删去边 (v_i, v_j) 后,在 T 中仍有回路,与上述已证明的结论矛盾.

(4)⇒(5) 若图 T 不连通,则存在结点 v_i 和 v_j,在 v_i 与 v_j 之间没有路径,那么在结点 v_i, v_j 间添加边 (v_i, v_j),不会产生回路,与假设矛盾,故 T 是连通的.又由于 T 中无回路,故在 T 中删去任一边后,便不连通.

(5)⇒(6) 由于 T 是连通的,故 T 中任意两个结点间均有一条路径.如果某两个结点间有多于一条的路径,则在 T 中必有回路,那么删去该回路上的某一条边,得到的图 T' 仍然连通,与题设矛盾.

(6)⇒(1) 因为任意两个结点间均有唯一一条路径,故图 T 必然连通.若图 T 有回路,则该回路上任意两结点间均有两条路径,与题设矛盾.

推论 6.3 若图 G 是有 n 个结点,w 个连通分支的森林,则 G 有 $n-w$ 条边.

定理 6.8 任一棵树中,至少有两片树叶.

证明 由于树 T 是连通的,则对 T 中的任一结点 v_i,有
$$\deg(v_i) \geq 1.$$
设树 T 有 n 个结点,则有
$$\sum_{i=1}^{n} \deg(v_i) = 2(n-1),$$
设 T 中有 k 个结点的度数为 1,其他结点的度数大于或等于 2,于是
$$2(n-1) = \sum_{i=1}^{n} \deg(v_i) \geq k + 2(n-k),$$
从而 $k \geq 2$.故在任一棵树中,至少有两片树叶.

定义 6.8 若图 G 的生成子图 T 是树,则称 T 为 G 的**生成树**,T 的边称为**树枝**.

在图 6-8 中,(b)是(a)的生成树.

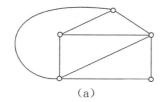 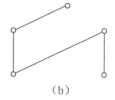

(a)　　　　　　　　　(b)

图 6-8

定理 6.9 G 是连通图,当且仅当 G 有生成树.

证明 充分性 这个证明很明显,因为生成树本身就是连通的.

必要性 设 G 是连通图,若 G 没有回路,则 G 本身就是生成树;若 G 只有一条回路,则从这条回路中删去一条边,仍保持连通,即得到一棵生成树;若 G 有多条回路,则不断重复上述过程,直到得到一棵生成树.

由此定理的证明过程可知:一个连通图可以有多个生成树,因为在取定这个回路后,就可以从该回路中删去任一条边,删去的边不同,就能得到不同的生成树.如图 6-9 所示,(b)是由(a)删去边 e_1, e_3, e_7 得到的生成树,而(c)是由(a)删去边 e_3, e_5, e_7 得到的生成树.

割集是图论中的一个很重要的概念,它与树及回路的概念有密切的关联.在 6.2 节中,我

们已介绍过点割集.

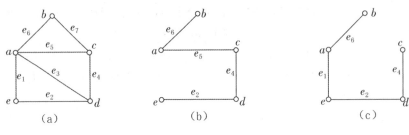

图 6-9

定义 6.9 设无向图 $G=\langle V,E\rangle$ 为连通图,若有边集 $E_1\subset E$,使图 G 中删除了 E_1 中的所有边后得到的子图是非连通图,而删了 E_1 的任一真子集后,所得的子图是连通图,则称 E_1 是 G 的一个**边割集**.若某一条边构成一个边割集,则称该边为**割边**(或**桥**).

在图 6-10 中,$\{e_2,e_3\}$ 和 $\{e_4,e_1\}$ 均为边割集.

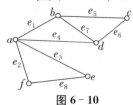

图 6-10

定理 6.10 图 G 的每个边割集和任何一个生成树至少有一条公共边.

证明 在图 G 中,若有一个边割集和某一生成树没有公共边,那么在图 G 中删去这个边割集后,所得的子图必包含该生成树,这意味着删去边割集后仍是连通图,与边割集的定义矛盾.

现在讨论带权的生成树,这个问题是具有实际意义的.例如,在图 $G=\langle V,E\rangle$ 中,令 V 表示城市,E 表示城市间的道路,边的权表示对应道路的长度,要求沿道路架设通信线路,使各个城市联系起来,且要求架设的线路最短,这就是一个最小生成树的问题.

定义 6.10 设 $G=\langle V,E\rangle$ 为带权的连通简单图,对 G 的每条边 $e\in E$,对应函数 $C(e)$ 是边 e 的边权.G 的生成树 T 的**树权** $C(T)$ 是 T 的所有边权的和.在图 G 的所有生成树中,树权最小的那棵树称为 G 的**最小生成树**.

下面介绍一种求最小生成树的**克鲁斯科尔(Kruskal)算法**.

设 $G=\langle V,E\rangle$ 是有 n 个结点的带权连通简单图,

(1) 选取 G 的一条边 e_1,使 e_1 的边权最小,令 $E_1=\{e_1\}$,$1\to i$.

(2) 若已选 $E_i=\{e_1,e_2,\cdots,e_i\}$,那么在 $E-E_i$ 中选中一条边 e_{i+1},使之满足:

① $E_i\bigcup\{e_{i+1}\}$ 中无回路;

② e_{i+1} 是满足条件①的边权最小的边.

(3) 若 e_{i+1} 存在,则令 $E_{i+1}=E_i\bigcup\{e_{i+1}\}$,$i+1\to i$,再转步骤(2);若 e_{i+1} 不存在,则停止运算.此时,由 E_i 导出的子图就是所求的最小生成树,记为 T_0.

定理 6.11 克鲁斯科尔算法所得到的图 T_0 是最小生成树.

证明 因为连通图的最大无回路子图必是一棵生成树,所以 T_0 必是 G 的一棵生成树.下面只要证明 T_0 是最小生成树即可.

设图 G 的最小生成树是 T.若 T 与 T_0 相同,则 T_0 即为 G 的最小生成树.若 T 与 T_0 不同,则在 T_0 中至少有一条边 e_{i+1},使得 e_{i+1} 不是 T 的边,而 T_0 中的边 $e_1,e_2,\cdots,e_i$ 是 T 的边.因为 T 是树,故在 T 中加上边 e_{i+1},必有一条回路 r.而 T_0 也是树,所以在 r 中必存在某条边 f 不在 T_0 中.对于树 T,若以边 e_{i+1} 置换 f,则得到一棵新的树 T',但树 T' 的树权 $C(T')=C(T)+C(e_{i+1})-C(f)$.因为 T 是最小生成树,故 $C(T)\leqslant C(T')$,即

$$C(e_{i+1})-C(f)\geqslant 0.$$

因为 $e_1, e_2, \cdots, e_i, e_{i+1}$ 是 T_0 的边,且在 $\{e_1, e_2, \cdots, e_i, e_{i+1}\}$ 中没有回路,故

$$C(e_{i+1}) > C(f)$$

不可能成立;否则,按克鲁斯科尔算法,在 T_0 中,选取 $e_1, e_2, \cdots, e_i$ 之后将取边 f,而不能取边 e_{i+1},于是

$$C(e_{i+1}) = C(f).$$

因此,T' 也是 G 的一棵最小生成树.但是 T' 与 T_0 的公共边比 T 与 T_0 的公共边多了一条,用 T' 置换 T,重复上面的论证,直到得到与 T_0 有 $n-1$ 条公共边的最小生成树.由此可以断定,T_0 是最小生成树.

前面我们讨论的树,都是无向图中的树,下面简单地讨论有向图中的树.

定义 6.11 如果一个有向图在不考虑边的方向时是一棵树,那么这个有向图称为**有向树**.

从定义 6.11 中,很显然看出有向树是弱连通的.图 6-11 是有向树.

定义 6.12 若一棵有向树中,恰有一个结点的入度为 0,其余所有结点的入度均为 1,则称该有向树为**根树**.入度为 0 的结点称为根树的**根**,出度为 0 的结点称为**树叶**,出度不为零的结点称为**分枝点**或**内点**.

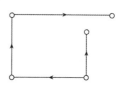

图 6-11

从定义 6.12 中可以看出:从根到其余每个结点有唯一的一条路径.

定义 6.13 设 v 是根树的分枝点,若 v 到 u 有一条有向边,则称 u 为 v 的**儿子**,或称 v 为 u 的**父亲**;若某个结点有两个儿子,则称这两个儿子为**兄弟**;若从 v 到 w 有一条单向路径,则称 v 为 w 的**祖先**,或称 w 为 v 的**孙子**.从根到某一结点 v 的路径的长度称为结点 v 的**层数**.

一般情况下,我们在画根树时,规定将一个分枝点的儿子放在它的下面,故边的箭头省略.

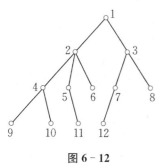

图 6-12

在图 6-12 中,结点 1 是根;结点 6,8,9,10,11,12 是树叶;结点 1,2,3,4,5,7 都是分枝点;结点 1 的层数为 0,结点 2,3 的层数为 1,结点 4,5,6,7,8 的层数为 2,结点 9,10,11,12 的层数为 3.

从根树的结构中还可以看到:树中每一个结点都可看作原来树中的某一子树的根.

定义 6.14 在根树中,若每一个结点的出度小于或等于 m,则称这棵树为 m **叉树**;如果每一个结点的出度恰好等于 m 或零,则称这棵树为**完全**(或**正则**)m **叉树**;若完全 m 叉树所有树叶的层数都相同,则称其为**满** m **叉树**.当 $m=2$ 时,称为**二叉树**.

图 6-13 是满二叉树.有很多实际问题可用二叉树或 m 叉树来表示.例如,M 和 E 两人进行比赛,如果一人连胜两盘或共胜三盘就能获胜,比赛结束.图 6-14 表示了比赛可能进行的各种情况.从根到树叶的每一条路,对应比赛中可能发生的一种情况.

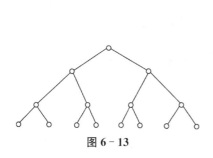

图 6-13

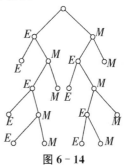

图 6-14

任何一棵根树都可以改写成一棵对应的二叉树. 具体方法如下:

(1) 对每个分枝点,除了其左边长出的分枝外,删去其余的所有分枝. 在同一层次中,兄弟结点之间用从左到右的有向边连接.

(2) 对按步骤(1)得到的有向树选定左儿子和右儿子:将直接处于给定结点下面的结点作为左儿子;将同一水平线上与给定结点右邻的结点作为右儿子. 以此类推,即可得到对应的二叉树.

例如,在图 6-15 中,根树(a)按步骤(1)可得到有向树(b),再按步骤(2)即可得到(a)对应的二叉树(c).

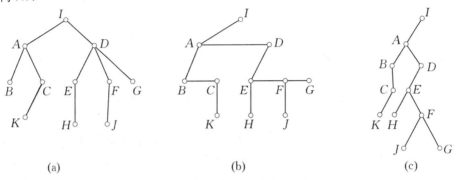

(a)　　　　　　　(b)　　　　　　　(c)

图 6-15

用二叉树表示有向树的方法,可以推广到有向森林.

定义 6.15　给定一组权

$$\{w_1, w_2, \cdots, w_n \mid w_1 \leqslant w_2 \leqslant \cdots \leqslant w_n\}.$$

如果一棵二叉树恰有 n 片树叶,且它们分别带权 $w_1, w_2, \cdots, w_n$,则称这棵二叉树为**带权 w_1, $w_2, \cdots, w_n$ 的二叉树**,记为 T. 二叉树 T 的**权**记为 $w(T)$,且 $w(T) = \sum\limits_{i=1}^{n} w_i L(w_i)$,这里 $L(w_i)$ 是从根到带权 w_i 的树叶的路径的长度. 使 $w(T)$ 最小的二叉树称为**最优二叉树**,简称**最优树**.

在实际生活中,我们经常会遇到有关完全 m 叉树、最优二叉树的研究. 在此不再多叙述,有兴趣的读者可参阅有关图论方面的著作.

下面只给出最简单的关于最优二叉树的构造方面的一些定理及其运用.

定理 6.12　设 T 为带权

$$\{w_1, w_2, \cdots, w_t \mid w_1 \leqslant w_2 \leqslant \cdots \leqslant w_t\}$$

的最优二叉树,则

(1) 带权 w_1, w_2 的树叶 v_{w_1}, v_{w_2} 是兄弟;

(2) 以树叶 v_{w_1}, v_{w_2} 为儿子的分枝点的层数最大.

证明　设最优二叉树 T 中,v 是层数最大的分枝点,v 的儿子分别带权 w_x 和 w_y,故有

$$L(w_x) \geqslant L(w_1), \quad L(w_y) \geqslant L(w_2).$$

若 $L(w_x) > L(w_1)$,则将带权 w_x 的树叶 v_{w_x} 与带权 w_1 的树叶 v_{w_1} 对调(假设 $w_1 \neq w_x$,否则对调没有意义),得到新树 T',且有

$$w(T') - w(T) = (L(w_x) \cdot w_1 + L(w_1) \cdot w_x) - (L(w_x) \cdot w_x + L(w_1) \cdot w_1)$$
$$= L(w_x)(w_1 - w_x) + L(w_1)(w_x - w_1)$$
$$= (w_x - w_1)(L(w_1) - L(w_x)) < 0,$$

即

$$w(T') < w(T),$$

这与 T 是最优二叉树的假设矛盾,故
$$L(w_x)=L(w_1).$$
同理可证 $L(w_x)=L(w_2)$. 故有
$$L(w_1)=L(w_2)=L(w_x)=L(w_y).$$
因此,分别将 w_1,w_2 与 w_x,w_y 对调仍可得到一棵最优二叉树,且该最优二叉树中带权 w_1 和 w_2 的树叶是兄弟.

定理 6.13　设最优二叉树 T 的树叶所带权为
$$\{w_1,w_2,\cdots,w_t \mid w_1\leqslant w_2\leqslant\cdots\leqslant w_t\}.$$
若将以带权 w_1 和 w_2 的树叶为儿子的分枝点改为带权 w_1+w_2 的树叶,得到一棵新树 T',则 T' 也是最优二叉树.

证明　根据题设,有
$$w(T)=w(T')+w_1+w_2.$$
若 T' 不是最优二叉树,则必有另一棵带权
$$\{w_1+w_2,w_3,\cdots,w_t\}$$
的最优二叉树 T''. 若将 T'' 中带权 w_1+w_2 的树叶 $v_{w_1+w_2}$ 生成两个儿子,得到新树 T''',则
$$w(T''')=w(T'')+w_1+w_2.$$
因为 T' 是带权 $\{w_1+w_2,w_3,\cdots,w_t\}$ 的最优二叉树,故
$$w(T'')\leqslant w(T').$$
如果 $w(T'')<w(T')$,则 $w(T''')<w(T)$,这与 T 是带权 $\{w_1,w_2,w_3,\cdots,w_t\}$ 的最优二叉树的假设矛盾,因此
$$w(T'')=w(T').$$
于是,T' 是带权 $\{w_1+w_2,w_3,\cdots,w_t\}$ 的最优二叉树.

根据上述定理,画一棵带有 t 个权的最优二叉树的具体做法是:首先找出两个最小的权值,设为 w_1 和 w_2,并使它们对应的结点做兄弟,于是产生了一个以该兄弟为儿子的分枝点,使该分枝点带权 w_1+w_2;然后对 $t-1$ 个权 $\{w_1+w_2,w_3,\cdots,w_t\}$ 重复上述步骤,继续下去,直到只剩下最后一个带权的结点.

例 6-1　给定一组权 $\{1,4,9,16,25,36,49,64,81,100\}$,构造一棵最优二叉树,如图 6-16 所示.

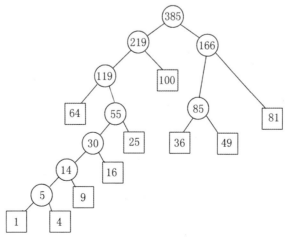

图 6-16

习题 6.3

1. 填空题

(1) 设无向树 T 有 3 个 3 度和 2 个 2 度的结点,其余结点都是树叶,则 T 有 _____ 片树叶.

(2) 设无向树 T 有 7 片树叶,其余结点的度数均为 3,则 T 有 _____ 个 3 度的结点.

(3) 对于具有 $k(k \geq 2)$ 个连通分支的森林,恰好加 _____ 条新边才能使所得图为无向树.

2. 证明:当且仅当连通图的每条边均为割边时,该连通图才是一棵树.

3. 设 $G = \langle V, E \rangle$ 为连通图,且 $e \in E$,证明:当且仅当 e 是 G 的割边时,e 才在 G 的每棵生成树中.

4. 一棵树有 2 个结点的度数为 2,1 个结点的度数为 3,3 个结点的度数为 4,问:它有几个度数为 1 的结点?

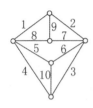

图 6 - 17

5. 对于图 6 - 17,利用克鲁斯科尔算法求它的一棵最小生成树.

6. 设图 G 为连通图,讨论满足下面条件之一的边应具有什么性质:

(1) 在 G 的任何生成树中;

(2) 不在 G 的任何生成树中.

7. 设 T 是连通图 G 的一棵生成树,证明:T 的补 $\bar{T} = G - T$ 中不含 G 的任何割集.

8. 设 T 是连通图 G 的一棵生成树,e 是 T 的一个树枝,证明:$\bar{T} \cup \{e\}$(即 $G - T$ 添加边 e)为 G 中含树枝 e 的唯一一个割集.

9. 设 T 是一棵非平凡树,$\Delta(T) \geq k$,证明:T 中至少有 k 片树叶.(平凡树就是平凡图,而非平凡树是指不是平凡树的树.)

10. 设 T_1 和 T_2 是连通图 G 的两棵不同的生成树,G 中有 n 个结点,m 条边.证明:G 中关于 T_1 的割集数目与 G 中关于 T_2 的割集数目相等.

11. 求出对应图 6 - 18 所给出的树的二叉树.

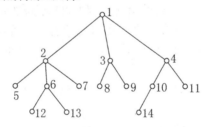

图 6 - 18

12. 设有一组权 $\{2, 3, 5, 7, 11, 13, 17, 19, 23, 29, 31, 37, 41\}$,求相应的最优二叉树.

13. 设 T 为任一棵完全二叉树,m 为边数,t 为树叶数.证明:$m = 2t - 2 (t \geq 2)$.

14. 设 T 为完全 r 叉树,证明:r 与分枝点数 i,树叶数 t 之间关系式 $(r-1)i = t - 1$ 成立.

15. 对于有 n 个结点的树,证明:其结点度数之和为 $2n - 2$.

16. 证明:一棵满二叉树必有奇数个结点.

17. 已知 $n(n \geq 2)$ 阶无向简单图 G 具有 $n-1$ 条边,讨论 G 是否一定为树.

总练习题 6

1. 证明:二部图 $K_{3,3}$ 不是平面图.

2. 如图 6 - 19 所示,把二部图 $K_{3,3}$ 画在平面上,并且使得相交的边数尽可能地少.

3. 写出平面图 6-20 中的各面及其边界.

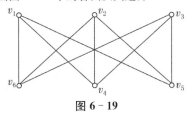 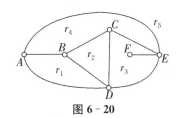

图 6-19　　　　　　　　　　　　　图 6-20

4. 设结点数 $n \geqslant 3$ 的连通简单平面图 G 中每个面的次数均为 3. 证明: 在 G 中任何不相邻的两个结点之间加一条边, 所得图 G' 为非平面图.

5. 利用图 6-21 中的 3 个二部图 $K_{1,5}$, $K_{1,4}$ 和 $K_{1,3}$ 构造 3 棵非同构的树.

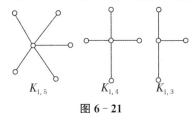 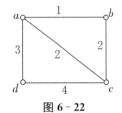

图 6-21　　　　　　　　　　　　　图 6-22

6. 求图 6-22 中带权图的最小生成树.

7. 求带权 $\{2,3,5,7,8\}$ 的最优二叉树.

8. 若一个有向图 G 仅有一个结点的入度为 0, 其余结点的入度均为 1, 那么 G 一定是有向树吗?

9. 5 个结点可以形成多少棵非同构的无向树?

10. 设无向图 G 是由 $k(k \geqslant 2)$ 棵树构成的森林. 已知 G 中有 n 个结点, m 条边, 证明: $m = n - k$.

11. 若无向图 G 有 n 个结点, $n-1$ 条边, 则 G 为树. 这个命题是否正确?

12. 证明: 非平凡的无向树中最长路径的两个端点都是树叶.

13. 设 G 是无向连通图, G 的中心是指能使

$$\max_{v \in V(G)} \{d\langle u, v \rangle\}$$

尽可能小的结点 u. 试求图 6-23 所示的各图的中心, 其中, $d\langle u, v \rangle$ 为结点 u 与 v 之间的距离.

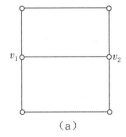 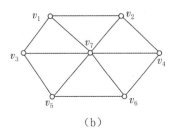

(a)　　　　　　　　　　　　　　　(b)

图 6-23

第四部分 代数系统

第 7 章　代数系统简介

代数系统又称**代数结构**,它由集合、关系、运算、公理、定义、定理和算法组成.代数的概念和方法是研究计算机科学和工程的重要数学工具,其在描述机器可计算的函数(机器证明)、研究算术计算的复杂性、刻画抽象的数据结构等方面都有广泛的应用.

7.1　代数结构概述

7.1.1　代数运算及其性质

定义 7.1　设 S 为非空集合,函数 $f:S\times S\to S$ 称为 S 上的一个**二元运算**.函数 $f:S\to S$ 称为 S 上的一个**一元运算**.

一般地,函数

$$f:\underbrace{S\times S\times\cdots\times S}_{n\uparrow}\to S$$

称为 S 上的一个 n **元运算**.

通常用"∘""*""•"等符号表示二元运算,称它们为**算符**.设 $f:S\times S\to S$ 为 S 上的一个二元运算,对于任意 $x,y\in S$,若 x 与 y 的运算结果为 z,则可记为 $f((x,y))=z$,若用算符∘表示,则有 $x\circ y=z$.

例 7-1　设 **R** 为实数集,如下定义 **R** 上的二元运算∘:

$$x\circ y=x\quad(\forall x,y\in\mathbf{R}).$$

试计算 $3\circ 5,(-7)\circ 0.3,0\circ\dfrac{1}{2}$.

解　$3\circ 5=3,(-7)\circ 0.3=-7,0\circ\dfrac{1}{2}=0$.

例 7-2　设 **N** 为自然数集,则通常的加法运算为 **N** 上的二元运算,而通常的减法运算不是 **N** 上的二元运算,这是因为两个自然数相减可能得负数.这时也称 **N** 对通常的减法运算不**封闭**.

注:验证一个运算是否为集合 S 上的二元运算,主要考虑以下两点:

(1) S 中任何两个元素都可以进行这种运算,且运算结果是唯一的;

(2) S 中任何两元素的运算结果都属于 S,即 S 对该运算是**封闭**的.

例 7-3　下面给出一元运算或二元运算的例子.

(1) 集合的并、交和对称差是幂集上的二元运算,集合的补是幂集上的一元运算;

(2) 合取、析取、蕴涵与等价是命题公式集合上的二元运算,否定是一元运算;

(3) 通常的加法、减法、乘法均为整数集 **Z** 上的二元运算,而除法不是整数集 **Z** 上的二元运算,这是因为整数集 $\mathbf{Z}$ 对除法运算不封闭.

注:有限集合 S 上的一元运算或二元运算可以用运算表来表示.

例 7 - 4 设 $A=\{a,b\}$,给出幂集 $\rho(A)$ 上的一元运算 $\sim$ 和二元运算 $\oplus$ 的运算表,其中,A 为全集,$\sim$ 为集合的补运算,$\oplus$ 为集合的对称差.

解 $\sim$ 的运算表如表 7 - 1 所示,$\oplus$ 的运算表如表 7 - 2 所示.

表 7 - 1

x	$\sim x$
$\varnothing$	$\{a,b\}$
$\{a\}$	$\{b\}$
$\{b\}$	$\{a\}$
$\{a,b\}$	$\varnothing$

表 7 - 2

$\oplus$	$\varnothing$	$\{a\}$	$\{b\}$	$\{a,b\}$
$\varnothing$	$\varnothing$	$\{a\}$	$\{b\}$	$\{a,b\}$
$\{a\}$	$\{a\}$	$\varnothing$	$\{a,b\}$	$\{b\}$
$\{b\}$	$\{b\}$	$\{a,b\}$	$\varnothing$	$\{a\}$
$\{a,b\}$	$\{a,b\}$	$\{b\}$	$\{a\}$	$\varnothing$

下面讨论二元运算的主要性质.

定义 7.2 设 $\circ$ 为 S 上的二元运算,若对全体 $x,y\in S$,都有

$$x\circ y=y\circ x$$

成立,则称运算 $\circ$ 在 S 上是**可交换**的,或称 $\circ$ 在 S 上满足**交换律**.

例如,(1) 实数集上的加法和乘法均是可交换的,但减法不是可交换的;

(2) $n(n\geqslant 2)$ 阶实矩阵集合 $M_n(\mathbf{R})$ 上的矩阵加法是可交换的,但矩阵乘法不是可交换的.

定义 7.3 设 $\circ$ 为 S 上的二元运算,如果对于全体 $x,y,z\in S$,都有

$$(x\circ y)\circ z=x\circ(y\circ z)$$

成立,则称运算 $\circ$ 在 S 上是**可结合**的,或称 $\circ$ 在 S 上满足**结合律**.

例如,(1) 在自然数集 $\mathbf{N}$、整数集 $\mathbf{Z}$ 和有理数集 $\mathbf{Q}$ 等上的加法和乘法均满足结合律;

(2) 集合的交、并和对称差运算在幂集上也满足结合律.

注:(1) 对于满足结合律的运算,在一个只有该运算的算符连接的表达式中,可以将表示运算顺序的括号去掉. 例如,对于全体 $x,y,z\in\mathbf{R}$,有

$$(x+y)+z=x+y+z.$$

(2) 如果在每次运算中的元素都是相同的,则可以表示成该元素的 n 次幂的形式. 例如

$$\underbrace{x\circ x\circ\cdots\circ x}_{n\,\uparrow}\xlongequal{\text{记为}}x^n.$$

关于 x 的上述幂运算,不难证明有以下公式成立:

$$x^n\circ x^m=x^{m+n},\quad(x^m)^n=x^{mn},$$

其中,m,n 是正整数.

定义 7.4 设 $\circ$ 为 S 上的二元运算,若对 $\forall x\in S$,都有

$$x\circ x=x\quad\text{或}\quad x^2=x,$$

则称运算 $\circ$ 在 S 上满足**幂等律**. 若 S 中的元素 x 满足 $x\circ x=x$,则称 x 为运算 $\circ$ 的**幂等元**. 显然,若 S 上的二元运算 $\circ$ 满足幂等律,则 S 中所有元素都是幂等元.

例如,(1) 对任意集合 A,有 $A\cup A=A$,$A\cap A=A$,所以集合的并、交运算都满足幂等律;

（2）实数集 **R** 上的加法和乘法不满足幂等律. 但因为 $0+0=0,1\times1=1$, 所以 0 与 1 分别是加法和乘法的幂等元.

定义 7.5　设 $*$ 和 $\circ$ 为 S 上的两个二元运算, 如果对任意 $x,y,z\in S$, 都有
$$x*(y\circ z)=(x*y)\circ(x*z) \quad 或 \quad (y\circ z)*x=(y*x)\circ(z*x),$$
则称运算 $*$ 对 $\circ$ 是**可分配的**, 或称 $*$ 对 $\circ$ 满足**分配律**.

例如,（1）实数集上的乘法对加法是可分配的；

（2）集合的交、并运算在幂集上是相互可分配的.

注: 可分配必须指明哪个运算对哪个运算是可分配的. 例如, 实数集上的乘法对加法是可分配的, 而加法对乘法不是可分配的.

定义 7.6　设 $\circ$ 与 $*$ 是集合 A 上的二元运算, 如果对任意 $x,y\in A$, 有
$$x*(x\circ y)=x, \quad x\circ(x*y)=x,$$
则称运算 $\circ$ 和 $*$ 满足**吸收律**.

例如, 幂集 $\rho(S)$ 上的交、并运算满足吸收律, 因为对任意的 $A,B\in\rho(S)$, 有
$$A\bigcup(A\bigcap B)=A, \quad A\bigcap(A\bigcup B)=A.$$

下面, 讨论有关二元运算的一些特殊元素.

定义 7.7　设 $\circ$ 为 S 上的二元运算, 若存在 e_l（或 e_r）$\in S$, 使对任意 $x\in S$, 有
$$e_l\circ x=x \quad （或 \quad x\circ e_r=x）,$$
则称 e_l（或 e_r）是 S 中关于运算 $\circ$ 的一个**左单位元**（或**右单位元**）. 若 $e\in S$ 关于运算 $\circ$ 既是左单位元又是右单位元, 则称 e 为 S 中关于运算 $\circ$ 的**单位元**, 亦称为**幺元**.

例如,（1）实数集 **R** 上, 0 是加法的单位元, 1 是乘法的单位元；

（2）幂集 $\rho(S)$ 上, $\varnothing$ 为并运算的单位元, S 为交运算的单位元, $\varnothing$ 是对称差运算的单位元.

需要指出的是, 对给定集合以及该集合上的二元运算, 有的运算存在单位元, 有的运算不存在单位元. 如非零实数集 $\mathbf{R}^*=\mathbf{R}-\{0\}$ 上定义的二元运算: $a\circ b=a(\forall a,b\in\mathbf{R}^*)$, 则对 $\forall b\in\mathbf{R}^*$, 有 $a\circ b=a(\forall a\in\mathbf{R}^*)$, 所以 $\mathbf{R}^*$ 中的每一个元素都是运算 $\circ$ 的右单位元, 因此 $\mathbf{R}^*$ 中有无穷多个右单位元. 但是, 任何一个右单位元都不是左单位元, 故 $\mathbf{R}^*$ 中关于运算 $\circ$ 没有单位元.

定理 7.1　设 $\circ$ 为 S 上的二元运算, e_l 与 e_r 分别为运算 $\circ$ 的左、右单位元, 则有 $e_l=e_r=e$, 且 e 为 S 中关于运算 $\circ$ 的唯一的单位元.

证明　由题设得 $e_l=e_l\circ e_r=e_r$, 记 $e_l=e_r=e$, 则 e 为 S 中的单位元. 假设 e' 为 S 中另外一个单位元, 则 $e'=e\circ e'=e$, 所以 e 为 S 中关于运算 $\circ$ 的唯一的单位元.

定义 7.8　设 $\circ$ 为 S 上的二元运算, 若存在一个元素 $0\in S$, 使对 $\forall x\in S$, 都有
$$0\circ x=x\circ 0=0,$$
则称 0 为关于运算 $\circ$ 的**零元**.

例如,（1）自然数集上, 0 是乘法的零元, 而加法没有零元；

（2）正整数集 $\mathbf{Z}^+$ 上的"取极小"运算 min 定义为: $\min\{a,b\}$ 为 a,b 中最小者, 如 $\min\{5,6\}$ $=5,\min\{3,3\}=3$. 易见, $\mathbf{Z}^+$ 中关于运算 min 的零元为 1.

注: 零元的符号"0"不一定具有自然数 0 的含义, 它仅仅是零元的符号表示罢了. 对零元亦有左、右元之分, 且易证 $0_l=0_r=0$. 若零元存在, 则也是唯一的.

定义 7.9　设 $\circ$ 为 S 上的二元运算, $e\in S$ 为运算 $\circ$ 的单位元. 对 $x\in S$, 若存在 $y_l\in S$（或 $y_r\in S$）, 使得

$$y_l \circ x = e \quad (\text{或 } x \circ y_r = e),$$

则称 y_l(或 y_r)是 x 关于运算。的**左逆元**(或**右逆元**). 若 $y \in S$ 关于运算。既是 x 的左逆元又是右逆元,则称 y 是 x 关于运算。的**逆元**. x 的逆元 y 通常记为 x^{-1},若 x 关于运算。的逆元 x^{-1} 存在,则称 x 关于运算。是**可逆**的.

例如,(1) 自然数集 **N** 中,只有 $0 \in \mathbf{N}$ 关于加法运算有逆元 0,而其他元素都没有关于加法的逆元;

(2) 整数集合 **Z** 中,加法的单位元是 0,任何整数 x 关于加法的逆元是 $-x$;

(3) 幂集 $\rho(A)$ 中关于并运算,$\varnothing$ 为单位元,只有 $\varnothing$ 有逆元,即 $\varnothing^{-1} = \varnothing$,而其他元素都没有逆元.

定理 7.2　设。为 S 上的二元运算,若。满足结合律,则 S 中任意元素关于运算。的左、右逆元相等且是唯一的.

证明　设 $x \in S$ 的左、右逆元分别为 y_l 和 y_r,则由 $y_l \circ x = e$ 和 $x \circ y_r = e$,这里 e 为。的单位元,得

$$y_l = y_l \circ e = y_l \circ (x \circ y_r) = (y_l \circ x) \circ y_r = e \circ y_r = y_r.$$

令 $y_r = y_l = y$,则 $y = x^{-1}$. 设存在 $y' \in S$ 且 $y' = x^{-1}$,则

$$y' = y' \circ e = y' \circ (x \circ y) = (y' \circ x) \circ y = e \circ y = y.$$

例 7-5　对于下面给定的集合和该集合上的二元运算,指出所给运算的性质,并求出所给集合关于所给运算的单位元、零元和所有可逆元素的逆元.

(1) $\mathbf{Z}^+$,$x * y = \mathrm{lcm}(x, y)(\forall x, y \in \mathbf{Z}^+)$,即求 x 和 y 的最小公倍数;

(2) $\mathbf{Q}$,$x * y = x + y - xy(\forall x, y \in \mathbf{Q})$.

解　(1) 运算 $*$ 是可交换、可结合、幂等的.

因对 $\forall x \in \mathbf{Z}^+$,有 $x * 1 = x$,$1 * x = x$,故 1 为单位元. 不存在零元. 只有元素 1 有逆元,是它自己本身,其他正整数无逆元.

(2) 运算 $*$ 满足交换律,因为对 $\forall x, y \in \mathbf{Q}$,有

$$x * y = x + y - xy = y + x - yx = y * x.$$

运算 $*$ 满足结合律,因为对 $\forall x, y, z \in \mathbf{Q}$,有

$$(x * y) * z = (x + y - xy) * z = (x + y - xy) + z - (x + y - xy)z$$
$$= x + y + z - xy - xz - yz + xyz,$$
$$x * (y * z) = x * (y + z - yz) = x + (y + z - yz) - x(y + z - yz)$$
$$= x + y + z - xy - xz - yz + xyz,$$

即 $(x * y) * z = x * (y * z)$.

运算 $*$ 不满足幂等律,因为 $2 \in \mathbf{Q}$,但 $2 * 2 = 2 + 2 - 2 \times 2 = 0 \neq 2$.

$\mathbf{Q}$ 中关于运算 $*$ 的单位元为 0,因为对 $\forall x \in \mathbf{Q}$,有 $x * 0 = 0 * x = x$.

$\mathbf{Q}$ 中关于运算 $*$ 的零元为 1,因为对 $\forall x \in \mathbf{Q}$,有 $x * 1 = 1 * x = 1$.

对 $\forall x \in \mathbf{Q}$,欲使 $x * y = 0$ 和 $y * x = 0$ 同时成立,即要使 $x + y - xy = 0$ 成立,解得 $y = \dfrac{x}{x-1}(x \neq 1)$,从而有 $x^{-1} = \dfrac{x}{x-1}(x \neq 1)$.

例 7-6　设 $A = \{a, b, c\}$,A 上的二元运算 $*$,。和 · 的运算表如表 7-3 所示.

(1) 说明运算 $*$,。和 · 是否满足交换律、结合律和幂等律;

（2）求出 A 中关于运算 $*$ ，$\circ$ 和 $\cdot$ 的单位元、零元和所有可逆元素的逆元.

表 7 - 3

$*$	a b c	$\circ$	a b c	$\cdot$	a b c
a	a b c	a	a b c	a	a b c
b	b c a	b	b b b	b	a b c
c	c a b	c	c b c	c	a b c

解　运算 $*$ 满足交换律、结合律，不满足幂等律. 单位元为 a，无零元，且 $a^{-1}=a,b^{-1}=c$，$c^{-1}=b$.

运算 $\circ$ 满足交换律、结合律和幂等律. 单位元是 a，零元是 b，只有 a 有逆元 $a^{-1}=a$.

运算 $\cdot$ 不满足交换律，满足结合律和幂等律，无单位元、无零元、无可逆元素.

7.1.2　代数系统

定义 7.10　设 S 是一个非空集合，$f_1,f_2,\cdots,f_m$ 是定义在 S 上的 m 个一元运算或二元运算，由 S 和 $f_1,f_2,\cdots,f_m$ 组成的系统称为**代数系统**或**代数结构**，记为 $(S,f_1,f_2,\cdots,f_m)$，S 称为该代数系统的**定义域**. 若 S 为有限集，则称该代数系统为**有限代数系统**；否则，称为**无限代数系统**.

例如，（1）$(\mathbf{N},+),(\mathbf{Z},+,\times),(\mathbf{R},+,\times)$ 都是代数系统，其中，$+$ 与 $\times$ 是通常的加法和乘法；

（2）$(\mathbf{N},-)$ 不是代数系统，其中，$-$ 为通常的减法，因为 $-$ 不是 $\mathbf{N}$ 上的二元运算；（请读者思考为什么.）

（3）$(\mathbf{Z}_n,+_n,\times_n)$ 是代数系统，其中，$\mathbf{Z}_n=\{0,1,\cdots,n-1\}$，$+_n$ 和 $\times_n$ 分别为模 n 的加法和乘法，即对于 $\forall x,y\in\mathbf{Z}_n$，有

$$x+_ny=(x+y)\bmod n,\quad x\times_ny=(xy)\bmod n.$$

定义 7.11　若两个代数系统有相同个数的算符，每个相对应的算符有相同的元数，则称它们是**同类型**的代数系统.

例如，$(\mathbf{Z},\times)$ 与 $(\mathbf{N},+)$ 是同类型的代数系统.

定义 7.12　设代数系统 $(S,\circ)$，若存在 S 的一个非空子集 S'，使得 S' 对运算 $\circ$ 是封闭的，则称 $(S',\circ)$ 为 $(S,\circ)$ 的**子代数**或**子系统**.

上述定义可推广到具有多个运算的代数系统的情况.

例如，（1）设 E 是所有偶数所组成的集合，则 $(E,+)$ 为 $(\mathbf{Z},+)$ 的子代数；

（2）$(\mathbf{Q},+)$ 为 $(\mathbf{R},+)$ 的子代数.

注：（1）从子代数的定义易见，子代数与原代数系统是同类型的代数系统，且对应的二元运算具有相同的运算性质.

（2）对于任何代数系统 $V=(S,f_1,f_2,\cdots,f_m)$，其子代数一定存在，最大的子代数就是 V 本身. 若令 B 是由 S 的单位元（或零元）构成的集合，且 B 对 V 中的所有运算都是封闭的，则 $(B,f_1,f_2,\cdots,f_m)$ 构成 V 的最小子代数. 最大子代数 V 和最小子代数 $(B,f_1,f_2,\cdots,f_m)$ 都称为 V 的**平凡子代数**. 若 B 为 S 的真子集，则称 B 所构成的子代数为 V 的**真子代数**.

习题 7.1

1. 数的加、减、乘、除运算是否为下列集合上的二元运算：

(1) 实数集；

(2) $A=\{2n+1\,|\,n\in \mathbf{Z}\}$；

(3) $B=\{2^n\,|\,n\in \mathbf{Z}\}$.

2. 判断下列集合对所给的二元运算是否封闭：

(1) $A=\{-1,1\}$，运算为通常的加法与乘法；

(2) $n\mathbf{Z}=\{nz\,|\,z\in \mathbf{Z}\}(n\in \mathbf{Z}^+)$，运算为通常的加法与乘法；

(3) 正实数集 $\mathbf{R}^+$ 和运算 $\circ$，其中，运算 $\circ$ 定义为

$$a\circ b=ab-a-b \quad (\forall a,b\in \mathbf{R}^+).$$

3. 设 $*$ 为 $\mathbf{Z}^+$ 上的二元运算，对 $\forall x,y\in \mathbf{Z}^+$，有 $x*y=\min\{x,y\}$.

(1) 求 $5*9,8*2$；

(2) $*$ 在 $\mathbf{Z}^+$ 上是否满足交换律、结合律和幂等律？

(3) 求 $\mathbf{Z}^+$ 中关于运算 $*$ 的单位元、零元及所有可逆元素的逆元.

4. 设 $A=\{x\,|\,x<100,$ 且 x 为素数$\}$，在 A 上定义运算 $*$ 和 $\circ$ 如下：对 $\forall x,y\in A$，有

$$x*y=\max\{x,y\}, \quad x\circ y=\mathrm{lcm}(x,y).$$

试问：$(A,*)$ 和 $(A,\circ)$ 是否为代数系统？

5. 设 $S=\{a,b\}$，S 上 3 个二元运算 $*,\circ$ 和 $\cdot$ 的运算表由表 7-4 确定.

表 7-4

$*$	a　b	$\circ$	a　b	$\cdot$	a　b
a	a　b	a	a　b	a	b　b
b	b　a	b	a　b	b	a　a

(1) 这 3 个运算中哪些运算在 S 上满足交换律、结合律和幂等律？

(2) 求 S 中关于每个运算的单位元、零元及所有可逆元素的逆元.

6. 设 $S=\mathbf{R}\times\mathbf{R}$，$\mathbf{R}$ 是实数集，$*$ 为 S 上的二元运算，对 $\forall (a,b),(x,y)\in S$，有

$$(a,b)*(x,y)=(ax,ay+b).$$

(1) 运算 $*$ 在 S 上是否为可交换、可结合、幂等的？

(2) 运算 $*$ 是否有单位元、零元？若有，请求出，并求出 S 中所有可逆元素的逆元.

7. 下列代数系统 $(A,*)$ 中，存在单位元的是_____.

(1) $A=\mathbf{R},a*b=a(\forall a,b\in A)$；

(2) $A=\mathbf{N},a*b=a^b(\forall a,b\in A)$；

(3) $A=\mathbf{N},a*b=\gcd(a,b)(\forall a,b\in A)$，即求 a 与 b 的最大公约数.

8. 设集合 A 和二元运算 $*$ 如下，可交换的代数系统 $(A,*)$ 为_____.

(1) 设 $A=\{1,-1,2,3,4,-5\},a*b=|b|(\forall a,b\in A)$；

(2) 设 $A=M_n(\mathbf{R})$（实数集上所有 n 阶矩阵的集合），运算 $*$ 是矩阵的乘法；

(3) 设 $A=\mathbf{Z},a*b=|a-b|(\forall a,b\in A)$.

9. 设 e 为集合 S 中关于二元运算 $*$ 的单位元，则 e 既是_____，又是_____.

10. 设 $B=\{x\,|\,x\in \mathbf{N},$ 且 x 是 20 的因子$\}$，$\mathbf{N}$ 为自然数集. 问：$(B,+)$ 是否为 $V=(\mathbf{N},+)$ 的子代数（$+$ 为通常的加法）？为什么？

11. 设 $V=(\mathbf{Z},+)$，令 $n\mathbf{Z}=\{nz \mid z\in\mathbf{Z}\}$（$n$ 为自然数）. 试证明：$(n\mathbf{Z},+)$ 为 V 的子代数（$+$ 为通常的加法）.

12. 设 $V=(\{1,2,3\},\circ)$，其中，$x\circ y$ 表示取 x 和 y 之中较大的数，试求出 V 的所有子代数.

13. 试指出 12 题中哪些是平凡子代数？哪些是真子代数？

7.2　同态与同余关系、商代数

7.2.1　同态

定义 7.13　设有两个同类型的代数系统 $(X,\circ)$ 与 $(Y,*)$，$\circ$ 与 $*$ 均为二元运算，若存在一个映射 $f:X\to Y$，使得对 $\forall x_1,x_2\in X$，有

$$f(x_1\circ x_2)=f(x_1)*f(x_2),$$

则称 f 为从 $(X,\circ)$ 到 $(Y,*)$ 的一个**同态映射**，或称 $(X,\circ)$ 与 $(Y,*)$ **同态**，记为

$$(X,\circ)\simeq(Y,*).$$

注：（1）映射 f 可以允许是多对一或一对一的，映射 f 的像可以允许有 $f(X)\subseteq Y$ 及 $f(X)=Y$. 若 $f(X)=Y$，则称 f 是一个从 X 到 Y 的**满射**.

（2）验证 f 为一同态映射，关键是验证 f 保持运算.

（3）若将定义 7.13 中条件"映射 f"改为"一一映射 f"，其余不变，则称 f 是从 $(X,\circ)$ 到 $(Y,*)$ 的一个**同构映射**，或称 $(X,\circ)$ 与 $(Y,*)$ **同构**，记作 $(X,\circ)\cong(Y,*)$. 易验证，代数系统间的同构映射是一个等价关系，且保持运算的 6 个性质.

定义 7.14　设有两个同类型的代数系统 $(X,\circ)$ 与 $(Y,*)$，$\circ$ 与 $*$ 均为二元运算，若存在从 X 到 Y 的满射 $g:X\to Y$，使得对 $\forall x_1,x_2\in X$，有

$$g(x_1\circ x_2)=g(x_1)*g(x_2),$$

则称 g 是从 $(X,\circ)$ 到 $(Y,*)$ 的一个**满同态**，或称 $(X,\circ)$ 与 $(Y,*)$ **满同态**.

例 7-7　证明：代数系统 $(\mathbf{R}^+,\times)$ 与 $(\mathbf{R},+)$ 是同构的，其中，$\mathbf{R}$ 为实数集，$\mathbf{R}^+$ 为正实数集，$\times$ 与 $+$ 为通常的乘法与加法.

证明　令 $f:\mathbf{R}^+\to\mathbf{R},f(x)=\ln x$，显然 f 为一映射.

因为对 $\forall x_1,x_2\in\mathbf{R}^+$，有

$$f(x_1\times x_2)=\ln(x_1 x_2)=\ln x_1+\ln x_2=f(x_1)+f(x_2),$$

所以

$$(\mathbf{R}^+,\times)\simeq(\mathbf{R},+),$$

且进一步可证 f 为一一映射，故 $(\mathbf{R}^+,\times)\cong(\mathbf{R},+)$.

例 7-8　证明：$(\mathbf{Z},+)$ 和 $(\mathbf{Z}_n,+_n)$ 是同态的，其中，$+$ 是通常的加法，$+_n$ 是模 n 的加法，即对 $\forall x,y\in\mathbf{Z}_n$，有

$$x+_n y=(x+y)\bmod n,$$

其中 $\mathbf{Z}_n=\{0,1,2,\cdots,n-1\}$.

证明　令 $f:\mathbf{Z}\to\mathbf{Z}_n,f(x)=(x)\bmod n$. 因为对 $\forall x,y\in\mathbf{Z}$，有

$$f(x+y)=(x+y)\bmod n=(x)\bmod n+_n(y)\bmod n=f(x)+_n f(y),$$

所以 f 是 $(\mathbf{Z}, +)$ 到 $(\mathbf{Z}_n, +_n)$ 的一个同态映射,即

$$(\mathbf{Z}, +) \simeq (\mathbf{Z}_n, +_n).$$

注:一个代数系统与自身的同态映射称为**自同态**.对满同态而言,代数的一些性质,如结合律、交换律、分配律及存在单位元、零元和逆元等都能保持,但满同态对保持性质是单向的,而同构对保持性质是双向的.

7.2.2　同余关系

定义 7.15　设有代数系统 $(X, \circ)$ 上的等价关系 R,对 $\forall x_1, x_2 \in X$,若 $(x_1, x_1') \in R$,$(x_2, x_2') \in R$,则有 $(x_1 \circ x_2, x_1' \circ x_2') \in R$,此时称关系 R 是 $(X, \circ)$ 上的**同余关系**.

注:从同余关系的定义可见,同余关系是一种特殊的等价关系.若 R 是 $(X, \circ)$ 上的同余关系,则 $(X, \circ)$ 的运算 $\circ$ 按等价类保持,即若有等价类 $[x_1]_R$ 与 $[x_2]_R$,则对 $\forall x_1' \in [x_1]_R$,$\forall x_2' \in [x_2]_R$,有 $[x_1 \circ x_2]_R = [x_1' \circ x_2']_R$.

例如,$(\mathbf{Z}, +)$ 上的模 3 的同余关系

$$R = \{(x, y) \mid x, y \in \mathbf{Z}, x - y \text{ 被 3 整除}\}$$

是一个等价关系,它将 $\mathbf{Z}$ 分成 3 类:

$$[0]_R = \{\cdots, -6, -3, 0, 3, 6, \cdots\},$$
$$[1]_R = \{\cdots, -5, -2, 1, 4, 7, \cdots\},$$
$$[2]_R = \{\cdots, -4, -1, 2, 5, 8, \cdots\}.$$

易见,$(0, 3) \in R$,$(7, 1) \in R$,且 $(0+7, 3+1) = (7, 4) \in R$.一般可验证,对 $\forall x_1' \in [x_1]_R$,$\forall x_2' \in [x_2]_R$,有

$$[x_1 + x_2]_R = [x_1' + x_2']_R,$$

其中,$x_1', x_2' \in \mathbf{Z}$,$x_1, x_2$ 为 $\{0, 1, 2\}$ 中任意两数.所以模 3 的同余关系 R 为 $(\mathbf{Z}, +)$ 上的同余关系.

注:本节的同余关系可视为模 n 的同余关系的推广,它更具有一般性,并强调代数系统上的运算保持等价关系不变.

7.2.3　商代数

定义 7.16　设有代数系统 $(X, \circ)$ 及其上的同余关系 R,按 R 对 X 进行分类,得一个商集

$$X/R = \{[x]_R \mid x \in X\}.$$

定义运算 $*$ 如下:对 $\forall [x_1]_R, [x_2]_R \in X/R$,有

$$[x_1]_R * [x_2]_R = [x_1 \circ x_2]_R,$$

其中,$x_1, x_2 \in X$.由同余关系的定义知,$*$ 为 X/R 上的二元运算,从而 $(X/R, *)$ 为一代数系统,称它为 $(X, \circ)$ 的**商代数**.

定理 7.3　一代数系统 $(X, \circ)$ 与其上的商代数 $(X/R, *)$ 是同态的.

证明　令 $f: X \to X/R$,$f(x) = [x]_R$.因为对 $\forall x_1, x_2 \in X$,有

$$f(x_1 \circ x_2) = [x_1 \circ x_2]_R = [x_1]_R * [x_2]_R = f(x_1) * f(x_2),$$

所以

$$(X, \circ) \simeq (X/R, *).$$

注:(1) 定理 7.3 的证明过程中定义的同态映射 f 称为对于同余关系 R 的**自然同态**.可

见,任何一代数系统总可以找到一个与其同态的代数系统,如它的商代数,而且该同态映射 f 还是一个满同态.

(2) 定理 7.3 还表明,给出一个代数系统 $(X,\circ)$ 及其上的一个同余关系 R,均可找到一个自然同态. 反之,若两个代数系统 $(X,\circ)$ 与 $(Y,*)$ 是同态的,则利用其同态映射 f 可在 $(X,\circ)$ 上建立一个关系 R_f:对 $\forall x_1,x_2 \in X$,若 $f(x_1)=f(x_2)$,则 $(x_1,x_2) \in R_f$. 下面证明 R_f 为 $(X,\circ)$ 上的同余关系.

定理 7.4　设 f 是从 $(X,\circ)$ 到 $(Y,*)$ 的同态映射,则 X 上的关系 R_f 是一个同余关系.

证明　(1) 显然,R_f 是一个等价关系.

(2) 对 $\forall x_1,x_2 \in X$,若 $(x_1,x_1') \in R_f$,$(x_2,x_2') \in R_f$,则
$$f(x_1)=f(x_1'), \quad f(x_2)=f(x_2').$$
又因为
$$(X,\circ) \simeq (Y,*),$$
所以
$$f(x_1 \circ x_2)=f(x_1)*f(x_2)=f(x_1')*f(x_2')=f(x_1' \circ x_2'),$$
故
$$(x_1 \circ x_2, x_1' \circ x_2') \in R_f.$$
按定义知,R_f 为 X 上的同余关系.

进一步利用自然同态及同余关系可得到如下定理.

定理 7.5　设 g 是 $(X,\circ)$ 到 $(Y,\cdot)$ 的满同态,则必有 $(X,\circ)$ 上的商代数 $(X/R_g,*)$ 与 $(Y,\cdot)$ 同构.

证明　令 $h:X/R_g \to Y, h([x]_{R_g})=g(x)$.

由 g 的定义知
$$g(x_1 \circ x_2)=g(x_1) \cdot g(x_2) \quad (\forall x_1,x_2 \in X).$$
又设 $f:X \to X/R_g$ 为同余关系 R_g 的自然同态,则对 $\forall x_1,x_2 \in X$,有
$$f(x_1 \circ x_2)=[x_1 \circ x_2]_{R_g}.$$
于是有:

(1) 对映射 $h:X/R_g \to Y$,有
$$h([x_1]_{R_g} * [x_2]_{R_g})=h([x_1 \circ x_2]_{R_g})=g(x_1 \circ x_2)$$
$$=g(x_1) \cdot g(x_2)=h([x_1]_{R_g}) \cdot h([x_2]_{R_g}),$$
所以 h 保持运算.

(2) $h:X/R_g \to Y$ 是一一映射.

事实上,若 $[x_1]_{R_g} \neq [x_2]_{R_g}$,则
$$h([x_1]_{R_g})=g(x_1) \neq h([x_2]_{R_g})=g(x_2).$$
又由 g 的定义知,对 $\forall y \in Y$,必有一个 $x \in X$,使 $g(x)=y$;由 X/R_g 的定义,存在一个等价类 $[x]_{R_g}$,使得 $x \in [x]_{R_g}$,即 $f(x)=[x]_{R_g}$. 可见,对 $\forall y \in Y$,必有一个 $[x]_{R_g} \in X/R_g$,使得
$$h([x]_{R_g})=g(x)=y.$$

由(1),(2)知定理得证.

注:上述定理说明,对一个代数系统 $(X,\circ)$ 而言,任一个与它满同态的代数系统 $(Y,\cdot)$ 均可找到 $(X,\circ)$ 的一个商代数 $(X/R_g,*)$ 与它同构,即从抽象的角度讲,一个代数系统仅与其商

代数满同态.

1. 设代数系统 $(X,\circ)$ 与 $(Y,*)$, f 是 $X\to Y$ 的映射, 若 $(X,\circ)$ 与 $(Y,*)$ 同态, 则对 $\forall x,y\in X$, 有 ☐.

A. $f(x\circ y)=f(x)*f(y)$ B. $f(x*y)=f(x)\circ f(y)$

C. $f(x*y)=f(x)*f(y)$ D. $f(x\circ y)=f(x)\circ f(y)$

2. 设 f 是从集合 G 到集合 S 的映射, 若 G 与 S 是同构的, 则 f 必须是从 G 到 S 的同态 ☐.

A. 映射   B. 单射   C. 满射   D. 双射

3. 证明: $f:\mathbf{R}\to A$, $f(x)=\begin{pmatrix} x & 0 & 0 \\ 0 & x & 0 \\ 0 & 0 & x \end{pmatrix}$ 是从代数系统 $(\mathbf{R},\times)$ 到 $(A,\times)$ 的一个同构映射, 其中, $A=\left\{ \begin{pmatrix} x & 0 & 0 \\ 0 & x & 0 \\ 0 & 0 & x \end{pmatrix} \middle| x\in\mathbf{R} \right\}$, $\times$ 为通常的乘法.

4. 证明: 一个代数系统 $(X,\circ)$ 上的任意两个同余关系的交仍为同余关系.

5. 考察代数系统 $(\mathbf{Z},+)$ ($+$ 为通常的加法), 以下定义在 $\mathbf{Z}$ 上的二元关系 R 是同余关系吗?

(1) $(x,y)\in R\Leftrightarrow |x-y|<10$;

(2) $(x,y)\in R\Leftrightarrow x\geqslant y$.

6. 试验证: $(\mathbf{Z},+)$ 上的模 9 的同余关系 $R=\{(x,y)\,|\,x,y\in\mathbf{Z}$ 且 $x-y$ 被 9 整除$\}$ 为一同余关系, 并求商代数 $(\mathbf{Z}/R,*)$.

7. 证明: $(\mathbf{R},+)$ 与 $(\mathbf{R},\times)$ 同态, 其中, $\mathbf{R}$ 为实数集, $+$ 与 $\times$ 为通常的加法和乘法.

7.3 半 群

从本节开始我们将介绍一些特定的代数系统, 如半群、群、环、域等, 它们都是具有某些公共性质的代数系统.

定义 7.17 设有一个代数系统 $(G,\circ)$, $\circ$ 为 G 上的二元运算, 如果 $\circ$ 是可结合的, 则称 $(G,\circ)$ 为半群. 所谓**半群**, 就是其运算满足结合律的代数系统. 若半群 $(G,\circ)$ 的运算 $\circ$ 又满足交换律, 则称该半群为**可换半群**.

例如, (1) 容易验证, 代数系统 $(\mathbf{Z}^+,+)$, $(\mathbf{Z},+)$, $(\mathbf{N},+)$, $(\mathbf{Z}^+,\times)$, $(\mathbf{N},\times)$, $(\mathbf{Q},\times)$ 等都是半群, 其中, $+$, $\times$ 是数的加法和乘法, $\mathbf{Z}^+$ 是正整数集合.

(2) $(M_n(\mathbf{R}),+)$ 是半群, 其中, $M_n(\mathbf{R})$ 是全体 n 阶实矩阵集合, $+$ 为矩阵的加法.

(3) 设集合 $\mathbf{Z}_n=\{0,1,2,\cdots,n-1\}$, 定义二元运算 $+_n$ 为模 n 的加法, 即对 $\forall a,b\in\mathbf{Z}_n$, 有 $a+_n b=(a+b)\bmod n$. 若 $a+b<n$, 则 $a+_n b=a+b$; 若 $a+b\geqslant n$, 则 $a+_n b$ 为 $a+b$ 除以 n 的余数, 那么, $(\mathbf{Z}_n,+_n)$ 为半群. 事实上, 易验证 $+_n$ 在 $\mathbf{Z}_n$ 上是封闭的; 又 $\forall a,b,c\in\mathbf{Z}_n$, 有

$$(a+_n b)+_n c=(a+b)\bmod n+_n c=(a+b+c)\bmod n=a+_n(b+_n c).$$

(4) 在 $\mathbf{R}^+$ 上定义两个二元运算 $*$ 和 $\circ$ 如下:

$$a*b=a^b, \quad a\circ b=2^{a+b} \quad (\forall a,b\in\mathbf{R}^+),$$

于是二元运算 * 和。均不满足结合律. 事实上, 对 $2, 3, 4 \in \mathbf{R}^+$, 有

$$(2 * 3) * 4 = 2^3 * 4 = (2^3)^4 = 2^{12},$$

$$2 * (3 * 4) = 2 * 3^4 = 2 * 81 = 2^{81},$$

$$(2 \circ 3) \circ 4 = 2^{2+3} \circ 4 = 32 \circ 4 = 2^{32+4} = 2^{36},$$

$$2 \circ (3 \circ 4) = 2 \circ 2^{3+4} = 2 \circ 128 = 2^{128+2} = 2^{130},$$

所以 $(\mathbf{R}^+, *)$ 与 $(\mathbf{R}^+, \circ)$ 均不是半群.

定理 7.6　对于一个半群 $(G, \circ)$, 如果它有一个子代数 $(M, \circ)$, 则子代数也是一个半群.

证明　由于 $(G, \circ)$ 中运算。满足结合律, 故 M 中运算。也满足结合律, 定理得证.

定义 7.18　若一个半群 $(G, \circ)$ 的子代数 $(M, \circ)$ 也是半群, 则称其为半群 $(G, \circ)$ 的**子半群**.

一个半群 $(G, \circ)$, 对它的任一个元素 a, 可以如下定义它的幂:

$$a^1 = a, \quad a^2 = a \circ a, \quad \cdots, \quad a^{j+1} = a^j \circ a.$$

由结合律可得

$$a^n \circ a^m = a^m \circ a^n = a^{m+n}, \quad (a^n)^m = a^{mn},$$

其中, m, n 为正整数. 如果 $a^2 = a$, 则 a 为幂等元.

定义 7.19　对于一个半群 $(G, \circ)$, 若它的每个元素均为 G 内某一固定元素 a 的某一方幂, 则称此半群为由 a 所生成的**循环半群**, 而 a 称为此半群的**生成元素**.

例如, 代数系统 $(\mathbf{Z}^+, +)$ 中, $\mathbf{Z}^+$ 为正整数集, 此代数系统是一个循环半群, 其生成元素为 1, 因为它的任何元素均可由 1 生成, 如

$$2 = 1 + 1, \quad 3 = 2 + 1, \quad \cdots, \quad n = (n-1) + 1, \quad \cdots.$$

定理 7.7　一个循环半群一定是可换半群.

证明　设有循环半群 $(G, \circ)$, 其生成元素为 a, 则对 $\forall b, c \in G$, 存在 $m, n \in \mathbf{Z}^+$, 使 $b = a^m, c = a^n$, 于是

$$b \circ c = a^m \circ a^n = a^{m+n} = a^n \circ a^m = c \circ b.$$

定理 7.8　一个半群内的任一元素 a 和它所有的幂组成一个由 a 生成的循环子半群.

证明　设 $(G, \circ)$ 是一个半群, 它的任一元素 a 以及它的幂所组成的集合是

$$M = \{a, a^2, a^3, \cdots\}.$$

(1) $(M, \circ)$ 为一代数系统, 因为 M 关于运算。是封闭的.

(2) 因 $M \subseteq G$, 故 $(M, \circ)$ 是 $(G, \circ)$ 的一个子代数, 从而为它的一个子半群.

(3) $(M, \circ)$ 的任一元素均可由 a 生成, 所以 $(M, \circ)$ 是一个由 a 生成的循环子半群.

定义 7.20　设有一个代数系统 $(G, \circ)$, 。为二元运算, 它满足结合律, 并且存在单位元, 则称此代数系统为**单元半群**.

例如, $(\mathbf{Z}, \times)$ 为一单元半群, $\times$ 为通常的乘法, 其单位元为 1.

习题 7.3

1. 试验证: 代数系统 $(\mathbf{Z}, \max)$ 为一半群, 其中 $\max$ 为二元运算, $\max\{a, b\}$ 为取 a, b 中最大者.

2. 设 $A = \{a, b, c, d, \cdots, x, y, z\}$ (26 个英文字母), A 中的元素称为字符, 由 A 中有限个字符组成的序列称为 A 中的字符串, 不包含任何字符的字符串叫空串, 记为 $\varnothing$. 令 $A^* = \{x \mid x$ 是 A 中的字符串$\}$, $A^+ = A^* - \varnothing$. 。为两个字符串的并置运算, 即

$$abc \circ efg = abcefg.$$

试验证：$(A^*, \circ)$ 与 $(A^+, \circ)$ 均为半群，并讨论 $(A^*, \circ)$ 与 $(A^+, \circ)$ 是否为单元半群.

3. 验证：$(\mathbf{Z}_m, +_m)$ 与 $(\mathbf{Z}_m, \times_m)$ 为单元半群，其中，

$$\mathbf{Z}_m = \mathbf{Z}/R, \quad R = \{(x, y) \mid (x \equiv y) \bmod m, x, y \in \mathbf{Z}\},$$

且对 $\forall [i], [j] \in \mathbf{Z}_m$，有

$$[i] +_m [j] = [(i+j) \bmod m],$$
$$[i] \times_m [j] = [(i \times j) \bmod m].$$

4. 证明：一个由某可换半群的所有幂等元构成的集合为一个子半群.

5. 验证：$(\mathbf{R}^*, \circ)$ 为一个半群，其中，$\mathbf{R}^*$ 为非零实数集合，运算 $\circ$ 定义为

$$x \circ y = y \quad (\forall x, y \in \mathbf{R}^*).$$

6. 设 $V_1 = (S_1, \circ)$，$V_2 = (S_2, *)$ 是半群. 令 $S = S_1 \times S_2$，并定义 S 上的运算 $\cdot$ 如下：

$$(a, b) \cdot (c, d) = (a \circ c, b * d) \quad (\forall (a, b), (c, d) \in S),$$

则称 $(S, \cdot)$ 为 V_1 和 V_2 的**直积**，记为 $V_1 \times V_2$. 证明：$(S, \cdot)$ 为一半群.

7. 设 $\mathbf{Z}^+$ 为正整数集合，对 $\forall a, b \in \mathbf{Z}^+$，$a \circ b = \gcd(a, b)$（$a$ 与 b 的最大公约数），试问：$(\mathbf{Z}^+, \circ)$ 是否为半群？

7.4 群

7.4.1 群的定义及性质

定义 7.21 设 $(G, \circ)$ 是半群，若二元运算 $\circ$ 满足：

(1) 存在单位元 $e \in G$，即对 $\forall x \in G$，有

$$e \circ x = x \circ e = x;$$

(2) 对 $\forall x \in G$，存在 $x^{-1} \in G$，使得

$$x^{-1} \circ x = x \circ x^{-1} = e,$$

则称 $(G, \circ)$ 为**群**.

由群的定义可知，群就是对二元运算 $\circ$ 封闭、满足结合律、存在单位元和逆元的代数系统.

例如，(1) $(\mathbf{Z}, +)$，$(\mathbf{Q}, +)$，$(\mathbf{R}, +)$ 都是群；

(2) $(M_n(\mathbf{R}), +)$ 也是群，它的单位元为零矩阵，且对 $\forall A \in M_n(\mathbf{R})$，有 $A^{-1} = -A$；

(3) $(\rho(A), \oplus)$ 也是群，它的单位元为 $\varnothing$，且对 $\forall B \in \rho(A)$，有 $B^{-1} = B$；

(4) $(\mathbf{Z}^+, +)$ 不是群，因为它无单位元.

例 7-9 设 $G = \{a, b, c, e\}$，$\circ$ 为 G 上的二元运算，它的运算表如表 7-5 所示. 试问：$(G, \circ)$ 是否为群？

表 7-5

$\circ$	a	b	c	e
a	e	c	b	a
b	c	e	a	b
c	b	a	e	c
e	a	b	c	e

解 (1) 由运算表知，G 对二元运算 $\circ$ 封闭.

(2) 易验证，运算 $\circ$ 在 G 上满足结合律，如

$$a \circ (b \circ c) = a \circ a = e = (a \circ b) \circ c.$$

(3) G 的单位元为 e.

(4) $a^{-1} = a$，$b^{-1} = b$，$c^{-1} = c$，$e^{-1} = e$.

所以按定义知，$(G, \circ)$ 为一个群. 我们称它为**克莱因**(Klein)**四元群**.

定义 7.22　若群$(G,\circ)$中 G 的元素个数有无穷多个,则称$(G,\circ)$是**无限群**;否则,称$(G,\circ)$为**有限群**. 有限群中的元素个数,称为群$(G,\circ)$的**阶**,记作$|G|$.

例如,克莱因四元群为有限群,其阶为 4;而$(\mathbf{Z},+),(\mathbf{R},+)$是无限群.

下面的定理给出了群的一些重要性质.

定理 7.9　设$(G,\circ)$为群,则 G 中的幂运算满足:

(1) $\forall a \in G,(a^{-1})^{-1}=a$;

(2) $\forall a,b \in G,(a \circ b)^{-1}=b^{-1} \circ a^{-1}$;

(3) $\forall a \in G,a^n \circ a^m=a^{m+n}(n,m \in \mathbf{Z})$;

(4) $\forall a \in G,(a^n)^m=a^{mn}(n,m \in \mathbf{Z})$;

(5) 若$(G,\circ)$为可交换的群,则$(a \circ b)^n=a^n \circ b^n(n \in \mathbf{Z})$.

证明　只证(1),(2),其余作为练习.

(1) 因 $a \circ a^{-1}=e=a^{-1} \circ a$,所以$(a^{-1})^{-1}=a$.

(2) 因
$$(a \circ b) \circ (b^{-1} \circ a^{-1})=a \circ (b \circ b^{-1}) \circ a^{-1}=(a \circ e) \circ a^{-1}=a \circ a^{-1}=e,$$
$$(b^{-1} \circ a^{-1}) \circ (a \circ b)=b^{-1} \circ (a^{-1} \circ a) \circ b=(b^{-1} \circ e) \circ b=b^{-1} \circ b=e,$$
所以$(a \circ b)^{-1}=b^{-1} \circ a^{-1}$.

定理 7.10　对$\forall a,b \in G$,方程 $a \circ x=b$ 和 $y \circ a=b$ 在群$(G,\circ)$中有唯一解.

证明　(1) 存在性. 因 $a \circ (a^{-1} \circ b)=(a \circ a^{-1}) \circ b=e \circ b=b$,所以 $a^{-1} \circ b$ 是方程 $a \circ x=b$ 在 G 中的解.

(2) 唯一性. 若 c 也是方程 $a \circ x=b$ 在 G 中的解,即 $a \circ c=b$,则
$$c=e \circ c=(a^{-1} \circ a) \circ c=a^{-1} \circ (a \circ c)=a^{-1} \circ b.$$
同理可证,方程 $y \circ a=b$ 在 G 中有唯一解.

定理 7.11　设$(G,\circ)$为群,对$\forall a,b,c \in G$,有

(1) 若 $a \circ b=a \circ c$,则 $b=c$;

(2) 若 $b \circ a=c \circ a$,则 $b=c$,

即群满足消去律.

证明　(1) 由 $a \circ b=a \circ c$ 得
$$a^{-1} \circ (a \circ b)=a^{-1} \circ (a \circ c), \quad 即 \quad (a^{-1} \circ a) \circ b=(a^{-1} \circ a) \circ c, \quad 亦即 \quad e \circ b=e \circ c,$$
所以 $b=c$.

同理可证(2).

下面给出子群的定义及其判定定理.

定义 7.23　设$(G,\circ)$为一个群,H 是 G 的非空子集. 如果 H 关于 G 中的运算$\circ$构成群,则称 H 为 G 的**子群**,记作$H \leqslant G$.

定理 7.12(子群判定定理 1)　设$(G,\circ)$是群,H 是 G 的一个非空子集,则$(H,\circ)$是$(G,\circ)$的子群的充要条件是:

(1) 若 $a \in H,b \in H$,则 $a \circ b \in H$;

(2) 若 $a \in H$,则 $a^{-1} \in H$.

证明　必要性是显然的,为证充分性,只需证 $e \in H$.

因为 H 非空,所以必存在 $a \in H$,由条件(2)可知 $a^{-1} \in H$.再由条件(1)有 $a^{-1} \circ a \in H$,即 $e \in H$.

定理 7.13(子群判定定理 2) 设 $(G, \circ)$ 是群,H 为 G 的一个非空子集,则 $(H, \circ)$ 是 $(G, \circ)$ 的子群的充要条件是:对 $\forall a, b \in H$,有 $a \circ b^{-1} \in H$.

证明 必要性 取 $\forall a, b \in H$,由于 H 是 G 的子群,必有 $b^{-1} \in H$,从而 $a \circ b^{-1} \in H$.

充分性 因 H 非空,故必存在 $a \in H$,于是 $a \circ a^{-1} \in H$,即 $e \in H$,从而对 $\forall a \in H$,由 $e, a \in H$ 得 $e \circ a^{-1} \in H$,即 $a^{-1} \in H$.任取 $a, b \in H$,由以上的证明知 $b^{-1} \in H$,再利用给定条件得

$$a \circ (b^{-1})^{-1} \in H, \quad 即 \quad a \circ b \in H.$$

定理 7.14(子群判定定理 3) 设 $(G, \circ)$ 为群,H 为 G 的一个非空子集,若 H 为有限集,则 $(H, \circ)$ 为 $(G, \circ)$ 的子群的充要条件是:对 $\forall a, b \in H$,有 $a \circ b \in H$.

证明 必要性显然成立.(为证充分性,只需证明 $\forall a \in H$ 有 $a^{-1} \in H$.)

事实上,$\forall a \in H$,若 $a = e$,则 $a^{-1} = e^{-1} = e \in H$.若 $a \neq e$,令 $S = \{a, a^2, \cdots\}$,则 $S \subseteq H$.由于 H 为有限集,故必有 $i, j (i < j)$,使得 $a^i = a^j$.由 G 中的消去律得 $a^{j-i} = e$.因 $a \neq e$,所以 $j - i > 1$.于是 $a^{j-i-1} \circ a = e$ 和 $a \circ a^{j-i-1} = e$,因此 $a^{-1} = a^{j-i-1} \in H$.

例 7-10 设 $(G, \circ)$ 为群,$a \in G$,令 $H = \{a^k \mid k \in \mathbf{Z}\}$,试证明:$(H, \circ)$ 为 $(G, \circ)$ 的子群.

证明 因 $a \in H$,所以 $H \neq \varnothing$.任取 $a^m, a^l \in H$,则

$$a^m \circ (a^l)^{-1} = a^m \circ a^{-l} = a^{m-l} \in H.$$

故由子群判定定理 2 知,$(H, \circ)$ 为 $(G, \circ)$ 的子群.

例 7-10 中的子群 $(H, \circ)$ 也称为**由 a 生成的子群**,记作 (a).

例如,(1) 整数加群 $(\mathbf{Z}, +)$ 的由 2 生成的子群是 $(2) = \{2k \mid k \in \mathbf{Z}\}$;

(2) 群 $(\mathbf{Z}_6, +_6)$ 的由 2 生成的子群为 $(2) = \{0, 2, 4\}$,因为 $2^0 = 0, 2^1 = 2, 2^2 = 2 +_6 2 = 4$,$2^3 = 2 +_6 2 +_6 2 = 0, \cdots$;

(3) 对于克莱因四元群 $G = \{e, a, b, c\}$ 来说,由它的每个元素生成的子群分别是 $(e) = \{e\}$,$(a) = \{e, a\}, (b) = \{e, b\}, (c) = \{e, c\}$.

定义 7.24 设 $(G, \circ)$ 与 $(H, *)$ 是两个群,若存在一个映射 $f: G \to H$,使得对任意 $a, b \in G$,均有

$$f(a \circ b) = f(a) * f(b),$$

则称 f 是从 $(G, \circ)$ 到 $(H, *)$ 的**群同态**.若 $f: G \to H$ 是一一映射,则称 f 是从 $(G, \circ)$ 到 $(H, *)$ 的**群同构**.

群同态与群同构有如下性质.

定理 7.15 设 $(H, *)$ 与 $(G, \circ)$ 是两个群,若有一个从 G 到 H 的映射 $f: G \to H$ 为群同态,则有

$$f(e_G) = e_H, \quad f(a^{-1}) = [f(a)]^{-1} \quad (\forall a \in G),$$

其中,e_G, e_H 分别为 $(G, \circ)$ 与 $(H, *)$ 的单位元.

证明 由群同态定义可知,对 $\forall a \in G$,有

$$f(a) = f(a \circ e_G) = f(a) * f(e_G).$$

同理 $f(a) = f(e_G) * f(a)$.故 $f(e_G)$ 为 $(H, *)$ 中的单位元 e_H.

又因为

$$e_H = f(e_G) = f(a \circ a^{-1}) = f(a) * f(a^{-1}),$$

所以
$$f(a^{-1})=[f(a)]^{-1}.$$

定理 7.16 设 $(G,\circ)$ 为一个群,若存在从 $(G,\circ)$ 到 $(H,*)$ 的满同态或同构,则 $(H,*)$ 也构成群.

证明 因为满同态及同构的两代数系统对结合律、单位元、逆元均保持,所以 $(H,*)$ 也为群.

注:我们应该要重视群的同态或同构,特别是同构. 因为若两个群同构,则表示它们有相同的性质,实际上可以看作是一个群,故我们只要研究其中一个就够了. 下面介绍一些特殊群.

7.4.2 变换群与置换群

1. 变换群

定义 7.25 设 A 是一个非空集合,A 上的所有一一变换构成集合 $E(A)$,若 $E(A)$ 关于变换的乘法构成一个群,则称其为集合 A 上的**一一变换群**. $E(A)$ 的子群称为 A 上的**变换群**.

注:(1) 所谓集合 A 上的一一变换,即是从 A 到 A 的一个一一映射.

(2) 由于变换是一种映射,映射是一种关系,而关系存在复合运算,故变换也存在复合运算,变换的乘法运算即为变换的复合运算,记作 $\circ$.

例如,设 V 是数域 F 上的 n 维线性空间,则 V 中全体可逆线性变换关于变换的乘法构成 V 上的一变换群.

例 7-11 设 $\forall a,b\in\mathbf{R}$,且 $a\neq0$,规定 $\mathbf{R}$ 上一个一一变换为 $L(x)=ax+b(\forall x\in\mathbf{R})$. 证明:$G=\{L_{a,b}|L_{a,b}(x)=ax+b,a,b\in\mathbf{R}\text{ 且 }a\neq0\}$ 关于变换的复合运算 $\circ$ 构成 $\mathbf{R}$ 上的一变换群.

证明 记 $L_{a,b}=L_{a,b}(x)=ax+b$.

(1) $(G,\circ)$ 为一代数系统.

事实上,首先 $G\neq\varnothing$;其次,对 $\forall L_{a,b},L_{c,d}\in G$,有
$$L_{a,b}\circ L_{c,d}(x)=L_{a,b}(L_{c,d}(x))=L_{a,b}(cx+d)=a(cx+d)+b$$
$$=acx+ad+b=L_{ac,ad+b}(x)\in G.$$

(2) 变换的复合运算 $\circ$ 满足结合律是显然的.

(3) 存在单位元 $L_{1,0}\in G$. 因为对 $\forall L_{a,b}\in G,\forall x\in\mathbf{R}$,有
$$L_{a,b}\circ L_{1,0}(x)=L_{a,b}(1\cdot x+0)=L_{a,b}(x),$$
$$L_{1,0}\circ L_{a,b}(x)=L_{1,0}(ax+b)=ax+b=L_{a,b}(x),$$
即
$$L_{a,b}\circ L_{1,0}=L_{1,0}\circ L_{a,b}=L_{a,b}.$$

(4) 对 $\forall L_{a,b}\in G$,存在逆元 $L_{\frac{1}{a},-\frac{b}{a}}\in G$. 因为
$$L_{a,b}\circ L_{\frac{1}{a},-\frac{b}{a}}(x)=L_{a,b}\left(\frac{1}{a}x-\frac{b}{a}\right)=a\left(\frac{1}{a}x-\frac{b}{a}\right)+b=x=L_{\frac{1}{a},-\frac{b}{a}}\circ L_{a,b}(x)=L_{1,0}(x),$$
从而
$$L_{a,b}\circ L_{\frac{1}{a},-\frac{b}{a}}=L_{\frac{1}{a},-\frac{b}{a}}\circ L_{a,b}=L_{1,0}.$$

由 (1)~(4) 知,$(G,\circ)$ 构成一个群.

定理 7.17 任一个群均与一变换群同构.

证明 设 $(G,*)$ 是一个群. 对 $\forall a\in G$,令 $\tau_a:G\to G,\tau_a(x)=a*x$,则 τ_a 显然是 G 上的一

一变换. 于是 G 中的每个元素都有一个变换与之对应, 记作 $G'=\{\tau_a\,|\,a\in G\}$. 可见, G' 关于变换的复合运算。构成 G 上的一变换群。

下面证明, 存在一个一一映射 $\varphi:G\rightarrow G'$, 满足
$$\varphi(a*b)=\varphi(a)\circ\varphi(b)\quad(\forall a,b\in G).$$

为此, 令 $\varphi:G\rightarrow G'$, $\varphi(a)=\tau_a$. (由于若 $a=b$, 则 $\tau_a=\tau_b$, 故 φ 是一个映射.)

(1) 对 $\forall\tau_a\in G'$, 均有 G 中元素 a 与之对应, 故 φ 是一个从 G 到 G' 的满射.

(2) 若 $a\neq b$, 则由消去律可知 $a*x\neq b*x(\forall x\in G)$, 故有 $\tau_a\neq\tau_b$, 故 φ 为单射.

由 (1), (2) 知, $\varphi:G\rightarrow G'$ 是一个一一映射.

(3) 因为 $\varphi(a*b)=\tau_{a*b}$, $\varphi(a)\circ\varphi(b)=\tau_a\circ\tau_b$, 而对 $\forall x\in G$, 有
$$\tau_{a*b}(x)=(a*b)*x=a*(b*x)=a*\tau_b(x)=\tau_a(\tau_b(x))=(\tau_a\circ\tau_b)(x),$$
所以 $\tau_{a*b}=\tau_a\circ\tau_b$, 从而 $\varphi(a*b)=\varphi(a)\circ\varphi(b)$.

故由 (1), (2), (3) 知, $(G,*)$ 与 $(G',\circ)$ 同构.

这个定理告诉我们, 任一个抽象群均可在变换群中找到它的一个实例. 由此可见, 变换群是一种比较重要的群.

2. 置换与置换群

置换是指有限集上的双射, 将基数为 n 的集合 $M=\{a_1,a_2,\cdots,a_n\}$ 上的任何双射 $\sigma:M\rightarrow M$ 称为其上的 n **元置换**. n 元置换 σ 一般可以表示成
$$\sigma=\begin{pmatrix} a_1 & a_2 & \cdots & a_n \\ \sigma(a_1) & \sigma(a_2) & \cdots & \sigma(a_n) \end{pmatrix}.$$

例如, $M=\{1,2,3,4\}$, 令 $\sigma:M\rightarrow M$, 其中,
$$\sigma(1)=2,\quad\sigma(2)=3,\quad\sigma(3)=4,\quad\sigma(4)=1,$$
则 σ 将 $1,2,3,4$ 置换成 $2,3,4,1$, 此置换常记作
$$\sigma=\begin{pmatrix} 1 & 2 & 3 & 4 \\ 2 & 3 & 4 & 1 \end{pmatrix}.$$

由排列组合的知识可知, n 个不同元素的全排列有 $n!$ 个, 所以基数为 n 的集合 M 上的置换有 $n!$ 个. M 上全体置换的集合记作 S_n.

例 7–12　设 $M=\{1,2,3\}$, 则 M 有 $3!=6$ 个置换, 它们分别是
$$\sigma_1=\begin{pmatrix} 1 & 2 & 3 \\ 1 & 2 & 3 \end{pmatrix},\quad\sigma_2=\begin{pmatrix} 1 & 2 & 3 \\ 2 & 1 & 3 \end{pmatrix},\quad\sigma_3=\begin{pmatrix} 1 & 2 & 3 \\ 3 & 2 & 1 \end{pmatrix},$$
$$\sigma_4=\begin{pmatrix} 1 & 2 & 3 \\ 1 & 3 & 2 \end{pmatrix},\quad\sigma_5=\begin{pmatrix} 1 & 2 & 3 \\ 2 & 3 & 1 \end{pmatrix},\quad\sigma_6=\begin{pmatrix} 1 & 2 & 3 \\ 3 & 1 & 2 \end{pmatrix}.$$
于是, $S_3=\{\sigma_1,\sigma_2,\sigma_3,\sigma_4,\sigma_5,\sigma_6\}$.

设 $M=\{a_1,a_2,\cdots,a_n\}$ 是一个基数为 n 的集合, σ 和 τ 是 M 的两个置换, τ 和 σ 的乘积是指对 M 中的元素使用置换 σ 之后再使用置换 τ, 记作 $\tau\circ\sigma$, 即 $\tau\circ\sigma(a_i)=\tau(\sigma(a_i))(\forall a_i\in M)$. 一般简记 $\tau\circ\sigma$ 为 $\tau\sigma$.

例 7–13　已知 $M=\{1,2,3,4\}$, 设 M 上的置换 σ 和 τ 分别为
$$\sigma=\begin{pmatrix} 1 & 2 & 3 & 4 \\ 2 & 4 & 3 & 1 \end{pmatrix},\quad\tau=\begin{pmatrix} 1 & 2 & 3 & 4 \\ 4 & 3 & 2 & 1 \end{pmatrix}.$$

计算 $\sigma\tau$ 和 $\tau\sigma$.

解　因 τ 把 1 置换成 4，σ 把 4 置换为 1，故 $\sigma\tau$ 把 1 置换成 1．对 2，3，4 类似处理，可得到

$$\sigma\tau=\begin{pmatrix}1 & 2 & 3 & 4 \\ 1 & 3 & 4 & 2\end{pmatrix}.$$

同理，有

$$\tau\sigma=\begin{pmatrix}1 & 2 & 3 & 4 \\ 3 & 1 & 2 & 4\end{pmatrix}.$$

由上例可见，置换的乘法不满足交换律.

可以证明，置换的乘法满足结合律，即对任意置换 σ,τ,ρ，均有

$$(\sigma\tau)\rho=\sigma(\tau\rho).$$

把 M 中的每一个元素变为自身的变换，称为**单位置换**，记作 I，即

$$I=\begin{pmatrix}a_1 & a_2 & \cdots & a_n \\ a_1 & a_2 & \cdots & a_n\end{pmatrix}.$$

如例 7-12 中，$\sigma_1=I$. 容易验证，对任意置换 σ，恒有 $\sigma I=I\sigma=\sigma$.

设 σ 是 M 的置换，且

$$\sigma=\begin{pmatrix}a_1 & a_2 & \cdots & a_n \\ \sigma(a_1) & \sigma(a_2) & \cdots & \sigma(a_n)\end{pmatrix},$$

则称置换

$$\begin{pmatrix}\sigma(a_1) & \sigma(a_2) & \sigma(a_3) & \sigma(a_4) \\ a_1 & a_2 & a_3 & a_4\end{pmatrix}$$

为置换 σ 的**逆置换**，简称为 σ 的**逆**，记作 σ^{-1}. 显然，任一置换都有唯一确定的逆置换．易验证，任意置换 σ 及其逆 σ^{-1} 都满足

$$\sigma\sigma^{-1}=\sigma^{-1}\sigma=I.$$

可见，基数为 n 的集合上的全体置换关于置换的乘法满足结合律，存在单位元、逆元，故 S_n 关于置换的乘法构成群.

定义 7.26　设 M 是非空集合，有 n 个元素，那么 M 的所有置换 S_n 关于置换的乘法构成一个群，称为 n **元对称群**. S_n 的子群称为 n **元置换群**．单位置换是这个群的单位元，逆置换是这个群的逆元.

例 7-14　设 M 及其置换 σ 和 τ 同例 7-13，计算 $(\sigma\tau)^{-1}\sigma$.

解　由逆置换的定义得

$$(\sigma\tau)^{-1}=\begin{pmatrix}1 & 3 & 4 & 2 \\ 1 & 2 & 3 & 4\end{pmatrix}=\begin{pmatrix}1 & 2 & 3 & 4 \\ 1 & 4 & 2 & 3\end{pmatrix},$$

故

$$(\sigma\tau)^{-1}\sigma=\begin{pmatrix}1 & 2 & 3 & 4 \\ 4 & 3 & 2 & 1\end{pmatrix}.$$

定义 7.27　设 σ 是 n 元置换，如果 σ 满足：

(1) $\sigma(a_1)=a_2,\sigma(a_2)=a_3,\cdots,\sigma(a_m)=a_1$；

(2) 当 $a\neq a_k(k=1,2,\cdots,m)$ 时，$\sigma(a)=a$，

则称 σ 是一个长度为 m 的**轮换**，记作 $(a_1\ a_2\ \cdots\ a_m)$.

当 $m=1$ 时，σ 就是单位置换；当 $m=2$ 时，称 σ 是一个**对换**.

例如，

$$\sigma=\begin{pmatrix}1&2&3&4\\2&3&4&1\end{pmatrix},\quad \tau=\begin{pmatrix}1&2&3&4\\2&4&3&1\end{pmatrix},\quad \rho=\begin{pmatrix}1&2&3&4\\4&2&3&1\end{pmatrix},$$

它们分别记作 $\sigma=(1\ 2\ 3\ 4),\tau=(1\ 2\ 4),\rho=(1\ 4)$.

定义 7.28 设 σ 和 τ 是 S_n 中的两个轮换，其中，

$$\sigma=(a_1\ a_2\ \cdots\ a_m),\quad \tau=(b_1\ b_2\ \cdots\ b_t).$$

如果 $a_i\neq b_j(i=1,2,\cdots,m;j=1,2,\cdots,t)$，则称 σ 和 τ 是**不相交**的.

例如，在 S_5 中，$\sigma=(1\ 3\ 4)$ 与 $\tau=(2\ 5)$ 就是不相交的.

一般说来，置换的乘法是不可交换的，但若两个轮换不相交，则它们的乘法是可交换的.

定理 7.18 设 σ 和 τ 是 S_n 的两个不相交的轮换，则

$$\sigma\tau=\tau\sigma.$$

证明 设 $\sigma=(a_1\ a_2\ \cdots\ a_m),\tau=(b_1\ b_2\ \cdots\ b_t)$，$\sigma$ 和 τ 不相交. 若 x 是 M 的任一元素，则可能有以下 3 种情况：

(1) 当 x 在 $a_1,a_2,\cdots,a_m$ 内时，不妨设 $x=a_i$，则

$$\sigma\tau(x)=\sigma\tau(a_i)=\sigma(a_i)=a_{i+1},$$
$$\tau\sigma(x)=\tau\sigma(a_i)=\tau(a_{i+1})=a_{i+1}.$$

注意，当 $i=m$ 时，a_{i+1} 应改为 a_1，于是

$$\sigma\tau(x)=\tau\sigma(x).$$

(2) 当 x 在 $b_1,b_2,\cdots,b_t$ 内时，同上面的证明类似，同样得到

$$\sigma\tau(x)=\tau\sigma(x).$$

(3) 当 x 既不在 $a_1,a_2,\cdots,a_m$ 内，也不在 $b_1,b_2,\cdots,b_t$ 内时，因为 σ 和 τ 保持 $a_1,a_2,\cdots,a_m$ 和 $b_1,b_2,\cdots,b_t$ 以外的元素不变，故

$$\sigma\tau(x)=\sigma(x)=x,\quad \tau\sigma(x)=\tau(x)=x.$$

因此，在所有情况下，均有

$$\sigma\tau(x)=\tau\sigma(x),$$

所以

$$\sigma\tau=\tau\sigma.$$

定理 7.19 S_n 中任一置换 σ 都可以唯一地表示成一系列不相交的轮换之积. 此处的唯一是指，如果有两种表示方法：

$$\sigma=\sigma_1\sigma_2\cdots\sigma_l,\quad \sigma=\tau_1\tau_2\cdots\tau_s,$$

则有

$$\sigma_1\sigma_2\cdots\sigma_l=\tau_1\tau_2\cdots\tau_s.$$

证明从略.

例 7-15 设 $\sigma=\begin{pmatrix}1&2&3&4&5&6&7&8\\3&1&5&4&2&7&8&6\end{pmatrix}\in S_8$，将 σ 表成一系列不相交的轮换乘积.

解 因为 $\sigma(1)=3,\sigma(3)=5,\sigma(5)=2,\sigma(2)=1$，所以得到轮换 $\sigma_1=(1\ 3\ 5\ 2)$.

再从 $M=\{1,2,3,4,5,6,7,8\}$ 中取不在 σ_1 中的文字,如取 $4,\sigma(4)=4$,又得到轮换 $\sigma_2=(4)$.

继续在 M 中取不在 σ_1,σ_2 中的文字,如取 $6,\sigma(6)=7,\sigma(7)=8,\sigma(8)=6$,又得到轮换 $\sigma_3=(6\ 7\ 8)$.

于是

$$\sigma=\sigma_1\sigma_2\sigma_3=\sigma_1\sigma_3=(1\ 3\ 5\ 2)(6\ 7\ 8).$$

这样就将置换 σ 表示成不相交的轮换之积. 在不相交的轮换之积中可以不写出单位置换.

7.4.3　交换群与循环群

定义 7.29　如果群 $(G,\circ)$ 中的二元运算是可交换的,则称 $(G,\circ)$ 为**交换群**,也称**阿贝尔**(Abel)**群**.

例如,$(\mathbf{Z},+),(\mathbf{Q}^+,\times)$ 是交换群,克莱因四元群也是交换群,但是 n 阶实可逆矩阵的集合关于矩阵的乘法构成的群不是交换群.(读者自行思考为什么.)

定义 7.30　设 $(G,\circ)$ 为群,若存在元素 $a\in G$,满足 $G=\{a^k\mid k\in\mathbf{Z}\}$,则称 $(G,\circ)$ 是**循环群**,记作 $G=(a).a$ 称为群 $(G,\circ)$ 的**生成元**.

例如,$(\mathbf{Z},+)$ 是循环群,其生成元是 1 或 -1,因为任何整数都可以表示成 1 的幂或 -1 的幂. 事实上,对 $m=0$ 有,$0=1^0=(-1)^0$;对 $\forall m\in\mathbf{Z}^+$,有

$$m=\underbrace{1+1+\cdots+1}_{m\uparrow}=1^m=[(-1)^{-1}]^m=(-1)^{-m};$$

对 $\forall-m\in\mathbf{Z}^-$,有

$$-m=\underbrace{(-1)+(-1)+\cdots+(-1)}_{m\uparrow}=(-1)^m=(1^{-1})^m=1^{-m}.$$

又如 $(\mathbf{Z}_4,+_4)$,其中,$\mathbf{Z}_4=\{0,1,2,3\}$,$+_4$ 是模 4 的加法,其运算表如表 7-6 所示. 不难验证,$(\mathbf{Z}_4,+_4)$ 是循环群,其生成元为 1. 事实上,$1^1=1,1^2=2,1^3=3,1^4=0$.

定义 7.31　设群 $(G,\circ),a\in G$,若存在最小正整数 m,使得 $a^m=1$,则称 m 为元素 a 的**周期**;若不存在这样的正整数 m,则称 a 的周期为无限.

注:此定义中的 1 是指群的单位元,不是数字 1.

循环群都是交换群,但交换群不一定是循环群. 例如,克莱因四元群是交换群但不是循环群.

表 7-6

$+_4$	0	1	2	3
0	0	1	2	3
1	1	2	3	0
2	2	3	0	1
3	3	0	1	2

例 7-16　设有代数系统 $(\mathbf{Z},\circ)$,运算 $\circ$ 定义如下:

$$a\circ b=a+b-2\quad(\forall a,b\in\mathbf{Z}).$$

试证:$(\mathbf{Z},\circ)$ 是循环群.

证明　(1) 已知 $(\mathbf{Z},\circ)$ 为一代数系统.

(2) 对 $\forall a,b,c\in\mathbf{Z}$,有

$$(a\circ b)\circ c=(a+b-2)\circ c=a+b-2+c-2=a+b+c-4,$$
$$a\circ(b\circ c)=a\circ(b+c-2)=a+(b+c-2)-2=a+b+c-4.$$

因此,$(a\circ b)\circ c=a\circ(b\circ c)$,即 $(\mathbf{Z},\circ)$ 是半群.

（3）对 $\forall a \in \mathbf{Z}$，有 $a \circ 2 = a + 2 - 2 = a$，且运算。可以交换的，所以有单位元 2.

（4）对 $\forall a \in \mathbf{Z}$，若 $a \circ b = a + b - 2 = 2$，则 $b = 4 - a$. 因此，任一元素 a 都有逆元

$$a^{-1} = 4 - a.$$

由（1）～（4）知，$(\mathbf{Z}, \circ)$ 是一个群.

（5）对任意整数 n，有 $1^n = 2 - n$，从而 $n = 1^{2-n}$.

事实上，因

$$1^0 = 2 = 2 - 0,$$
$$1^1 = 1 = 2 - 1,$$
$$1^2 = 1 \circ 1 = 0 = 2 - 2,$$
$$1^3 = 1^2 \circ 1 = 0 \circ 1 = -1 = 2 - 3,$$
$$1^4 = 1^3 \circ 1 = (-1) \circ 1 = -2 = 2 - 4,$$
$$\cdots\cdots$$
$$1^n = 2 - n,$$
$$\cdots\cdots$$

又因 $1^n \circ 1^{-n} = 2$，所以有 $(2-n) \circ 1^{-n} = 2$，即

$$2 - n + 1^{-n} - 2 = 2,$$

亦即

$$1^{-n} = 2 + n \quad (n = 1, 2, \cdots).$$

因此，对任意整数 n，均有 $1^n = 2 - n$，从而

$$n = 2 + n - 2 = 0 \circ (2 + n) = 1^2 \circ 1^{-n} = 1^{2-n}.$$

可见，1 是一个生成元，故 $(\mathbf{Z}, \circ)$ 是循环群.

可以验证，3 也是生成元，对任意整数 n，有 $3^n = 1^{-n} = n + 2$，从而 $n = 3^{n-2}$. 事实上，$n = (n+2) + (-2+2) - 2 = (n+2) \circ (-2+2) = 3^n \cdot 3^{-2} = 3^{n-2}$.

下面给出循环群的几个重要定理.

定理 7.20　设有一个由 a 生成的循环群 $(G, \circ)$，

（1）若 a 的周期为无限，则 $(G, \circ)$ 与 $(\mathbf{Z}, +)$ 同构；

（2）若 a 的周期为 m，则 $(G, \circ)$ 与 $(\mathbf{Z}_m, +_m)$ 同构.

证明　（1）设 a 的周期为无限，作一个映射

$$f: G \to \mathbf{Z}, \quad f(a^k) = k.$$

若 $a^k = a^h$，则必有 $k = h$. 这是因为，若 $k \neq h$，则 $a^{k-h} = 1$（1 为群的单位元）与 a 的周期为无限矛盾. 故 f 为一个映射.

又因为 f 是从 G 到 $\mathbf{Z}$ 的满射，同时 f 是一对一的，即若 $a^k \neq a^h$，则必有 $k \neq h$. 这是因为，若 $k = h$，则必有 $a^k = a^h$，矛盾. 所以 f 是一个一一映射.

又因为

$$f(a^k \circ a^h) = f(a^{k+h}) = k + h = f(a^k) + f(a^h),$$

所以 $(G, \circ)$ 与 $(\mathbf{Z}, +)$ 同构.

（2）设 a 的周期为 m，令

$$f: G \to \mathbf{Z}_m, \quad f(a^k) = (k) \bmod m.$$

若 $a^k = a^h$，则必有 $(k) \bmod m = (h) \bmod m$. 这是因为，若 $(k) \bmod m \neq (h) \bmod m$，则

$$k-h=mq+r \quad (0<r<m，且 r,q 为整数)，$$

故 $1=a^{k-h}=a^{mq+r}=a^r$，这与周期为 m 矛盾. 所以 f 为一个映射.

又因为 f 是从 G 到 $\mathbf{Z}_m$ 的满射，同时 f 是一对一的，即若 $a^k \neq a^h$，则必有 $(k) \bmod m \neq (h) \bmod m$. 这是因为，若 $(k) \bmod m=(h) \bmod m$，则有 $k-h=mq$（q 为整数），所以 $k=h+mq$，从而 $a^k=a^{h+mq}=a^h \circ a^{mq}=a^h$，矛盾.

又因为

$$f(a^k \circ a^h)=f(a^{k+h})=(k+h) \bmod m=(k) \bmod m+_m(h) \bmod m=f(a^k)+_m f(a^h)，$$

所以 $(G,\circ)$ 与 $(\mathbf{Z}_m,+_m)$ 同构.

注：(1) 无限循环群同构于整数加群 $(\mathbf{Z}_m,+_m)$. 也就是说，对无限循环群的研究可归结为对整数加群的研究，而整数加群的各种性质在初等数学中已有深刻的分析，故可以说无限循环群的问题已基本解决.

(2) 生成元的周期为 m 的循环群同构于模 m 的剩余类加群，即整数集上关于模 m 的同余关系 $\mathbf{R}_m$ 的商代数 $(\mathbf{Z}/\mathbf{R}_m,*)$，且对 $\forall (k) \bmod m,(h) \bmod m \in \mathbf{Z}/\mathbf{R}_m$，有

$$(k) \bmod m*(h) \bmod m=(k+_m h) \bmod m.$$

而对剩余类加群的研究在初等数论中已有深刻的分析. 我国古代著名的孙子定理也叫中国剩余定理，故此类循环群问题也已基本解决.

(3) 关于循环群的构造可归纳为：设 a 是循环群 $(G,\circ)$ 的生成元，若 a 的周期是无穷大，则 $(G,\circ)$ 的元素为

$$\cdots,a^{-2},a^{-1},a^0,a^1,a^2,a^3,\cdots;$$

若 a 的周期为 m，那么 $(G,\circ)$ 的元素为

$$a^0,a^1,a^2,a^3,\cdots,a^{m-1}.$$

7.4.4　陪集与拉格朗日定理

1. 陪集

设 H 是群 G 的一个子群，有时需要根据子群 H 的一些特点将 G 分解成一些不相交的集合之并. 例如，在整数加群 $(\mathbf{Z},+)$ 中，取定一个正整数 n，可得子集

$$n\mathbf{Z}=\{nk|k \in \mathbf{Z}\}.$$

另外，任一整数 m 被 n 除后的余数 r 是唯一确定的（r 为整数，且 $0 \leqslant r<n$）. 我们以 $r+n\mathbf{Z}$ 表示 $\mathbf{Z}$ 中所有被 n 除后余数为 r 的数的集合，即

$$r+n\mathbf{Z}=\{r+nk|k \in \mathbf{Z}\} \quad (0 \leqslant r<n).$$

于是，$\mathbf{Z}$ 可以表示为

$$\mathbf{Z}=n\mathbf{Z} \bigcup (1+n\mathbf{Z}) \bigcup (2+n\mathbf{Z}) \bigcup \cdots \bigcup (n-1+n\mathbf{Z}).$$

我们对一般情形进行讨论.

定义 7.32　设 H 是群 G 的子群，对 $\forall a \in G$，集合

$$Ha=\{ha|h \in H\}$$

称为子群 H 在 G 中的一个**右陪集**. 同样，可以定义 H 在 G 中的**左陪集**为

$$aH=\{ah|h \in H\}.$$

例 7-17　设集合 $A=\{1,2,3\}$，$G=S_3$ 是 A 上的置换群. 显然，$H=A_3=\{I,(1\ 2\ 3),(1\ 3\ 2)\}$ 是群 G 的子群. 对于 A 上的置换 $a=(1\ 3)$ 和 $b=(1\ 2\ 3)$，得到 H 的两个右陪集：

$$A_3(1\ 3)=\{(1\ 3),(1\ 2\ 3)(1\ 3),(1\ 3\ 2)(1\ 3)\}=\{(1\ 3),(2\ 3),(1\ 2)\},$$

$$A_3(1\ 2\ 3)=\{(1\ 2\ 3),(1\ 2\ 3)(1\ 2\ 3),(1\ 3\ 2)(1\ 2\ 3)\}=\{(1\ 2\ 3),(1\ 3\ 2),I\}.$$

同样,可以计算出 H 的两个左陪集:

$$(1\ 3)A_3=\{(1\ 3),(1\ 3)(1\ 2\ 3),(1\ 3)(1\ 3\ 2)\}=\{(1\ 3),(1\ 2),(2\ 3)\},$$

$$(1\ 2\ 3)A_3=\{(1\ 2\ 3),(1\ 2\ 3)(1\ 2\ 3),(1\ 2\ 3)(1\ 3\ 2)\}=\{(1\ 2\ 3),(1\ 3\ 2),I\}.$$

对于 S_3 的子集 A_3 和任意置换 $\sigma \in S_3$,可以证明 A_3 的右陪集 $A_3\sigma$ 和左陪集 σA_3 是相等的(请读者自己证明).但是,对于 S_3 的其他子集 H 和任意置换 $\sigma \in S_3$,H 在 G 中的右陪集 $H\sigma$ 和左陪集 σH 不一定相等.

例如,在 S_3 中取子群 $H=\{(1\ 2),I\}$ 及置换 $\sigma=(1\ 3)$,有

$$H\sigma=H(1\ 3)=\{(1\ 2)(1\ 3),(1\ 3)\}=\{(1\ 3\ 2),(1\ 3)\},$$

$$\sigma H=(1\ 3)H=\{(1\ 3)(1\ 2),(1\ 3)\}=\{(1\ 2\ 3),(1\ 3)\},$$

显然,$H(1\ 3)\ne(1\ 3)H$.

下面对右陪集进行讨论,关于右陪集的一些结论可以类似地运用到左陪集上.

定理 7.21 设 H 是群 G 的子群,则 H 的右陪集具有下列性质:

(1) $H=He$,e 是单位元;对 $\forall a\in G$,有 $a\in Ha$.

(2) 对 $\forall x\in Ha$,都有 $Hx=Ha$. 此时称 a 是 Ha 的一个**陪集代表**. 可见,Ha 中的陪集代表可以在 Ha 中任意选取.

(3) $Ha=Hb$ 的充要条件是 $ab^{-1}\in H$.

(4) 当 H 是有限子群时,Ha 与 H 的元素个数相等.

(5) 对于 H 的任意两个右陪集 Ha,Hb,只有 $Ha=Hb$ 或 $Ha\bigcap Hb=\varnothing$.

证明 (1) 因为

$$He=\{he\,|\,h\in H\}=\{h\,|\,h\in H\},$$

所以 $He=H$.

又因为

$$a=ea\in\{ha\mid h\in H\},$$

所以 $a\in Ha$.

(2) 对于任意 $x\in Ha$,可设 $x=h_1a$,这里 $h_1\in H$. 于是,对 $\forall hx\in Hx$,有

$$hx=h(h_1a)=(hh_1)a.$$

由于 H 是子群,因此 $hh_1\in H$,从而有

$$hx=(hh_1)a\in Ha,$$

即 $Hx\subseteq Ha$.

同理可证 $Ha\subseteq Hx$,于是 Ha 与 Hx 相等.

(3) **充分性** 若 $ab^{-1}\in H$,则存在 $h_1\in H$,使得 $ab^{-1}=h_1$. 故有 $a=h_1b\in Hb$. 由结论(2)有

$$Ha=Hb.$$

必要性 若 $Ha=Hb$,则由结论(1)可知

$$a\in Ha=Hb.$$

于是,存在 $h\in H$,使得 $a=hb$,所以

$$ab^{-1}=h\in H.$$

(4) 因为 H 是有限子群,所以可设

$$H=\{h_1,h_2,\cdots,h_n\},$$

其中,n 是子群 H 的阶数,则

$$Ha=\{h_1a,h_2a,\cdots,h_na\}.$$

可以证明,Ha 中的 n 个元素是彼此不同的,即 Ha 中恰有 n 个元素.

事实上,若 $i\neq j$,而 $h_ia=h_ja$,则有

$$h_iaa^{-1}=h_jaa^{-1},$$

即 $h_i=h_j$,推出矛盾.故 Ha 中无相同的元素,所以

$$|H|=|Ha|.$$

(5) 若有 $x\in Ha\bigcap Hb$,则

$$x=h_1a=h_2b \quad (这里 h_1,h_2\in H),$$

于是

$$ab^{-1}=h_1^{-1}h_2\in H.$$

故根据结论(3)知 $Ha=Hb$.因此,H 的两个陪集 Ha,Hb 之间的关系只能是相等,或它们的交集是空集.

由右陪集的这些性质,可以得到群 G 的一个右陪集分解定理.

定理 7.22　设 G 是一个有限群,H 是 G 的子群,则 G 可以分解成两两不同的 H 的右陪集之并,即存在一个正整数 t,使得

$$G=Ha_1\bigcup Ha_2\bigcup\cdots\bigcup Ha_t,$$

其中,

$$Ha_i\bigcap Ha_j=\varnothing \quad (i\neq j;i,j=1,2,\cdots,t).$$

证明　因为 G 是有限群,所以 H 在 G 中的陪集个数有限.设 H 在 G 中的全部不同的右陪集有 t 个,它们分别是 $Ha_1,Ha_2,\cdots,Ha_t$.对 $\forall x\in G$,显然 $x\in Hx$,故 x 必在 H 的某个右陪集之中,于是

$$G=Ha_1\bigcup Ha_2\bigcup\cdots\bigcup Ha_t.$$

另外,$Ha_1,Ha_2,\cdots,Ha_t$ 是 H 在 G 中的全部不同的右陪集.由定理 7.21 的结论(5)可知,$Ha_1,Ha_2,\cdots,Ha_t$ 是两两不相交的.

若 G 是一个有限群,H 是 G 的一个子群,则可按如下方法求出 H 的所有右陪集:

(1) H 本身是一个右陪集;

(2) 任取 $a\notin H$,又得到一个右陪集 Ha;

(3) 再任取 $b\notin H\bigcup Ha$,又得到一个右陪集 Hb;

(4) 以此类推,因为 G 有限,所以必有穷尽,从而得到

$$G=H\bigcup Ha\bigcup Hb\bigcup\cdots.$$

例 7-18　设整数加群 $(\mathbf{Z},+)$,$(H,+)$ 是由正整数 m 的所有倍数所构成的子群.因为加法 $+$ 满足交换律,所以不区分右陪集和左陪集.例如,当 $m=3$ 时,H 的右(左)陪集为

$$H_0=\{\cdots,-6,-3,0,3,6,\cdots\},$$
$$H_1=\{\cdots,-5,-2,1,4,7,\cdots\},$$
$$H_2=\{\cdots,-4,-1,2,5,8,\cdots\},$$

于是

$$\mathbf{Z}=H_0\bigcup H_1\bigcup H_2.$$

2. 拉格朗日定理

在给出拉格朗日定理之前,先定义指数的概念.

定义 7.33 设 H 是群 G 的子群,H 在 G 中的右(左)陪集的个数称为 H 在 G 中的**指数**,记作$[G:H]$.

例如,在例 7-17 中,$[S_3:A_3]=2$;在例 7-18 中,$[\mathbf{Z}:H]=3$(当 $m=3$ 时);而对于群 $G=(\mathbf{R}^*,\times)$($\mathbf{R}^*$ 为非零实数集,$\times$ 为通常的乘法)及其子群 $H=\{-1,1\}$,则$[G:H]$为无限.

定理 7.23(拉格朗日定理) 设 G 是有限群,H 是 G 的子群,则

$$|G|=[G:H]|H|.$$

证明 设$[G:H]=m$,则由定理 7.22,存在 $a_1,a_2,\cdots,a_m\in G$,使得

$$G=\bigcup_{i=1}^{m}Ha_i,\quad 且 \quad Ha_i\bigcap Ha_j=\varnothing \quad (i\neq j).$$

又由定理 7.21 的结论(4),H 的每一个右陪集的元素个数均为 $|H|$,所以

$$|G|=\sum_{i=1}^{m}|Ha_i|=m|H|=[G:H]|H|.$$

拉格朗日定理表明,G 的阶数能被 H 的阶数整除.对于一个有限群 G,G 的子群的阶数只可能是 G 的阶数的因子.例如,若 G 是 6 阶群,则 G 至多只可能有阶数为 $1,2,3,6$ 的子群,而绝不会有阶数是 4 或 5 的子群.由拉格朗日定理可得到以下推论.

推论 7.1 设 G 是 n 阶群,则对 $\forall a\in G$,元素 a 的周期是 n 的因子,且 $a^n=e$(e 为群 G 的单位元).

证明 设 a 是群 G 中的任一元素,由 a 生成 G 的一个子群 $H=(a)$.由拉格朗日定理知,H 的阶是 n 的因子.显然,元素 a 的周期与 $H=(a)$ 的阶相同,于是 a 的周期是群 G 的阶 n 的因子.设 $|H|=r$,则由 r 是 n 的因子可知,存在整数 m,使得 $n=rm$,于是

$$a^n=a^{rm}=(a^r)^m=e^m=e.$$

推论 7.2 设群 G 的阶数是素数 p,则 G 是循环群,从而也是交换群.

证明 取群 G 中任一非单位元 a 生成一个子群 (a),显然,(a) 是一个非单位子群,于是 $|a|>1$.又由拉格朗日定理知,子群 (a) 的阶数是群 G 的阶数 p 的因子.由于 p 是素数,p 的正因子只有 1 和 p,所以 $|(a)|=p$,即 $G=(a)$.由此可知,G 必是一个循环群.因为循环群必是交换群,故 G 是一个交换群.

例 7-19 设 G 是一个有限群,若 G 的阶数$\leqslant 5$,则 G 是交换群.

证明 设 G 的阶数为 n.

若 $n=1$,则 G 由一个单位元构成,显然 G 是交换群.

若 $n=2,3,5$,则因为 n 是素数,根据推论 7.2 可知,G 是交换群.

下面证明当 $n=4$ 时,G 是交换群.

若 G 中有一元素 a 的周期为 4,则 G 是由 a 生成的循环群 (a),因此 G 是交换群.

若 G 中每个元素的周期都不为 4,则由推论 7.1 知,G 中非单位元的周期都是 2.于是,对 $\forall x\in G$,均有 $x^2=e$(e 为群 G 的单位元),即 $x=x^{-1}$.因此,对 $\forall x,y\in G$,有

$$xy=x^{-1}y^{-1}=(yx)^{-1}=yx,$$

即 G 是交换群.

7.4.5　不变子群和同态基本定理

1. 不变子群

定义 7.34　设 $(H, \circ)$ 是群 $(G, \circ)$ 的一个子群,如果对 $\forall a \in G$,都有

$$aH = Ha,$$

则称 $(H, \circ)$ 是 $(G, \circ)$ 的**不变子群**或**正规子群**.

显然,如果 G 是交换群,则 G 的所有子群都是不变子群.

设 $(H, \circ)$ 是 $(G, \circ)$ 的不变子群,则由不变子群的定义可知,对 $\forall g \in G$,有 $gHg^{-1} = H$. 反之,若 $gHg^{-1} = H$,则 H 是 G 的不变子群. 我们还可以证明下面的定理.

定理 7.24　设 $(H, \circ)$ 是群 $(G, \circ)$ 的一个子群,则 $(H, \circ)$ 是 $(G, \circ)$ 的不变子群的充要条件是:对 $\forall g \in G$,有 $gHg^{-1} \subseteq H$.

证明　必要性　若 $(H, \circ)$ 是 $(G, \circ)$ 的不变子群,则由不变子群的定义知,对 $\forall g \in G$,有 $gH = Hg$. 于是有 $gHg^{-1} = H$. 因此

$$gHg^{-1} \subseteq H.$$

充分性　假设对 $\forall g \in G$,有 $gHg^{-1} \subseteq H$. 因 $g^{-1} \in G$,故以 g^{-1} 代替 g,有

$$g^{-1}H(g^{-1})^{-1} \subseteq H, \quad 即 \quad g^{-1}Hg \subseteq H.$$

以 g 左乘之（$\circ$ 为 G 上的乘法）,以 g^{-1} 右乘之,得

$$H \subseteq gHg^{-1}.$$

因此,对 $\forall g \in G$,都有 $H = gHg^{-1}$,即 $(H, \circ)$ 是 $(G, \circ)$ 的不变子群.

例 7-20　设 $(H_1, \circ)$ 和 $(H_2, \circ)$ 是 $(G, \circ)$ 的两个不变子群,证明:$(H_1 \bigcap H_2, \circ)$ 是 $(G, \circ)$ 的不变子群.

证明　对 $\forall h \in H_1 \bigcap H_2$,有 $h \in H_1$,且 $h \in H_2$.

因为 $h \in H_1$,$(H_1, \circ)$ 是不变子群,所以由定理 7.24 的必要性可知,对 $\forall g \in G$,有

$$ghg^{-1} \in H_1$$

同理,因为 $h \in H_2$,$(H_2, \circ)$ 是不变子群,所以对 $\forall g \in G$,有

$$ghg^{-1} \in H_2.$$

因此,

$$ghg^{-1} \in H_1 \bigcap H_2.$$

由 $h \in H_1 \bigcap H_2$ 的任意性,对 $\forall g \in G$,有

$$g(H_1 \bigcap H_2)g^{-1} \subseteq H_1 \bigcap H_2.$$

故由定理 7.24 的充分性可知,$(H_1 \bigcap H_2, \circ)$ 是 $(G, \circ)$ 的不变子群.

2. 商群

利用不变子群,可以得到商群的概念.

设 H 是群 G 的一个不变子群,G/H 表示 H 在 G 中的全部陪集的集合（当 H 是 G 的不变子群时,H 在 G 中的左陪集 gH 和右陪集 Hg 是相等的,因此不必区分左、右,而统称其为**陪集**）. 对 $\forall Ha, Hb \in G/H$,定义运算为

$$(Ha)(Hb) = H(ab), \tag{①}$$

则

(1) 公式①定义的运算是 G/H 中的一个二元运算;

(2) G/H 对于二元运算①构成一个群.

证明 (1) 对 $\forall Ha, Hb \in G/H$，$H(ab) \in G/H$，注意到①式中 Ha 和 Hb 的运算结果为 $H(ab)$，它是依赖于 Ha, Hb 的陪集代表形式的. 对于
$$Ha' = Ha, \quad Hb = Hb',$$
这时又有
$$(Ha')(Hb') = H(a'b').$$
若①式定义的运算是 G/H 的二元运算，则必须有
$$H(ab) = H(a'b').$$

事实上，因为 $Ha = Ha'$，所以 $a' \in Ha$，于是有 $h_1 \in H$，使得 $a' = h_1 a$. 同理，又有 $h_2 \in H$，使得 $b' = h_2 b$，于是
$$H(a'b') = H(h_1 a)(h_2 b) = Hh_1(ah_2 b) = H(ah_2 b).$$
因为 H 是 G 的不变子群，故有 $ah_2 \in aH = Ha$，于是又有 $h \in H$，使得
$$ah_2 = ha \in Ha,$$
所以
$$H(a'b') = H(ah_2 b) = H(hab) = H(ab).$$

综上可知，对 $\forall Ha, Hb \in G/H$，$\exists H(ab) \in G/H$ 与它们对应，且只有 $H(ab)$ 与它们对应. 由此得知，①式定义的运算是 G/H 中的二元运算.

(2) 对 $\forall Ha, Hb, Hc \in G/H$，有
$$(HaHb)Hc = H(ab)c = Ha(bc) = Ha(HbHc),$$
所以运算①满足结合律.

容易验证，$He = H$ 是 G/H 的单位元；对 $\forall Ha \in G/H$，Ha^{-1} 是 Ha 的逆元.

于是，G/H 对于二元运算①构成群.

定义 7.35 设 H 是群 G 的不变子群，G/H 对于二元运算 $(Ha)(Hb) = H(ab)$ 构成一个群，则称 G/H 为 G 对 H 的**商群**，仍然用 G/H 表示.

例 7 - 21 设整数加群 $(\mathbf{Z}, +)$，n 是正整数，则 $n\mathbf{Z} = \{nk \mid k \in \mathbf{Z}\}$ 是 $\mathbf{Z}$ 的一个子群. 由于 $\mathbf{Z}$ 是交换群，于是 $n\mathbf{Z}$ 是不变子群，求 $\mathbf{Z}$ 对 $n\mathbf{Z}$ 的商群.

解 显然，$n\mathbf{Z}$ 在 $\mathbf{Z}$ 中的全部陪集是
$$n\mathbf{Z}, 1 + n\mathbf{Z}, 2 + n\mathbf{Z}, \cdots, (n-1) + n\mathbf{Z}.$$
在 $\mathbf{Z}/n\mathbf{Z}$ 中定义二元运算为
$$(i + n\mathbf{Z})(j + n\mathbf{Z}) = (i +_n j) + n\mathbf{Z} = r + n\mathbf{Z} \quad (i, j = 0, 1, 2, \cdots, n-1),$$
其中，$r = i +_n j = (i + j) \bmod n, 0 \leqslant r \leqslant n-1$.

如果陪集用 $\bar{i}$ 表示，即 $\bar{i} = i + n\mathbf{Z}(i = 0, 1, 2, \cdots, n-1)$，则商群 $\mathbf{Z}/n\mathbf{Z}$ 可表示为
$$\mathbf{Z}/n\mathbf{Z} = \{\bar{0}, \bar{1}, \bar{2}, \cdots, \overline{n-1}\}.$$

3. 同态基本定理

下面介绍在群同态中起基础作用的同态基本定理. 先引入一个概念.

定义 7.36 设 $(G, \circ)$ 和 $(G', \cdot)$ 是两个群，σ 是 G 到 G' 的一个同态映射，令 K 为 G 中所有在 σ 下变成 G' 中单位元 e' 的元素的集合，记作 $\sigma^{-1}(e')$，即
$$K = \sigma^{-1}(e') = \{g \mid \sigma(g) = e', g \in G\},$$
则称 K 为**映射 σ 的核**.

例 7 - 22 设 $(\mathbf{Z}, +)$ 是整数加群，$(\mathbf{Z}/R_5, *)$ 是模 5 的剩余类加群，其中，$\mathbf{Z}/R_5 = \{[0],$

[1],[2],[3],[4]},[i]表示除以 5 余 i 的全体整数集合,运算 * 定义为
$$[a]*[b]=[(a+b)(\bmod 5)].$$

设 σ 是从 $(\mathbf{Z},+)$ 到 $(\mathbf{Z}/R_5,*)$ 的一个映射,定义为
$$\sigma(i)=[i(\bmod 5)]\quad(\forall i\in\mathbf{Z}).$$

例如,$\sigma(0)=[0]$,$\sigma(3)=\sigma(8)=[3]$,$\sigma(24)=[4]$,等等. 易知 σ 是一个同态映射. 因为加法运算 $+$ 的单位元是 0,那么运算 * 的单位元是 $[0]$. 可知 σ 的核是
$$K=\{\cdots,-10,-5,0,5,10,\cdots\}.$$

例 7-23 设 $(G,\circ)$ 是一个群,$(K,\circ)$ 是 $(G,\circ)$ 的一个不变子群,$(G/K,*)$ 表示 G 对 K 的商群. 定义 G 到 G/K 的映射 σ 为
$$\sigma(a)=aK\quad(\forall a\in G).$$
证明:σ 是 $(G,\circ)$ 到 $(G/K,*)$ 的同态映射,其核为 K.

证明 因为 $(K,\circ)$ 是 $(G,\circ)$ 的不变子群,所以对 $\forall a,b\in G$,有
$$\sigma(a)*\sigma(b)=(aK)*(bK)=(a\circ b)K=\sigma(a\circ b).$$
因此,σ 是 $(G,\circ)$ 到 $(G/K,*)$ 的同态映射.

因为对 $\forall x\in K$,有 $\sigma(x)=xK=K$;对 $\forall y\notin K(y\in G)$,有 $\sigma(y)=yK\neq K$,而 K 是商群 $(G/K,*)$ 的单位元,所以 σ 的核是 K.

定理 7.25 设 σ 是群 $(G,\circ)$ 到群 $(G',\cdot)$ 的一个满同态映射,则 σ 的核 K 是 $(G,\circ)$ 的一个不变子群. 对 $\forall a'\in G'$,有
$$\sigma^{-1}(a')=\{a\,|\,a\in G,\sigma(a)=a'\},$$
且 $\sigma^{-1}(a')$ 是 K 在 G 中的一个陪集. 因此,G' 的元素和 K 在 G 中的陪集一一对应.

证明 先证 $(K,\circ)$ 是 $(G,\circ)$ 的子群.

首先,K 非空,因为 $\sigma(e)=e'(e,e'$ 分别为 G,G' 的单位元),所以 $e\in K$.

其次,若 $a\in K,b\in K$,则 $a\circ b\in K$. 事实上,若 $a\in K,b\in K$,则 $\sigma(a)=e',\sigma(b)=e'$,因为 σ 是同态映射,所以
$$\sigma(a\circ b)=\sigma(a)\cdot\sigma(b)=e'\cdot e'=e',$$
即 $a*b\in K$.

又若 $a\in K$,则 $a^{-1}\in K$. 事实上,若 $a\in K$,则 $\sigma(a)=e'$,因为根据 σ 的同态性,有
$$e'=\sigma(e)=\sigma(a\circ a^{-1})=\sigma(a)\cdot\sigma(a^{-1})=e'\cdot\sigma(a^{-1})=\sigma(a^{-1}),$$
所以 $a^{-1}\in K$.

综上可知,$(K,\circ)$ 是 $(G,\circ)$ 的子群.

然后证明 K 是不变子群,即证明对 $\forall g\in G$,有 $gKg^{-1}\subseteq K$.

事实上,对 $\forall x\in K$,由 σ 的同态性可知
$$\sigma(g\circ x\circ g^{-1})=\sigma(g)\cdot\sigma(x)\cdot\sigma(g^{-1})=\sigma(g)\cdot e'\cdot\sigma(g^{-1})=\sigma(g)\cdot\sigma(g^{-1})=e',$$
所以 $gKg^{-1}\subseteq K$.

最后证明,对 $\forall a'\in G'$,$\sigma^{-1}(a')$ 是 K 在 G 中的一个陪集.

事实上,对 $\forall b\in G$,有 $b\in\sigma^{-1}(a')$ 当且仅当 $\sigma(b)=a'$,当且仅当 $\sigma(b)\cdot(a')^{-1}=e'$,又根据 σ 的满同态性,必有 $a\in G$,使得 $\sigma(a)=a'$,故当且仅当 $\sigma(b)\cdot\sigma(a^{-1})=\sigma(b\circ a^{-1})=e'$,当且仅当 $b\circ a^{-1}\in K$,当且仅当 $b\in Ka$,即 $\sigma(a^{-1})=Ka$.

定理 7.26(同态基本定理) 设 σ 是群 $(G,\circ)$ 到群 $(G',\cdot)$ 的一个满同态映射,若 σ 的核为 K,则

$$G' \cong G/K.$$

证明　由定理 7.25 知,G' 的元素和 K 在 G 中的陪集一一对应. 设在这个一一对应之下,G' 的元素 a' 和 b' 分别对应 G/K 的元素 aK 和 bK,即

$$a' \leftrightarrow aK, \quad b' \leftrightarrow bK.$$

而 $a'=\sigma(a)$,$b'=\sigma(b)$,于是由 σ 的同态性有

$$a' \cdot b' = \sigma(a \circ b).$$

可见 G' 的元素 $a' \cdot b'$ 所对应的 G/K 的元素是

$$(a \circ b)K = (aK)(bK),$$

即

$$a'b' \leftrightarrow (aK)(bK).$$

于是,G' 和 G/K 之间的一一对应具有同态性,因此 G' 和 G/K 同构.

例 7-24　设 $(\mathbf{Z}, +)$ 是整数加群,(a) 是由 a 生成的循环群,若 a 的周期为 5,则

$$(a) = \{a^0 = e, a^1, a^2, a^3, a^4\}.$$

设 σ 是 $(\mathbf{Z}, +)$ 到 (a) 的同态映射,且

$$\sigma(i) = a^{i(\bmod 5)} \quad (\forall i \in \mathbf{Z}),$$

则 σ 的核为

$$K = \{5i \mid i \in \mathbf{Z}\},$$

即

$$K = \{\cdots, -10, -5, 0, 5, 10, \cdots\}.$$

可见 (a) 与商群 $\mathbf{Z}/K$ 同构,这是因为存在一一对应:

$$a^0 \leftrightarrow 0 + K = \{\cdots, -10, -5, 0, 5, 10, \cdots\},$$
$$a^1 \leftrightarrow 1 + K = \{\cdots, -9, -4, 1, 6, 11, \cdots\},$$
$$a^2 \leftrightarrow 2 + K = \{\cdots, -8, -3, 2, 7, 12, \cdots\},$$
$$a^3 \leftrightarrow 3 + K = \{\cdots, -7, -2, 3, 8, 13, \cdots\},$$
$$a^4 \leftrightarrow 4 + K = \{\cdots, -6, -1, 4, 9, 14, \cdots\},$$

而且这种对应还具有同态性.

习题 7.4

1. 判断下列代数系统是否构成群:

(1) $\mathbf{Q}^+$ 是正有理数集,运算 $+$ 为通常的加法;

(2) a 是正实数,$G = \{a^n \mid n \in \mathbf{Z}\}$,运算 $\times$ 为通常的乘法;

(3) $G = \{1, 10\}$,运算 $\times_{11}$ 为模 11 的乘法;

(4) $G = \{1, 3, 4, 5, 9\}$,运算 $\times_{11}$ 为模 11 的乘法.

2. 证明:若群 $(G, *)$ 的每一个元素都适合方程 $x^2 = e$,则 $(G, *)$ 是交换群,其中,e 是群 $(G, *)$ 的单位元.

3. 设置换 S 与 T 分别为

$$S = \begin{pmatrix} 1 & 2 & 3 & 4 & 5 \\ 2 & 4 & 3 & 5 & 1 \end{pmatrix}, \quad T = \begin{pmatrix} 1 & 2 & 3 & 4 & 5 \\ 2 & 5 & 1 & 4 & 3 \end{pmatrix},$$

计算 ST 及 T^{-1}.

4. 计算 $A = \{1, 2, 3, 4\}$ 上的置换的乘积:$(1\,2\,3)(2\,3\,4)(1\,4)(2\,3)$.

5. 证明:群 $(G, \circ)$ 是可换的,当且仅当 $(a \circ b)^2 = a^2 \circ b^2$.

6. 证明：循环群必是交换群.

7. 设 $A=\{1,2,3\}$ 上的两置换为 $\sigma=(1\,3\,2),\tau=(1\,3)$，计算 $\sigma\tau\sigma^{-1}$.

8. 设 $(G,\circ)$ 是一个群，令 $H=\{a\,|\,a\in G,$ 对 $\forall x\in G,$ 有 $a\circ x=x\circ a\}$. 证明：$(H,\circ)$ 是 $(G,\circ)$ 的子群.

9. 设 $(G,\circ)$ 是一个群，$(H_1,\circ)$ 和 $(H_2,\circ)$ 是 $(G,\circ)$ 的两个子群. 证明：$(H_1\bigcap H_2,\circ)$ 也是 $(G,\circ)$ 的子群.

10. 设 $G=(\mathbf{Z}_{12},+_{12})$ 是一个群，试求 G 的所有子群.

11. 证明：6 阶群中必含周期为 3 的元素.

12. 设 G 是全体 $n(n\geqslant2)$ 阶可逆实矩阵的集合关于矩阵乘法构成的群，令 $H=\{A\,|\,A\in G\ \text{且}\ \det(A)=1\}$，这里 $\det(A)$ 表示矩阵 A 的行列式. 证明：H 是 G 的不变子群.

13. 设 6 阶循环群 $G_6=(g)=\{g,g^2,g^3,g^4,g^5,g^6=e\}$，令 $H=\{e,g^3\}$.

(1) 证明：H 是 G_6 的不变子群；

(2) 求商群 G_6/H.

14. 证明：在一个有限群中，周期大于 2 的元素个数必是偶数.

7.5　环　与　域

前面讨论了具有一个二元运算的代数系统，本节将讨论具有两个二元运算的代数系统.

7.5.1　环

定义 7.37　设有代数系统 $(G,+,\circ)$，若 G 关于二元运算 $+$ 和 $\circ$ 满足下列条件：

(1) $(G,+)$ 是一个交换群；

(2) $(G,\circ)$ 是一个半群；

(3) 对任意 $a,b,c\in G$，运算 $\circ$ 对运算 $+$ 满足分配律，即
$$a\circ(b+c)=a\circ b+a\circ c,$$
$$(b+c)\circ a=b\circ a+c\circ a,$$

则称代数系统 $(G,+,\circ)$ 是**环**，在环 $(G,+,\circ)$ 中算符"$\circ$"及"$+$"通常称为"乘法"与"加法".

例如，(1) 整数集 $\mathbf{Z}$，对于数的加法和乘法构成一个环，称为**整数环**$(\mathbf{Z},+,\times)$；

(2) 用 $\mathbf{Z}[x]$ 表示 x 的所有整系数多项式构成的集合，它对于多项式的加法和乘法构成一个环，称为**整系数多项式环**$(\mathbf{Z}[x],+,\times)$；

(3) 仅由数字 0 构成的集合 $\{0\}$，对于数的加法和乘法构成一个环 $(\{0\},+,\times)$，称为**零环**；

(4) 设 $\mathbf{Z}_n$ 表示整数模 n 的全体剩余类 $\mathbf{Z}_n=\{0,1,2,\cdots,n-1\}$，其中，$[i](i=0,1,2,\cdots,n-1)$ 表示模 n 余数 i 的剩余类，即
$$[i]=\{x\,|\,x\in\mathbf{Z},x\equiv i(\mathrm{mod}\ n)\},$$
简记为 i. 对剩余类分别定义其上的加法 $+$ 和乘法 $\circ$ 为
$$i+j=[(i+j)(\mathrm{mod}\ n)],\quad i\circ j=[(ij)(\mathrm{mod}\ n)],$$
则 $\mathbf{Z}_n$ 关于剩余类的加法 $+$ 和乘法 $\circ$ 是一个环 $(\mathbf{Z}_n,+,\circ)$，称为**剩余类环**.

下面讨论环的性质.

设 $(G,+,\circ)$ 是一个环，$\forall a,b,c\in G$.

由于 $(G,+)$ 是交换群，因此加法运算：

(1) 加法 $+$ 满足结合律，即

$$(a+b)+c=a+(b+c).$$

（2）加法＋满足交换律，即

$$a+b=b+a.$$

（3）G 中关于加法＋存在唯一的单位元，记作 0，即对 $\forall a\in G$，有

$$a+0=a=0+a.$$

此时称 0 为环 G 的**零元**.

（4）对 $\forall a\in G$，G 中关于加法＋存在 a 的唯一的逆元，记作 $-a$，即有

$$a+(-a)=0=(-a)+a.$$

此时称 $-a$ 为元素 a 的**负元**. 通常把 $a+(-b)$ 记作 $a-b$.

（5）加法＋满足消去律，即若 $a+b=a+c$，则 $b=c$.

（6）对于加法＋，通常把 $\underbrace{a+a+\cdots+a}_{n个}$ 记作 na；对于乘法。通常把 $\underbrace{a\circ a\circ\cdots\circ a}_{n个}$ 记作 a^n，把 $a\circ b$ 简记为 ab. 由于加法＋满足交换律，所以对任意正整数 m,n，以下等式均成立：

$$n(a+b)=na+nb,$$
$$(m+n)a=ma+na,$$
$$mn(a)=m(na).$$

（7）乘法。满足结合律，即

$$(ab)c=a(bc).$$

（8）乘法。对加法＋满足分配律，即

$$a(b+c)=ab+ac,$$
$$(b+c)a=ba+ca.$$

（9）$a0=0=0a$.

事实上，由于 G 中乘法。对加法＋满足分配律，故有

$$a0=a(0+0)=a0+a0,$$

在上式两端同时加上 $a0$ 在 G 中的负元，便有

$$0=a0.$$

同理有

$$0a=0.$$

（10）$(-a)b=a(-b)=-ab$.

事实上，因为

$$ab+a(-b)=a[b+(-b)]=0,$$

所以由负元的定义得到

$$a(-b)=-ab.$$

同理可得

$$(-a)b=-ab.$$

（11）$(-a)(-b)=ab$.

事实上，因为

$$a(-b)+(-a)(-b)=[a+(-a)](-b)=0(-b)=0,$$

而 $a(-b)=-ab$，因此

$$(-a)(-b)=ab.$$

（12）乘法。对减法一的分配律成立,即
$$a(b-c)=ab-ac,$$
$$(b-c)a=ba-ca.$$

事实上,有
$$a(b-c)=a[b+(-c)]=ab+a(-c)=ab-ac.$$
同理有
$$(b-c)a=ba-ca.$$

（13）在环 G 中乘法对加法的分配律可以推广为:对 $\forall a_i,b_j,a\in G(i=1,2,\cdots,m;j=1,2,\cdots,n)$,有
$$a(b_1+b_2+\cdots+b_n)=ab_1+ab_2+\cdots+ab_n,$$
$$(b_1+b_2+\cdots+b_n)a=b_1a+b_2a+\cdots+b_na,$$
以及
$$\sum_{i=1}^{m}a_i\sum_{j=1}^{n}b_j=\sum_{i,j=1}a_ib_j.$$

（14）设 n 为正整数,则有
$$(na)b=a(nb)=n(ab).$$
易见,这是性质(13)的特例.

按照环 $(G,+,\circ)$ 的乘法。的性质,下面介绍几个重要的环.

定义 7.38　若环 $(G,+,\circ)$ 的乘法。满足交换律,即对 $\forall a,b\in G$,有
$$a\circ b=b\circ a,$$
则称 $(G,+,\circ)$ 是**交换环**.

在交换环中,有
$$(a\circ b)^n=a^n\circ b^n.$$

例如,整数集 **Z** 中关于数的加法和乘法构成交换环 $(\mathbf{Z},+,\times)$;有理数集 **Q** 关于数的加法和乘法也构成交换环 $(\mathbf{Q},+,\times)$;而当 $n>1$ 时,环 $(M_n(\mathbf{R}),+,\cdot)$ 就不是交换环.

定义 7.39　设 a,b 是环 $(G,+,\circ)$ 的两个元素,如果 $a\neq0,b\neq0$,但 $a\circ b=0$,则称 a 为环 $(G,+,\circ)$ 的一个**左零因子**,称 b 为环 $(G,+,\circ)$ 的一个**右零因子**;若 $(G,+,\circ)$ 中的一个元素既是左零因子,又是右零因子,则称它是一个**零因子**;若 $(G,+,\circ)$ 中无零因子,则称它为**无零因子环**.

G 中无零因子,当且仅当在 G 中消去律成立.因此,无零因子环又称为**消去环**.

定义 7.40　设 $(G,+,\circ)$ 是环,且满足:

（1）$(G,+,\circ)$ 是交换环;

（2）G 中关于乘法。存在唯一的单位元,记作 1,即对 $\forall a\in G$,有 $1\circ a=a\circ 1=a$(此时称 1 为环 G 的**单位元**);

（3）G 无零因子,即对 $\forall a,b\in G$,若 $a\neq0,b\neq0$,则 $a\circ b\neq0$,
则称 $(G,+,\circ)$ 为**整环**.

不难验证,整数环 $(\mathbf{Z},+,\times)$ 是整环.

定义 7.41　若环 $(G,+,\circ)$ 满足:

（1）G 至少有一个非零元;

（2）G 中关于乘法。存在唯一的单位元 1,即对 $\forall a\in G$,有

$$1 \circ a = a \circ 1 = a;$$

(3) G 中每一个非零元 a 都关于乘法。有唯一的逆元,记作 a^{-1},即对 $\forall a \in G$,若 $a \neq 0$,则有 $a^{-1} \in G$,使得

$$a \circ a^{-1} = a^{-1} \circ a = 1,$$

则称 $(G, +, \circ)$ 为**除环**.

例如,有理数集 $\mathbf{Q}$,因 $(\mathbf{Q}, +, \times)$ 有非零元,即非零数;有单位元,即数 1;对 $\forall a \in \mathbf{Q}$,当 $a \neq 0$ 时,有 $a^{-1} = \dfrac{1}{a} \in \mathbf{Q}$,使

$$a \times \frac{1}{a} = \frac{1}{a} \times a = 1,$$

故 $(\mathbf{Q}, +, \times)$ 是除环.

定义 7.42　设 $(G, +, \circ)$ 是环,若 G 的子集合 H 对运算 $+$ 和 $\circ$ 也是一个环,则称 $(H, +, \circ)$ 是环 $(G, +, \circ)$ 的**子环**.

例如,整数环 $(\mathbf{Z}, +, \times)$ 是有理数环 $(\mathbf{Q}, +, \times)$ 的一个子环.

7.5.2　域

域是特殊的环,即可交换的除环.

定义 7.43　设 $(R, +, \circ)$ 是代数系统,如果它满足:

(1) $(R, +)$ 是交换群;

(2) $(R - \{0\}, \circ)$ 是交换群;

(3) 运算 $\circ$ 对运算 $+$ 是可分配的,

则称 $(R, +, \circ)$ 为**域**.

元素个数有限的域称为**有限域**,元素个数无限的域称为**无限域**.

例如,有理数环 $(\mathbf{Q}, +, \times)$ 是域. 容易验证,域是整环,有限整环是域.

例 7 - 25　设集合 $\mathbf{Z}_2 = \{[0], [1]\}$,运算符 $+$ 与 $\circ$ 的运算表见表 7-7,证明:$(\mathbf{Z}_2, +, \circ)$ 为域.

证明　(1) 由运算表可知,对 $\forall [x], [y] \in \mathbf{Z}_2$,有 $[x] + [y] \in \mathbf{Z}_2$,$[x] \circ [y] \in \mathbf{Z}_2$,故 $+$ 和 $\circ$ 是 $\mathbf{Z}_2$ 上的二元运算.

表 7 - 7

$+$	$[0]$	$[1]$	$\circ$	$[0]$	$[1]$
$[0]$	$[0]$	$[1]$	$[0]$	$[0]$	$[0]$
$[1]$	$[1]$	$[0]$	$[1]$	$[0]$	$[1]$

(2) 对 $\forall [x], [y], [z] \in \mathbf{Z}_2$,有

$$([x] + [y]) + [z] = [x] + ([y] + [z]),$$
$$([x] \circ [y]) \circ [z] = [x] \circ ([y] \circ [z]).$$

于是,运算 $+$ 与 $\circ$ 都满足结合律.

(3) 对 $\forall [x], [y] \in \mathbf{Z}_2$,有

$$[x] + [y] = [y] + [x],$$
$$[x] \circ [y] = [y] \circ [x].$$

于是,运算 $+$ 与 $\circ$ 满足交换律.

(4) 在 $\mathbf{Z}_2$ 中,零元为 $[0]$;单位元为 $[1]$;$[0]$ 和 $[1]$ 的负元分别为 $[0]$ 和 $[1]$;非零元 $[1]$ 的逆元为 $[1]$.

(5) 对 $\forall [x], [y], [z] \in \mathbf{Z}_2$,有

$$[x] \circ ([y] + [z]) = [x] \circ [y] + [x] \circ [z].$$

于是,运算。对+满足分配律.

由(1)~(5)知,$(\mathbf{Z}_2, +, \circ)$ 是域,且为有限域.

习题 7.5

1. 判断下列代数系统是否构成环:

(1) $(Q(\sqrt{5}), +, \times)$,其中,$Q(\sqrt{5}) = \{a + b\sqrt{5} \mid a, b \in \mathbf{Z}\}$,运算+和×分别为通常的加法和乘法;

(2) $(\mathbf{Z}, +, \circ)$,其中,运算+为通常的加法,运算。定义为 $a \circ b = 0 (\forall a, b \in \mathbf{Z})$.

2. 设 $(R, +, \circ)$ 是环,R 的子集 G 定义为 $G = \{a \mid a^{-1} \in R\}$,证明:$(G, \circ)$ 是群.

3. 设 $A = \left\{ \begin{pmatrix} a & 2b \\ b & a \end{pmatrix} \middle| a, b \in \mathbf{R} \right\}$,证明:$A$ 关于矩阵的加法和乘法构成环.

4. 设 $A = \left\{ \begin{pmatrix} a & b \\ b & a \end{pmatrix} \middle| a, b \in \mathbf{Z} \right\}$,试问:$A$ 关于矩阵的加法和乘法是否构成域?

5. 证明:整数环 $(\mathbf{Z}, +, \times)$ 是整环,其中,运算+与×分别是通常的加法与乘法.

总练习题 7

1. 实数集 $\mathbf{R}$ 上的二元运算。定义为 $a \circ b = a + \frac{1}{2} b (\forall a, b \in \mathbf{R})$,问:$\mathbf{R}$ 中关于运算。存在单位元、零元和幂等元吗?

2. 判断下列集合 A 和二元运算 $*$ 是否构成代数系统:

(1) 设 $A = \{1, -2, 3, 2, -5\}$,对 $\forall a, b \in A$,有 $a * b = |b|$;

(2) 设 $A = \rho(\{x, y\}) - \{x, y\}$ 的幂集,对 $\forall a, b \in A$,有 $a * b = a \bigcup b$.

3. 定义自然数集 $\mathbf{N}$ 上的两个二元运算为 $a * b = a^b$,$a \circ b = ab, (\forall a, b \in \mathbf{N})$,证明:运算 $*$ 对。是不可分配的.

4. 设 $V = \{\mathbf{Z}, +, \times\}$,其中,$\mathbf{Z}$ 为整数集,运算+与×分别是通常的加法和乘法.试问:下面 $\mathbf{Z}$ 中的每个子集是否能构成 V 的子代数? 为什么?

(1) $H_1 = \{2n + 1 \mid n \in \mathbf{Z}\}$;

(2) $H_2 = \{-1, 0, 1\}$;

(3) $H_3 = \{2n \mid n \in \mathbf{Z}\}$.

5. 设 $V_1 = (\mathbf{C}, +, \times)$,其中,$\mathbf{C}$ 为复数集,运算+和×分别是复数的加法和乘法. 设 $V_2 = (M, +, \circ)$,其中,$M = \left\{ \begin{pmatrix} a & b \\ -b & a \end{pmatrix} \middle| a, b \in \mathbf{R} \right\}$,运算+和。分别是矩阵的加法和乘法. 试证明:这两个代数系统同构.

6. 设 $\mathbf{R}$ 是实数集,$\mathbf{R}$ 上的二元运算。定义为 $a \circ b = |a| \times b$(运算×为通常的乘法),问:$\mathbf{R}$ 与运算。能否构成半群?

7. 设 $(\mathbf{R}, \circ)$ 是一个代数系统,。是 $\mathbf{R}$ 上的一个二元运算,使得对于 R 中的任意元素 a, b,有

$$a \circ b = a + b + ab.$$

试求 $(\mathbf{R}, \circ)$ 中的单位元,并证明:$(\mathbf{R}, \circ)$ 为半群.

8. 设 $G = \mathbf{Q} - \{1\}$,定义 G 上的二元运算。为 $a \circ b = a + b - ab (\forall a, b \in G)$,试问:$(G, \circ)$ 是群吗?

9. 整数集 $\mathbf{Z}$ 和数的加法构成的群 $(\mathbf{Z}, +)$ 称为整数加群,令 $H = \{3k \mid k \in \mathbf{Z}\}$,试问:$(H, +)$ 是否为 $(\mathbf{Z}, +)$ 的子群?

10. 设有群 $(\mathbf{Z}_6, +_6)$,其中,$\mathbf{Z}_6 = \{0, 1, 2, 3, 4, 5\}$,运算 $+_6$ 是模 6 的加法,即对 $\forall a, b \in \mathbf{Z}_6$,有

$$a +_6 b = (a + b) \bmod 6.$$

试求出群$(\mathbf{Z}_6, +_6)$的阶和群中每一元素的周期.

11. 试证明:在阶为偶数的有限群中,周期等于2的元素个数一定是奇数.

12. 设f是由群$(G_1, *)$到群$(G_2, \circ)$的同态映射,e_1和e_2分别是这两个群的单位元,则

(1) $f(e_1) = e_2$;

(2) 对$\forall a \in G_1$,有$f(a^{-1}) = (f(a))^{-1}$.

13. 设$(G, *)$是群,且$|G| = 2n$,这里$n \in \mathbf{N}$. 证明:在G中至少存在$a \neq e$,使得$a * a = e$(e是单位元).

14. 设$G = \{[1], [2], [3], [4], [5], [6]\}$,$G$上的二元运算$\times_7$的运算表如表7-8所示.问:$(G, \times_7)$是循环群吗? 若是,试找出它的生成元.

表7-8

$\times_7$	[1]	[2]	[3]	[4]	[5]	[6]
[1]	[1]	[2]	[3]	[4]	[5]	[6]
[2]	[2]	[4]	[6]	[1]	[3]	[5]
[3]	[3]	[6]	[2]	[5]	[1]	[4]
[4]	[4]	[1]	[5]	[2]	[6]	[3]
[5]	[5]	[3]	[1]	[6]	[4]	[2]
[6]	[6]	[5]	[4]	[3]	[2]	[1]

15. 证明:循环群的任何子群必为循环群.

16. 考察代数系统$(\mathbf{Z}, +)$,确定以下定义在$\mathbf{Z}$上的二元关系R是否为同余关系:

(1) $(x, y) \in R$,当且仅当$x < 0$且$y < 0$,或$x \geqslant 0$且$y \geqslant 0$;

(2) $(x, y) \in R$,当且仅当$x = y = 0$,或$x \neq 0$且$y \neq 0$.

17. 试求出$(\mathbf{Z}_6, +_6)$的子群$(\{0, 2, 4\}, +_6)$的所有右陪集.

18. 设$(A, +, \times)$是一个代数系统,其中,运算$+$和$\times$分别是通常的加法与乘法,A为下列集合:

(1) $A = \{x \mid x = 2n, n \in \mathbf{Z}\}$;

(2) $A = \{x \mid x \geqslant 0, 且 x \in \mathbf{Z}\}$;

(3) $A = \{x \mid x = a + \sqrt[4]{3}b, a, b \in \mathbf{R}\}$.

问:$(A, +, \times)$是整环吗? 为什么?

19. 证明:$(\{0, 1\}, \oplus, \odot)$是一个整环,其中,运算$\oplus$和$\odot$的运算表如表7-9所示.

表7-9

$\oplus$	0	1		$\odot$	0	1
0	0	1		0	0	0
1	1	0		1	0	1

20. 设$(A, +, \times)$是一个代数系统,其中,运算$+$与$\times$分别为通常的加法和乘法,A为下列集合:

(1) $A = \{x \mid x \geqslant 0, x \in \mathbf{Z}\}$;

(2) $A = \{x \mid x = a + b\sqrt{3}, a, b$ 均为有理数$\}$;

(3) $A = \{x \mid x = a + b\sqrt[3]{5}, a, b$ 均为有理数$\}$.

问:$(A, +, \times)$是否为域? 为什么?

第8章 格与布尔代数

格论是在 1935 年左右形成的,它不仅是代数学中的一个重要分支,而且在近代解析几何、半序空间、保密学和开关理论中都有重要应用.本章介绍格的一些基本知识以及几个特殊的格,并在此基础上引入布尔代数.

8.1 格

在第 4 章中,介绍了偏序集的概念.偏序集就是由一个集合 A 以及 A 上的一个偏序关系"$\leqslant$"所组成的一个序偶 $(A,\leqslant)$.就一般的偏序集来说,它的任意两个元素 a,b 不一定有最大下界或最小上界.

例如,设偏序集 $(\{2,3,5,7,14,15,21\},/)$(符号"/"表示整除关系),其哈斯图如图 8-1 所示.可见,$\{3,7\}$ 的最小上界为 21,但没有最大下界,

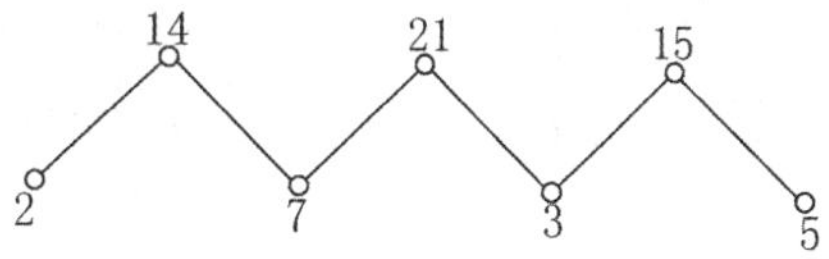

图 8-1

然而也存在着这样一类偏序集,它的每一对元素都有最小上界与最大下界,我们将此类偏序集称为格.

定义 8.1 设 $(A,\leqslant)$ 是一个偏序集合,如果 A 中每一对元素 a,b 都有最大下界和最小上界,则称 $(A,\leqslant)$ 为**格**,其中,最小上界 $\text{lub}\{a,b\}$ 记为 $a\vee b$,称为 a 与 b 的**并**;最大下界 $\text{glb}\{a,b\}$ 记为 $a\wedge b$,称为 a 与 b 的**交**.

例 8-1 考虑偏序集 $(\{1,2,3,4,6,8,12,24\},/)$,不难看出,对它的任意两个元素都有最小上界和最大下界.例如,$\{4,8\}$ 的最小上界为 8,最大下界为 4;$\{2,6\}$ 的最小上界是 6,最大下界是 2;$\{3,8\}$ 的最小上界是 24,最大下界是 1;等等.所以此偏序集为格.

例 8-2 设 S 是一个任意集合,$\rho(S)$ 为 S 的幂集,$(\rho(S),\subseteq)$ 是一个偏序集.因为 $\rho(S)$ 中的任意两个元素 S_1,S_2 都有最大下界和最小上界,所以此偏序集是格.

由第 4 章知道,$\text{lub}\{a,b\}$ 和 $\text{glb}\{a,b\}$ 是唯一的,即 $a\vee b$ 与 $a\wedge b$ 是唯一的.因此,可以将 $\vee$ 和 $\wedge$ 看作是集合 A 上的两个二元运算,所以格 $(A,\leqslant)$ 往往也记作 $(A,\wedge,\vee)$,这是一个含有两个二元运算的代数系统.

下面讨论格的一些基本性质.

定理 8.1 若 $(A,\wedge,\vee)$ 是一个格,则对于任意的 $a,b,c\in A$,有

(1) $a\leqslant a\vee b,b\leqslant a\vee b$;

(2) $a\wedge b\leqslant a,a\wedge b\leqslant b$;

(3) 若 $a\leqslant c$ 且 $b\leqslant c$,则 $a\vee b\leqslant c$;

(4) 若 $c\leqslant a$ 且 $c\leqslant b$,则 $c\leqslant a\wedge b$.

证明 (1) 因为 $a\vee b=\text{lub}\{a,b\}$,显然为 a 的一个上界,所以 $a\leqslant a\vee b$;同理 $a\vee b$ 也为 b

的一个上界,所以 $b \leqslant a \vee b$.

(2) 因为 $a \wedge b = \text{glb}\{a,b\}$,所以 $a \wedge b$ 既是 a 的下界又是 b 的下界,显然有 $a \wedge b \leqslant a, a \wedge b \leqslant b$.

(3) 因为 $a \leqslant c$ 且 $b \leqslant c$,由上界的定义知,c 是 $\{a,b\}$ 的上界,而 $a \vee b$ 是 $\{a,b\}$ 的最小上界,故必有 $a \vee b \leqslant c$.

(4) 因为 $c \leqslant a$ 且 $c \leqslant b$,由下界的定义可知,c 是 $\{a,b\}$ 的一个下界,而 $a \wedge b$ 是 $\{a,b\}$ 的最大下界,因此 $c \leqslant a \wedge b$.

定理 8.2 若 $(A, \wedge, \vee)$ 是一个格,a,b 为 A 中任意两个元素,则以下 3 个条件等价:

(1) $a \leqslant b$;

(2) $a \vee b = b$;

(3) $a \wedge b = a$.

证明 先证 (1)$\Rightarrow$(2). 因 $a \leqslant b$,由自反性得 $b \leqslant b$,所以由定理 8.1 有 $a \vee b \leqslant b$,而 $b \leqslant a \vee b$,从而由反对称性得 $a \vee b = b$.

再证 (2)$\Rightarrow$(1). 由定理 8.1 有 $a \leqslant a \vee b$,而 $a \vee b = b$,从而 $a \leqslant b$.

故 (1) 与 (2) 等价. 同理可证 (1) 与 (3) 也等价.

若 $(A, \leqslant)$ 是偏序集,则 $(A, \geqslant)$ 也是偏序集,其中,$\geqslant$ 是 $\leqslant$ 的逆关系. 可以证明,若 $(A, \leqslant)$ 是格,则 $(A, \geqslant)$ 也是格,称这两个格互为**对偶**.

将格 $(A, \leqslant)$ 中的一个命题的符号 $\leqslant, \geqslant, \vee, \wedge$ 分别用 $\geqslant, \leqslant, \wedge, \vee$ 代替,则得到一个新的命题,将这个新命题称为原命题的对偶. 显然,这两个命题互为对偶.

关于格中的对偶有一个很重要的**对偶原理**:对于格中的任一真命题,其对偶亦为真.

利用对偶原理,可以对一些结论进行证明.

定理 8.3 若 $(A, \wedge, \vee)$ 是一个格,则对任意的 $a,b,c \in A$,有下面 4 条运算律成立:

(1) 交换律 $a \vee b = b \vee a, a \wedge b = b \wedge a$;

(2) 吸收律 $a \vee (a \wedge b) = a, a \wedge (a \vee b) = a$;

(3) 结合律 $a \vee (b \vee c) = (a \vee b) \vee c, a \wedge (b \wedge c) = (a \wedge b) \wedge c$;

(4) 幂等律 $a \vee a = a, a \wedge a = a$.

证明 (1) 格中任意两个元素 a,b 的最小上界(最大下界)当然等于 b,a 的最小上界(最大下界).

(2) 由自反性得 $a \leqslant a$,再由定理 8.1 有 $a \wedge b \leqslant a$,则 $a \vee (a \wedge b) \leqslant a$. 又因 $a \leqslant a \vee (a \wedge b)$,故

$$a \vee (a \wedge b) = a.$$

由对偶原理有

$$a \wedge (a \vee b) = a.$$

(3) 由定理 8.1 有

$$b \leqslant b \vee c \leqslant a \vee (b \vee c), \quad a \leqslant a \vee (b \vee c),$$

所以 $a \vee b \leqslant a \vee (b \vee c)$. 又因 $c \leqslant b \vee c \leqslant a \vee (b \vee c)$,故

$$(a \vee b) \vee c \leqslant a \vee (b \vee c).$$

类似可证得

$$a \vee (b \vee c) \leqslant (a \vee b) \vee c.$$

故

$$a \vee (b \vee c) = (a \vee b) \vee c.$$

利用对偶原理有
$$a \wedge (b \wedge c) = (a \wedge b) \wedge c.$$

(4) 由自反性得 $a \leqslant a$，再由定理 8.2 知 $a \vee a = a$.

由对偶原理知 $a \wedge a = a$.

定理 8.4（格的保序性） 设 $(A, \wedge, \vee)$ 为一个格，对 A 中任意元素 a, b, c，若 $b \leqslant c$，则
$$a \wedge b \leqslant a \wedge c, \quad a \vee b \leqslant a \vee c.$$

证明 因为 $b \leqslant c, b \leqslant b$，故由定理 8.1 有 $b \leqslant b \wedge c$. 又因 $b \wedge c \leqslant b$，所以 $b \wedge c = b$，从而有
$$(a \wedge b) \wedge (a \wedge c) = (a \wedge a) \wedge (b \wedge c) = a \wedge (b \wedge c) = a \wedge b.$$
于是，由定理 8.2 的条件 (3) 与 (1) 的等价关系知
$$a \wedge b \leqslant a \wedge c.$$

同理可证
$$a \vee b \leqslant a \vee c.$$

定理 8.5 在一个格 $(A, \wedge, \vee)$ 中，对任意的 $a, b, c, d \in A$，若 $a \leqslant b$ 且 $c \leqslant d$，则
$$a \vee c \leqslant b \vee d, \quad a \wedge c \leqslant b \wedge d.$$

证明 因为 $a \leqslant b$ 且 $c \leqslant d$，又因 $b \leqslant b \vee d, d \leqslant b \vee d$，由传递性可得
$$a \leqslant b \vee d, \quad c \leqslant b \vee d,$$
所以
$$a \vee c \leqslant b \vee d.$$

类似可证明 $a \wedge c \leqslant b \wedge d$.

定理 8.6 设有格 $(A, \wedge, \vee)$，对任意的 $a, b, c \in A$，都有下列分配不等式成立：

(1) $a \vee (b \wedge c) \leqslant (a \vee b) \wedge (a \vee c)$；

(2) $a \wedge (b \vee c) \geqslant (a \wedge b) \vee (a \wedge c)$.

证明 因为 $a \leqslant a \vee b$ 及 $a \leqslant a \vee c$，所以
$$a \leqslant (a \vee b) \wedge (a \vee c).$$
又因 $b \wedge c \leqslant b \leqslant a \vee b, b \wedge c \leqslant c \leqslant a \vee c$，所以
$$b \wedge c \leqslant (a \vee b) \wedge (a \vee c).$$
故
$$a \vee (b \wedge c) \leqslant (a \vee b) \wedge (a \vee c).$$

利用对偶原理，有
$$a \wedge (b \vee c) \geqslant (a \wedge b) \vee (a \wedge c).$$

格既然可看作代数系统，那么自然地能把代数系统中有关子代数、同态等概念引入到格中，这样就产生了子格、格同态等，这里我们不详细讨论这些概念. 下面讨论代数系统满足什么条件才能成格，并以定理形式给出回答.

定理 8.7 设 $(A, \wedge, \vee)$ 是一个代数系统，其中，$\vee$ 和 $\wedge$ 都是二元运算，且满足交换律、吸收律和结合律，则 A 上存在偏序关系 $\leqslant$，使 $(A, \leqslant)$ 是一个格.

证明 若代数系统 $(A, \vee, \wedge)$ 中运算 $\vee$ 和 $\wedge$ 满足交换律、吸收律和结合律，则由吸收律有
$$a \wedge a = a \wedge (a \vee (a \wedge a)) = a.$$
类似可得 $a \vee a = a$，即二元运算 $\vee$ 和 $\wedge$ 也满足幂等律.

设在 A 上定义二元关系 $\leqslant$ 为：对任意的 $a, b \in A$，有 $a \leqslant b$ 当且仅当 $a \wedge b = a$.

首先,证明二元关系≤是一个偏序关系.

由前面的讨论知,∧满足幂等律,即对任意的 $a \in A$,有 $a \wedge a = a$. 所以 $a \leqslant a$,即≤是自反的.

设 $a \leqslant b$,则 $a = a \wedge b$;再设 $b \leqslant a$,则 $b = b \wedge a$. 因为∧满足交换律,所以 $a = b$,即≤是反对称的.

设 $a \leqslant b, b \leqslant c$,则 $a \wedge b = a, b \wedge c = b$. 因为

$$a \wedge c = (a \wedge b) \wedge c = a \wedge (b \wedge c) = a \wedge b = a,$$

所以 $a \leqslant c$,故≤是传递的. 因此,≤为偏序关系.

其次,证明 $a \wedge b$ 是 a 和 b 关于偏序关系≤的最大下界.

由于 $(a \wedge b) \wedge a = a \wedge b, (a \wedge b) \wedge b = a \wedge b$,因此 $a \wedge b \leqslant a, a \wedge b \leqslant b$,即 $a \wedge b$ 为 a 和 b 的下界.

设 c 是 a 和 b 的任一下界,即 $c \leqslant a, c \leqslant b$,则有

$$c \wedge a = c, \quad c \wedge b = c.$$

而 $c \wedge (a \wedge b) = (c \wedge a) \wedge b = c \wedge b = c$,所以 $c \leqslant a \wedge b$.

这就证明了 $a \wedge b$ 是 a 和 b 的最大下界.

最后,根据交换律和吸收律,由 $a \wedge b = a$ 得

$$b = (a \wedge b) \vee b = a \vee b;$$

反之,由 $a \vee b = b$ 可得

$$a = a \wedge (a \vee b) = a \wedge b.$$

因此 $a \wedge b = a \Leftrightarrow a \vee b = b$.

由此可知,A 上偏序关系≤即为:对任意 $a, b \in A$,有 $a \leqslant b$ 当且仅当 $a \vee b = b$. 可以用类似的方法证明 $a \vee b$ 是 a 与 b 关于偏序关系≤的最小上界.

因此,$(A, \leqslant)$ 是一个格.

习题 8.1

1. 填空题

(1) 若 $(A, \vee, \wedge)$ 为格,则二元运算 $\vee, \wedge$ 满足_____律.

(2) 若 $(A, \wedge, \vee)$ 是一个格,a, b 为 A 中任意两个元素,且 $a \leqslant b$,则 $a \vee (a \wedge b) =$ _____;$a \wedge (a \vee b) =$ _____.

2. 选择题

(1) 在如图 8-2 所示的偏序集中,_____为格.

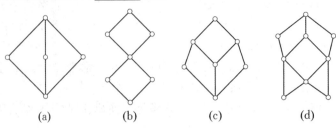

(a)　　　(b)　　　(c)　　　(d)

图 8-2

（2）由下列集合 L 构成的偏序集 $(L,\leqslant)$，这里 $\leqslant$ 定义为：对于 $n_1,n_2\in L$，有 $n_1\leqslant n_2$ 当且仅当 n_1 是 n_2 的因子，则_____为格.

A. $L=\{1,2,3,4,6,12\}$　　B. $L=\{1,2,3,4,6,8,12,14\}$　　C. $L=\{1,2,3,4,5,6,7,8,9,10,11,12\}$

3. 设集合 $S=\{1,2,3,4,5\}$，$\leqslant$ 为通常的小于或等于关系，$(S,\leqslant)$ 是格吗？它的二元运算 $\wedge$ 和 $\vee$ 分别是什么？

4. 设集合 $S_0,S_1,\cdots,S_7$ 定义如下：

$S_0=\{a,b,c,d,e,f\}$,　　$S_1=\{a,b,c,d,e\}$,　　$S_2=\{a,b,c,e,f\}$,　　$S_3=\{a,b,c,e\}$,

$S_4=\{a,b,c\}$,　　　　　$S_5=\{a,b\}$,　　　　　$S_6=\{a,c\}$,　　　　　$S_7=\{a\}$.

画出 $(L,\subseteq)$ 的哈斯图，这里 $L=\{S_0,S_1,\cdots,S_7\}$，它是格吗？给出其上的二元运算 $\wedge$ 和 $\vee$.

5. 证明：在格中，如果有 $a\leqslant b\leqslant c$，则有 $a\vee b=b\wedge c$，$(a\wedge b)\vee(b\wedge c)=b=(a\vee b)\wedge(a\vee c)$.

6. 证明：$(a\wedge b)\vee(c\wedge d)\leqslant(a\vee c)\wedge(b\vee d)$，$(a\wedge b)\vee(b\wedge c)\vee(c\wedge a)\leqslant(a\vee b)\wedge(b\vee c)\wedge(c\vee a)$ 在格中成立.

7. 证明：具有 3 个或更少元素的格是一个链.

8. 设 a 和 b 是格 $(A,\leqslant)$ 中的两个元素，证明：$a\wedge b<a$ 和 $a\wedge b<b$ 成立，当且仅当 a 与 b 是不可比较的（$a<b$ 的意义是 $a\leqslant b$ 但 $a\neq b$）.

8.2　特　殊　的　格

本节主要介绍几种特殊的格：分配格、有界格、有补格及有补分配格.

8.2.1　分配格

定义 8.2　设 $(A,\wedge,\vee)$ 为一格，若对任意的 $a,b,c\in A$，有

$$a\wedge(b\vee c)=(a\wedge b)\vee(a\wedge c),\qquad\qquad①$$
$$a\vee(b\wedge c)=(a\vee b)\wedge(a\vee c),\qquad\qquad②$$

则称 $(A,\wedge,\vee)$ 为**分配格**，即分配格满足分配律，其中，条件①称为交运算对并运算可分配，条件②称为并运算对交运算可分配.

例 8-3　试判断图 8-3 所示的格是否为分配格.

解　因

$$a_3\wedge(a_4\vee a_5)=a_3\wedge a_1=a_3,$$
$$(a_3\wedge a_4)\vee(a_3\wedge a_5)=a_4\vee a_6=a_4,$$

故它不是分配格.

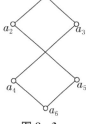

图 8-3

值得注意的是，要验证一个格是分配格，必须对任意的 $a,b,c\in A$，同时满足条件①，②才行. 如图 8-3 所示的格，虽然有 $a_4\wedge(a_3\vee a_5)=a_4\wedge a_1=a_4$，$(a_4\wedge a_3)\vee(a_4\wedge a_5)=a_4\vee a_6=a_4$，但它并不是分配格.

因为①式和②式互为对偶，所以只要一个式子成立，另一个式子必然成立. 因此，只要对任意的 $a,b,c\in A$，检查一个式子成立即可.

例 8-4　判断图 8-4 所示的两个格是否为分配格.

解　在图（a）中，$b\wedge(c\vee d)=b\wedge a=b$，而 $(b\wedge c)\vee(b\wedge d)=e\vee e=e$，所以图（a）所示的格不是分配格.

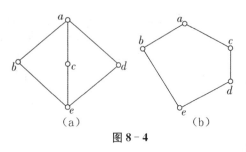

图 8-4

在图(b)中，$c \wedge (b \vee d) = c \wedge a = c$，而 $(c \wedge b) \vee (c \wedge d) = e \vee d = d$，所以图(b)所示的格不是分配格.

从上面两个例中可以看到，格不一定是分配格. 但是某些格一定是分配格，如以下定理所述.

定理 8.8 每个链是分配格.

证明 设 $(A, \leqslant)$ 是一个链，显然 $(A, \leqslant)$ 一定是格.

对于任意的 $a, b, c \in A$，只要讨论两种可能的情况：(1) $a \leqslant b$ 或 $a \leqslant c$；(2) $b \leqslant a$ 且 $c \leqslant a$.

对于情况(1)，无论是 $b \leqslant c$，还是 $c \leqslant b$，都有 $a \wedge (b \vee c) = a$ 和 $(a \wedge b) \vee (a \wedge c) = a$.

对于情况(2)，总有 $b \vee c \leqslant a$，所以 $a \wedge (b \vee c) = b \vee c$. 又由 $b \leqslant a$ 和 $c \leqslant a$ 有

$$(a \wedge b) \vee (a \wedge c) = b \vee c.$$

故 $a \wedge (b \vee c) = (a \wedge b) \vee (a \wedge c)$ 总成立.

因此，$(A, \leqslant)$ 是一个分配格.

定理 8.9 设 $(A, \leqslant)$ 是一个分配格，对于任意的 $a, b, c \in A$，如果有 $a \wedge b = a \wedge c$ 和 $a \vee b = a \vee c$ 同时成立，则必有 $b = c$.

证明 因为

$$(a \wedge b) \vee c = (a \wedge c) \vee c = c,$$

$$(a \wedge b) \vee c = (a \vee c) \wedge (b \vee c) = (a \vee b) \wedge (b \vee c) = b \vee (a \wedge c) = b \vee (a \wedge b) = b,$$

所以 $b = c$.

8.2.2　有界格

定义 8.3 若一个格存在最小元和最大元，则称它们为该格的**界**，并分别用 $0, 1$ 表示. 具有 0 和 1 的格称为**有界格**.

例如，图 8-3 所示的格就是有界格，其最小元是 a_6，最大元是 a_1.

有界格具有以下性质.

定理 8.10 设 $(A, \wedge, \vee)$ 为有界格，则对任意的 $a \in A$，有

(1) 同一律　$a \wedge 1 = a$，$a \vee 0 = a$；

(2) 零一律　$a \wedge 0 = 0$，$a \vee 1 = 1$.

证明 (1) 因 $a \leqslant a, a \leqslant 1$，所以 $a \leqslant a \wedge 1$. 又因 $a \wedge 1 \leqslant a$，故 $a \wedge 1 = a$. 由对偶原理得 $a \vee 0 = a$.

(2) 因 $a \vee 1 \in A$，而 1 为最大元，所以 $a \vee 1 \leqslant 1$. 又因 $1 \leqslant a \vee 1$，故 $a \vee 1 = 1$. 由对偶原理得 $a \wedge 0 = 0$.

由前面的讨论可知，$\wedge$ 和 $\vee$ 是 A 上的两个二元运算. 由 $a \vee 0 = 0 \vee a = a$ 和 $a \wedge 1 = 1 \wedge a = a$，说明 0 和 1 分别是 A 中关于运算 $\vee$ 和 $\wedge$ 的单位元. 而由 $a \wedge 0 = 0 \wedge a = 0$ 及 $a \vee 1 = 1 \vee a = 1$，说明 0 和 1 分别是 A 中关于运算 $\wedge$ 和 $\vee$ 的零元.

8.2.3　有补格

定义 8.4 设 $(A, \wedge, \vee)$ 是一个有界格，若对任意的 $a \in A$，有元素 $\bar{a} \in A$，使得 $a \vee \bar{a} = 1$，$a \wedge \bar{a} = 0$，则称格 $(A, \wedge, \vee)$ 是一个**有补格**，元素 $\bar{a}$ 称为元素 a 的**补元**.

定义中的条件 $a \vee \overline{a}=1, a \wedge \overline{a}=0$ 称为**互补律**.

由定义知 $\overline{0}=1, \overline{1}=0$.

例如,图 8-3 所示的格是一个有补格,因为在图中,$0=a_6, 1=a_1$,因此 $\overline{a_6}=a_1, \overline{a_1}=a_6$. 而 a_2 的补元为 a_3, a_4;a_3 的补元为 a_2, a_5;a_4 的补元为 a_2, a_5;a_5 的补元为 a_3, a_4.

从上例也看出,在有补格中,元素的补元未必是唯一的;不同的元素可能有着相同的补元.

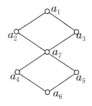

例 8-5　图 8-5 所示的格是否为有补格?

解　显然,图 8-5 所示的格为有界格. 但元素 a_7 的补元不存在,所以它不是有补格.

图 8-5

8.2.4　有补分配格

定义 8.5　若一个格既是有补格又是分配格,则称该格为**有补分配格**,又称**布尔格**.
下面讨论有补分配格的性质.

定理 8.11　设 $(A, \wedge, \vee)$ 为有补分配格,a 为 A 中的任意元素,则 a 的补元 $\overline{a}$ 是唯一的.

证明　设 a 有两个补元 b 和 c,即有
$$a \vee b=1, \quad a \wedge b=0, \quad a \vee c=1, \quad a \wedge c=0,$$
故
$$a \vee b=a \vee c, \quad a \wedge b=a \wedge c.$$
由定理 8.9 可得 $b=c$. 这就证明了 a 的补元是唯一的.

定理 8.12　在有补分配格 $(A, \wedge, \vee)$ 中,对于任意的 $a, b \in A$,有

(1) 对合律　$\overline{\overline{a}}=a$;

(2) 德·摩根律　$\overline{a \vee b}=\overline{a} \wedge \overline{b}, \overline{a \wedge b}=\overline{a} \vee \overline{b}$.

证明　(1) 由于 $a \wedge \overline{a}=0, a \vee \overline{a}=1$,且 $\overline{\overline{a}} \wedge \overline{a}=0, \overline{\overline{a}} \vee \overline{a}=1$,而补元是唯一的,故 $\overline{\overline{a}}=a$.

(2) 由分配律可得
$$(a \vee b) \vee (\overline{a} \wedge \overline{b})=(a \vee b \vee \overline{a}) \wedge (a \vee b \vee \overline{b})=1 \wedge 1=1,$$
$$(a \vee b) \wedge (\overline{a} \wedge \overline{b})=(a \wedge \overline{a} \wedge \overline{b}) \vee (b \wedge \overline{a} \wedge \overline{b})=0 \vee 0=0.$$
故由补元定义知 $\overline{a \vee b}=\overline{a} \wedge \overline{b}$.

由对偶原理有 $\overline{a \wedge b}=\overline{a} \vee \overline{b}$.

定理 8.13　在有补分配格 $(A, \wedge, \vee)$ 中,对任意的 $a, b \in A$,有
$$a \leqslant b \Leftrightarrow a \wedge \overline{b}=0 \Leftrightarrow \overline{a} \vee b=1.$$

证明　由于
$$a \leqslant b \Leftrightarrow a \wedge b=a \Leftrightarrow a \vee b=b,$$
由德·摩根律得
$$a \leqslant b \Leftrightarrow \overline{a} \wedge \overline{b}=\overline{b} \Leftrightarrow \overline{a} \vee \overline{b}=\overline{a},$$
因而
$$a \leqslant b \Rightarrow a \wedge \overline{b}=0, \quad a \leqslant b \Rightarrow \overline{a} \vee b=1.$$

反之,有

$$a \wedge \bar{b} = 0 \Rightarrow b \vee (a \wedge \bar{b}) = b \Rightarrow b \vee a = b \Rightarrow a \leqslant b,$$
$$\bar{a} \vee b = 1 \Rightarrow a \wedge (\bar{a} \vee b) = a \Rightarrow a \wedge b = a \Rightarrow a \leqslant b.$$

因此

$$a \leqslant b \Leftrightarrow a \wedge \bar{b} = 0 \Leftrightarrow \bar{a} \vee b = 1.$$

习题 8.2

1. 试证明在分配格中,分配律可推广至一般形式:

(1) $a \wedge (\bigvee_{i=1}^{n} b_i) = \bigvee_{i=1}^{n} (a \wedge b_i)$;

(2) $a \vee (\bigwedge_{i=1}^{n} b_i) = \bigwedge_{i=1}^{n} (a \vee b_i)$.

2. 证明:$(\mathbf{Z}, \min, \max)$是一个分配格,这里 $\mathbf{Z}$ 是整数集合.

3. 证明:一个格是分配格,当且仅当对其中的任意元素 a, b, c,均有

$$(a \wedge b) \vee (b \wedge c) \vee (c \wedge a) = (a \vee b) \wedge (b \vee c) \wedge (c \vee a).$$

4. 试问:图 8-6 所示的格$(A, \leqslant)$中元素 a, d 的补元是什么? $(A, \leqslant)$是有补格吗?

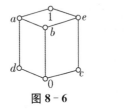 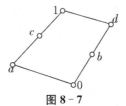

图 8-6　　　　　　　　　　　图 8-7

5. 图 8-7 所示的格$(A, \leqslant)$是有补格吗? 是分配格吗?

6. 举例说明:有补格不一定是分配格,分配格也不一定是有补格.

7. 试证明:具有 3 个或更多元素的链不是有补格.

8. 设$(A, \wedge, \vee)$是一个格,$|A| > 1$.证明:如果$(A, \wedge, \vee)$存在元素 1 和 0,则这两元素必不相同.

9. 证明:在有补分配格中,有 $\bar{b} \leqslant a \Leftrightarrow a \wedge \bar{b} = 0 \Leftrightarrow \bar{a} \vee b = 1$.

8.3　布 尔 代 数

8.3.1　布尔代数的定义与性质

1. 布尔代数的定义

定义 8.6　设$(A, -, \wedge, \vee)$是一个至少含有两个不同元素的代数系统,其中,— 是 A 上的一元运算,$\wedge$ 与 $\vee$ 是 A 上的两个二元运算,如果对任意的 $a, b, c \in A$,均满足:

(1) 交换律　$a \vee b = b \vee a, a \wedge b = b \wedge a$;

(2) 分配律　$a \vee (b \wedge c) = (a \vee b) \wedge (a \vee c), a \wedge (b \vee c) = (a \wedge b) \vee (a \wedge c)$;

(3) 同一律　即有元素 $0, 1 \in A$,使得对任意的 $a \in A$,有 $a \vee 0 = a, a \wedge 1 = a$;

(4) 互补律　对任意的 $a \in A$,有 $\bar{a} \in A$,使得 $a \vee \bar{a} = 1, a \wedge \bar{a} = 0$,

则称$(A, -, \wedge, \vee)$为一个**布尔代数**.

　　由定理 8.7 知,满足上面 4 个条件的代数系统 $(A, -, \wedge, \vee)$ 一定是格,并且为有补分配格.反之,一个有补分配格 $(A, \leqslant)$ 一定可以诱导得出一个代数系统 $(A, -, \wedge, \vee)$,并且此代数系统满足定义 8.6 中的 4 个条件,即为布尔代数.

　　因此,布尔代数有一个等价定义.

　　定义 8.7　一个有补分配格称为**布尔代数**或**布尔格**.

　　例 8 - 6　代数系统 $(S, \neg, \wedge, \vee)$,其中,S 是命题公式的集合,$\neg, \wedge, \vee$ 分别是命题公式的否定运算、合取运算和析取运算.由第 1 章的内容很容易验证,它是一个布尔代数,称之为**命题代数**.

　　例 8 - 7　考察代数系统 $(2^A, -, \cap, \cup)$,其中,A 是一个非空集合,2^A 是 A 的幂集,$-$,$\cap, \cup$ 分别是集合的补运算、交运算和并运算.可以验证,它也是一个布尔代数,常常称之为**集合代数**.

　　例 8 - 8　考察电子计算机逻辑电路的代数系统 $(\{0, 1\}, -, \wedge, \vee)$,其中,$\{0, 1\}$ 表示由 0 与 1 组成的集合,$-, \wedge, \vee$ 的运算表由表 8 - 1 给出.

表 8 - 1

a	$\bar{a}$	$\vee$	0	1	$\wedge$	0	1
0	1	0	0	1	0	0	0
1	0	1	1	1	1	0	1

　　很容易验证,此代数系统满足布尔代数的 4 个条件,故它是一个布尔代数,我们称之为**开关代数**.

2. 布尔代数的性质

由布尔代数的定义可以得知,布尔代数 $(A, -, \wedge, \vee)$ 具有以下性质:

对于 A 中的任意元素 a, b, c,有

(1) 对合律　$\bar{\bar{a}} = a$.

(2) 幂等律　$a \vee a = a; a \wedge a = a$.

(3) 交换律　$a \vee b = b \vee a; a \wedge b = b \wedge a$.

(4) 结合律　$(a \vee b) \vee c = a \vee (b \vee c); (a \wedge b) \wedge c = a \wedge (b \wedge c)$.

(5) 分配律　$a \vee (b \wedge c) = (a \vee b) \wedge (a \vee c); a \wedge (b \vee c) = (a \wedge b) \vee (a \wedge c)$.

(6) 德·摩根律　$\overline{a \vee b} = \bar{a} \wedge \bar{b}; \overline{a \wedge b} = \bar{a} \vee \bar{b}$.

(7) 吸收律　$a \wedge (a \vee b) = a; a \vee (a \wedge b) = a$.

(8) 零一律　$a \wedge 0 = 0; a \vee 1 = 1$.

(9) 同一律　$a \wedge 1 = a; a \vee 0 = a$.

(10) 互补律　$a \vee \bar{a} = 1; a \wedge \bar{a} = 0$.

8.3.2　子布尔代数

　　设 $(A, -, \wedge, \vee)$ 为一个布尔代数,B 为 A 的一个子集,且最小元 0 及最大元 1 均属于 B,并且对任意的 $a, b \in B$,有 $\bar{a} \in B, a \wedge b \in B, a \vee b \in B$,则称 $(B, -, \wedge, \vee)$ 为 $(A, -, \wedge, \vee)$ 的**子布尔代数**或**子代数**.

显然,当 B 是 A 的非空子集时,只要验证,对任意的 $a,b\in B$,有 $a\wedge b\in B$,$\bar{a}\in B$ 即可. 这是因为

$$a\vee b=\overline{\overline{a\vee b}}=\overline{\bar{a}\wedge\bar{b}},\quad 1=a\wedge\bar{a},\quad 0=a\wedge\bar{a}.$$

也可只验算,对任意的 $a,b\in B$,有 $a\vee b\in B$,$\bar{a}\in B$ 即可. 这是因为

$$a\wedge b=\overline{\overline{a\wedge b}}=\overline{\bar{a}\vee\bar{b}},\quad 0=a\vee\bar{a},\quad 1=a\vee\bar{a}.$$

值得一提的是:一个布尔代数 $(A,-,\wedge,\vee)$ 的子布尔代数,本身就构成一个布尔代数;但一个布尔代数 $(A,-,\wedge,\vee)$ 的非空子集所构成的布尔代数,未必是 $(A,-,\wedge,\vee)$ 的子布尔代数.

8.3.3 布尔代数的同态与有限布尔代数的表示

定义 8.8 设 $(A,-,\wedge,\vee)$ 与 $(B,-,\wedge,\vee)$ 都是布尔代数,如果存在 A 到 B 的映射 f,使得对于任意的 $a,b\in A$,都有

$$f(a\wedge b)=f(a)\wedge f(b),$$
$$f(a\vee b)=f(a)\vee f(b),$$
$$f(\bar{a})=\overline{f(a)},$$

则称 f 为 $(A,-,\wedge,\vee)$ 到 $(B,-,\wedge,\vee)$ 的**同态映射**,也称 $(A,-,\wedge,\vee)$ 与 $(B,-,\wedge,\vee)$ **同态**. 如果 f 为双射,则称 $(A,-,\wedge,\vee)$ 与 $(B,-,\wedge,\vee)$ **同构**.

定义 8.9 具有有限个元素的布尔代数称为**有限布尔代数**.

定义 8.10 设 $(A,-,\wedge,\vee)$ 是一个布尔代数,如果 A 中的非零元素 a,对任意的 $x\in A$,都有 $x\wedge a=a$ 或 $x\wedge a=0$,则称 a 为**原子**.

显然,若 a 为 $(A,-,\wedge,\vee)$ 的原子,则当 $x\leqslant a$(即 $x\wedge a=x$)时,有 $x=0$ 或 $x=a$. 这说明,在布尔代数 $(A,-,\wedge,\vee)$ 的哈斯图中,原子是紧接在零元上面的元素.

下面给出关于有限布尔代数的几个重要结论,详细证明请参阅其他著作.

定理 8.14 设 B 为有限布尔代数 $(A,-,\wedge,\vee)$ 的原子集,则 $(A,-,\wedge,\vee)$ 与 $(2^B,-,\cap,\cup)$(即集合代数)同构.

定理 8.15 如果 $(A,-,\wedge,\vee)$ 是有限布尔代数,则 A 的元素个数必为 2^n,其中,n 为 $(A,-,\wedge,\vee)$ 中原子的个数.

定理 8.16 元素个数相同的布尔代数是同构的.

例 8-9 试问:由 36 的正整数因子所构成的集合在二元运算 gcd(求最大公约数),lcm(求最小公倍数)及一元运算 $-\left(\bar{x}=\dfrac{36}{x}\right)$ 下能构成一个布尔代数吗?

解 36 的正整数因子集为 $A=\{1,2,3,4,6,9,12,18,36\}$,因为 A 的个数不是 2 的幂,所以它不能构成布尔代数.

8.3.4 布尔表达式与布尔函数

定义 8.11 设 $(A,-,\wedge,\vee)$ 是一个布尔代数,在这个布尔代数上定义**布尔表达式**如下:

(1) A 中任何元素都是一个布尔表达式;

(2) 任何变元都是一个布尔表达式;

(3) 若 e_1 和 e_2 为布尔表达式,那么 $\overline{e_1}$,$e_1\wedge e_2$ 和 $e_1\vee e_2$ 也都是布尔表达式;

（4）只有通过有限次运用规定（2）和（3）所构造的符号串才是布尔表达式.

例 8 - 10　设 $(\{0,1,2,3\},-,\wedge,\vee)$ 是一个布尔代数，那么 $0\wedge b,(1\vee\bar{b}),\overline{2\vee3}\wedge b$ 都是布尔表达式，这里 b 为变元.

定义 8.12　一个含有 n 个相并变元的布尔表达式，称为**含有 n 个变元的布尔表达式**，记为 $E(x_1,x_2,\cdots,x_n)$，这里 $x_1,x_2,\cdots,x_n$ 为变元.

定义 8.13　设布尔代数 $(A,-,\wedge,\vee)$ 上两个 n 元布尔表达式分别为 $E_1(x_1,x_2,\cdots,x_n)$ 和 $E_2(x_1,x_2,\cdots,x_n)$，如果对于 n 个变元的任意赋值 $x_i=a_i\in A(i=1,2,\cdots,n)$，都有
$$E_1(a_1,a_2,\cdots,a_n)=E_2(a_1,a_2,\cdots,a_n),$$
则称这两个布尔表达式是**等价的**，记为
$$E_1(x_1,x_2,\cdots,x_n)=E_2(x_1,x_2,\cdots,x_n).$$

定义 8.14　设 $(A,-,\wedge,\vee)$ 是一个布尔代数，且有一个从 A^n 到 A 的函数，如果该函数能够用 $(A,-,\wedge,\vee)$ 上的 n 元布尔表达式来表示，那么称该函数为**布尔函数**.

例 8 - 11　设布尔代数 $(A,-,\wedge,\vee)$，这里 $A=\{0,1\}$. 表 8 - 2 给出了一个函数 $f:A^3\to A$，因它可用 A 上的含有 3 个变元的布尔表达式 $E(x_1,x_2,x_3)=\bar{x_1}\wedge(x_2\vee x_3)$ 来表示，所以 f 是布尔函数.

表 8 - 2

x_1	0	0	0	0	1	1	1	1
x_2	0	0	1	1	0	0	1	1
x_3	0	1	0	1	0	1	0	1
f	0	1	1	1	0	0	0	0

习题 8.3

1. 证明下列布尔恒等式：

（1）$a\vee(\bar{a}\wedge b)=a\vee b$；

（2）$(a\wedge c)\vee(\bar{a}\wedge b)\vee(b\wedge c)=(a\wedge c)\vee(\bar{a}\wedge b)$；

（3）$a\wedge b\vee\bar{a}\wedge b\vee\bar{b}\wedge c=a\wedge b\vee c$.

2. 化简下列布尔表达式：

（1）$a\wedge b\vee\bar{a}\wedge b\wedge\bar{c}\vee b\wedge c$；　　　　　　（2）$(a\wedge\bar{b}\vee c)\wedge(a\vee\bar{b})\wedge c$；

（3）$a\wedge b\vee a\wedge\bar{b}\wedge c\vee b\wedge c$；　　　　　　（4）$\overline{a\wedge b}\vee\overline{a\vee b}$.

3. 证明：$a=b\Leftrightarrow(a\wedge\bar{b})\vee(\bar{a}\wedge b)=0$.

4. 给定一个从布尔代数 $(A,-,\wedge,\vee)$ 到布尔代数 $(B,-,\wedge,\vee)$ 的映射. 证明：若此映射能保持运算 $\vee$ 和 $-$，则也能保持运算 $\wedge$.

5. 设 $(A,-,\wedge,\vee)$ 为布尔代数，在 A 中定义运算 $a\oplus b=(a\wedge\bar{b})\vee(\bar{a}\wedge b)$. 证明：$(A,\oplus)$ 是一个交换群.

6. 已知布尔代数 $(\{0,a,b,1\},-,\wedge,\vee)$ 上的布尔函数 $f(x_1,x_2,x_3)=a\wedge x_1\wedge\overline{x_2}\vee x_1\wedge(x_3\vee b)$，求 $f(b,1,a)$ 的值.

7. 70 的正整数因子集为 $A=\{1,2,5,7,10,14,35,70\}$，求布尔代数 $(A,-,\gcd,\mathrm{lcm})$ 的原子，其中，一元运算 $-$ 定义为 $\bar{x}=\dfrac{70}{x}(\forall x\in A)$.

8. 试问：24 的正整数因子集在二元运算 $\gcd,\mathrm{lcm}$ 与一元运算 $-\left(\bar{x}=\dfrac{24}{x}\right)$ 下能构成一个布尔代数吗？

总练习题 8

1. 证明:在任何格$(A,\leqslant)$中,对任意的$a,b,c\in A$,有
$$(a\wedge b)\vee(a\wedge c)\wedge((a\wedge b)\vee(b\wedge c))=a\wedge b.$$

2. 设$B=\{0,1\}$,$B^n=\{(a_1,a_2,\cdots,a_n)|a_i\in B,i=1,2,\cdots,n\}$,证明:$(B^n,\wedge,\vee)$是一个格,其中,$\wedge$与$\vee$分别定义为:对任意的$(a_1,a_2,\cdots,a_n),(b_1,b_2,\cdots,b_n)\in B^n$,有
$$(a_1,a_2,\cdots,a_n)\wedge(b_1,b_2,\cdots,b_n)=(p_1,p_2,\cdots,p_n),$$
$$(a_1,a_2,\cdots,a_n)\vee(b_1,b_2,\cdots,b_n)=(q_1,q_2,\cdots,q_n),$$
这里 $p_i=\min\{a_i,b_i\}$,$q_i=\max\{a_i,b_i\}(i=1,2,\cdots,n)$.

3. 证明:在具有两个或两个以上元素的有界格$(A,\wedge,\vee)$中,不会有元素的补元是它自身.

4. 设$(A,\leqslant)$是一个格,证明:格$(A,\leqslant)$是分配格,当且仅当对任意的$a,b,c\in A$,有$(a\vee b)\wedge c\leqslant a\vee(b\wedge c)$.

5. 设$(A,\leqslant)$是一个有界格,对于$x,y\in A$,证明:若$x\vee y=0$,则$x=y=0$;若$x\wedge y=1$,则$x=y=1$.

6. 在布尔代数中,证明:$(a\vee\overline{b})\wedge(b\vee\overline{c})\wedge(c,\overline{a})=(\overline{a}\vee b)\wedge(\overline{b}\vee c)\wedge(\overline{c}\vee a)$.

7. 设f是布尔代数$(A,-,\wedge,\vee)$到$(B,-,\bigcap,\bigcup)$的同态映射,证明:f的像集$f(A)$是$(B,-,\bigcap,\bigcup)$的子布尔代数.

8. 在第2题给出的代数系统$(B^n,\wedge,\vee)$中,如果定义一元运算$-$为$\overline{(a_1,a_2,\cdots,a_n)}=(\overline{a_1},\overline{a_2},\cdots,\overline{a_n})$,其中,当$a_i=0$时,$\overline{a_i}=1$;当$a_i=1$时,$\overline{a_i}=0$.

(1) 证明:$(B^n,-,\wedge,\vee)$是布尔代数;

(2) 找出$(B^n,-,\wedge,\vee)$的所有原子;

(3) 证明:$(2^A,-,\wedge,\vee)$与$(B^n,-,\wedge,\vee)$同构,这里$A=\{x_1,x_2,\cdots,x_n\}$.

9. 化简下列布尔表达式:
$$f(x_1,x_2,x_3)=x_1\overline{x_2}+x_2\overline{x_3}+\overline{x_2}x_3+\overline{x_1}x_2.$$

第五部分　组 合 论

第 9 章　组合数学简介

第9章 组合数学简介

组合数学内容很丰富,本章主要介绍组合数学的存在性问题和计数问题,这是学习和研究计算机科学算法(建模)的设计与分析的基础.

9.1 排列和组合

本节把线排列、圆排列和组合的主要术语和结论罗列出来,以便与后面相关知识做比较.

从 n 个互异元素的集合 S 中任选 r 个元素排成一列,就称之为 S 的一个 r-**排列**. S 的所有不同的排列数记为 $P(n,r)$ 或 P_n^r. 当 $r=n$ 时,则称为**全排列**.

定理 9.1　对 $r \leqslant n$ 的正整数 n,r,有
$$P(n,r) = n(n-1)(n-2)\cdots(n-r+1).$$

规定,当 $r > n$ 时,$P(n,r)=0$.

若从 n 个互异元素的集合 S 中任选 r 个元素排在一个圆周上,则称之为 S 的一个 r-**圆排列**.

定理 9.2　对 $r \leqslant n$ 的正整数 r,n,集合 S 的 r-圆排列的个数是 $\dfrac{P(n,r)}{r}$.

若从 n 个互异元素的集合 A 中任取 r 个元素组成 A 的一个子集(无序),则称之为 A 的一个 r-**组合**,A 的所有不同的组合数记为 $C(n,r)$ 或 $\dbinom{n}{r}$,并规定:$C(n,0)=C(0,0)=1$;$C(0,r)=0$;当 $n<r$ 时,$C(n,r)=0$.

定理 9.3　对 $r \leqslant n$ 的正整数 n,r,有
$$C(n,r) = \frac{P(n,r)}{r!} = \frac{n!}{r!(n-r)!}.$$

集合 A 的 r-组合的个数 $C(n,r)$ 又称为**二项式系数**.

定理 9.4(二项式定理推广)　设 α 是一个非零实数,则
$$(1+x)^{\alpha} = \sum_{r=0}^{\infty} C(\alpha,r) x^r,$$

其中,当 $\alpha \leqslant -1$ 时,$x \in (-1,1)$;当 $-1 < \alpha < 0$ 时,$x \in (-1,1)$;当 $\alpha > 0$ 时,$x \in [-1,1]$. $C(\alpha,r)$ 定义如下:
$$C(\alpha,r) = \binom{\alpha}{r} = \begin{cases} \dfrac{\alpha(\alpha-1)(\alpha-2)\cdots(\alpha-r+1)}{r!}, & r=1,2,\cdots, \\ 1, & r=0. \end{cases}$$

不难得出,当 $\alpha=-n$ 为负整数,而 r 为正整数时,有 $C(-n,r)=(-1)^r C(n+r-1,r)$.

9.2　重集的排列和组合

9.2.1　可重排列

尽管集合的元素是互异的且无顺序可言,但为了研究问题的方便,我们可以规定:一些元素可以重复出现的集合称为**重集**.

例如重集 $S=\{a,a,a,b,b,c\}$,简记为 $S=\{3-a,2-b,c\}$,元素 a,b,c 的重数分别是 $3,2,1$. 当元素可以重复出现任意次时,则称它的重数为 ∞(无穷大),如 $S=\{\infty-a_1,\infty-a_2,\cdots,\infty-a_n\}$. 为了区别,从重集 S 中取出 r 个元素的排列或组合分别称为 S 的 r-**可重排列**或 r-**可重组合**.

例如,$S=\{3-a,2-b,c\}$ 的 2-可重排列有 8 个:
$$aa,ab,ac,ba,bb,bc,ca,cb;$$
S 的 2-可重组合有 5 个:
$$\{a,a\},\{a,b\},\{a,c\},\{b,b\},\{b,c\}.$$

定理 9.5　重集 $S=\{\infty-a_1,\infty-a_2,\cdots,\infty-a_n\}$ 的 r-可重排列的个数是 $U(n,r)=n^r$.

证明　根据乘法原理可得.

定理 9.6　设重集 $S=\{n_1-a_1,n_2-a_2,\cdots,n_k-a_k\}$,且 $n_1+n_2+\cdots+n_k=n$,则 S 的 n-可重排列的个数是
$$\frac{n!}{n_1!n_2!\cdots n_k!}.$$

证明　把 n 个元素暂作互异看待,则全排列数为 $n!$,但 n_1 个 a_1 实际是同一个,其 $n_1!$ 个排列只对应一种情形$\cdots\cdots n_k$ 个 a_k 也一样. 故 S 的 n-可重排列的个数是 $\dfrac{n!}{n_1!n_2!\cdots n_k!}$.

例 9-1　设有 3 根红色标签、3 根黄色标签和 2 根白色标签,已知它们除了颜色外无差别,那么把它们排成一列,有几种排法?

解　此题即求 $S=\{3-a,3-b,2-c\}$ 的 8-可重排列的个数. 由定理 9.6 可得
$$\frac{8!}{3!3!2!}=560.$$

例 9-2　用"·"和"—"两种符号作信号串来表示全部英文字母和 $0\sim9$ 这 10 个数字,试问:至少要用到多长的信号串才足够?

解　由 $S=\{\infty-"\cdot",\infty-"—"\}$ 组成长度为 k 的互异信号串有 2^k 个,让 k 取 $1,2,\cdots,n$,则所得互异的信号串个数为
$$2+2^2+\cdots+2^n=2^{n+1}-2.$$
全部英文字母及 10 个数字共有 36 个,故只需求使得 $2^{n+1}-2\geqslant36$ 成立的最小正整数解,其解为 $n=5$.

9.2.2　可重组合

定理 9.7　重集 $S=\{\infty-a_1,\infty-a_2,\cdots,\infty-a_n\}$ 的 r-可重组合的个数是
$$F(n,r)=C(n+r-1,r).$$

证明　记 S 为 $\{\infty-1,\infty-2,\cdots,\infty-n\}$，任取 S 的一个 r-可重组合 $A=\{i_1,i_2,\cdots,i_r\}$，其中，$1\leqslant i_1\leqslant i_2\leqslant\cdots\leqslant i_r\leqslant n$；令 $A'=\{i_1+0,i_2+1,\cdots,i_r+r-1\}$，则 A' 是 $S'=\{1,2,\cdots,n+r-1\}$ 的一个 r-（无重）组合，即 S 的 r-可重组合的个数
$$F(n,r)\leqslant C(n+r-1,r).$$

反之，任取 S' 的一个 r-（无重）组合 $B'=\{j_1,j_2,\cdots,j_r\}$，其中，$1\leqslant j_1<j_2<\cdots<j_r\leqslant n+r-1$，则 $B=\{j_1-0,j_2-1,\cdots,j_r-r+1\}$ 是 S 的一个 r-可重组合，于是 S 的 r-可重组合的个数
$$F(n,r)\geqslant C(n+r-1,r).$$

因此，$F(n,r)=C(n+r-1,r)$.

例 9-3　一次不定方程 $x_1+x_2+\cdots+x_n=r$ 的非负整数解的组数是 $C(n+r-1,r)$.

解　重集 $S=\{\infty\cdot a_1,\infty\cdot a_2,\cdots,\infty\cdot a_n\}$ 的任一个 r-可重组合都可表示为
$$\{t_1\cdot a_1,t_2\cdot a_2,\cdots,t_n\cdot a_n\},$$

其中，$t_1,t_2,\cdots,t_n$ 是非负整数，且满足
$$t_1+t_2+\cdots+t_n=r.$$

可见，$t_1,t_2,\cdots,t_n$ 正是方程 $x_1+x_2+\cdots+x_n=r$ 的一组非负整数解. 反之，方程 $x_1+x_2+\cdots+x_n=r$ 的任一组非负整数解 $(t_1,t_2,\cdots,t_n)$ 都对应 S 的一个 r-可重组合
$$\{t_1\cdot a_1,t_2\cdot a_2,\cdots,t_n\cdot a_n\}.$$

这表明，S 的 r-可重组合的个数与方程 $x_1+x_2+\cdots+x_n=r$ 的非负整数解的组数相等.

习题 9.2

1. 3 个 2 和 3 个 5 这 6 个数字可组成几个不同的六位数？

2. 给定 20 个人，12 个月中正好包含 2 个人生日的月份有 4 个，且正好包含 3 个人生日的月份有 4 个的情况有几种？

3. 同时掷 3 颗骰子出现的点数组合有几种？

4. 方程 $x_1+x_2+\cdots+x_7=12$ 的正整数解有几组？

5. 一个棋手 7 天内下 12 盘棋有几种排法？

9.3　抽　屉　原　理

抽屉原理（即下述定理 9.8 及定理 9.9）是解决一类存在性问题的基本工具.

定理 9.8　把多于 n 个元素的集合分成 n 组，则必有一组的元素是 2 个或 2 个以上.

定理 9.9　把 $n(n\geqslant 1)$ 个元素分成 t 组，t 不整除 n，则必有一组的元素是 $\left[\dfrac{n}{t}\right]+1$ 个或 $\left[\dfrac{n}{t}\right]+1$ 个以上.$[a]$ 是不超过 a 的最大整数.

上述两定理的证明可用反证法，过程从略.

例 9-4　在边长为 2 的正三角形内任意放 5 个点，则必有 2 个点的距离不大于 1.

证明　用 3 边中点所连直线将正三角形分为 4 个全等小正三角形. 由抽屉原理，至少有 2 个点落在同一个小正三角形之内，此两点距离不大于 1.

例 9 - 5　从 $S=\{1,2,3,\cdots,2n\}$ 中任取 $n+1$ 个数,则这 $n+1$ 个数中必有一个数能整除另一个数.

证明　设 $S_1=\{2i-1\mid i=1,2,\cdots,n\}$,又设所取的 $n+1$ 个数为

$$t_j=b_j\cdot 2^{k_j}\quad(j=1,2,\cdots,n+1),$$

其中,$b_j\in S_1$,k_j 为非负整数,$j=1,2,\cdots,n+1$.

由于 S_1 只含有 n 个元素,因此存在 $i\neq j(i,j=1,2,\cdots,n+1)$,使得 $b_i=b_j$. 不妨设 $k_i>k_j$,则有

$$\frac{t_i}{t_j}=\frac{2^{k_i}}{2^{k_j}}\frac{b_i}{b_j}=2^{k_i-k_j},$$

这里 k_i-k_j 是正整数. 因此,t_j 整除 t_i.

习题 9.3

1. 在半径为 1 的圆内任意放置 6 个点,证明:必有 2 个点的距离不大于 1.

2. 设 $a_1,a_2,\cdots,a_n$ 为整数,证明:存在 k 和 $l(1\leqslant k<l\leqslant n)$,使得 $a_{k+1}+a_{k+2}+\cdots+a_l$ 可以被 n 整除.

3. 给定正整数 m,证明:存在十进制整数,它是 m 的倍数,且只由 1 和 0 这两种数字组成.

9.4　容 斥 原 理

容斥原理是一个常用的计数工具.

定理 9.10(容斥原理)　设 $A_1,A_2,\cdots,A_n$ 是给定的有限集合,$|A_i|$ 是 A_i 的元素个数,则

$$\left|\bigcup_{i=1}^{n}A_i\right|=\sum_{i=1}^{n}|A_i|-\sum_{1\leqslant i<j\leqslant n}|A_i\cap A_j|+\sum_{1\leqslant i<j<k\leqslant n}|A_i\cap A_j\cap A_k|-\cdots$$
$$+(-1)^{n-1}|A_1\cap A_2\cap\cdots\cap A_n|.$$

证明　任意取 $A_1\cup A_2\cup\cdots\cup A_n$ 中的元素 a,则 a 在等式左边只计数一次. 设 a 仅同属于 $A_{i_1},A_{i_2},\cdots,A_{i_k}$,共 $k(k\leqslant n)$ 个集合,则 a 在等式右边的 $\sum|A_i|$ 中被计数 $C(k,1)$ 次,在 $\sum|A_i\cap A_j|$ 中被计数 $C(k,2)$ 次……在 $\sum|A_{j_1}\cap A_{j_2}\cap\cdots\cap A_{j_k}|$ 中被计数 $C(k,k)$ 次,而在等式右边的其余各项均被计数 0 次,所以 a 在等式右边共计数

$$\binom{k}{1}-\binom{k}{2}+\binom{k}{3}-\cdots+(-1)^{k-1}\binom{k}{k}=\binom{k}{0}=1(\text{次}).$$

由 a 的任意性,结论得证.

设 S 是有限集,$A_k=\{a\mid a\in S,\text{且 }a\text{ 具有性质 }P_k\}$,记

$$\overline{A_k}=\{a\mid a\in S,\text{且 }a\text{ 不具有性质 }P_k\}\quad(k=1,2,\cdots,n).$$

于是有下述定理.

定理 9.11　$\left|\bigcap_{i=1}^{n}\overline{A_i}\right|=|S|-\sum_{i=1}^{n}|A_i|+\sum_{1\leqslant i<j\leqslant n}|A_i\cap A_j|-\sum_{1\leqslant i<j<k\leqslant n}|A_i\cap A_j\cap A_k|+$
$$\cdots+(-1)^n|A_1\cap A_2\cap\cdots\cap A_n|.$$

该定理的证明留作练习.

例 9 - 6　一年级学生要开展活动,每人至少要参加甲、乙、丙 3 个项目之一. 已知参加甲、乙、丙 3 个项目的人数分别是 42,45,46;同时参加甲、乙两项的有 15 人;同时参加甲、丙两项的有 20 人;同时参加乙、丙两项的有 25 人;甲、乙、丙 3 项都参加的有 8 人. 问:一年级共有多少学生? 仅参加丙项目的有几人?

解　用 A,B,C 分别表示参加甲、乙、丙项目的学生的集合,则

$$|A|=42,\quad |B|=45,\quad |C|=46,\quad |A\cap B|=15,$$
$$|A\cap C|=20,\quad |B\cap C|=25,\quad |A\cap B\cap C|=8.$$

由容斥原理得

$$|A\cup B\cup C|=|A|+|B|+|C|-(|A\cap B|+|A\cap C|+|B\cap C|)+|A\cap B\cap C|=81,$$
$$|C|-|A\cap C|-|B\cap C|+|A\cap B\cap C|=9.$$

故一年级学生共有 81 人,仅参加丙项目的有 9 人.

例 9 - 7　求在 1 到 500 的自然数中不能同时被 3,5,7 整除的数的个数.

解　用 A_1,A_2,A_3 分别表示在 1 到 500 的自然数中能被 3,5,7 整除的数的集合,则

$$|A_1|=\left[\frac{500}{3}\right]=166,\quad |A_2|=\left[\frac{500}{5}\right]=100,\quad |A_3|=\left[\frac{500}{7}\right]=71,$$
$$|A_1\cap A_2|=\left[\frac{500}{15}\right]=33,\quad |A_1\cap A_3|=\left[\frac{500}{21}\right]=23,$$
$$|A_2\cap A_3|=\left[\frac{500}{35}\right]=14,\quad |A_1\cap A_2\cap A_3|=\left[\frac{500}{105}\right]=4,$$

所以

$$|\overline{A_1}\cap\overline{A_2}\cap\overline{A_3}|=500-(166+100+71)+(33+23+14)-4=229.$$

故 1 到 500 的自然数中不能同时被 3,5,7 整除的数的个数为 229.

例 9 - 8　对于正整数 n,欧拉函数 $\varphi(n)$ 表示不超过 n 且与 n 互素(除了 1 以外没有其他的公因子)的正整数个数. $\varphi(1)=\varphi(2)=1$,确定 $\varphi(n)$ 的表达式.

解　设 $n=p_1^{\alpha_1}p_2^{\alpha_2}\cdots p_k^{\alpha_k}$ 是 n 的素因子分解,即 $p_1,p_2,\cdots,p_k$ 是互不相同的素数,$\alpha_1,\alpha_2,\cdots,\alpha_k$ 是正整数. A_i 表示不超过 n 且能被 p_i 整除的正整数集合,于是

$$|A_i|=\frac{n}{p_i},\quad |A_i\cap A_j|=\frac{n}{p_ip_j},\quad \cdots,\quad |A_1\cap A_2\cap\cdots\cap A_k|=\frac{n}{p_1p_2\cdots p_k}.$$

因此

$$\varphi(n)=n-\sum_{i=1}^{k}|A_i|+\sum_{1\leqslant i<j\leqslant k}|A_i\cap A_j|-\cdots+(-1)^k|A_1\cap A_2\cap\cdots\cap A_k|$$
$$=n-\sum_{i=1}^{k}\frac{n}{p_i}+\sum_{1\leqslant i<j\leqslant k}\frac{n}{p_ip_j}-\cdots+(-1)^k\frac{n}{p_1p_2\cdots p_k}$$
$$=n\left(1-\frac{1}{p_1}\right)\left(1-\frac{1}{p_2}\right)\cdots\left(1-\frac{1}{p_k}\right).$$

习题 9.4

1. 某大学对一年级学生开设俄语、德语和日语 3 门外语课程,一年级学生共有 340 人. 已知修这 3 门外语的学生数依次是 172,132,130;同时修俄语、德语的有 48 人;同时修俄语、日语的有 30 人;同时修德语、日语的有 21 人. 问:有几人同时修这 3 门外语?

2. 在 1 到 500 的自然数中,

(1) 至少能被 2,3,5 这 3 个数之一整除的数有多少个?

(2) 至少能被 2,3,5 中两个数同时整除的数有多少个?

(3) 能且只能被 2,3,5 中的一个数整除的数有多少个?

3. 由数字 $1,2,\cdots,9$ 组成的(无重)全排列中不出现数字串 $123,248,369$ 的排列有多少个?

4. 在不超过 120 的自然数中有多少个素数?

5. 求方程 $x_1+x_2+x_3=5(0{\leqslant}x_1{\leqslant}2,0{\leqslant}x_2{\leqslant}2,1{\leqslant}x_3{\leqslant}5)$ 的整数解的组数.

9.5 生 成 函 数

利用生成函数的性质可解决计数问题.

设数列 $\{a_n\}:a_0,a_1,a_2,\cdots,a_n,\cdots$,称如下形式的幂级数

$$f(x)=a_0+a_1x+a_2x^2+\cdots+a_nx^n+\cdots$$

为 $\{a_n\}$ 的**生成函数**.

规定两个形式的幂级数 $\sum_{i=0}^{\infty} a_i x^i$ 和 $\sum_{i=0}^{\infty} b_i x^i$ 相等,当且仅当对每个 i,有 $a_i=b_i$.

这里讨论的生成函数与数学分析中具有收敛性的幂级数不同,但我们约定:两者具有一样的加、减、乘、除、求导数、求积分的运算.这样约定的合理性本书不做讨论.

定理 9.12 设数列 $\{a_n\},\{b_n\},\{c_n\}$ 的生成函数分别是 $f(x),g(x),h(x),r$ 是常数.

(1) 若 $b_n=ra_n$,则 $g(x)=rf(x)$;

(2) 若 $c_n=a_n+b_n$,则 $h(x)=f(x)+g(x)$;

(3) 若 $c_n=\sum_{i=0}^{n} a_i b_{n-i}$,则 $h(x)=f(x)\cdot g(x)$;

(4) 若 $b_n=\sum_{i=0}^{n} a_i$,则 $g(x)=\dfrac{1}{1-x}\cdot f(x)$;

(5) 若 $b_n=\sum_{i=0}^{n} a_i$,且 $f(1)=\sum_{n=0}^{\infty} a_n$ 收敛,则 $g(x)=\dfrac{f(1)-xf(x)}{1-x}$;

(6) 若 $b_n=r^n a_n$,则 $g(x)=f(rx)$;

(7) 若 $b_n=na_n$,则 $g(x)=x\cdot f'(x)$;

(8) 若 $b_n=\dfrac{a_n}{n+1}$,则 $g(x)=\dfrac{1}{x}\int_0^x f(t)\mathrm{d}t$.

证明 只证性质(4),其余留作练习.

常数列 $\{1\}$ 的生成函数为 $\dfrac{1}{1-x}$,所以由性质(3)得

$$\frac{1}{1-x}\cdot f(x)=\Big(\sum_{n=0}^{\infty} x^n\Big)\cdot\Big(\sum_{n=0}^{\infty} a_n x^n\Big)=\sum_{n=0}^{\infty}\Big(\sum_{i=0}^{n} 1\cdot a_i\Big)x^n=g(x).$$

例 9-9 利用生成函数求 $1+2+3+\cdots+n$.

解 易知数列 $\{1,2,3,\cdots\}$ 的生成函数是

$$\frac{1}{(1-x)^2}=1+2x+3x^2+\cdots+nx^{n-1}+\cdots,$$

所以由定理 9.12 性质(4)知,数列 $\{1,1+2,1+2+3,\cdots,1+2+3+\cdots+n,\cdots\}$ 的生成函数是

$$\frac{1}{(1-x)^3}=1+(1+2)x+(1+2+3)x^2+\cdots+(1+2+\cdots+n)x^{n-1}+\cdots.$$

另外,由定理 9.4(二项式定理推广)得

$$(1-x)^{-3}=\sum_{n=0}^{\infty}\binom{-3}{n}(-1)^n x^n=\sum_{n=1}^{\infty}\binom{-3}{n-1}(-1)^{n-1}x^{n-1}.$$

比较上述两式,即得

$$1+2+3+\cdots+n=\binom{-3}{n-1}(-1)^{n-1}=\binom{n+1}{n-1}\binom{n+1}{2}=\frac{n(n+1)}{2}.$$

例 9-10(利用生成函数求可重组合的个数) 设有 2 个红球、1 个白球和 1 个黄球,它们除颜色外没差别,那么从中任取 3 个,有几种不同情形?

解 用 $(t_1 x)^{k_1}$ 表示取到 k_1 个红球,$(t_2 x)^{k_2}$ 和 $(t_3 x)^{k_3}$ 分别表示取到 k_2 个白球和 k_3 个黄球;又用 $1+t_1 x+t_1^2 x^2$ 表示取到的红球个数为 0 或 1 或 2.

$$(1+t_1 x+t_1^2 x^2)(1+t_2 x)(1+t_3 x)=1+(t_1+t_2+t_3)x+(t_1^2+t_1 t_2+t_1 t_3+t_2 t_3)x^2$$
$$+(t_1^2 t_2+t_1^2 t_3+t_1 t_2 t_3)x^3+t_1^2 t_2 t_3 x^4,$$

则 x^3 的系数是重集 $\{2-t_1,1-t_2,1-t_3\}$ 的 3-可重组合的取法:$t_1^2 t_2,t_1^2 t_3,t_1 t_2 t_3$,它们分别表示 2 红 1 白、2 红 1 黄和 1 红 1 白 1 黄. 若取 $t_1=t_2=t_3=1$,则 x^3 的系数 $1+1+1=3$ 表示重集 $\{2-t_1,1-t_2,1-t_3\}$ 的 3-可重组合的个数.

按这一思维方式,可求各种条件约束的 r-可重组合的个数和一次不定方程的解的个数.

例 9-11 求重集 $S=\{3-a_1,4-a_2,5-a_3\}$ 的 10-可重组合的个数.

解 $(1+x+x^2+x^3)(1+x+x^2+x^3+x^4)(1+x+x^2+x^3+x^4+x^5)$ 的展开式中 x^{10} 的系数为 6. 故由例 9-10 的解答过程知,S 的 10-可重组合的个数即为 6.

例 9-12 重集 $S=\{\infty-a_1,\infty-a_2,\cdots,\infty-a_n\}$ 的 r-可重组合的个数可由生成函数

$$(1+x+x^2+\cdots)^n=(1-x)^{-n}$$

的展开式中 x^r 的系数

$$C(n+r-1,r)=\binom{n+r-1}{r}$$

给出.

例 9-13 在重集 $S=\{\infty-a_1,\infty-a_2,\cdots,\infty-a_n\}$ 中,每个元素均出现非负偶数次的 r-可重组合的个数由生成函数

$$(1+x^2+x^4+\cdots)^n=\frac{1}{(1-x^2)^n}=(1-x^2)^{-n}$$

的展开式中 x^r 的系数给出. 当 $r=2k$ 时,系数是 $\binom{n+k-1}{k}$;当 $r=2k+1$ 时,系数是 0.

例 9-14 求方程 $x_1+x_2+x_3=5$ 的正整数解的个数.

解 问题的解即为重集

$$S=\{\infty-a_1,\infty-a_2,\infty-a_3\}$$

中每个元素至少取一个的 5-可重组合的个数,它由生成函数

$$(x+x^2+x^3+\cdots)^3=x^3(1-x)^{-3}$$

的展开式中 x^5 的系数给出,即为

$$\binom{3+2-1}{2}=\binom{4}{2}=6.$$

为了用类似的思维方式求可重排列的个数,需要引进数列 $\{a_n\}$ 的**指数型生成函数**:

$$f(x)=\sum_{n=0}^{\infty}\frac{a_k}{k!}x^k=a_0+a_1x+\frac{a_2}{2!}x^2+\cdots+\frac{a_n}{n!}x^n+\cdots.$$

例 9-15 用 3 个数字 1,2 个数字 5 和 1 个数字 6 能组成几个四位数?

解 这个问题等价于求重集 $S=\{3-a_1,2-a_2,1-a_3\}$ 的 4-可重排列的个数,它可由指数型生成函数

$$\left(1+x+\frac{1}{2!}x^2+\frac{1}{3!}x^3\right)\left(1+x+\frac{1}{2!}x^2\right)(1+x)$$

$$=1+3\cdot x+8\cdot\frac{x^2}{2!}+19\cdot\frac{x^3}{3!}+38\cdot\frac{x^4}{4!}+60\cdot\frac{x^5}{5!}+60\cdot\frac{x^6}{6!}$$

的 $\frac{x^4}{4!}$ 的系数给出,即可组成 38 个四位数.

该例题具有一般意义,即重集

$$S=\{n_1-a_1,n_2-a_2,\cdots,n_m-a_m\}$$

的 r-可重排列的个数由指数型生成函数

$$\left(1+\frac{x}{1!}+\frac{x^2}{2!}+\cdots+\frac{x^{n_1}}{n_1!}\right)\left(1+\frac{x}{1!}+\frac{x^2}{2!}+\cdots+\frac{x^{n_2}}{n_2!}\right)\cdots\left(1+\frac{x}{1!}+\frac{x^2}{2!}+\cdots+\frac{x^{n_m}}{n_m!}\right)$$

的展开式中 $\frac{x^r}{r!}$ 的系数给出.

习题 9.5

1. 设重集 $S=\{\infty-a_1,\infty-a_2,\infty-a_3\}$,$S$ 的每个元素都出现非负奇数次的 n-可重组合的个数为 a_n ($n\geqslant3$),求:

(1) $\{a_n\}$ 的生成函数;

(2) S 的 5-可重组合的个数.

2. 设有 5 个数字 2,2,3,3,5.

(1) 从中任取 4 个数字,有几种不同情形?

(2) 可组成几个不同四位数?

3. 用 1 元和 2 元两种面值的钞票支付 10 元钱,有几种支付方式?

4. 求方程 $x_1+x_2+x_3=5$(x_1,x_2 均为非负整数,x_3 是正整数)的整数解的组数.

5. 一根木棒分 n 格,用红、黄、蓝 3 种颜色染色,每格一色,且要求染蓝色的总格数为非负偶数,问:有几种染法?

9.6 递 归 关 系

一些计数问题可以归结为求数列通项,但一些数列的通项求法十分困难.有时我们只知道

相邻的一般项,如 a_n 和 a_{n-1}, a_{n-2} 之间的关系式,此关系式称为**递归方程(关系)**. 由递归方程求出的数列通项称为**递归方程的解**. 计算机科学解决实际问题时,常遇到这类算法(建模),本节介绍一些特殊类型的递归方程解法. 先看几个递归方程的实际背景.

例 9-16　意大利数学家斐波那契(Fibonacci)研究小兔繁殖数目. 年初,一对雌雄小兔,隔一个月后长成大兔,以后逐月生一对雌雄小兔,假设每对小兔都会在一个月后长成大兔,又逐月生出新的一对雌雄小兔. 问:一年后共有多少只兔子?

解　逐月推算会发现规律:

当月兔对数目＝上月兔对数目＋上月能生小兔的大兔数目

＝上月兔对数目＋前月兔对数目.

用递归方程表示就是 $a_n = a_{n-1} + a_{n-2}, a_0 = a_1 = 1$ 为初始条件. 这就是斐波那契数列问题.

当 $n=12$ 时,由初始条件得 $a_{12} = 233$,即一年后共有 233 对兔子.

例 9-17(河内塔问题)　有 3 个立柱 A, B, C 以及 n 个大小各异的圆盘套在 A 柱上,大的圆盘在下面,小的圆盘在上面,叠成一个塔形. 现在要把这 n 个圆盘移到 B 柱上,可以利用这 3 个立柱,每次只能移动一个圆盘,但不允许将它放在较小的圆盘上,问:最少需移动几次?

解　设按规则把 A 柱上的 n 个圆盘搬到 B 柱所需的最少次数为 a_n,下面分 3 个阶段完成:

(1) 先把 A 柱上面 $n-1$ 个圆盘按规则搬到 C 柱上,所需最少搬动次数为 a_{n-1};

(2) 把 A 柱所剩一个最大圆盘搬到 B 柱,搬动次数为 1;

(3) 把 C 柱上 $n-1$ 个圆盘按规则全部搬到 B 柱上,所需最少搬动次数也为 a_{n-1},到此完成.

于是得到如下的递归方程:

$$a_n = a_{n-1} + 1 + a_{n-1} = 2a_{n-1} + 1 \quad (n \geq 2),$$

这里 $a_1 = 1$ 为初始条件.

下面介绍常系数递归方程的几种解法.

1. 常系数齐次递归方程

(1) 生成函数方法.

例 9-18　求 $a_n = a_{n-1} + a_{n-2}(n \geq 2)$ 的解,$a_0 = a_1 = 1$ 为初始条件.

解　设 $\{a_n\}$ 的生成函数为 $f(x)$,则

$$f(x) = a_0 + a_1 x + \sum_{n=2}^{\infty} a_n x^n$$

$$= a_0 + a_1 x + \sum_{n=2}^{\infty} (a_{n-1} + a_{n-2}) x^n$$

$$= 1 + x + x(f(x) - 1) + x^2 f(x).$$

解得

$$f(x) = \frac{1}{1 - x - x^2} = \frac{1}{\left(\dfrac{\sqrt{5}-1}{2} - x\right)\left(\dfrac{\sqrt{5}+1}{2} + x\right)}$$

$$= \frac{2}{5 - \sqrt{5}} \cdot \frac{1}{1 - \dfrac{\sqrt{5}+1}{2} x} + \frac{2}{5 + \sqrt{5}} \cdot \frac{1}{1 + \dfrac{\sqrt{5}-1}{2} x}$$

$$= \sum_{n=0}^{\infty} \frac{1}{\sqrt{5}} \left[\left(\frac{1+\sqrt{5}}{2} \right)^{n+1} - \left(\frac{1-\sqrt{5}}{2} \right)^{n+1} \right] x^n.$$

比较系数,得

$$a_n = \frac{1}{\sqrt{5}} \left[\left(\frac{1+\sqrt{5}}{2} \right)^{n+1} - \left(\frac{1-\sqrt{5}}{2} \right)^{n+1} \right] \quad (n=0,1,2,\cdots).$$

例 9 - 19 求 $a_n = 2a_{n-1} + 1 (n \geqslant 2)$ 的解,$a_1 = 1$ 为初始条件.

解 设 $\{a_n\}$ 的生成函数为 $f(x)$,则

$$f(x) = a_1 x + \sum_{n=2}^{\infty} a_n x^n = x + \sum_{n=2}^{\infty} (2a_{n-1} + 1) x^n$$

$$= x + 2x \sum_{n=1}^{\infty} a_n x^n + \sum_{n=2}^{\infty} x^n = 2xf(x) + \sum_{n=1}^{\infty} x^n$$

$$= 2xf(x) + \frac{x}{1-x}.$$

解得

$$f(x) = \frac{x}{(1-x)(1-2x)} = \frac{1}{1-2x} - \frac{1}{1-x}$$

$$= \sum_{n=0}^{\infty} 2^n x^n - \sum_{n=0}^{\infty} x^n = \sum_{n=1}^{\infty} (2^n - 1) x^n.$$

比较系数,得

$$a_n = 2^n - 1 \quad (n=1,2,\cdots).$$

(2) 特征根方法(以二阶为例).

设 c_1, c_2 是常数,$c_2 \neq 0$,则称

$$a_n = c_1 a_{n-1} + c_2 a_{n-2} \qquad\qquad ①$$

为二阶常系数线性齐次递归方程;称

$$q^2 = c_1 q + c_2 \qquad\qquad ②$$

为方程①的**特征方程**. 若 q_1^n, q_2^n 是方程①的解,则 $Aq_1^n + Bq_2^n (A, B$ 为任意常数)也是方程①的解.

由初始条件 $a_0 = \beta_0, a_1 = \beta_1$ 和特征根不同情形可求方程①的解.

(a) 若方程②有两相异实根 q_1, q_2,解方程组

$$\begin{cases} Aq_1^0 + Bq_2^0 = a_0 = \beta_0, \\ Aq_1 + Bq_2 = a_1 = \beta_1, \end{cases} \quad 即 \quad \begin{cases} A + B = \beta_0, \\ Aq_1 + Bq_2 = \beta_1, \end{cases}$$

得唯一解 $A = A_0, B = B_0$,从而方程①的通项为 $a_n = A_0 q_1^n + B_0 q_2^n$.

(b) 若方程②有两相同实根 $q_1 = q_2$,解方程

$$\begin{cases} A = \beta_0, \\ Aq_1 + Bq_1 = \beta_1, \end{cases}$$

得唯一解 $A = \beta_0, B = B_0$,从而方程①的通项为 $a_n = (\beta_0 + B_0 n) q_1^n$.

(c) 若方程②有一对共轭复根

$$q_1 = r(\cos\theta + i\sin\theta), \quad q_2 = r(\cos\theta - i\sin\theta),$$

解方程组

$$\begin{cases} A=\beta_0, \\ Ar\cos\theta+Br\sin\theta=\beta_1, \end{cases}$$

得唯一解 $A=\beta_0$，$B=B_0$（因 $r\sin\theta\neq0$），于是方程①有通项

$$a_n=\beta_0 r^n\cos n\theta+B_0 r^n\sin n\theta.$$

例 9 - 20　用特征根方法求解递归方程

$$a_n=2a_{n-1}+2a_{n-2}, \quad a_1=3, \quad a_2=8.$$

解　解特征方程 $q^2=2q+2$，得

$$q_1=1+\sqrt{3}, \quad q_2=1-\sqrt{3}.$$

解方程组（若初始条件是已知 a_0，a_1，则方程组不同）

$$\begin{cases} A(1+\sqrt{3})+B(1-\sqrt{3})=a_1=3, \\ A(1+\sqrt{3})^2+B(1-\sqrt{3})^2=a_2=8, \end{cases}$$

得 $A=\dfrac{1}{2}+\dfrac{1}{\sqrt{3}}$，$B=\dfrac{1}{2}-\dfrac{1}{\sqrt{3}}$. 于是所求通项为

$$a_n=\left(\frac{1}{2}+\frac{1}{\sqrt{3}}\right)(1+\sqrt{3})^n+\left(\frac{1}{2}-\frac{1}{\sqrt{3}}\right)(1-\sqrt{3})^n.$$

2. 常系数线性非齐次递归方程

这类方程没有普遍解法，下面以例子说明解法的思维方法.

例 9 - 21　求解递归方程

$$a_n+2a_{n-1}=n+1, \quad a_0=2.$$

解　此递归方程是非齐次的，它相应导出的齐次递归方程为

$$a_n+2a_{n-1}=0,$$

其特征方程为 $q+2=0$，特征根为 $q=-2$，故 $a_n'=c(-2)^n$（c 为任意常数）是 $a_n+2a_{n-1}=0$ 的通解. 如果能找到 $a_n+2a_{n-1}=n+1$ 的一个特解 a_n^*，则 $a_n=a_n'+a_n^*$ 就是所求递归方程的通解. 现在 $n+1$ 是 n 的一次多项式，可设特解的形式是 $a_n^*=p_1 n+p_2$，p_1，p_2 是待定系数. 将 a_n^* 代入原递归方程，得

$$p_1 n+p_2+2[p_1(n-1)+p_2]=n+1,$$

比较上式两边系数，得

$$p_1=\frac{1}{3}, \quad p_2=\frac{5}{9}, \quad a_n^*=\frac{n}{3}+\frac{5}{9}.$$

于是，所求通解为

$$a_n=c(-2)^n+\frac{n}{3}+\frac{5}{9} \quad (c\text{ 为任意常数}).$$

又由初始条件 $a_0=2$ 解得 $c=\dfrac{13}{9}$. 因此，所求的解为

$$a_n=\frac{13}{9}(-2)^n+\frac{n}{3}+\frac{5}{9}.$$

如果所求常系数非齐次递归方程是形如 $a_n+2a_{n-1}=p(n)$（$p(n)$ 是 n 的 2 次多项式）的递归方程，则特解可设为 $a_n^*=p_1 n^2+p_2 n+p_3$，p_1，p_2，p_3 是待定系数，其他步骤类似.

3. 一阶线性递归方程

若数列 $\{a_n\}$ 满足

$$a_n = C_1(n)a_{n-1} + C_2(n) \quad (n = 1, 2, \cdots),$$ ③

其中，$C_1(n), C_2(n)$ 是 n 的多项式，则称方程③为**一阶线性递归方程**；当 $C_2(n) = 0$ 时，称

$$a_n = C_1(n)a_{n-1} \quad (n = 1, 2, \cdots)$$ ④

为方程③**导出的齐次方程**. 显然，方程④的解为

$$a_n = c \cdot C_1(n) \cdot C_1(n-1) \cdots \cdots C_1(2) \cdot C_1(1) \quad (c \text{ 为任意常数}).$$

为了得到方程③的解，令

$$a_n = b_n \cdot C_1(n) \cdot C_1(n-1) \cdots \cdots C_1(2) \cdot C_1(1),$$ ⑤

并代方程③，同时两边除以 $C_1(n) \cdot C_1(n-1) \cdots \cdots C_1(2) \cdot C_1(1)$，得

$$b_n = b_{n-1} + \frac{C_2(n)}{C_1(1)C_1(2)\cdots C_1(n)}.$$

在上式中分别取 $n = 1, 2, 3, \cdots, n$，并将所得等式左、右两边分别相加，得

$$b_n = b_0 + \frac{C_2(1)}{C_1(1)} + \frac{C_2(2)}{C_1(1)C_1(2)} + \cdots + \frac{C_2(n)}{C_1(1)C_1(2)\cdots C_1(n)},$$

从而

$$a_n = C_1(1)C_1(2)\cdots C_1(n)\left[b_0 + \frac{C_2(1)}{C_1(1)} + \frac{C_2(2)}{C_1(1)C_1(2)} + \cdots + \frac{C_2(n)}{C_1(1)C_1(2)\cdots C_1(n)} \right].$$

为确定 b_0，还需要补充条件 $a_0 = \beta_0$（初始条件）. 这种方法称为**常数变易法**.

习题 9.6

1. 利用生成函数法求解递归方程

$$a_n = 4a_{n-1} - 3a_{n-2}, \quad a_0 = 2, \quad a_1 = 4.$$

2. 利用特征根法求解递归方程

$$a_n = 6a_{n-1} - 9a_{n-2}, \quad a_0 = 1, \quad a_1 = 2.$$

3. 利用常数变易法求解递归方程

$$a_n + 2a_{n-1} = n+1, \quad a_0 = 2.$$

4. 平面上 n 条直线最多能把平面分成多少个区域？

总练习题 9

1. 同时掷 5 个骰子，问：恰有两个点数相同的情形共有几种？

2. 用 1 面红旗、2 面黄旗和 3 面绿旗挂在一根旗杆上，问：可组成几种标志？

3. 变元 $x_1, x_2, \cdots, x_m$ 构成的 n 次单项式有几个？

4. 证明：在由 $n^2 + 1$ 个不同实数组成的序列 $a_1, a_2, \cdots, a_{n^2+1}$ 中，至少可以选出一个由 $n+1$ 个数组成的递增子序列或递减子序列.

5. 证明：在任意一群人中，必定有两个人，他们的朋友数目相同.

6. 设重集 $S = \{3 \cdot a, 4 \cdot b, 5 \cdot c\}$，求 S 的 10-可重组合的个数（用容斥原理）.

7. 3 个 A,3 个 B,3 个 C 排成的字母串中,问:3 个相同字母不得相邻的排法有多少种?

8. 从 6 个白色乒乓球和 4 个红色乒乓球中取出偶数个(包括零)白色乒乓球和至少 2 个红色乒乓球,问:取法有多少种?

9. 用 a,b,c 组成长度为 6 的字母串,要求 a 出现 2 次或 3 次,b 出现奇数次,c 出现 2 次,问:这样的字母串有几个?

10. 平面上 n 个圆最多能将平面分成几个区域?

11. 对 n 位二进制数,从左到右扫描,每当出现 010 后,就从下一位重新开始扫描,求最后出现 010 时的 n 位二进制的个数.

参 考 答 案

第 1 章

习题 1.1

(1),(9),(10); (2),(5),(7),(8); (5),(7),(8),(10); (1),(2); (9).

习题 1.2

(1),(2),(5),(7),(9); (3),(6).

习题 1.3

④; ②; ④; ②.

习题 1.4

②; ④; ③; ①; ②.

习题 1.5

1. ③; ⑤; ⑥.

2. ①,④.

3. ②.

总练习题 1

1. (1),(2),(8),(9),(10),(14),(15)是简单命题;(6),(7),(12),(13)是复合命题;(3),(4),(5),(11)不是命题.

2. (1) 1; (2) 0; (3) 1; (4) 1; (5) 1; (6) 0; (7) 0; (8) 1.

3. (1) p:今天是 1 号,q:明天是 2 号,符号化为 $p \rightarrow q$,真值为 1;

(2) p:今天是 1 号,q:明天是 3 号,符号化为 $p \rightarrow q$,真值为 0.

4. (1) p:2 是偶数,q:2 是素数,符号化为 $p \wedge q$;

(2) p:小王聪明,q:小王用功,符号化为 $p \wedge q$;

(3) p:天气很冷,q:老王来了,符号化为 $p \wedge q$;

(4) p:他吃饭,q:他看电视,符号化为 $p \wedge q$;

(5) p:天下大雨,q:他乘公共汽车上班,符号化为 $p \rightarrow q$;

(6) p:天下大雨,q:他乘公共汽车上班,符号化为 $q \rightarrow p$;

(7) p:天下大雨,q:他乘公共汽车上班,符号化为 $q \rightarrow p$ 或 $\neg q \rightarrow \neg p$;

(8) p:经一事,q:长一智,符号化为 $\neg p \rightarrow \neg q$.

5. (1) 0; (2) 0; (3) 1; (4) 1.

6. (1),(2),(4),(9)为重言式;(3),(7)为矛盾式;(5),(6),(8),(10)为非重言式的可满足式.

7. 略.

8. (1) 矛盾式; (2) 重言式; (3) 非重言式的可满足式.

9. (1) 不一定; (2) 不一定; (3) 一定.

10. (1) $\sum(0,1,2,7)$;$\prod(3,4,5,6)$;000,001,010,111 是成真赋值;011,100,101,110 是成假赋值.

(2) $\sum(0,2,3)$;$\prod(1)$;00,10,11 是成真赋值;01 是成假赋值.

(3) 为矛盾式;$\prod(0,1,2,3,4,5,6,7)$;无成真赋值;8 个赋值全为成假赋值.

11. (1) ① 为 $\sum(0,1,2,3,4,5,7)$,② 为 $\sum(0,1,2,3,4,5,7)$,等值;

(2) ① 为 $\sum(0,1,2)$,② 为 $\sum(0)$,不等值.

12. 铁.

13. (1),(3)正确,(2),(4)不正确.

14. 略.

15. 略.

16. (1) ④; (2) ③; (3) ③.

17. (1) ③; (2) ④; (3) ②.

18. ④.

┌╌╌╌╌╌┐ 第 2 章 └╌╌╌╌╌┘

习题 2.1

1. (1) $\forall x(R(x)\to F(x)),R(x):x$ 是鸟;$F(x):x$ 会飞翔.

(2) $\exists x(M(x)\wedge\neg F(x)),M(x):x$ 是人;$F(x):x$ 爱吃糖.

(3) $\exists x(M(x)\wedge G(x)),M(x):x$ 是人;$G(x):x$ 爱看小说.

(4) $\neg\exists x(M(x)\wedge\neg F(x)),M(x):x$ 是人;$F(x):x$ 爱看电影.

(5) $\forall x(R(x)\to F(x)\vee G(x)),R(x):x$ 是大学生;$F(x):x$ 是文科生;$G(x):x$ 是理科生.

(6) $\exists x\forall y(G(x)\wedge(F(y)\to H(x,y))),G(x):x$ 是人;$F(y):y$ 是花;$H(x,y):x$ 喜欢 y.

(7) $\forall x(R(x)\to\exists y(F(y)\wedge H(x,y))),R(x):x$ 是金属;$F(y):y$ 是溶液;$H(x,y):x$ 可以溶解在 y 中.

(8) $\forall x\forall y(M(x)\wedge M(y)\wedge H(x,y)\to L(x,y)),M(x):x$ 是角;$H(x,y):x$ 与 y 互为对顶角;$L(x,y):x=y$.

2. ③; ⑤; ②; ④.

习题 2.2

1. ①,③,④; ②,⑤.

2. (1),(2),(5),(6),(9),(10); (3),(11).

习题 2.3

1. ③,④; ②,③.

2. (1),(4).

3. ②; ①; ⑦; ⑤.

总练习题 2

1. (1) $\forall xF(x),F(x):(x+1)^2=x^2+2x+1$. Ⅰ,Ⅱ,Ⅲ均为真,即1.

(2) $\exists xG(x),G(x):x+2=0$. Ⅰ:0;Ⅱ:1;Ⅲ:1.

(3) $\exists xM(x),M(x):5x=1$. Ⅰ:0;Ⅱ:0;Ⅲ:1.

2. (1) Ⅰ:1; Ⅱ:1; Ⅲ:0; Ⅳ:0.

(2) Ⅰ:1; Ⅱ:1; Ⅲ:0; Ⅳ:0.

(3) Ⅰ:0; Ⅱ:0; Ⅲ:0; Ⅳ:1.

(4) Ⅰ:0; Ⅱ:0; Ⅲ:0; Ⅳ:0.

(5) Ⅰ:1; Ⅱ:1; Ⅲ:1; Ⅳ:1.

(6) Ⅰ:1; Ⅱ:1; Ⅲ:0; Ⅳ:0.

3. (1) I_1:个体域为实数集;$F(x):x$ 是有理数;$G(x):x$ 可以表示成分数.

(2) I_2:个体域为 $D=\{a,b\};F(x):F(a)=0,F(b)=0;G(x):G(a)=0,G(b)=0$.

4. (1),(2)为假命题;(3),(4)为真命题.

5. I:个体域为自然数集;$F(x)$:x 是奇数;$G(x)$:x 是偶数.

6. A 为 $\forall x(F(x) \land G(x))$,$F(x)$:$x$ 是有理数;$G(x)$:x 可表示为分数. 在 **R** 上为假,但在 **Q** 上为真.

7. A 为 $\forall x F(x,y)$,$F(x,y)$:$x \geqslant y$. 在 **N** 上真值不确定.

8. 略.

9. (1) $\forall x(M(x) \to \neg F(x))$,$M(x)$:$x$ 是人;$F(x)$:x 长着绿色头发.

(2) $\neg \forall x(M(x) \to F(x))$,$M(x)$:$x$ 是北京人;$F(x)$:x 去过香山.

10. (1) $\neg F(a) \lor \neg F(b) \lor \neg F(c) \lor G(a) \lor G(b) \lor G(c)$;

(2) $(F(a) \land F(b) \land F(c)) \land (G(a) \lor G(b) \lor G(c))$;

(3) $(H(a,a) \land H(a,b) \land H(a,c)) \lor (H(b,a) \land H(b,b) \land H(b,c)) \lor (H(c,a) \land H(c,b) \land H(c,c))$.

11. (1) 0; (2) 0; (3) 1.

12. (1) $\exists z \forall t(F(z) \lor G(x,t))$; (2) $\exists z_1 \forall z_2(\neg F(z_1,y) \land \neg G(x,z_2))$.

13. (1) $\forall x \exists y(F(x) \lor G(z,y))$; (2) $\forall x \exists y \exists z(\neg F(x) \lor \neg G(x,y,z_1) \lor H(x_1,y_1,z))$.

14. 略.

15. 略.

16. (1),(3),(4),(5); (2),(6),(7),(8).

17. ②; ④,⑤,⑨; ⑦,⑧.

<hr/>

第 3 章

习题 3.1

1. (1) $A=\{1,2,3,4,5\}$;

(2) $A=\{(0,0),(0,1),(1,0),(0,2),(1,1),(2,0),(0,3),(1,2),(2,1),(3,0),(0,4),(1,3),(2,2),$
$(3,1),(4,0)\}$;

(3) $\{2,3,5,7,11,13,17,19\}$;

(4) $\{a,g,r,e,t\}$;

(5) $\{真,假\}$.

2. (1) $\{x \mid x \in \mathbf{Z} \land 0 < x \land x < 51\}$;

(2) $\{x \mid \exists y(y \in \mathbf{Z} \land x=2y+1)\}$;

(3) $\{A \mid A$ 为命题公式且永真$\}$;

(4) $\{x \mid ax+b=0, a,b \in \mathbf{R}, a \neq 0\}$;

(5) $\{(\rho,\theta) \mid \rho,\theta \in \mathbf{R}, 0 \leqslant \rho \leqslant 1, 0 \leqslant \theta < 2\pi\}$.

3. (1) 正确; (2) 错误; (3) 正确; (4) 正确; (5) 正确; (6) 错误; (7) 正确; (8) 错误.

4. 充分性. 当 $a=c,b=d$ 时,有$\{a\}=\{c\}$,$\{a,b\}=\{c,d\}$,所以$\{\{a\},\{a,b\}\}=\{\{c\},\{c,d\}\}$.

必要性. 由$\{\{a\},\{a,b\}\}=\{\{c\},\{c,d\}\}$,知$\{a\} \in \{\{c\},\{c,d\}\}$,且$\{a,b\} \in \{\{c\},\{c,d\}\}$,所以$\{a\}$或者是$\{c\}$,或者是$\{c,d\}$,但$\{c,d\}$包含两个元素,所以$\{a\}=\{c\}$,从而$a=c$;同理可得$\{a,b\}=\{c,d\}$,又 $a=c$,且 $b \in \{c,d\}$,所以$b=d$.

5. (1) $\varnothing,\{\varnothing\}$; (2) $\varnothing,\{\varnothing\},\{\{\varnothing\}\},\{\varnothing,\{\varnothing\}\}$; (3) $\varnothing,\{\{\varnothing,a\}\},\{\{a\}\},\{\{\varnothing,a\},\{a\}\}$.

6. (1) $a=c$ 或 $c=b$; (2) 任何 a,b; (3) $b=c=d$; (4) $a=b=c$; (5) $a=c=\varnothing$ 且 $b=\{\varnothing\}$.

7. 可能,例如,$A=\{a\}$,$B=\{\{a\}\}$,$C=\{\{a\},\{\{a\}\}\}$.不常真,例如,$A=\{a\}$,$B=\{\{a\}\}$,$C=\{\{\{a\}\}\}$.

8. (1) 真. 因为 $\forall x(x \in B \to x \in C)$,$A \in B \to A \in C$,已知 $A \in B$,由假言推理得 $A \in C$.

(2) 假. 例如,当 $A=\{a\}$,$B=\{\{a\}\}$,$C=\{\{a\}\}$时,$A \in B$ 且 $B \subseteq C$,但 $A \subseteq C$ 不成立.

(3) 假. 例如,当 $A=\{a\}$,$B=\{a,b\}$,$C=\{\{a,b\}\}$时,$A \subseteq B$ 且 $B \in C$,但 $A \in C$ 不成立.

(4) 假. 举例同本题的问题(3), 但 $A \subseteq C$ 不成立.

9. (1) $\rho(A) = \{\varnothing, \{\varnothing\}\}$;

(2) $\rho(A) = \{\varnothing, \{\{1\}\}, \{1\}, \{\{1\}, 1\}\}$;

(3) $\rho(A) = \{\varnothing, \{\varnothing\}, \{\{1\}\}, \{\{2\}\}, \{\{1,2\}\}, \{\varnothing, \{1\}\}, \{\varnothing, \{2\}\}, \{\varnothing, \{1,2\}\}, \{\{1\}, \{2\}\}, \{\{1\}, \{1,2\}\},$
$\{\{2\}, \{1,2\}\}, \{\varnothing, \{1\}, \{2\}\}, \{\varnothing, \{1\}, \{1,2\}\}, \{\varnothing, \{2\}, \{1,2\}\}, \{\{1\}, \{2\}, \{1,2\}\}, \{\varnothing, \{1\}, \{2\}, \{1,2\}\}\}$;

(4) $\rho(A) = \{\varnothing, \{\{1\}\}, \{\{1,2\}\}, \{\{1\}, \{1,2\}\}\}$;

(5) $\rho(A) = \{\varnothing, \{-1\}, \{1\}, \{2\}, \{-1,1\}, \{-1,2\}, \{1,2\}, \{-1,1,2\}\}$.

习题 3.2

1. (1) $B \cap C$; (2) $A \cap D$; (3) $(A-B) \cap C$; (4) $\overline{A} \cap C$; (5) $(A \cap C) \cup (\overline{B} \cap E)$.

2. (1) 假. 例如, 令 $S = \{1,2\}, T = \{1\}, M = \{2\}$.

(2) 假. $S - T = \varnothing$ 意味着 $S \subseteq T$, 这时不一定有 $S = T$ 成立.

(3) 真. 由条件 $\overline{S} \cup T = E$ 可推出 $S \cap (\overline{S} \cup T) = S \cap E$, 则 $(S \cap \overline{S}) \cup (S \cap T) = S$, 从而 $\varnothing \cup (S \cap T) = S$, 于是 $S \cap T = S$, 这是 $S \subseteq T$ 的充要条件, 故结论为真.

(4) 假. 例如, 只要 $S \neq \varnothing$ 即可.

3. (1) $A \cup B = \{\{a,b\}, c, d\}, A \cap B = \{c\}, A - B = \{\{a,b\}\}, A \oplus B = \{\{a,b\}, d\}$;

(2) $A \cup B = \{\{a, \{b\}\}, c, \{c\}, \{a,b\}, \{b\}\}, A \cap B = \{\{b\}, c\}, A - B = \{\{a, \{b\}\}, \{c\}\}, A \oplus B = \{\{a, \{b\}\}, \{c\}, \{b\}\}$;

(3) $A \cup B = \mathbf{N}, A \cap B = \{2\}, A - B = \{0, 1\}, A \oplus B = \mathbf{N} - \{2\}$;

(4) $A \cup B = A, A \cap B = B, A - B = A \oplus B = \{x \mid x \in \mathbf{R} - \mathbf{Z} \land x < 1\}$.

4. 是. 先证 $B \subseteq C$, 再证 $C \subseteq B$. 任取 $x \in B$, 下面分两种情况讨论:

(1) 设 $x \in A$, 则 $x \in A \cap B$, 由于 $A \cap B = A \cap C$, 得 $x \in A \cap C$, 所以 $x \in C$, 即 $B \subseteq$;

(2) 设 $x \notin A$, 即 $x \in \overline{A}$, 则 $x \in \overline{A} \cap B$, 由于 $\overline{A} \cap B = \overline{A} \cap C$, 得 $x \in \overline{A} \cap C$, 所以 $x \in C$, 即 $B \subseteq C$.

由于 B 和 C 在本题中的地位是对称的, 故同理可证 $C \subseteq B$.

5. 由 $A - B = B$ 可得 $A = B = \varnothing$.

先用反证法证明 $B = \varnothing$. 假设 B 不是空集, 不妨设 $x \in B$, 由于 $A - B = B$, 所以 $x \in A - B$, 即 $x \in A$, 但 $x \notin B$. 这样 $x \notin B$ 与附加前提 $x \in B$ 矛盾, 故证得 $B = \varnothing$.

于是, 条件可写成 $A - \varnothing = \varnothing$, 故 $A - \varnothing = A$, 即得 $A = \varnothing$.

6. (1) 取 $x = 1, y = 2$, 则 $x \triangle y = 1^2 = 1, y \triangle x = 2^1 = 2$, 所以 $\triangle$ 不满足交换律.

取 $x = 2, y = 1, z = 2$, 则 $(x \triangle y) \triangle z = 4, x \triangle (y \triangle z) = 2$, 所以 $\triangle$ 也不满足结合律.

(2) ①不成立. 例如, 取 $x = 2, y = 1, z = 2$, 则 $x * (y \triangle z) = 2, (x * y) \triangle (x * z) = 16$.

②成立. $(y * z) \triangle x = (yz)^x = y^x * z^x = (y \triangle x) * (z \triangle x)$.

7. (1) 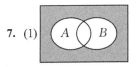 (2) 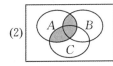 (3)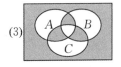

8. 略.

9. 略.

10. (1) 设 $x \in A \cup B$, 则 $x \in A \lor x \in B$, 从而 $x \in C$, 所以 $(A \cup B) \subseteq C$;

(2) 设 $x \in C$, 则 $x \in A \land x \in B$, 从而 $x \in (A \cap B)$, 所以 $C \subseteq (A \cap B)$.

11. (1) $A \cap (B - A) = A \cap (B \cap \overline{A}) = (A \cap \overline{A}) \cap B = \varnothing$;

(2) $A \cup (B - A) = A \cup (B \cap \overline{A}) = (A \cup B) \cap (A \cup \overline{A}) = (A \cup B) \cap E = A \cup B$;

(3) $A - (B \cup C) = A \cap (\overline{B \cup C}) = A \cap (\overline{B} \cap \overline{C}) = (A \cap \overline{B}) \cap (A \cap \overline{C}) = (A - B) \cap (A - C)$;

(4) $A - (B \cap C) = A \cap (\overline{B \cap C}) = A \cap (\overline{B} \cup \overline{C}) = (A \cap \overline{B}) \cup (A \cap \overline{C}) = (A - B) \cup (A - C)$.

12. $A \subseteq B \Leftrightarrow \forall x (x \in A \to x \in B) \Leftrightarrow \forall x (\neg (x \in A) \lor x \in B) \Leftrightarrow \forall x (x \in \overline{A} \lor x \in B) \Leftrightarrow \forall x (x \in (\overline{A} \cup B)) \Leftrightarrow$

$\overline{A}\cup B=E$,所以 $A\subseteq B$ 与 $\overline{A}\cup B=E$ 等价.

$\overline{A}\cup B=E\Leftrightarrow\forall x(\neg(x\in\overline{A}\cup B))\Leftrightarrow\forall x(\neg(x\in(\overline{\overline{A}\cup B})))\Leftrightarrow\forall x(\neg(x\in A\cap\overline{B}))\Leftrightarrow A\cap\overline{B}=\varnothing$,所以 $A\cup B=E$ 与 $A\cap\overline{B}=\varnothing$ 亦等价.

13. 设 $S\in\rho(A)\cap\rho(B)$,即 $S\subseteq A,S\subseteq B$. 任取一元素 $x\in S$,则有 $x\in A$ 和 $x\in B$. 于是 $x\in A\cap B$,即有 $S\subseteq A\cap B$,亦即 $S\subseteq\rho(A\cap B)$. 又 $S\in\rho(A)\cap\rho(B)$,因此 $\rho(A)\cap\rho(B)\subseteq\rho(A\cap B)$.

反之,设 $S\in\rho(A\cap B)$,即 $S\subseteq A\cap B$. 任取一元素 $x\in S$,则 $x\in A\cap B$. 于是有 $x\in A$ 和 $x\in B$,故有 $S\subseteq A$ 和 $S\subseteq B$,即有 $S\in\rho(A)$ 和 $S\in\rho(B)$,亦即 $\rho(A\cap B)\subseteq\rho(A)\cap\rho(B)$.

14. (1) $\bigcup\limits_{S\in C}S=\varnothing$,$\bigcap\limits_{S\in C}S=\varnothing$;

(2) $\bigcup\limits_{S\in C}S=\{\varnothing\}$,$\bigcap\limits_{S\in C}S=\varnothing$;

(3) $\bigcup\limits_{S\in C}S=\{a,b\}$,$\bigcap\limits_{S\in C}S=\varnothing$;

(4) $\bigcup\limits_{S\in C}S=\mathbf{Z}$,$\bigcap\limits_{S\in C}S=\varnothing$.

15. 由 $|\rho(B)|=64$,可知 $|B|=6$. 又由于 $|\rho(A\cup B)|=256$,知 $|A\cup B|=8$. 根据包含排斥原理,得 $8=3+6-|A\cap B|$,从而有 $|A\cap B|=1$,$|A-B|=2$,$|A\oplus B|=2+5=7$.

习题 3.3

1. (1) 设 R 表示十进制无符号整数集合,则其归纳定义如下:

① 如果 $a\in\{0,1,2,3,4,5,6,7,8,9\}$,那么 $a\in R$;

② 如果 $a,b\in R$,那么 $ab\in R$;

③ 仅包含能由有限次应用①和②得到的元素.

(2) 设 R 表示成形括号串集合,则其归纳定义如下:

① $[\,]\in R$;

② 若 $x,y\in R$,则 $[x]\in R$,$xy\in R$;

③ R 仅包含能由有限次应用①和②得到的元素.

2. 用第一归纳法证明. 设 $L(x),R(x)$ 分别表示成形括号串 x 的左、右括号个数.

(1)(基础)$L([\,])=1,R([\,])=1$,命题成立.

(2)(归纳)假设 $L(x)=R(x),L(y)=R(y)$,则
$$L([x])=L(x)+1=R(x)+1=R([x]);$$
$$L(xy)=L(x)+L(y)=R(x)+R(y)=R(xy).$$

所以对一切成形括号串 x,都有 $L(x)=R(x)$.

3. (1) $n=1$ 时,$1^2=1^3$.

(2) 假设 $n=k$ 时,有 $(1+2+\cdots+k)^2=1^3+2^3+\cdots+k^3$,则当 $n=k+1$ 时,有
$$\begin{aligned}[1+2+\cdots+k+(k+1)]^2&=(1+2+\cdots+k)^2+(k+1)^2+2(1+2+\cdots+k)(k+1)\\&=1^3+2^3+\cdots+k^3+(k+1)^2+k(k+1)^2\\&=1^3+2^3+\cdots+k^3+(k+1)^3,\end{aligned}$$

即 $n=k+1$ 时也成立.

所以对一切 $n\in\mathbf{Z}^+$,都有 $(1+2+\cdots+n)^2=1^3+2^3+\cdots+n^3$.

4. 略.

5. 略.

6. (1) $n=3$ 时,其内角之和为 $180°=(3-2)\times180°$.

(2) 假设在 $n<k(n\geqslant3)$ 时,n 边凸多边形的内角之和等于 $(n-2)\times180°$. 当 $n=k$ 时,在 k 边凸多边形上任取一顶点,然后将此点与和它隔一顶点的另一顶点相连,则所得直线将多边形划分为一个三角形与一个 $k-1$ 边凸多边形,所以其内角之和等于 $180°+(k-3)\times180°=(k-2)\times180°$,即对 k 边凸多边形,结论也成立.

7. (1) 当 $n=1,2$ 时,易见结论成立.

(2) 设 n 时结论成立,则有

$$\overline{\bigcup_{i=1}^{n+1}A_i}=\overline{\bigcup_{i=1}^{n}A_i\cup A_{n+1}}=\overline{\bigcup_{i=1}^{n}A_i}\cap\overline{A_{n+1}}=\bigcap_{i=1}^{n}\overline{A_i}\cap\overline{A_{n+1}}=\bigcap_{i=1}^{n+1}\overline{A_i};$$

$$\overline{\bigcap_{i=1}^{n+1}A_i}=\overline{\bigcap_{i=1}^{n}A_i\cap A_{n+1}}=\overline{\bigcap_{i=1}^{n}A_i}\cup\overline{A_{n+1}}=\bigcup_{i=1}^{n}\overline{A_i}\cup\overline{A_{n+1}}=\bigcup_{i=1}^{n+1}\overline{A_i}.$$

所以 $n+1$ 时结论也成立.

8. (1) $n=2$ 时, $2=2$, 命题成立.

(2) 假设 $\forall n<k(n>1)$ 时, n 都可表示为若干个素数的积. 当 $n=k$ 时, 若 k 是素数, 则 $k=k$; 若 k 不是素数, 则存在一素数 p, $p\neq1$, $p\neq k$, 使 $k=p\times q$, 其中 q 是整数, 且 $q<k$. 由归纳假设知, q 可写成若干个素数的乘积, 不妨设 $q=p_1\cdot p_2\cdots\cdot p_i$, 所以 $k=p\cdot p_1\cdot p_2\cdots\cdot p_i$, 因此命题对 $n=k$ 时也成立.

9. 该证明的归纳步骤中,"任何由 $n+1$ 个人组成的集合包含两个 n 个人组成的不同的但交搭的子集合"这一结论是不正确的. 例如, 在 n 取 0 或 1 时, 此结论就不成立.

习题 3.4

1. $A\times B=\{(1,1),(1,2),(1,4),(3,1),(3,2),(3,4)\}$, $B\times A=\{(1,1),(2,1),(4,1),(1,3),(2,3),(4,3)\}$. 由于 $(1,2)\neq(2,1),(1,4)\neq(4,1),\cdots$, 所以 $A\times B\neq B\times A$.

2. (1) $A\times\{0,1\}\times B=\{(a,0,c),(a,1,c),(b,0,c),(b,1,c)\}$;

(2) $B^2\times A=\{(c,c,a),(c,c,b)\}$;

(3) $(A\times B)^2=\{((a,c),(a,c)),((a,c),(b,c)),((b,c),(a,c)),((b,c),(b,c))\}$.

3. $A\times B$ 可以解释为此人拥有的所有着装(一件上装与一件下装)搭配的集合.

4. 因为对任意的 (x,y), 有

$(x,y)\in(A\cap B)\times(C\cap D)\Leftrightarrow x\in(A\cap B)\wedge y\in(C\cap D)\Leftrightarrow x\in A\wedge x\in B\wedge y\in C\wedge y\in D$

$\qquad\Leftrightarrow(x\in A\wedge y\in C)\wedge(x\in B\wedge y\in D)\Leftrightarrow(x,y)\in(A\times C)\wedge(x,y)\in(B\times D)$

$\qquad\Leftrightarrow(x,y)\in(A\times C)\cap(B\times D),$

所以 $(A\cap B)\times(C\cap D)=(A\times C)\cap(B\times D)$.

5. $\rho(A)=\{\varnothing,\{0\},\{1\},\{0,1\}\}$, $\rho(A)\times A=\{(\varnothing,0),(\varnothing,1),(\{0\},0),(\{0\},1),(\{1\},0),(\{1\},1),(\{0,1\},0),(\{0,1\},1)\}$.

6. 略.

7. 略.

总练习题 3

1. (1) ① (c); ② (d); ③ (g); ④ (f); ⑤ (h).

(2) ②; ④; ⑤; ⑥; ⑨.

(3) ① A; ② I; ③ D; ④ G; ⑤ H.

(4) ④; ⑨; ①; ⑧; ①.

2. (1) 错误. 例如, $A=\{1\},B=\{2\},C=\{\{1\}\}$.

(2) 错误. 例如, $A=\{1\},B=\{\{2\}\},C=\{\{1\}\}$.

(3) 错误. 例如, $A=\{1\},B=\{1,2\},C=\{\{1\}\}$.

3. (1)为假;(2),(3)和(4)为真.

4. 令 $S=\{x\,|\,x\in\mathbf{N}\wedge1\leqslant x\leqslant1\,000\,000\}$, $A=\{x\,|\,x\in S\wedge x$ 是完全平方数$\}$, $B=\{x\,|\,x\in S\wedge x$ 是完全立方数$\}$, 从而有 $|S|=1\,000\,000$, $|A|=1\,000$, $|B|=100$, $|A\cap B|=10$. 由包含排斥原理得

$$|\overline{A}\cap\overline{B}|=|S|-(|A|+|B|)+|A\cap B|=1\,000\,000-(1000+100)+10=998\,910.$$

5. 将所给的集合用列举法写出来: $A=\{1,2,3,4\},B=\{1,3,5,7\}$, 故

$A\cap B=\{1,3\}$; $A\cup B=\{1,2,3,4,5,7\}$; $A-B=\{2,4\}$; $B-A=\{5,7\}$; $A\oplus B=\{2,4,5,7\}$.

6. $\rho(\varnothing)=\{\varnothing\};\rho(\rho(\varnothing))=\{\varnothing,\{\varnothing\}\};\rho(\rho(\rho(\varnothing)))=\{\varnothing,\{\varnothing\},\{\{\varnothing\}\},\{\varnothing,\{\varnothing\}\}\}$.

7. (1) 对任意的 x, 有 $x\in B\cap(\bigcup_{S\in C}S)\Leftrightarrow x\in B\wedge(x\in\bigcup_{S\in C}S)\Leftrightarrow x\in B\wedge\exists S(S\in C\wedge x\in S)$

$\qquad\Leftrightarrow\exists S(x\in B\wedge S\in C\wedge x\in S)\Leftrightarrow\exists S(S\in C\wedge x\in(B\cap S))$

$$\Leftrightarrow x \in \bigcup_{S \in C} (B \cap S).$$

(2) 对任意的 x，有 $x \in B \cup (\bigcap_{S \in C} S) \Leftrightarrow x \in B \lor \forall S(S \in C \to x \in S) \Leftrightarrow x \in B \lor (\forall S(S \notin C \lor x \in S))$

$$\Leftrightarrow \forall S(x \in B \lor S \notin C \lor x \in S) \Leftrightarrow \forall S(S \notin C \lor x \in (B \cup S))$$

$$\Leftrightarrow \forall S(S \in C \to x \in (B \cup S)) \Leftrightarrow x \in \bigcap_{S \in C}(B \cup S).$$

8. 设 A_1, A_2, A_3, A_4 分别表示能被 $2,3,5,7$ 整除的整数的集合，则有

$$|A_1 \cup A_2 \cup A_3 \cup A_4| = |A_1| + |A_2| + |A_3| + |A_4| - |A_1 \cap A_2| - |A_1 \cap A_3| - |A_1 \cap A_4| - |A_2 \cap A_3|$$
$$- |A_2 \cap A_4| - |A_3 \cap A_4| + |A_1 \cap A_2 \cap A_3| + |A_1 \cap A_2 \cap A_4| + |A_1 \cap A_3 \cap A_4|$$
$$+ |A_2 \cap A_3 \cap A_4| - |A_1 \cap A_2 \cap A_3 \cap A_4|.$$

上式中各项分别计算如下：

$$|A_1| = 125, \quad |A_2| = 83, \quad |A_3| = 50, \quad |A_4| = 35,$$
$$|A_1 \cap A_2| = 41, \quad |A_1 \cap A_3| = 25, \quad |A_1 \cap A_4| = 17,$$
$$|A_2 \cap A_3| = 16, \quad |A_2 \cap A_4| = 11, \quad |A_3 \cap A_4| = 7,$$
$$|A_1 \cap A_2 \cap A_3| = 8, \quad |A_1 \cap A_2 \cap A_4| = 5,$$
$$|A_1 \cap A_3 \cap A_4| = 3, \quad |A_2 \cap A_3 \cap A_4| = 2, \quad |A_1 \cap A_2 \cap A_3 \cap A_4| = 1.$$

把以上数值代入，得 $|A_1 \cup A_2 \cup A_3 \cup A_4| = 193$．所以在 1 到 250 之间能够被 $2,3,5,7$ 任一数整除的整数的个数为 193．

9. 设 A_1 表示会 FORTRAN 语言的人的集合，A_2 表示会 ALGOL 语言的人的集合，A_3 表示会 PL/SQL 语言的人的集合，则 $|A_1 \cup A_2 \cup A_3| = 50$，且

$$|A_1 \cup A_2 \cup A_3| = |A_1| + |A_2| + |A_3| - |A_1 \cap A_2| - |A_1 \cap A_3| - |A_2 \cap A_3| + |A_1 \cap A_2 \cap A_3|,$$
$$|A_1| = 40, \quad |A_2| = 35, \quad |A_3| = 10, \quad |A_1 \cap A_2 \cap A_3| = 5,$$

所以

$$|A_1 \cap A_2| + |A_1 \cap A_3| + |A_2 \cap A_3| = -50 + 40 + 35 + 10 + 5 = 40.$$

故会两门以上的人数为

$$|(A_1 \cap A_2) \cup (A_1 \cap A_3) \cup (A_2 \cap A_3)| = |A_1 \cap A_2| + |A_1 \cap A_3| + |A_2 \cap A_3| - 2|A_1 \cap A_2 \cap A_3| = 40 - 2 \times 5 = 30.$$

只会两门的人数为会两门以上的人数减去会三门的人数，由此可得会两门的人数为 25．

10. (1) 将佩亚诺公理定义中删去第 (5) 条，例如图 1(a) 模型，它满足佩亚诺公理定义的第 (1)，(2)，(3)，(4) 条，但令 $S = \{0,2,4,6,\cdots\}$，则 $0 \in S$．若 $n \in S$，则 $n^+ \in S$，但 $S \neq \{0,2,4,6,\cdots,5,3,1\}$．因此，该序列不是自然数集．

(2) 若删去第 (4) 条，例如图 1(b) 模型，它满足第 (1)，(2)，(3)，(5) 条，但它不是自然数集．

(3) 若删去第 (2) 条的唯一性，例如图 1(c) 模型，它满足其他几条，但它不是自然数集．

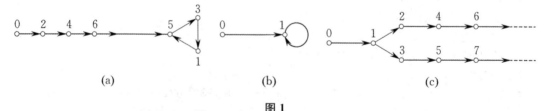

(a)　　　　　　　　　　(b)　　　　　　　　　　(c)

图 1

11. (1) $n = 0$ 时，对任意的自然数 m，均有 $(a^m)^0 = 1 = a^{m \times 0}$．

(2) 假设 $n = k$ 时，对任意的自然数 m，均有 $(a^m)^k = a^{mk}$ 成立．

当 $n = k+1$ 时，对任意的自然数 m，均有

$$(a^m)^{k+1} = (a^m)^k \cdot a^m = a^{mk} \cdot a^m = a^{mk+m} = a^{m(k+1)},$$

即 $n = k+1$ 时也成立．所以由第一归纳法即得证．

12. 即要证明 $n = 3p + 5q (n \geqslant 8)$，其中 p, q 为自然数）．

(1) $8 = 3 + 5, 9 = 3 \times 3, 10 = 5 \times 2, 11 = 3 \times 2 + 5$.

(2) 假设 $n < k$, 且 $n - 3 \geqslant 8$ 时, 有 $n = 3p + 5q (p, q$ 是自然数).

现证 $n = k$ 时, 上式亦成立. 由假设 $k - 3 < k$, 且 $k - 3 \geqslant 8$, 可知 $k - 3 = 3p + 5q$, 所以 $k = 3(p+1) + 5q$. 因此 $n = k$ 时, 也成立.

13. (1) $n = 1, 2, 3$ 时, 则由 $*$ 运算的性质知, 表达式
$$e = (a_1 * (a_2 * (\cdots (a_{n-1} * a_n) \cdots))).$$

(2) 假设当 $n < k$, 结论也成立.

当 $n = k$ 时, 表达式 $e = e_1 * e_2, e_1, e_2$ 都是 $*$ 表达式, e 的运算对象有 k 个, 所以 e_1, e_2 的运算对象的个数都小于 k, 设 e_1 的运算对象有 r 个, 则 $r < k$, 则由假设得
$$e = (a_1 * (a_2 * (\cdots (a_{r-1} * a_r) \cdots))) * (a_{r+1} * (\cdots (a_{k-1} * a_k) \cdots))$$
$$= a_1 * ((a_2 * (\cdots (a_{r-1} * a_r) \cdots)) * (a_{r+1} * (\cdots (a_{k-1} * a_k) \cdots))).$$

由假设及后面括号中有 $k - 1$ 个运算对象, 得 $e = a_1 * (a_2 * (\cdots (a_{k-1} * a_k) \cdots))$. 所以 $n = k$ 时, 结论也成立.

14. (1) 先证 $B_0 \subseteq \bigcap\limits_{i=1}^{\infty} B_i$.

设 $x \in B_0$, 则 $x \leqslant 1$, 故 $\forall i$, 有 $x < 1 + \dfrac{1}{i}$, 即 $\forall i$, 有 $x \in B_i$, 所以 $x \in \bigcap\limits_{i=1}^{\infty} B_i$.

(2) 再证 $\bigcap\limits_{i=1}^{\infty} B_i \subseteq B_0$.

设 $x \in \bigcap\limits_{i=1}^{\infty} B_i$, 则 $x \in B_i (i = 1, 2, \cdots)$, 即 $\forall i$, 有 $x < 1 + \dfrac{1}{i}$.

若 $x > 1$, 则必有 $\varepsilon > 0$, 使 $x > 1 + \varepsilon$, 令 $k = \left[\dfrac{1}{\varepsilon} \right] + 1$, 则 $x \geqslant 1 + \dfrac{1}{k}$, 故 $x \notin B_k$. 这与 $\forall i, x \in B_i$ 相矛盾, 所以 $x \leqslant 1$, 即 $x \in B_0$. 因此, $\bigcap\limits_{i=1}^{\infty} B_i = B_0$.

15. 令 S 是 $\{1, 2, \cdots, n\}$ 的所有无重复排列的集合, 则 $|S| = n!$. 设 A_i 表示 i 恰好在第 i 个位置上的排列的集合, 则 $A_i \subseteq S$. 所以, 全部错列的集合为
$$\overline{A_1} \cap \overline{A_2} \cap \cdots \cap \overline{A_n}.$$

易得 $|A_i| = (n-1)!$; $|A_i \cap A_j| = (n-2)!$; 对于 $1 \leqslant i_1 \leqslant i_2 \leqslant \cdots \leqslant i_k \leqslant n$, 有 $|A_{i_1} \cap A_{i_2} \cap \cdots \cap A_{i_k}| = (n-k)!$.

又 $|\overline{A_1} \cap \overline{A_2} \cap \cdots \cap \overline{A_n}| = |S| - \sum\limits_{i=1}^{n} |A_i| + \sum\limits_{1 \leqslant i < j \leqslant n} |A_i \cap A_j| - \sum\limits_{1 \leqslant i < j < k \leqslant n} |A_i \cap A_j \cap A_k| + \cdots + (-1)^n |\overline{A_1} \cap \overline{A_2} \cap \cdots \cap \overline{A_n}|$, 所以
$$D_n = n! - C_n^1 (n-1)! + C_n^2 (n-2)! - \cdots + (-1)^k C_n^k (n-k)! + \cdots + (-1)^n C_n^n 0!$$
$$= n! - \frac{n!}{1} + \frac{n!}{2} + \cdots + (-1)^n \frac{n!}{n!} = \left[1 - \frac{1}{1!} + \frac{1}{2!} - \cdots + (-1)^n \frac{1}{n!} \right] (n!).$$

16. 略.

17. 一般来说, 笛卡儿积 $A \times A$ 是由集合 A 中的两个元素的序偶组成的集合, 所以 $A \subseteq A \times A$ 一般不成立. 但是, 若 $A = \varnothing$, 则 $\varnothing \times \varnothing = \varnothing$, 所以当 A 为 $\varnothing$ 时, $A \subseteq A \times A$ 成立.

18. 因为 $\rho(A) = \{\varnothing, \{1\}, \{2\}, \{1, 2\}\}$, 所以
$$\rho(A) \times A = \{(\varnothing, 1), (\varnothing, 2), (\{1\}, 1), (\{1\}, 2), (\{2\}, 1), (\{2\}, 2), (\{1, 2\}, 1), (\{1, 2\}, 2)\};$$
$$A \times \rho(A) = \{(1, \varnothing), (1, \{1\}), (1, \{2\}), (1, \{1, 2\}), (2, \varnothing), (2, \{1\}), (2, \{2\}), (2, \{1, 2\})\}.$$

19. (1) 不成立. 例如, 令 $A = \{a\}, B = \{b\}, C = \{c\}, D = \{d\}$, 则
$$(A \cup B) \times (C \cup D) = \{(a, c), (a, d), (b, c), (b, d)\}, \quad (A \times C) \cup (B \times D) = \{(a, c), (b, d)\}.$$

(2) 不成立. 例如, 令 $A = \{a, b\}, B = \{b\}, C = \{a\}, D = \varnothing$, 则
$$(A - B) \times (C - D) = \{(a, a)\}, \quad (A \times C) - (B \times D) = \{(a, a), (b, a)\}.$$

(3) 不成立. 例如, 令 $A = \{0\}, B = \{1\}, C = \{0\}, D = \{1\}$, 则
$$(A \oplus B) \times (C \oplus D) = \{(0, 0), (0, 1), (1, 0), (1, 1)\}, \quad (A \times C) \oplus (B \times D) = \{(0, 0), (1, 1)\}.$$

(4) 成立. 因为对于任意(x,y),有

$$(x,y)\in(A-B)\times C\Leftrightarrow x\in(A-B)\wedge y\in C\Leftrightarrow x\in A\wedge x\notin B\wedge y\in C$$
$$\Leftrightarrow (x\in A\wedge y\in C)\wedge(x\notin B\vee y\in C)\Leftrightarrow(x,y)\in A\times C\wedge(x,y)\notin B\times C$$
$$\Leftrightarrow (x,y)\in(A\times C)-(B\times C),$$

所以$(A-B)\times C=(A\times C)-(B\times C)$.

(5) 成立. 因为对于任意(x,y),有

$$(x,y)\in(A\oplus B)\times C\Leftrightarrow x\in A\oplus B\wedge y\in C\Leftrightarrow((x\in A\wedge x\notin B)\vee(x\notin A\wedge x\in B))\wedge y\in C$$
$$\Leftrightarrow (x\in A\wedge x\notin B\wedge y\in C)\vee(x\notin A\wedge x\in B\wedge y\in C)$$
$$\Leftrightarrow (x,y)\in A\times C\wedge(x,y)\notin B\times C\vee(x,y)\notin A\times C\wedge(x,y)\in B\times C$$
$$\Leftrightarrow (x,y)\in(A\times C)\oplus(B\times C),$$

所以$(A\oplus B)\times C=(A\times C)\oplus(B\times C)$.

第 4 章

习题 4.1

1. $R_1=\varnothing$,$R_2=\{(1,1)\}$,$R_3=\{(2,1)\}$,$R_4=\{(1,1),(2,1)\}$.

2. (1) $R=\{(2,2),(4,4),(6,6),(1,2),(2,1),(1,4),(4,1),(1,6),(6,1),(2,4),(4,2),(2,6),(6,2),$
$(4,6),(6,4)\}$;

(2) $R=\{(1,2),(2,1)\}$;

(3) $R=\{(1,1),(2,2),(4,4),(6,6),(2,1),(4,1),(4,2),(6,1)\}$;

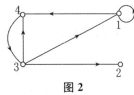
图 2

(4) $R=\{(1,2),(2,2),(4,2),(6,2)\}$.

3. $M_R=\begin{pmatrix}1&0&0&1\\0&0&0&0\\1&1&0&1\\0&0&1&0\end{pmatrix}$,此 R 的关系图如图 2 所示.

4. 不一定. 例如,$X=\{1,2,3\}$上的关系 $R=\{(1,1),(1,2),(2,1),(2,2)\}$满足对称性和传递性,但不满足自反性.

5. 正确. 因为若 R 是自反的,则对任意的 $x\in X$,有$(x,x)\in R$,就不会有$(x,x)\notin R$.

6. 不正确. 例如,$X=\{1,2,3\}$上的关系 $R=\{(1,1),(2,2),(3,3)\}$既是对称的,又是反对称的.

7. R 是自反的,对称的,也是传递的.

8. 因 $x^2+x=x^2+x$,故有自反性.

因 $x^2+x=y^2+y\Rightarrow y^2+y=x^2+x$,故有对称性.

由 $x^2+x=y^2+y$ 和 $y^2+y=z^2+z$,可推得 $x^2+x=z^2+z$,所以有传递性.

而由 $a^2+a=b^2+b$,可得$(a^2-b^2)+(a-b)=(a-b)(a+b+1)=0$,故当 $a+b+1=0$ 时,不一定有 $a=b$. 所以,反对称性不一定成立.

9. 由条件得 $R=\{(1,9),(9,1),(2,8),(8,2),(3,7),(7,3),(4,6),(6,4),(5,5)\}$,所以 R 是对称的,不是自反的,也不是反自反的,不是反对称的,也不是传递的.

10. (a) $M_{R_1}=\begin{pmatrix}1&1&0\\1&1&0\\1&1&1\end{pmatrix}$,$R_1$ 具有自反性,传递性.

(b) $M_{R_2}=\begin{pmatrix}1&1&0\\0&0&0\\1&1&0\end{pmatrix}$,$R_2$ 具有反对称性,传递性.

(c) $\boldsymbol{M}_{R_3} = \begin{bmatrix} 1 & 1 & 1 \\ 1 & 1 & 1 \\ 1 & 1 & 1 \end{bmatrix}$, R_3 具有自反性,对称性,传递性,是 X 上的全域关系.

(d) $\boldsymbol{M}_{R_4} = \begin{bmatrix} 0 & 1 & 1 \\ 0 & 0 & 1 \\ 0 & 1 & 0 \end{bmatrix}$, R_4 具有反自反性,传递性.

(e) $\boldsymbol{M}_{R_5} = \begin{bmatrix} 0 & 1 & 1 \\ 1 & 1 & 0 \\ 1 & 1 & 0 \end{bmatrix}$, R_5 既不是自反的,也不是反自反的;既不是对称的,也不是反对称的;还不是传递的.

(f) $\boldsymbol{M}_{R_6} = \begin{bmatrix} 1 & 1 & 1 \\ 1 & 0 & 0 \\ 1 & 0 & 0 \end{bmatrix}$, R_6 是对称的.

习题 4.2

1. 依题意,得 $R_1 = \{(0,1),(1,2),(2,3),(0,0),(2,1)\}$,$R_2 = \{(2,0),(3,1)\}$,则

(1) $R_1 \circ R_2 = \{(1,0),(2,1)\}$;

(2) $R_2 \circ R_1 = \{(2,1),(2,0),(3,2)\}$;

(3) $R_1 \circ R_2 \circ R_1 = \{(1,1),(1,0),(2,2)\}$;

(4) $R_1 \circ R_1 = \{(0,2),(1,1),(1,3),(2,2),(0,1),(0,0)\}$;

(5) $R_1 \circ R_1 \circ R_1 = \{(0,3),(0,1),(1,2),(0,2),(0,0),(2,3),(2,1)\}$;

(6) $R_1^{-1} = \{(1,0),(2,1),(3,2),(0,0),(1,2)\}$.

2. $R_1 = \{(a,a),(b,b),(b,c)\}$,$R_2 = \{(b,b),(c,c),(a,b)\}$.

3. 因 F,G 都是 X 上的自反关系,所以 $\forall x \in X$,都有 $(x,x) \in F$,$(x,x) \in G$,故 $(x,x) \in F \cap G$,$(x,x) \in F \circ G$. 因此 $F \circ G$,$F \cap G$ 亦是自反的.

4. (1) 必要性. 任取 (x,y),有 $(x,y) \in I_A \Rightarrow x,y \in A \wedge x = y \Rightarrow (x,y) \in R$,从而证明了 $I_A \subseteq R$.

充分性. 任取 x,有 $x \in A \Rightarrow (x,x) \in I_A \Rightarrow (x,x) \in R$,因此 R 在 A 上是自反的.

(2) 必要性(用反证法). 假设 $R \cap I_A \neq \varnothing$,则必存在 $(x,y) \in R \cap I_A$,由于 I_A 是 A 上的恒等关系,从而 $x = y$,即 $(x,x) \in I_A$ 且 $(x,x) \in R$. 这与 R 在 A 上是反自反的相矛盾.

充分性. 任取 x,有 $x \in A \Rightarrow (x,x) \in I_A \Rightarrow (x,x) \notin R$(由于 $R \cap I_A = \varnothing$),从而证明了 R 在 A 上是反自反的.

(3) 必要性. 任取 (x,y),有 $(x,y) \in R \Leftrightarrow (y,x) \in R$(因为 R 在 A 上对称)$\Leftrightarrow (x,y) \in R^{-1}$,所以 $R = R^{-1}$.

充分性. 任取 (x,y),由 $R = R^{-1}$,得 $(x,y) \in R \Rightarrow (y,x) \in R^{-1} \Rightarrow (y,x) \in R$,所以 R 在 A 上是对称的.

(4) 必要性. 任取 (x,y),有 $(x,y) \in R \cap R^{-1} \Rightarrow (x,y) \in R \wedge (x,y) \in R^{-1} \Rightarrow (x,y) \in R \wedge (y,x) \in R \Rightarrow x = y$(因为 R 在 A 上是反对称的)$\Rightarrow (x,y) \in I_A$,这就证明了 $R \cap R^{-1} \subseteq I_A$.

充分性. 任取 (x,y),由于 $R \cap R^{-1} \subseteq I_A$,则有 $(x,y) \in R \wedge (y,x) \in R \Rightarrow (x,y) \in R \wedge (x,y) \in R^{-1} \Rightarrow (x,y) \in R \cap R^{-1} \Rightarrow (x,y) \in I_A \Rightarrow x = y$,从而证明了 R 在 A 上是反对称的.

(5) 必要性. 任取 (x,y),有 $(x,y) \in R \circ R \Rightarrow \exists t((x,t) \in R \wedge (t,y) \in R) \Rightarrow (x,y) \in R$(因为 R 在 A 上是传递的),所以 $R \circ R \subseteq R$.

充分性. 任取 $(x,y),(y,z)$,有 $(x,y) \in R \wedge (y,z) \in R \Rightarrow (x,z) \in R \circ R \Rightarrow (x,z) \in R$(因为 $R \circ R \subseteq R$),所以 R 在 A 上是传递的.

5. (1) 因 $R_1 \circ R_2 = \{(1,5),(3,2),(2,5)\}$,故

$$\boldsymbol{M}_{R_1 \circ R_2} = \begin{bmatrix} 0 & 0 & 0 & 0 & 1 \\ 0 & 0 & 0 & 0 & 1 \\ 0 & 1 & 0 & 0 & 0 \\ 0 & 0 & 0 & 0 & 0 \\ 0 & 0 & 0 & 0 & 0 \end{bmatrix}.$$

又由 $R_1 = \{(1,2),(3,4),(2,2)\}$ 及 $R_2 = \{(4,2),(2,5),(3,1),(1,3)\}$,得

$$\boldsymbol{M}_{R_1} = \begin{pmatrix} 0 & 1 & 0 & 0 & 0 \\ 0 & 1 & 0 & 0 & 0 \\ 0 & 0 & 0 & 1 & 0 \\ 0 & 0 & 0 & 0 & 0 \\ 0 & 0 & 0 & 0 & 0 \end{pmatrix}, \quad \boldsymbol{M}_{R_2} = \begin{pmatrix} 0 & 0 & 1 & 0 & 0 \\ 0 & 0 & 0 & 0 & 1 \\ 1 & 0 & 0 & 0 & 0 \\ 0 & 1 & 0 & 0 & 0 \\ 0 & 0 & 0 & 0 & 0 \end{pmatrix},$$

从而得到 $\boldsymbol{M}_{R_1 \circ R_2} = \boldsymbol{M}_{R_1} \boldsymbol{M}_{R_2}$.

(2) 因为 $R_2 \circ R_1 = \{(4,2),(3,2),(1,4)\}$,所以 $\boldsymbol{M}_{R_2 \circ R_1} = \begin{pmatrix} 0 & 0 & 0 & 1 & 0 \\ 0 & 0 & 0 & 0 & 0 \\ 0 & 1 & 0 & 0 & 0 \\ 0 & 1 & 0 & 0 & 0 \\ 0 & 0 & 0 & 0 & 0 \end{pmatrix}$,且有 $\boldsymbol{M}_{R_2 \circ R_1} = \boldsymbol{M}_{R_2} \boldsymbol{M}_{R_1}$.

(3) 因为 $R_1^{-1} = \{(2,1),(4,3),(2,2)\}$,所以 $\boldsymbol{M}_{R_1^{-1}} = \begin{pmatrix} 0 & 0 & 0 & 0 & 0 \\ 1 & 1 & 0 & 0 & 0 \\ 0 & 0 & 0 & 0 & 0 \\ 0 & 0 & 1 & 0 & 0 \\ 0 & 0 & 0 & 0 & 0 \end{pmatrix}$,且有 $\boldsymbol{M}_{R_1^{-1}} = \boldsymbol{M}_{R_1}^{\mathrm{T}}$($\boldsymbol{M}_{R_1}^{\mathrm{T}}$ 为 $\boldsymbol{M}_{R_1}$ 的

转置矩阵).

习题 4.3

1. 从图 4-4 可得 $R = \{(a,a),(a,b)\}$,所以

$$r(R) = R \cup I_A = \{(a,a),(a,b),(b,b),(c,c)\};$$
$$s(R) = R \cup R^{-1} = \{(a,a),(a,b),(b,a)\};$$
$$t(R) = R \cup R^2 \cup R^3 \cup \cdots = \{(a,a),(a,b)\}.$$

2. $R = \{(a,b),(a,c),(c,b)\}$ 的 $r(R),s(R),t(R)$ 的关系图分别如图 3(a),(b),(c)所示,且

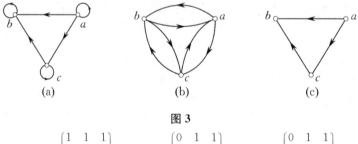

图 3

$$\boldsymbol{M}_{r(R)} = \begin{pmatrix} 1 & 1 & 1 \\ 0 & 1 & 0 \\ 0 & 1 & 1 \end{pmatrix}, \quad \boldsymbol{M}_{s(R)} = \begin{pmatrix} 0 & 1 & 1 \\ 1 & 0 & 1 \\ 1 & 1 & 0 \end{pmatrix}, \quad \boldsymbol{M}_{t(R)} = \begin{pmatrix} 0 & 1 & 1 \\ 0 & 0 & 0 \\ 0 & 1 & 0 \end{pmatrix}.$$

3. (1) 因 $r(R) = I_A \cup R$,故 R 是自反的 $\Leftrightarrow I_A \subseteq R \Leftrightarrow r(R) = R$;

(2) 因 $s(R) = R \cup R^{-1}$,故 R 是对称的 $\Leftrightarrow R = R^{-1} \Leftrightarrow s(R) = R$;

(3) 因 $t(R) = R \cup R^2 \cup \cdots \cup R^n \cup \cdots$,故 R 是传递的 $\Leftrightarrow R \circ R \subseteq R \Leftrightarrow R^n \subseteq R \Leftrightarrow t(R) = R$.

4. (1) 因 $s(R) = R \cup R^{-1} \supseteq R$,所以若 R 是自反的,则必有 $s(R)$ 是自反的.

又因 $t(R) = R \cup R^2 \cup \cdots \cup R^n \cup \cdots \supseteq R$,所以若 R 是自反的,则必有 $t(R)$ 也是自反的.

(2) 由于 R 和 I_A 是对称的,所以 $R = R^{-1}$,$I_A = I_A^{-1}$,而 $r(R) = R \cup I_A$,故

$$[r(R)]^{-1} = (R \cup I_A)^{-1} = I_A^{-1} \cup R^{-1} = I_A \cup R = r(R).$$

因此 $r(R)$ 是对称的.

为证明 $t(R)$ 是对称的,先证明命题:若 R 是对称的,则 R^n 也是对称的,其中 n 是任何正整数.

用第一归纳法.

① 当 $n=1$ 时, $R^1=R$ 显然是对称的.

② 假设 R^n 是对称的,则对任意 (x,y),有

$$(x,y)\in R^{n+1}\Leftrightarrow(x,y)\in R^n\circ R\Leftrightarrow\exists t((x,t)\in R^n\wedge(t,y)\in R)$$
$$\Rightarrow\exists t((t,x)\in R^n\wedge(y,t)\in R)\Rightarrow(y,x)\in R\circ R^n\Rightarrow(y,x)\in R^{n+1},$$

所以 R^{n+1} 是对称的. 故命题得证.

下面证明 $t(R)$ 的对称性.

任取 (x,y),有 $(x,y)\in t(R)\Rightarrow\exists n((x,y)\in R^n)\Rightarrow\exists n((y,x)\in R^n)\Rightarrow(y,x)\in t(R)$,从而证明了 $t(R)$ 的对称性.

(3) 因 $r(R)=R\cup I_A$,若 R 是传递的,则当 $(x,y)\in R,(y,z)\in R$ 时,有 $(x,z)\in R$. 任取 (x,y),若 $(x,y)\in R$,则 $r(R)=R\cup I_A$ 是传递的. 若 $(x,y)\in I_A$,则 $x=y$, $r(R)=R\cup I_A$ 也是传递的. 所以 $r(R)$ 是传递的.

5. (1) 因 $r(R_1)=R_1\cup I_A$, $r(R_2)=R_2\cup I_A$,所以若 $R_1\subseteq R_2$,则 $R_1\cup I_A\subseteq R_2\cup I_A$. 因此 $r(R_1)\subseteq r(R_2)$.

(2) 因 $s(R_1)=R_1\cup R_1^{-1}$, $s(R_2)=R_2\cup R_2^{-1}$,所以若 $R_1\subseteq R_2$,则 $R_1^{-1}\subseteq R_2^{-1}$,有 $R_1\cup R_1^{-1}\subseteq R_2\cup R_2^{-1}$. 因此 $s(R_1)\subseteq s(R_2)$.

(3) 因 $t(R_1)=\bigcup R_1^i$, $t(R_2)=\bigcup R_2^i$,所以若 $R_1\subseteq R_2$,则 $R_1^i\subseteq R_2^i$. 因此 $t(R_1)\subseteq t(R_2)$.

6. (1) 因 $r(R_1\cup R_2)=R_1\cup R_2\cup I_A=(R_1\cup I_A)\cup(R_2\cup I_A)=r(R_1)\cup r(R_2)$.

(2) 因 $s(R_1\cup R_2)=(R_1\cup R_2)\cup(R_1\cup R_2)^{-1}=(R_1\cup R_2)\cup R_2^{-1}\cup R_1^{-1}$
$$=(R_1\cup R_1^{-1})\cup(R_2\cup R_2^{-1})=s(R_1)\cup s(R_2).$$

(3) 因 $R_1\cup R_2\supseteq R_1$, $R_1\cup R_2\supseteq R_2$,所以 $(R_1\cup R_2)^i\supseteq R_1^i$, $(R_1\cup R_2)^i\supseteq R_2^i$. 而
$$t(R_1\cup R_2)=\bigcup(R_1\cup R_2)^i,\quad t(R_1)=\bigcup R_1^i,\quad t(R_2)=\bigcup R_2^i,$$

因此 $t(R_1\cup R_2)\supseteq t(R_1)\cup t(R_2)$.

例如, $X=\{1,2,3\}$, $R_1=\{(1,1),(2,3)\}$, $R_2=\{(3,2)\}$, $t(R_1\cup R_2)=\{(1,1),(2,2),(3,3),(2,3),(3,2)\}$, $t(R_1)=\{(1,1),(2,3)\}$, $t(R_2)=\{(3,2)\}$, $t(R_1)\cup t(R_2)=\{(1,1),(2,3),(3,2)\}$,所以 $t(R_1\cup R_2)\supset t(R_1)\cup t(R_2)$.

习题 4.4

1. 因 R 是拟序的,所以 R 是反自反的、传递的,即 $\forall x\in X$,有 $(x,x)\notin R$;若 $(x,y)\in R$,且 $(y,z)\in R$,则 $(x,z)\in R$.

而 $R^{-1}=\{(x,y)\mid(y,x)\in R\}$,故 $\forall x\in X$,有 $(x,x)\notin R^{-1}$, R^{-1} 是反自反的;若 $(x,y)\in R^{-1}$, $(y,z)\in R^{-1}$,则有 $(y,x)\in R$, $(z,y)\in R$,由 R 的传递性得 $(z,x)\in R$,则 $(x,z)\in R^{-1}$,因此 R^{-1} 也是传递的.

2. 因 R 是偏序的,所以 R 是自反的、反对称的、传递的,即 $\forall x\in X$,有 $(x,x)\in R$;若 $(x,y)\in R$,则 $(y,x)\notin R$;若 $(x,y)\in R$ 且 $(y,z)\in R$,则 $(x,z)\in R$.

因 $R^{-1}=\{(y,x)\mid(x,y)\in R\}$,故 $\forall x\in X$,有 $(x,x)\in R^{-1}$, R^{-1} 是自反的;若 $(y,x)\in R^{-1}$,则 $(x,y)\in R$,于是 $(x,y)\notin R^{-1}$(因 $(y,x)\notin R$),故 R^{-1} 是反对称的;若 $(x,y)\in R^{-1}$ 且 $(z,y)\in R^{-1}$,则 $(x,y)\in R$, $(y,z)\in R$,由 R 的传递性得 $(x,z)\in R$,故 $(z,x)\in R^{-1}$,因此 R^{-1} 是传递的.

综上所述, R^{-1} 是 X 上的偏序关系.

3. 哈斯图如图 4 所示,此关系是全序的.

4. $(\rho(A),\subseteq)$ 的哈斯图如图 5 所示.

图 4　　　　　　图 5

$B_1 = \{\varnothing, \{a\}\}$ 的最大元是 $\{a\}$，最小元是 $\varnothing$；$B_2 = \{\{a\}, \{b\}\}$ 无最大元，也无最小元.

5. $R = \{(1,2), (1,3), (1,4), (1,5), (1,6), (2,4), (2,6), (3,6)\} \bigcup I_X$.

(1) X 的极大元为 4,5,6；无最大元；极小元为 1；最小元为 1.

(2) $B_1 = \{2,3,6\}$ 的上界是 6；下界是 1；上确界是 6；下确界是 1. $B_2 = \{2,3,5\}$ 无上界；下界是 1；无上确界；下确界是 1.

6. 哈斯图如图 6 所示. X 的极大元为 24,36；极小元为 1；无最大元；最小元为 1；无上界；下界为 1；无上确界；下确界为 1.

7. 哈斯图如图 7 所示. X 的极大元、最大元、上界、上确界都是 24；极小元、最小元、下界、下确界都是 1.

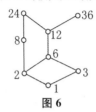

图 6

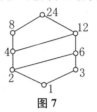

图 7

8. 由图 4-7(a) 和 (b)，得 $X = \{a, b, c, d, e, f, g\}$.

图 4-7(a) 所示的偏序关系 R_1 为

$$R_1 = \{(a,b), (a,c), (b,d), (b,e), (c,f), (c,g), (a,d), (a,e), (a,f), (a,g)\} \bigcup I_X.$$

图 4-7(b) 所示的偏序关系 R_2 为

$$R_2 = \{(a,b), (a,c), (a,d), (a,e), (d,f), (e,f), (a,f)\} \bigcup I_X.$$

9. 略.

10. $B = \{2,3,4\}$，B 的上界为 12，上确界也为 12；下界为 1，下确界还是 1.

11. 仅证上确界是唯一的.

设 Y 有上确界 C_1, C_2，由定义有 $C_1 \leqslant C_2, C_2 \leqslant C_1$，因 $\leqslant$ 是偏序的，具有反对称性，所以 $C_1 = C_2$.

同理可证明，下确界是唯一的.

12. 设 $(S, \leqslant)$ 是线性次序集，$B \subseteq S$，则 $(B, \leqslant)$ 还是线性次序集.

任意 $a, b \in B$，必有 $a \leqslant b$ 或 $b \leqslant a$，故 B 只有一个极小元 b_0. 因为线性次序关系是反对称的，所以若另有极小元 b'，则必有 $b' = b_0$.

(1) 若 $B = \{b_0\}$，则 b_0 为极小元也是最小元；

(2) 若 $B = \{b_0, b_1, b_2, \cdots, b_n\}$，$n > 0, b_{i0} \leqslant b_{i1} \leqslant b_{i2} \leqslant \cdots \leqslant b_{in}$，则 b_{i0} 是极小元也是最小元.

同理可证明，极大元都是最大元.

习题 4.5

1. (1) R 不是等价关系. 它不满足自反性，因为 $x - x = 0 \neq 2$.

(2) 依题意得 $R = \{(1,1), (2,2), (3,3), (2,3), (3,2), (1,3), (3,1)\}$，$R$ 满足自反性、对称性和传递性，所以 R 是等价关系.

(3) R 不是等价关系. 它不满足自反性，例如，$1 \in X$，但 $(1,1) \notin R$.

2. R 的关系图如图 8 所示. X 中 4 个元素的等价类为 $[a]_R = \{a, b\}, [b]_R = \{a, b\}, [c]_R = \{c, d\}, [d]_R = \{c, d\}$.

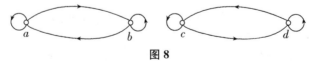

图 8

3. (1), (2) 都构成 $\mathbf{Z}^+$ 的划分.

4. 依题意 X 的划分为 $\pi_1 = \{1, 2\}, \pi_2 = \{3\}, \pi_3 = \{4, 5\}$.

所以 $R_1 = \pi_1 \times \pi_1 = \{1,2\} \times \{1,2\} = \{(1,1),(2,2),(1,2),(2,1)\}, R_2 = \pi_2 \times \pi_2 = \{3\} \times \{3\} = \{(3,3)\},$
$R_3 = \pi_3 \times \pi_3 = \{4,5\} \times \{4,5\} = \{(4,4),(5,5),(4,5),(5,4)\}$，于是有
$$R = R_1 \bigcup R_2 \bigcup R_3 = \{(1,1),(2,2),(3,3),(4,4),(5,5),(1,2),(2,1)(4,5),(5,4)\}.$$
R 的关系图如图 9 所示.

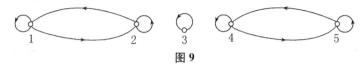

图 9

5. 不构成. 例如,$A = \{a,b\}, \rho(A) = \{\varnothing, \{a\}, \{b\}, \{a,b\}\}, \rho(A) - \{\varnothing\} = \{\{a\}, \{b\}, \{a,b\}\}$ 不是 A 的划分.

6. (1) 对任意的 $(x,y) \in A \times A$,都有 $x + y = x + y$,所以 $((x,y),(x,y)) \in R, R$ 是自反的.

若 $((x,y),(u,v)) \in R$,且 $((u,v),(w,z)) \in R$,即 $x + v = u + y$ 且 $u + z = w + v$,可得 $x + z = w + y$,于是 $((x,y),(w,z)) \in R$,所以 R 是传递的. 因此 R 是等价关系(因为 R 显然是对称的).

(2) $A = \{1,2,3,4\}$,

$A \times A = \{(1,1),(2,2),(3,3),(4,4),(1,2),(2,1),(1,3),(3,1),(1,4),(4,1),(2,3),(3,2),(3,4),$
$(4,3),(2,4),(4,2)\}.$

$[(1,1)]_R = \{(1,1),(2,2),(3,3),(4,4)\} = [(2,2)]_R = [(3,3)]_R = [(4,4)]_R,$

$[(1,2)]_R = \{(1,2),(2,3),(3,4)\} = [(2,3)]_R = [(3,4)]_R,$

$[(1,3)]_R = \{(1,3),(2,4)\} = [(2,4)]_R,$

$[(1,4)]_R = \{(1,4)\},$

$[(2,1)]_R = \{(2,1),(3,2),(4,3)\} = [(3,2)]_R = [(4,3)]_R,$

$[(3,1)]_R = \{(3,1),(4,2)\} = [(4,2)]_R,$

$[(4,1)]_R = \{(4,1)\}.$

由 R 引起的对 $A \times A$ 的划分为
$$\pi = \{[(1,1)]_R, [(1,2)]_R, [(1,3)]_R, [(1,4)]_R, [(2,1)]_R, [(3,1)]_R, [(4,1)]_R\}.$$

7. 因为对任意 $x \in X$,存在一个元素 $y \in X$,使得 $(x,y) \in R$,故对任意 $y \in X$,存在一个元素 $z \in X$,使得 $(y,z) \in R$. 由 R 是传递的,得 $(x,z) \in R; R$ 又是对称的,故 $(z,x) \in R$;再由 R 是传递的,得 $(x,x) \in R$. 因此 R 是自反的. 故 R 是等价关系.

8. (1) S 是自反的. 因 R 是自反的,故 $\forall x \in X$,有 $(x,x) \in R$ 且 $(x,x) \in R$,所以 $(x,x) \in S$.

(2) S 是对称的. 若 $(x,y) \in S$,即 $(x,y) \in R$ 且 $(y,x) \in R$,也就是有 $(y,x) \in R$ 且 $(x,y) \in R$,所以 $(y,x) \in S$.

(3) S 是传递的. 若 $(x,y) \in S$ 且 $(y,z) \in S$,即有 $(x,y) \in R$ 且 $(y,x) \in R$;$(y,z) \in R$ 且 $(z,y) \in R$,则由 R 的传递性,得 $(x,z) \in R, (z,x) \in R$,从而有 $(x,z) \in S$.

综上所述,S 是 X 上的等价关系.

9. (1) S 是自反的. 因 R 是等价的,所以 $\forall x \in X$,有 $(x,x) \in R$. 根据 S 的定义,$(x,x) \in S$.

(2) S 是对称的. 若 $(x,y) \in S$,即存在 $z \in X, (x,z) \in R$ 且 $(z,y) \in R$,则因 R 是对称的,有 $(y,z) \in R$,$(z,x) \in R$,因此 $(y,x) \in S$.

(3) S 是传递的. 若 $(x,y) \in S$ 且 $(y,z) \in S$,即存在 $a \in X, (x,a) \in R, (a,y) \in R$;存在 $b \in X, (y,b) \in R$,$(b,z) \in R$,则由 R 是对称和传递的,得 $(x,z) \in S$.

综上所述,S 是等价关系.

10. (1) R 是自反的. 对任意的 $a + bi \in \mathbf{C}^0 (a \neq 0)$,都有 $a^2 > 0$,所以 $(a + bi, a + bi) \in R$.

(2) R 是对称的. 若 $(a + bi, c + di) \in R$,则 $ac > 0$,即 $ca > 0$,所以 $(c + di, a + bi) \in R$.

(3) R 是传递的. 若 $(a + bi, c + di) \in R$ 且 $(c + di, e + fi) \in R$,则 $ac > 0$ 且 $ce > 0$,得 $aec^2 > 0$. 于是,因 $c^2 >$

0,有 $ae>0$,从而$(a+bi,e+fi)\in R$.

综上所述,R 是等价关系.

习题 4.6

1. $Y^X=\{f_0,f_1,f_2,f_3,f_4,f_5,f_6,f_7,f_8\}$,其中

$f_0=\{(1,a),(2,a)\},f_1=\{(1,b),(2,b)\},f_2=\{(1,c),(2,c)\},f_3=\{(1,a),(2,b)\},f_4=\{(1,a),(2,c)\}$,
$f_5=\{(1,b),(2,a)\},f_6=\{(1,b),(2,c)\},f_7=\{(1,c),(2,a)\},f_8=\{(1,c),(2,b)\}$.

2. (1) 构成函数.因为任意 $x\in X$,都存在 $y\in Y$,使得$(x,y)\in f$,且每个 x 只出现一次.

(2) 不构成函数.因为 $1\in X$ 在 f 中出现两次,且 $3\in X$ 没有出现.

(3) 不构成函数.因为 $5\in X$ 没有在 f 中出现过.

(4),(5),(6),(7)都构成函数.

3. (1) 是单射但不是满射; (2) 是单射但不是满射; (3) 不是单射也不是满射;

(4) 是单射但不是满射; (5) 既不是单射也不是满射.

4. (1) $A=\{\varnothing,\{1\},\{2\},\{3\},\{1,2\},\{1,3\},\{2,3\},\{1,2,3\}\},B=\{f_0,f_1,f_2,f_3,f_4,f_5,f_6,f_7\}$,其中

$$f_0=\{(1,0),(2,0),(3,0)\},\quad f_1=\{(1,0),(2,0),(3,1)\},$$
$$f_2=\{(1,0),(2,1),(3,0)\},\quad f_3=\{(1,0),(2,1),(3,1)\},$$
$$f_4=\{(1,1),(2,0),(3,0)\},\quad f_5=\{(1,1),(2,0),(3,1)\},$$
$$f_6=\{(1,1),(2,1),(3,0)\},\quad f_7=\{(1,1),(2,1),(3,1)\}.$$

令 $f:A\to B$,使得

$$f(\varnothing)=f_0,\quad f(\{1\})=f_1,\quad f(\{2\})=f_2,\quad f(\{3\})=f_3,$$
$$f(\{1,2\})=f_4,\quad f(\{1,3\})=f_5,\quad f(\{2,3\})=f_6,\quad f(\{1,2,3\})=f_7.$$

(2) 令 $f(x)=\dfrac{x+1}{4}$,则它为$[0,1]\to\left[\dfrac{1}{4},\dfrac{1}{2}\right]$的双射函数.

(3) 令 $f(x)=\sin x$,则它为$\left[\dfrac{\pi}{2},\dfrac{3\pi}{2}\right]\to[-1,1]$的双射函数.

5. 若 f 是单射,则 $|X|=|f(X)|$.从 f 的定义,有 $f(X)\subseteq Y$,而 $|X|=|Y|$,故 $|f(X)|=|Y|$.又因为 $|Y|$ 是有限的,故 $f(X)=Y$,因此 f 是满射.

反之,若 f 是一个满射,则根据满射的定义,有 $f(X)=Y$,于是 $|X|=|Y|=|f(X)|$.因为 $|X|=|f(X)|$ 和 X 是有限集,因此 f 是单射.

综上所述,命题得证.

如果是无限集,则不一定.例如,$f:\mathbf{Z}\to\mathbf{Z},f(x)=2x$,这不是满射.

习题 4.7

1. $\psi_{A_1}=\{(1,1),(2,1),(3,0),(4,0)\},\psi_{A_2}=\{(1,1),(2,0),(3,0),(4,0)\}$,
$\psi_{A_3}=\{(1,0),(2,0),(3,0),(4,0)\},\psi_A=\{(1,1),(2,1),(3,1),(4,1)\}$.

2. 自然映射 $g:A\to A/R$ 为 $g(a)=g(b)=\{a,b\},g(c)=\{c\}$.

3. $f\circ g(x)=f(2x+1)=2x+1+3=2x+4;$ $\qquad g\circ f(x)=g(x+3)=2(x+3)+1=2x+7;$

$f\circ f(x)=f(x+3)=x+3+3=x+6;$ $\qquad g\circ g(x)=g(2x+1)=2(2x+1)+1=4x+3;$

$h\circ f(x)=h(x+3)=\dfrac{x+3}{2};$ $\qquad\qquad g\circ h(x)=g\left(\dfrac{x}{2}\right)=2\cdot\dfrac{x}{2}+1=x+1;$

$f\circ h(x)=f\left(\dfrac{x}{2}\right)=\dfrac{x}{2}+3;$ $\qquad\qquad g\circ h\circ f(x)=g\circ h(x+3)=g\left(\dfrac{x+3}{2}\right)=x+4.$

4. $f\circ f(n)=f(n+1)=n+1+1=n+2;$ $\qquad g\circ f(n)=g(n+1)=2(n+1)=2n+2;$

$f\circ g(n)=f(2n)=2n+1;$ $\qquad\qquad\qquad h\circ g(n)=h(2n)=0;$

$g\circ h(n)=\begin{cases}0,& n\text{ 是偶数},\\ 2,& n\text{ 是奇数};\end{cases}$ $\qquad h\circ g\circ f=0.$

5. (1) 不正确； (2) 不正确； (3) 不正确.

例如，设 $f:X\rightarrow Y, g:Y\rightarrow Z, X=\{x_1,x_2,x_3\}, Y=\{y_1,y_2,y_3,y_4\}, Z=\{z_1,z_2,z_3\}$，如果
$$f=\{(x_1,y_1),(x_2,y_2),(x_3,y_3)\}, \quad g=\{(y_1,z_1),(y_2,z_2),(y_3,z_3),(y_4,z_3)\},$$
于是 $g\circ f=\{(x_1,z_1),(x_2,z_2),(x_3,z_3)\}$.

可见，$g\circ f$ 是单射，但 f 是单射，g 不是单射；$g\circ f$ 是满射，但 g 是满射，f 不是满射；$g\circ f$ 是双射，但 f 不是双射，g 也不是双射.

6. $f:A\rightarrow B, g:B\rightarrow C$，则 $g\circ f:A\rightarrow C$.

(1) 对任意的 $a,b\in A$，若 $a\neq b$，则 $g\circ f(a)\neq g\circ f(b)$，即 $g(f(a))\neq g(f(b))$，故 $f(a)\neq f(b)$（这是因为，若 $f(a)=f(b)$，则与 g 是函数不符），即 f 是单射的.

(2) 因 $g\circ f$ 是满射，故对任意的 $c\in C$，在 A 中存在 $a\in A$，使得 $g\circ f(a)=c$. 而 $g\circ f(a)=g(f(a))$，故存在 $b\in B$，使得 $b=f(a)$. 因此，对任意 $c\in C$，存在 $b\in B$，使得 $c=g(b)$. 故 g 是满射.

7. 只证 $f=I_B\circ f$（$f=f\circ I_A$ 的证明类似）.

因 $f:A\rightarrow B, I_B:B\rightarrow B$，故 $I_B\circ f:A\rightarrow B$. 任取 (x,y)，有
$$(x,y)\in f\Rightarrow(x,y)\in f\wedge y\in B\Rightarrow(x,y)\in f\wedge(y,y)\in I_B\Rightarrow(x,y)\in I_B\circ f,$$
即 $f\subseteq I_B\circ f$. 任取 (x,y)，又有
$$(x,y)\in I_B\circ f\Rightarrow\exists t((x,t)\in f\wedge(t,y)\in I_B)\Rightarrow(x,t)\in f\wedge t=y\Rightarrow(x,y)\in f,$$
即 $I_B\circ f\subseteq f$. 所以 $f=I_B\circ f$.

习题 4.8

1. (1) $f=\{(1,a),(2,b),(3,c)\}$ 是从 $A=\{1,2,3\}$ 到 $B=\{a,b,c\}$ 的双射函数，且 $f^{-1}=\{(a,1),(b,2),(c,3)\}$；

(2) $f(x)=2x$ 是从 $A=\{0,1\}$ 到 $B=\{0,2\}$ 的双射函数，且 $f^{-1}(x)=\dfrac{x}{2}$；

(3) $f(x)=-x-1$ 是从 $A=\{x|x\in\mathbf{Z}\wedge x<0\}$ 到 $B=\mathbf{N}$ 的双射函数，且 $f^{-1}(x)=x-1$；

(4) $f(x)=a^x(a>0$ 且 $a\neq1)$ 是从 $\mathbf{R}$ 到 $\mathbf{R}^+$ 的双射函数，且 $f^{-1}(x)=\log_a x$.

2. $f(x)=x^2-2$ 不是单射，故不是双射函数，无逆函数.

$g(x)=x+4$ 是双射函数，有逆函数 $g^{-1}(x)=x-4$.

$h(x)=x^3-1$ 是双射函数，有逆函数 $h^{-1}(x)=\sqrt[3]{x+1}$.

3. (1) 设任意 $y\in f(f^{-1}(B'))$，则有 $x\in f^{-1}(B')$，使 $f(x)=y$，而 $x\in f^{-1}(B')$，故 $f(x)\in B'$，即 $y\in B'$. 因此 $f(f^{-1}(B'))\subseteq B'$.

(2) 因由(1)得 $f(f^{-1}(B'))\subseteq B'$，故只需证 $f(f^{-1}(B'))\supseteq B'$.

对于任意 $y\in B'$，因 f 是满射，故存在 $x\in f^{-1}(B')$，使 $f(x)=y$，从而 $f(x)\in f(f^{-1}(B'))$，即 $y\in f(f^{-1}(B'))$. 所以 $B'\subseteq f(f^{-1}(B'))$，于是 $f(f^{-1}(B'))=B'$.

(3) 对任意的 $x\in A'$，由函数的定义，必有 $y\in B$，使得 $f(x)=y$，即 $x\in f^{-1}(\{y\})$. 而 $y=f(x)\in f(A'), f^{-1}(\{y\})\subseteq f^{-1}(f(A'))$，故 $x\in f^{-1}(\{y\})\subseteq f^{-1}(f(A'))$，即 $x\in f^{-1}(f(A'))$. 所以 $A'\subseteq f^{-1}(f(A'))$.

(4) 由(3)知 $A'\subseteq f^{-1}(f(A'))$，故只需证 $A'\supseteq f^{-1}(f(A'))$.

对任意的 $y\in f(A')$，因 f 是单射，故存在唯一的 $x\in A'$，使得 $f(x)=y$，即 $f^{-1}(\{y\})=\{x\}\subseteq A'$. 因此 $f^{-1}(f(A'))\subseteq A'$.

4. (a) $f:\mathbf{R}\rightarrow\mathbf{R}^+, f(x)=2^x$，此函数是单射，也是满射，因此也是双射. 由此函数生成的等价关系就是恒等关系 $I_\mathbf{R}$. 因 f 是双射，故 f^{-1} 存在，且 $f^{-1}(x)=\log_2 x$.

(b) $f:\mathbf{N}\rightarrow\mathbf{N}\times\mathbf{N}, f(n)=(n,n+1)$，此函数是单射，但不是满射（因 $(n,n)\in\mathbf{N}\times\mathbf{N}$ 没有原像），从而不是双射. 由此函数生成的等价关系还是恒等关系 $I_\mathbf{N}$. 因 f 不是双射，所以 f^{-1} 不存在.

(c) $f:\mathbf{Z}\rightarrow\mathbf{N}, f(x)=|x|, f$ 不是单射，但是满射，从而不是双射. 由此函数生成的等价关系 $R=\{(x,y)|$

$x \in \mathbf{Z} \wedge y \in \mathbf{Z} \wedge |x| = |y|\}$. 因为此函数不是双射, 所以此函数不存在逆函数.

(d) $f: \mathbf{R} \rightarrow \mathbf{R}, f(x) = 3$, 此函数既不是单射, 也不是满射, 从而不是双射. 由此函数生成的等价关系为 $\mathbf{R}$ 上的全域关系: $\mathbf{R} \times \mathbf{R}$. 此函数不存在逆函数.

5. 先证 f 是满射.

因 $f: \mathbf{N} \times \mathbf{N} \rightarrow \mathbf{N}, f((x,y)) = x + y$, 故对于任意的 $n \in \mathbf{N}$, 在 $\mathbf{N} \times \mathbf{N}$ 中都存在 $(m,k) \in \mathbf{N} \times \mathbf{N}$ 或 $(k,m) \in \mathbf{N} \times \mathbf{N}$, 使得 $n = m + k$ 或 $n = k + m$. 于是 f 是满射.

再证 g 是满射.

因 $g: \mathbf{N} \times \mathbf{N} \rightarrow \mathbf{N}, g((x,y)) = xy$, 故对于任意的 $n \in \mathbf{N}$, 在 $\mathbf{N} \times \mathbf{N}$ 中都存在 $(m,k) \in \mathbf{N} \times \mathbf{N}$ 或 $(k,m) \in \mathbf{N} \times \mathbf{N}$, 使得 $n = mk$ 或 $n = km$. 因此 g 是满射.

从上面的证明可看出 f 和 g 都不是单射.

例如, 对 $f: \mathbf{N} \times \mathbf{N} \rightarrow \mathbf{N}, f((x,y)) = x + y$, 有 $(1,2) \rightarrow 3, (2,1) \rightarrow 3$; 对 $g: \mathbf{N} \times \mathbf{N} \rightarrow \mathbf{N}, g((x,y)) = xy$, 有 $(2,3) \rightarrow 6, (3,2) \rightarrow 6$.

6. 要证 f^{-1} 存在, 即证 f 是双射.

先证 f 是单射.

假设存在 $(a,b) \in \mathbf{N} \times \mathbf{N}, (c,d) \in \mathbf{N} \times \mathbf{N}$, 使得 $f((a,b)) = f((c,d))$. 而

$$f((a,b)) = \left(\frac{a+b}{2}, \frac{a-b}{2}\right), \quad f((c,d)) = \left(\frac{c+d}{2}, \frac{c-d}{2}\right),$$

所以有

$$\frac{a+b}{2} = \frac{c+d}{2}, \quad \frac{a-b}{2} = \frac{c-d}{2},$$

从而推出 $a = c$ 且 $b = d$. 因此 $(a,b) = (c,d)$. f 是单射得证.

再证 f 是满射.

因 $f((x,y)) = \left(\frac{x+y}{2}, \frac{x-y}{2}\right)$, 故对任意的 $(x', y') \in \mathbf{N} \times \mathbf{N}$, 令 $x = x' + y' \in \mathbf{N}, y = x' - y' \in \mathbf{N}(x' \geqslant y')$, 则存在 $(x,y) \in \mathbf{N} \times \mathbf{N}$, 使得 $f((x'+y', x'-y')) = (x', y')$. 因此 f 是满射.

f 既是单射又是满射, 所以 f 是双射, 即 f^{-1} 存在. $f^{-1}((x,y)) = (x+y, x-y)$.

习题 4.9

1. (1) 不一定. 例如, $A = \mathbf{N}, B = \{-x \mid x \in \mathbf{N}\}$, 则 $A \cap B = \{0\}$ 不是无限集.

(2) 不一定. 例如, 令 $A = B = \mathbf{N}$, 则 $A - B = \varnothing$.

(3) 是无限集. 因为 $A \subseteq A \cup C$, 而 A 是无限集, 因此 $A \cup C$ 是无限集.

2. (1) 是无限集;

(2) 是有限集, 其基数为 $\frac{3^{k-1}-1}{2}$;

(3) 是有限集, 其基数为 $(k+1)^{nm}$;

(4) 是无限集;

(5) 是无限集;

(6) 是有限集, 其基数为 1.

3. (1) 令 $A = \left\{0, 1, \frac{1}{2}, \frac{1}{3}, \cdots, \frac{1}{n}, \cdots\right\}, f: [0,1] \rightarrow (0,1), f(0) = \frac{1}{2}; f\left(\frac{1}{n}\right) = \frac{1}{n+2}(n=1,2,\cdots); f(x) = x$ $(x \in [0,1] - A)$, 则 f 是 $[0,1]$ 到 $(0,1)$ 的双射函数.

令 $g: (0,1) \rightarrow (a,b), g(x) = a + x(b-a)(x \in (0,1))$, 则 g 是 $(0,1)$ 到 (a,b) 的双射函数.

所以 $g \circ f$ 是 $[0,1]$ 到 $[a,b]$ 的双射函数, 因此 $|(a,b)| = \aleph$.

(2) 令 $A = \left\{0, 1, \frac{1}{2}, \cdots, \frac{1}{n}, \cdots\right\}, f: [0,1] \rightarrow (0,1], f(0) = 1; f\left(\frac{1}{n}\right) = \frac{1}{n+1}(n=1,2,\cdots); f(x) = x(x \in [0,1] - A)$, 则 f 是 $[0,1]$ 到 $(0,1]$ 上的双射函数.

令 $g:(0,1]\to\{x\mid x\in\mathbf{R}\wedge x\geqslant0\},g(x)=-\lg x$,则 g 是双射函数.

因而 $g\circ f$ 是从 $[0,1]$ 到 $\{x\mid x\in\mathbf{R}\wedge x\geqslant0\}$ 的双射函数,故题设集合具有基数 $\aleph$.

(3) 本题的问题(2)中构造的 f 即为所求.

(4) $f:[0,1]\to(0,1]$,f 的定义同本题的问题(2). 再令 $g:(0,1]\to\{(x,y)\mid x,y\in\mathbf{R}\wedge x^2+y^2=1\},g(\theta)=$ $(\cos2\pi\theta,\sin2\pi\theta)$,则 g 是双射函数. 因而 $g\circ f$ 是从 $[0,1]$ 到 $\{(x,y)\mid x,y\in\mathbf{R}$ 且 $x^2+y^2=1\}$ 的双射函数,故题设集合具有基数 $\aleph$.

4. 略.

5. (1) 因为 $|A|=\aleph,|B|=\aleph$,所以
$$\exists f_1:A\to[0,1],f_1\text{ 是双射函数};$$
$$\exists f_2:B\to[0,1],f_2\text{ 是双射函数}.$$

又存在双射函数 $f_3:[0,1]\to(0,1)$;令 $g:(0,1)\to(1,2),g(x)=x+1$,则 g 是双射函数,因而 $g\circ f_3\circ f_2$ 是 B 到 $(1,2)$ 的双射函数. 因为 $A\cap B=\varnothing$,令 $f:A\cup B\to[0,1]$,

$$f(x)=\begin{cases}\dfrac{f_1(x)}{2}, & x\in A,\\[2mm]\dfrac{g\circ f_3\circ f_2(x)}{2}, & x\in B,\end{cases}$$

则 f 是 $A\cup B\to[0,1]$ 的双射函数,因而 $|A\cup B|=\aleph$.

(2) 设 h 是 $[0,1]$ 到 A 的双射函数,k 是 $\mathbf{N}$ 到 D 的双射函数,$A_1=\left\{0,\dfrac{1}{2},\dfrac{1}{4},\dfrac{1}{6}\cdots\right\}$,$A_2=\left\{1,\dfrac{1}{3},\dfrac{1}{5},\dfrac{1}{7}\cdots\right\}$,构造函数

$$f(x)=\begin{cases}k\left(\dfrac{1-x}{2x}\right), & x\in A_2,\\[2mm]h(2x), & x\in A_1,\\[2mm]h(x), & x\notin A_1\text{ 且 }x\notin A_2,\end{cases}$$

则 $f(x)$ 是从 $[0,1]$ 到 $A\cup D$ 的双射函数,所以 $|A\cup D|=\aleph$.

(3) 因为 $|E|=n,|D|=\aleph_0$,不妨设 $E=\{e_1,e_2,\cdots,e_n\}$,则 $E_i=\{(d,e_i)\mid d\in D\}(i=1,2,\cdots,n)$ 都是可数的,而 $D\times E=\bigcup\limits_{i=1}^{n}E_i$,因而有 $|D\times E|=\aleph_0$.

6. 设 A 表示由 0 及 1 构成的序列的集合,A 中的序列分成两类,一类是有限长的,记为 D;一类是无限长的,记为 B,即 $A=B\cup D$. 可按标准序列把 D 的元素枚举出来,因此 D 是可数集,有基数 $\aleph_0$. 再构造双射函数
$$f:[0,1]\to B,f(x)=x,$$
x 是无限二进制小数,x 是 x 对应的无限长的 0,1 串,因此 B 的基数是 $\aleph$,从而 A 的基数是 $\aleph$.

7. 这样的集合找不到,因为若 S 是有限集,则 $\rho(S)$ 也是有限集;若 S 是无限集,则 $|\rho(S)|>\aleph_0$.

习题 4.10

1. 令 $f:A'\to A,f(x)=x$,则 f 是单射,所以 $|A'|\leqslant|A|$.

2. (1) 令 $f:A\to\rho(A),f(x)=\{x\}$,则 f 是单射,因此 $\rho(A)$ 是无限的.

(2) 若 $B\neq\varnothing$,所以 $\exists b\in B$,作 $f:A\to A\times B,f(a)=(a,b)$,则 f 是单射,因而 $A\times B$ 是无限的.

3. 因为 $f:A\to B$ 是一单射函数,所以 $f:A\to f(A)$ 是一双射函数. 而 A 是无限的,所以 $f(A)$ 也是无限的. 又因为 $f(A)\subseteq B$,所以 B 也是无限的.

4. 若 $|A|\leqslant|B|,|C|=|A|$,则存在单射 $f:A\to B$;存在双射 $g:C\to A$. 所以 $f\circ g$ 是 C 到 B 的单射函数,因此 $|C|\leqslant|B|$.

5. 略.

6. 若存在一个从 A 到 B 的满射函数 f,则 $\forall y\in B,\exists x\in A$,使 $f(x)=y$. 于是可令 $g:B\to A,g(y)=x$,其中 x 是取定的某个使 $f(x)=y$ 的 x,则 g 是单射函数,因此 $|B|\leqslant|A|$.

7. (1) $|\mathbf{Q}| = \aleph_0$.

令 $\mathbf{Q}^-$ 是负的有理数集合,则 $\mathbf{Q} = \mathbf{Q}^+ \cup \mathbf{Q}^- \cup \{0\}$,且 $\mathbf{Q}^-$ 与 $\mathbf{Q}^+$ 等势,$\mathbf{Q}^+$ 是可数无限的,因此 $\mathbf{Q}$ 也是可数无限集,所以 $|\mathbf{Q}| = \aleph_0$.

(2) $|\mathbf{R} \times \mathbf{R}| = \aleph$.

因为 $|\mathbf{R}| = |[0,1]|$,所以存在函数 $f : \mathbf{R} \rightarrow [0,1]$ 是双射. 再令
$$g : \mathbf{R} \times \mathbf{R} \rightarrow [0,1] \times [0,1], g(x,y) = (f(x), f(y)),$$
则 g 是双射函数,所以 $|\mathbf{R} \times \mathbf{R}| = |[0,1] \times [0,1]| = \aleph$.

(3) 设 A 表示 x 轴上所有闭区间的集合,即 $A = \{[a,b] \mid a \leqslant b \wedge a,b \in \mathbf{R}\}$. 令 $f : A \rightarrow \mathbf{R} \times \mathbf{R}, f([a,b]) = (a,b)$,则 f 是双射,所以 $|A| = |\mathbf{R} \times \mathbf{R}| = \aleph$.

8. $|\rho(\mathbf{N})| = \aleph$,因而 $|\rho(\rho(\mathbf{N}))| = 2^\aleph$.

9. A 是有限集,根据相关定理,$|A| < \aleph_0$;B 是无限集,根据相关定理,$|B| \geqslant \aleph_0$. 故由不等式的传递性得 $|A| < |B|$.

10. 设 A 是一个可数无限集,B 是 A 的任一无限子集,则存在双射 $f : \mathbf{N} \rightarrow A$. 在 B 中任取一元素 b_0,令
$$g : \mathbf{N} \rightarrow B, g(i) = \begin{cases} f(i), & f(i) \in B, \\ b_0, & f(i) \notin B, \end{cases}$$
则 g 是 $\mathbf{N}$ 到 B 的满射. 因而存在 B 的一个枚举,故 B 是可数的.

11. (1) $|\rho(\mathbf{Q})| = \aleph$.

因为 $\mathbf{Q}$ 是可数无限的,所以存在双射 $f : \mathbf{Q} \rightarrow \mathbf{N}$,由 f 可诱导出 $\rho(\mathbf{Q})$ 到 $\rho(\mathbf{N})$ 上的双射. 因此 $|\rho(\mathbf{Q})| = |\rho(\mathbf{N})| = \aleph$.

(2) $|\mathbf{R} - \mathbf{Q}| = \aleph$.

① 作函数 $f : \mathbf{R} - \mathbf{Q} \rightarrow \mathbf{R}, f(x) = x$,这是单射函数,所以 $|\mathbf{R} - \mathbf{Q}| \leqslant |\mathbf{R}| = \aleph$.

② 作函数 $f : [0,1] \rightarrow \mathbf{R} - \mathbf{Q}, f(x) = x, x \in [0,1] - \mathbf{Q}$ 时;$f(x) = \sqrt{2} + x, x \in [0,1] \cap \mathbf{Q}$ 时,则 f 是单射函数,所以 $\aleph \leqslant |\mathbf{R} - \mathbf{Q}|$.

故由①和②得 $|\mathbf{R} - \mathbf{Q}| = \aleph$.

总练习题 4

1. (1) C;　(2) A;　(3) B;　(4) A;　(5) B;　(6) D;　(7) B;　(8) B;　(9) C;　(10) B.

2. (1) 主对角线上的所有元素都是 1;每个结点都有环.

(2) 传递性,反对称性;自反性,反自反性,对称性.

(3) $R \cup I_X$;$R \cup R^{-1}$;$\bigcup\limits_{i=1}^{\infty} R^i = R \cup R^2 \cup R^3 \cup \cdots$.

(4) $\{(1,2),(2,4),(3,3),(1,3),(4,2)\}$;$\{(2,4)\}$;$\{2\}$;$\{4\}$.

(5) $\{a,b\},\{b,c\}$;无;$\{a,b,c\}$;$\varnothing$.

(6) 0;1;0;1.

(7) $\dfrac{2\sin x - 1}{\sin x + 1}$.

(8) I_A;I_B.

3. (1) 不正确. 例如,$X = \{1,2,3\}$ 上的关系 $R = \{(1,1),(1,2),(2,3)\}$ 不是自反的,但也不是反自反的.

(2) 不正确. 例如,$X = \{1,2,3\}$ 上的关系 $R = \{(1,1),(2,2),(3,3)\}$ 既是对称的,也是反对称的.

(3) 不正确.①和②成立,但③不成立. 例如,$X = \{a,b,c\}$ 上有关系 $R_1 = \{(a,b)\}, R_2 = \{(b,c),(c,a)\}$,$t(R_1 \cup R_2) = X \times X$,而 $t(R_1) \cup t(R_2) = \{(b,a),(b,c),(c,a)\}$,且 $t(R_1) \cup t(R_2) \neq t(R_1 \cup R_2)$. 而总也有关系 $t(R_1) \cup t(R_2) \subseteq t(R_1 \cup R_2)$.

(4) 正确. 定理 4.4.

(5) 不正确. 因为整除关系是偏序关系,一个等价关系对应一个划分.

(6) 不正确. 因为最小元必须在 A 中, 而 $0 \notin A$.

(7) 正确. 函数的复合运算是满足结合律的.

(8) 不正确. $f^{-1}(x) = \sqrt[3]{x-2}$.

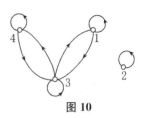

图 10

4. (1) $M_R = \begin{bmatrix} 1 & 0 & 1 & 0 \\ 0 & 1 & 0 & 0 \\ 1 & 0 & 1 & 1 \\ 0 & 0 & 1 & 1 \end{bmatrix}$. 关系图如图 10 所示. R 是自反的, 对称的.

(2) 由 $R = \{a,b\} \times \{a,b\} = \{(a,a),(b,b),(a,b),(b,a)\}$, $S = \{c\} \times \{c\} = \{(c,c)\}$, $T = \{d,e\} \times \{d,e\} = \{(d,d),(e,e),(e,d),(d,e)\}$, 得等价关系为

$$R \cup S \cup T = \{(a,a),(b,b),(c,c),(d,d),(e,e),(a,b),(b,a),(d,e),(e,d)\}.$$

(3) ① $R \circ S = \{(1,5),(3,2),(2,5)\}$;

② $S \circ R = \{(4,2),(3,2),(1,4)\}$;

③ $(R \circ S) \circ R = \{(3,2)\}$;

④ $R \circ (S \circ R) = \{(3,2)\}$;

⑤ $r(R) = \{(1,1),(2,2),(3,3),(4,4),(5,5),(1,2),(3,4)\}$,

$s(R) = \{(1,2),(3,4),(2,1),(4,3),(2,2)\}$,

$t(R) = \{(1,2),(3,4),(2,2)\}$.

(4) $X = \{2,3,6,12,24,36\}$ 上整除关系的哈斯图如图 11 所示. 无最大元、上界、上确界、最小元、下界、下确界; 有极大元 24,36; 有极小元 3,2.

图 11

(5) 由 $f^2(x) = f(x)$, 得 $(f \circ f)(x) = f(x)$, 所以 $f(f(x)) = f(x)$. 取 $f(x) = y$, 得 $f(y) = f(f(x)) = f(x) = y$, 即 $f(x) = x$. 故 $f = \{(0,0),(1,1),(2,2)\}$.

(6) 由 $g \circ f(x) = g(x+3) = 2(x+3)+1 = 2x+7$, 所以 $(g \circ f)^{-1}(x) = \frac{1}{2}x - \frac{7}{2}$.

5. (1) 设 R, S 都是集合 X 上的关系.

① 由 R 和 S 都是自反的, 故对任意的 $x \in X$, 有 $(x,x) \in R$ 和 $(x,x) \in S$, 故 $(x,x) \in R \cap S$. 于是 $R \cap S$ 是自反的.

② 由 R 和 S 都是对称的, 故对任意的 $(a,b) \in R \cap S$, 有 $(a,b) \in S$, $(a,b) \in R$, 则 $(b,a) \in S$, $(b,a) \in R$, 即 $(b,a) \in R \cap S$. 所以 $R \cap S$ 是对称的.

③ 由 R 和 S 是传递的, 故对任意的 $a,b,c \in X$, 若 $(a,b) \in R \cap S$, $(b,c) \in R \cap S$, 则有 $(a,b) \in R$ 和 $(b,c) \in R$, $(a,b) \in S$ 和 $(b,c) \in S$, 于是 $(a,c) \in R$, $(a,c) \in S$, 即 $(a,c) \in R \cap S$. 故 $R \cap S$ 也是传递的.

(2) 由 $P \subseteq Q$ 知, 对任意的 $x,y,z \in X$, 若 $(x,y) \in P$, 则必有 $(x,y) \in Q$. 于是对 $(z,x) \in R$, 有 $(z,y) \in P \circ R$ 和 $(z,y) \in Q \circ R$. 故 $P \circ R \subseteq Q \circ R$.

(3) 由 $R \subseteq S$ 知, 对任意的 $x,y \in X$, 若 $(y,x) \in R^{-1}$, 有 $(x,y) \in R$, 则必有 $(x,y) \in S$, 故 $(y,x) \in S^{-1}$. 于是 $R^{-1} \subseteq S^{-1}$.

(4) 设 R 是传递的, 对任意的 $a,c \in X$, 若 $(a,c) \in R \circ R$, 则存在 $b \in X$, 使 $(a,b) \in R$, $(b,c) \in R$, 所以 $(a,c) \in R$ (R 是传递的). 故 $R \circ R \subseteq R$.

反之, 设 $R \circ R \subseteq R$, 则对任意的 $(a,b) \in R$ 和 $(b,c) \in R$, 有 $(a,c) \in R \circ R$, 而 $R \circ R \subseteq R$, 所以 $(a,c) \in R$. 故 R 是传递的.

(5) 由题设条件, 有

① 对任意的 $(a,b) \in X \times X$, 都有 $a+b = b+a$, 所以 $((a,b),(a,b)) \in R$, 故 R 是自反的;

② 若 $((a,b),(c,d)) \in R$, 则 $a+d = b+c$, 可得 $c+b = d+a$, 所以 $((c,d),(a,b)) \in R$, 故 R 是对称的;

③ 若 $((a,b),(c,d)) \in R$, $((c,d),(e,f)) \in R$, 即 $a+d = b+c$, $c+f = d+e$, 从而 $a+f = b+e$, 所以 $((a,b),(e,f)) \in R$, 故 R 是传递的.

综上所述,R 是 $X \times X$ 上的等价关系.

$[(2,5)]_R = \{(a,b) \mid 2+b=5+a\} = \{(1,4),(2,5),(3,6),(4,7),(5,8),(6,9)\}$.

(6) 分两种情况:

① 若 $A \cap B = \varnothing$,则 $A-B=A$ 是 S 的划分;

② 若 $A \cap B \neq \varnothing$,则必有 $A_i \in A$,使得 $A_i \in B$,即 $A_i \notin A-B$,这说明 $A-B$ 是 A 的真子集,而 A 是 S 的一个划分,它的真子集必不是 S 的划分.

故当 $A \cap B = \varnothing$ 时,$A-B$ 才是 S 的划分.

6. 若 $[0,1]$ 不是无限集,则 $\exists n \in \mathbf{N}$,使得存在 $\{0,1,2,\cdots,n-1\}$ 到 $[0,1]$ 的双射 f. 因为 $[0,1]$ 中任一数都可表示成无限十进制小数,所以

$$f(0)=0.\, x_{00} x_{01} x_{02} \cdots,$$
$$f(1)=0.\, x_{10} x_{11} x_{12} \cdots,$$
$$f(2)=0.\, x_{20} x_{21} x_{22} \cdots,$$
$$\cdots\cdots$$
$$f(n-1)=0.\, x_{n-1,0} x_{n-1,1} x_{n-1,2} \cdots.$$

取 $y=0.\, y_0 y_1 y_2 \cdots$ 如下:当 $i=0,1,2,\cdots,n-1$ 时,$y_i = \begin{cases} 1, & x_{ii} \neq 1; \\ 2, & x_{ii}=1; \end{cases}$ 当 $i \geq n$ 时,$y_i=1$. 可见 $y \in [0,1]$,但 $\forall i \in \{0,1,2,\cdots,n-1\}$,$f(i) \neq y$,这与 f 是双射矛盾,因而 $[0,1]$ 是无限集.

7. (1) $\Sigma^* = \{a^n \mid n \geq 0\}$.

令 $f:\mathbf{N} \to \Sigma^*$,$f(n)=a^n$,则 f 是双射函数,因此 Σ^* 是可数无限集.

(2) $\{(x_1,x_2,x_3) \mid x_i \in \mathbf{Z}\} = \mathbf{Z} \times \mathbf{Z} \times \mathbf{Z}$.

因为 $\mathbf{Z}$ 是可数的,因此 $\mathbf{Z} \times \mathbf{Z} \times \mathbf{Z}$ 是可数的. 又 $\mathbf{Z} \times \mathbf{Z} \times \mathbf{Z} \supseteq \mathbf{N} \times \{0\} \times \{0\}$,而 $\mathbf{N} \times \{0\} \times \{0\}$ 是无限集,所以 $\mathbf{Z} \times \mathbf{Z} \times \mathbf{Z}$ 是可数无限集.

(3) 令 A_n 表示 $\{a,b\}^*$ 的仅含有 n 个元素的子集,则因 $\{a,b\}^*$ 是可数的,所以 A_n 也是可数的,因而 $\bigcup\limits_{n=0}^{\infty} A_n$ 也是可数的,且易见它是无限的.

8. 在此证明中 f 是 $\mathbf{N}$ 到 $\mathbf{N}$ 的双射函数,而 g 是 $\mathbf{N}$ 到 $[0,1]$ 的单射函数,并不是满射,而应用康托对角线法得到的数 $y \in [0,1]$,并不是一定要存在原像,即存在某个 $j \in \mathbf{N}$,使得 $g \circ f(j)=y$,这与 f 是满射并不矛盾.

又 y 是无限数字串,它有左端而无右端,颠倒其数字得出一个有右端而无左端的数字串,它不是数,更不属于 $\mathbf{N}$,这就是错误所在. 因此,证明失效.

9. (1) 构造函数 $f:[0,1] \times [0,1] \to [0,1]$,$f((x,y))=z$,这里如果 $x=0.\, x_0 x_1 x_2 \cdots$(二进制数),$y=0.\, y_0 y_1 y_2 \cdots$(二进制数),则 $z=0.\, x_0 2 y_0 x_1 2 y_1 \cdots$(三进制数). 这里 2 作为间隔符,从而证明 f 是双射,所以 $|[0,1] \times [0,1]| \leq \aleph$.

(2) 构造函数 $g:[0,1] \to [0,1] \times [0,1]$,$g(x)=(x,0)$,则 g 是单射函数,所以 $\aleph \leq |[0,1] \times [0,1]|$.

于是由(1)和(2)得 $|[0,1] \times [0,1]| = \aleph$.

10. (1) 设 p,q 是 $[0,1]$ 中的任意两个有理数,则 $[p,q]$ 与 $[0,1]$ 等势,即 $|[p,q]| = \aleph$. 又设 S 是 $[p,q]$ 内可计算的数的集合,则由于 $|S| \leq \aleph_0 < \aleph = |[p,q]|$,因而 p 和 q 之间必有不可计算的数.

(2) 令 A 表示 $[0,1]$ 内所有有理数的集合,则 $\forall x \in A$,x 必可表示成无限循环小数. 而循环小数是可计算的,因而结论得证.

11. 充分性. 若 A 是有限集,则不妨设 $A=\{a_1,a_2,a_3,\cdots,a_n\}$. 在 A 上作映射 f 如下:

$$f:A \to A,\ f(a_1)=a_2,\ f(a_2)=a_3,\cdots,\ f(a_{n-1})=a_n,\ f(a_n)=a_1,$$

则对此 f,$\forall B \subset A$,且 $B \neq \varnothing$,有 $f(B) \nsubseteq B$. 得出矛盾,所以 A 是无限集.

必要性. 设 f 是 A 到 A 的任一映射,在 A 中任取一元素 $a_0 \in A$,考虑集合 B 如下:

$$B_0 = \bigcup_{n=0}^{\infty} \{f^n(a_0)\} = \{f^n(a_0) \mid n \geq 0\}.$$

若 $\forall m,n \in \mathbf{N}, m \neq n$，有 $f^m(a_0) \neq f^n(a_0)$，则令 $B = \{f^n(a_0) \mid n \geq 1\}$，则 $a_0 \notin B$，因而 B 是 A 的真子集且 $f(B) \subseteq B$.

若 $\exists m,n \in \mathbf{N}, m < n$，使 $f^m(a_0) = f^n(a_0)$，则有 $B_0 = \bigcup_{n=0}^{\infty} \{f^n(a_0)\}$，令 $B = B_0$，则 B 是一个有限集，因而是 A 的真子集且 $f(B) \subseteq B$. 证毕.

12. (1) 结论成立.

因为 $|A| = |B|$，所以存在双射 $f: A \to B$，因而由 f 诱导的 $\rho(A)$ 到 $\rho(B)$ 上的映射也是双射,所以 $|\rho(A)| = |\rho(B)|$.

(2) 结论成立.

设 $|A| \leq |B|$，且 $|C| \leq |D|$，所以存在 A 到 B 的单射函数 f 和 C 到 D 的单射函数 g，作 A^C 到 B^D 的映射 h 如下:

取定 B 中一元素 b_0，则令 $h: A^C \to B^D, h(k): D \to B$，

$$h(k)(d) = \begin{cases} f \circ k(c), & \text{若} \exists c \text{ 使 } d = g(c), \\ b_0, & \text{其他.} \end{cases}$$

由以上构成的 h 是 A^C 到 B^D 的单射,因而结论成立.

(3) 结论成立.

因为 $|A| \leq |B|$，且 $|C| \leq |D|$，所以存在 A 到 B 的单射 f，存在 C 到 D 的双射 g，作映射 h:

$$h: A \times C \to B \times D, h((a,c)) = (f(a), g(a)),$$

则 h 是单射,所以结论成立.

(4) 不一定成立. 例如,令 $A = \{0,1\}, B = \{0,1,2\}, C = \{2,3\}, D = \{0,1,2\}$，则 $|A| \leq |B| \wedge |C| \leq |D|$，但 $|A \cup C| > |B \cup D|$.

第 5 章

习题 5.1

1. (1) $\frac{1}{2}n(n-1)$. 在 K_n 中,任意两点都有边相连, n 个结点中任取两点的组合数为 $C_n^2 = \frac{1}{2}n(n-1)$，故 K_n 的边数为 $\frac{1}{2}n(n-1)$.

(2) 16. 图 G 边数为 $m = 16$，设图 G 的结点数为 n，则按定理 5.1，有 $2m = 32 = \sum_{i=1}^{n} \deg(v_i) = \sum_{i=1}^{n} 2$，所以 $n = 16$.

(3) $n-1$. 因为 $\delta(G) = n-1$，所以 G 中任何结点 v 的度数 $\deg(v) \geq \delta(G) = n-1$. 又因为 G 为简单图,因而 $\Delta(G) \leq n-1$，即有 $\deg(v) \leq n-1$. 因此有 $\deg(v) = n-1$. 也就是说, G 中每个结点的度数都是 $n-1$，从而应有 $\Delta(G) = n-1$.

2. 设有向完全图有 n 个结点,则对任意的结点 $v_i(i=1,2,\cdots,n)$，有 $\deg^+(v_i) = \deg^-(v_i) = n-1$. 这里用 $\deg^+(v_i)$ 表示结点 v_i 的出度, $\deg^-(v_i)$ 表示结点 v_i 的入度. 因此有

$$(\deg^+(v_i))^2 = (\deg^-(v_i))^2 = (n-1)^2 \quad (i=1,2,\cdots,n).$$

3. 图 5-10 相对于完全图 K_5 的补图如图 12 所示.

4. 如图 13 所示,如果这两个图同构,则按照同构的必要条件知,对应结点的度数应相同. 可看到:度数为 3 的结点 v_1 与 v_1' 相对应,但与 v_1 邻接的 3 个结点中,结点 v_3 的度数为 2，另两个结点 v_5 和 v_6 的度数都为 1. 而与 v_1' 邻接的 3 个结点中,有两个结点 v_2' 和 v_3' 的度数都为 2，另一个结点 v_6' 的度数为 1. 故图 5-11 中的两个图不同构.

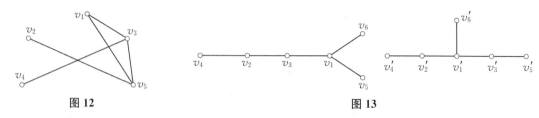

图 12　　　　　　　　　　　　　　图 13

5. (1) 设图 G 是自补图,且 G 有 m 条边.若 G 对应的完全图的边数为 M,则按补图的定义知,G 的补图 $\overline{G}$ 中的边数应为 $M-m$.又因为 $G \cong \overline{G}$,故按同构的定义,G 和 $\overline{G}$ 的边数相等,有 $m=M-m$,即 $M=2m$.因此,G 所对应的完全图的边数 M 为偶数.

(2) 由本题的问题(1)的结论可知,自补图所对应的完全图的边数为偶数.而 n 个结点的无向完全图 K_n 的边为 $\frac{1}{2}n(n-1)$,那么当 $n=3$ 或 $n=6$ 时,K_n 的边数为奇数.因此,不存在 3 个结点或 6 个结点的自补图.

6. 因为在有向图中,每一条有向边必对应一个结点的入度和一个结点的出度;同时,若一个结点具有一个入度或出度,则必关联一条有向边,所以有向图中各结点入度之和等于边数,各结点出度之和也等于边数.因此,任何有向图中,入度之和等于出度之和.

7. 设无向简单图 G 有 n 个结点,则对任一结点 u,由于 G 是简单图,即在 G 中没有环,也没有平行边,则 u 至多和其余 $n-1$ 个结点中每一个结点都有边相连接,即 $\deg(u) \leqslant n-1$.因此有 $\Delta(G)=\max\{\deg(u)\} \leqslant n-1 < n$.

8. 三阶无向完全图 K_3 的所有非同构的子图如图 14 所示(图中结点没特别指明,可泛指 K_3 中的任意结点),其中,图(c),(d),(e),(g)是三阶无向完全图 K_3 的生成子图.

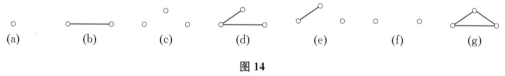

(a)　　　(b)　　　(c)　　　(d)　　　(e)　　　(f)　　　(g)

图 14

习题 5.2

1. (1) 0. (2) 1. (3) (a),(e),(f);(a),(b),(d),(e),(f);∞;1.

分析:(a)中存在经过每个结点至少一次的回路,如 $adcba$;

(b)中存在经过每个结点至少一次的通路,但无回路;

(c)中无经过每个结点至少一次的通路,例如,b,d 两个结点互不可达;

(d)中存在经过每个结点至少一次的通路,但无回路,例如 $aedcb$;

(e)中存在经过每个结点至少一次的回路,例如 $aedbcdba$;

(f)中也存在经过每个结点至少一次的回路,例如 $baebdcb$.

因此,(a),(e),(f)是强连通的;(a),(b),(d),(e),(f)是单向连通的;(b),(d)是非强连通的单向连通图.这 6 个图中,只有(c)既不是强连通的,也不是单向连通的,它只是弱连通图.

2. (1) 从 A 到 F 的通路有 7 条:$ABCF,ABCEF,ABEF,ABECF,ADEF,ADECF,ADEBCF$.

(2) 从 A 到 F 的迹有 8 条:$Ae_1 Be_2 Ce_3 F,Ae_1 Be_2 Ce_6 Ee_8 F,Ae_1 Be_5 Ee_6 Ce_3 F,Ae_1 Be_5 Ee_8 F,Ae_4 De_7 Ee_8 F,$ $Ae_4 De_7 Ee_6 Ce_3 F,Ae_4 De_7 Ee_5 Be_2 Ce_3 F,Ae_4 De_7 Ee_5 Be_2 Ce_6 Ee_8 F$.

(3) $d\langle A,F \rangle=3$.

3. 设从结点 u 到结点 v 长度为偶数的通路是 $ue_1 u_1 e_2 u_2 \cdots e_{2k} v$,长度为奇数的通路为 $ue'_1 u'_1 e'_2 \cdots e'_{2h-1} v$,那么路径 $ue_1 u_1 e_2 u_2 \cdots e_{2k} v e'_{2h-1} \cdots e'_2 u'_2 e'_1 u'_1 e'_1 u$ 就是一条回路,它的边数是 $|E|=2k+2h-1=2(h+k)-1$ 是奇数,故这条回路的长度是奇数.

4. 设无向图 G 中两奇数度的结点为 u 和 v.

从 u 开始构造一条迹,即从 u 出发经关联于结点 u 的边 e_1 到达结点 u_1,若 $\deg(u_1)$ 为偶数,则必可由 u_1 再经关联于结点 u_1 的边 e_2,到达结点 u_2,如此继续下去,每边只取一次,直到另一个奇数度的结点停止.由于

图 G 中,只有两个奇数度的结点,故该结点是 u 或是 v. 如果是 v,那么从 u 到 v 的一条路径就构造好了. 如果仍是结点 u,则此路是回路,因为回路上每个结点都关联偶数条边,而 $\deg(u)$ 为奇数,所以至少还有一条关联于结点 u 的边不在此回路上. 继续从 u 出发,沿着该边到达另一个结点 u_1',继续下去直到另一个奇数度的结点停下. 这样经过有限次后,必可到达结点 v,这就是一条从 u 到 v 的路径.

5. 该有向图所对应的强分图是图 15 中的(a)、(b)、(c)和(d),单侧分图和弱分图都是图 15 中的(e).

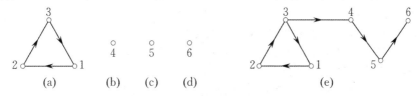

图 15

6. $d\langle v_1, v_4\rangle = 3, d\langle v_2, v_5\rangle = 3, d\langle v_3, v_6\rangle = 3$.

7. 充分性. 如果 G 中有一个回路,它至少包含每个结点一次,则 G 中任两个结点都是相互可达的,故 G 是强连通图.

必要性. 如果有向图 G 是强连通的,则任两个结点都是相互可达. 故必可作一回路经过图中各结点. 若不然,则必有一回路不包含某一结点 v,并且 v 与回路上的各结点就不是相互可达的,与强连通条件矛盾.

8. 设结点 u 包含于两个不同弱分图 $G_1 = \langle V_1, E_1 \rangle$ 和 $G_2 = \langle V_2, E_2 \rangle$ 中,即 $u \in V_1 \cap V_2$. 由于略去边的方向后,V_1 中所有结点与 u 连通,V_2 中所有结点也与 u 连通,故 V_1 中所有结点都可通过结点 u 与 V_2 中的结点连通,这与 G_1,G_2 为弱分图矛盾,故图 G 中的任一结点不可能包含于两个不同的弱分图中.

如果一条边包含于两个不同的弱分图中,则该边所关联的两个结点也包含于两个不同的弱分图中,由上面的证明可知,这是不可能的. 因此,任一条边也只能包含于一个弱分图中.

9. 若 G 不连通,则 $\kappa(G) = \lambda(G) = 0$,故结论成立. 若 G 连通,

(1) 先证 $\lambda(G) \leqslant \delta(G)$. 如果 G 是平凡图,则 $\lambda(G) = 0 \leqslant \delta(G)$;若 G 是非平凡图,则因每一个结点的所有关联边必含有一个边割集,故 $\lambda(G) \leqslant \delta(G)$.

(2) 再证 $\kappa(G) \leqslant \lambda(G)$.

① 设 $\lambda(G) = 1$,即 G 有一边,删去此边后,连通图就成为非连通图,这时 $\kappa(G) = 1$.

② 设 $\lambda(G) > 1$,则必可删去某 $\lambda(G)$ 条边,使 G 不连通,而删去其中 $\lambda(G) - 1$ 条边,它仍是连通的,且有一条边 $e = (u, v)$,此时这条边为边割集,对 $\lambda(G) - 1$ 条边中的每一条边都选取一个不同于 u, v 的端点,把这些端点删去,则必至少删去 $\lambda(G) - 1$ 条边. 若这样产生的图是非连通的,则

$$\kappa(G) \leqslant \lambda(G) - 1 \leqslant \lambda(G).$$

若这样产生的图是连通的,此时再删去 u 或 v,就必产生一个非连通图,故 $\kappa(G) \leqslant \lambda(G)$.

由本题的问题(1),(2)知,有 $\kappa(G) \leqslant \lambda(G) \leqslant \delta(G)$.

10. 长度为 2 的路径有:$v_1 v_3 v_2$, $v_1 v_3 v_4$, $v_1 v_2 v_1$, $v_2 v_1 v_2$, $v_2 v_1 v_3$, $v_3 v_2 v_1$.

长度为 3 的回路有:$v_1 v_3 v_2 v_1$, $v_1 v_2 v_1 v_3$, $v_3 v_2 v_1 v_3$, $v_3 v_2 v_1 v_3$.

11. 因 G 不是零图,则 $\exists u \in V, \deg(u) > 0$,所以 G 中有路径. 设 $(v_0, v_1, \cdots, v_n)$ 是 G 中一条最长的路径,又因为 G 中没有奇点,则 $\deg(v_0) \geqslant 2$,即至少还有另一个不同于 v_1 的结点与 v_0 相邻接.

由于 $(v_0, v_1, \cdots, v_n)$ 是 G 中最长的路径,故与 v_0 邻接的点必都在这条路径上,否则可以找到更长的路径. 假设与 v_0 相邻接的点为 v_i,且 v_i 不同于 v_0, v_i 在路径上,故有 $(v_0, \cdots, v_1, \cdots, v_i, v_0, \cdots, v_n)$,故其中 $(v_0, \cdots, v_i, v_0)$ 是一回路.

12. 设图 $G = \langle V, E \rangle$,把其结点集划分为不相交的子集 $V_1, V_2, \cdots, V_n$,满足:

(1) $V_1 \cup V_2 \cup \cdots \cup V_n = V$;

(2) $V_i \cap V_j = \varnothing\ (i \neq j)$;

(3) $\forall u, w \in V$,u 与 w 之间有路径,当且仅当 u, w 属于同一子集 V_i.

按照此种方法把结点集划分的各个子集构成的图记为

$$G_1 = \langle V_1, E_1 \rangle, \quad G_2 = \langle V_2, E_2 \rangle, \quad \cdots, \quad G_n = \langle V_n, E_n \rangle.$$

很显然,每个 G_i 都是连通子图,并且这种子图结点集的划分是唯一的,因此结论成立.

13. 设 H 是 $G - G_1$ 的任一连通分支,则 H 是从 G 中去掉 G_1 的边后得到的图的一部分. 因为 G 是连通图,故 H 和 G_1 有公共结点. 又因为 H 是连通分支,故 H 和 G_1 的公共结点不能属于 $G - G_1$ 的其他连通分支. 因此,G_1 中的每个结点都唯一属于 $G - G_1$ 的一个连通分支. 故 $G - G_1$ 的连通分支数不大于 G_1 中的结点数.

14. 设图 $G = \langle V, E \rangle$, G 是非连通的,则可设图 G 的连通分支是 $G(V_1), G(V_2), \cdots, G(V_n)$ $(n \geq 2)$. 由于任意两个连通分支 $G(V_i)$ 和 $G(V_j)$ $(i \neq j)$ 之间不连通. 因此,两个结点子集 V_i 和 V_j 之间的所有连线都在图 G 的补图中. 任取两个结点 u 和 v,有两种情形:

(1) u 和 v 属于不同的结点子集 V_i 和 V_j,由上面讨论可知,G 的补图包含边 (u, v),故 u, v 在 G 的补图上是连通的;

(2) u 和 v 属于同一个结点子集 V_i,可在另一个结点子集 V_j 中,取一个结点 w,由上可知:边 (u, w) 及边 (v, w) 均在 G 的补图中,故邻接边 (u, w) 和 (w, v) 组成的路径连接结点 u 和 v,即 u, v 在 G 的补图中也是连通的.

由此可知,当图 G 不连通时,G 的补图 $\overline{G}$ 必是连通图.

习题 5.3

1. 1; 1; 0.

2. $A(G) = \begin{pmatrix} 0 & 1 & 1 & 1 & 1 \\ 1 & 0 & 0 & 0 & 1 \\ 1 & 0 & 0 & 1 & 0 \\ 1 & 0 & 1 & 0 & 1 \\ 1 & 1 & 0 & 1 & 0 \end{pmatrix}$.

3. $M(G) = \begin{array}{c} A \\ B \\ C \\ D \\ E \\ F \end{array} \begin{pmatrix} \overset{e_1}{1} & \overset{e_2}{0} & \overset{e_3}{0} & \overset{e_4}{0} & \overset{e_5}{1} & \overset{e_6}{0} & \overset{e_7}{0} & \overset{e_8}{0} & \overset{e_9}{1} \\ 0 & 1 & 1 & 0 & 0 & 1 & 0 & 0 & 0 \\ 0 & 0 & 0 & 1 & 0 & 0 & 1 & 0 & 1 \\ 1 & 1 & 0 & 0 & 0 & 0 & 0 & 1 & 0 \\ 0 & 0 & 0 & 1 & 1 & 1 & 0 & 0 & 0 \\ 0 & 0 & 1 & 0 & 0 & 0 & 1 & 1 & 0 \end{pmatrix}$.

4. $D(G) = \begin{pmatrix} 0 & \infty & \infty & \infty & \infty \\ 1 & 0 & 1 & 1 & \infty \\ 1 & \infty & 0 & \infty & \infty \\ 2 & \infty & 1 & 0 & \infty \\ \infty & \infty & \infty & \infty & 0 \end{pmatrix}$, $d_{ij} = 1$ 表示存在始点为 v_i,终点为 v_j 的有向边.

总练习题 5

1. (1) ① $n - 1$; $m - k$. ② n; $m - 1$.

分析:① 从 G 中删除结点 v 得图 $G - v$,在删除 v 的同时,也同时删除了与 v 所关联的一切边. 而 $\deg(v) = k$,因而删除了 k 条边,所以 $G - v$ 中有 $n - 1$ 个结点,$m - k$ 条边.

② 从 G 中删除 e 得图 $G - e$,$G - e$ 只比 G 少了一条边,结点无变化,因而 $G - e$ 中有 n 个结点,$m - 1$ 条边.

(2) 23.

分析:设图 G 有 n 个结点,则有 $35 \times 2 = 70 = \sum_{i=1}^{n} \deg(v_i) \geq 3n$. 所以 $n \leq \left\lfloor \frac{70}{3} \right\rfloor = 23$.

(3) 1; 1.

分析:有向图 5-29 对应的邻接矩阵为 $\boldsymbol{A}=\begin{pmatrix} 0 & 1 & 0 & 0 & 0 \\ 0 & 0 & 0 & 1 & 0 \\ 1 & 0 & 0 & 0 & 0 \\ 0 & 0 & 0 & 0 & 1 \\ 0 & 1 & 0 & 0 & 0 \end{pmatrix}$,则

$$\boldsymbol{A}^2=\begin{pmatrix} 0 & 0 & 0 & 1 & 0 \\ 0 & 0 & 0 & 0 & 1 \\ 0 & 1 & 0 & 0 & 0 \\ 0 & 1 & 0 & 0 & 0 \\ 0 & 0 & 0 & 0 & 1 \end{pmatrix}, \quad \boldsymbol{A}^3=\begin{pmatrix} 0 & 0 & 0 & 0 & 1 \\ 0 & 1 & 0 & 0 & 0 \\ 0 & 0 & 0 & 1 & 0 \\ 0 & 0 & 0 & 1 & 0 \\ 0 & 0 & 0 & 0 & 1 \end{pmatrix}.$$

从 $\boldsymbol{A}^2$ 和 $\boldsymbol{A}^3$ 中可以看出答案.

2. (1) D;

分析:G 中有 N_k 个 k 度结点,有 $n-N_k$ 个 $k+1$ 度结点,则有

$$\sum_{i=1}^n \deg(v_i)=kN_k+(k+1)(n-N_k)=2m \Rightarrow N_k=n(k+1)-2m.$$

(2) A.

分析:G 是无向图,且连通. 当 G 中无回路时,G 的边数最少,所以边数 m 的下界为 $n-1$.

3. 无向简单图每条边关联于两结点,现有 v 个结点,故边数至多为 $\frac{1}{2}v(v-1)$. 又因为简单图不一定都是完全图,故 $e \leqslant \frac{v(v-1)}{2}$.

4. 因为 $\sum_{v_i \in V} \deg(v_i)=2e$,对任意的 $v_i \in V$,有 $\delta \leqslant \deg(v_i) \leqslant \Delta$,于是

$$v \cdot \delta \leqslant \sum_{v_i \in V} \deg(v_i) \leqslant v \cdot \Delta, \quad 即 \quad v \cdot \delta \leqslant 2e \leqslant v \cdot \Delta, \quad 亦即 \quad \delta \leqslant \frac{2e}{v} \leqslant \Delta.$$

5. 在图 5-30(a),(b)中,可建立结点的对应关系:

$$a \leftrightarrow H, \quad c \leftrightarrow J, \quad e \leftrightarrow M, \quad b \leftrightarrow I, \quad d \leftrightarrow K.$$

边的对应关系为

$$(a,b) \leftrightarrow (H,I), \quad (b,c) \leftrightarrow (I,J), \quad (c,d) \leftrightarrow (J,K),$$
$$(a,d) \leftrightarrow (H,K), \quad (b,e) \leftrightarrow (I,M), \quad (d,e) \leftrightarrow (K,M).$$

此两图的结点数目相同,边数相同,且结点和边的关联关系相互对应. 因此,图(a)与(b)同构.

6. 设任一对结点 $u,v \in V(\overline{G})$,则 $u,v \in V(G)$.

(1) 若 $(u,v) \notin E(G)$,则 $(u,v) \in E(\overline{G})$,故 $d_{\overline{G}}\langle u,v \rangle=1$.

(2) 若 $(u,v) \in E(G)$,则 $(u,v) \notin E(\overline{G})$.

① $V(G)$ 中任取其他两结点 x,y,若 x 和 y 均和 u(或 v)相邻,此时 $d_G\langle x,y \rangle \leqslant 2$;若 x 和 u 相邻,y 和 v 相邻,此时 $d_G\langle x,y \rangle \leqslant 3$. 这两种情况都与题设矛盾.

② $V(G)$ 中存在一个结点 w,使 $(u,w) \in E(G),(w,v) \notin E(G)$,则必有 $(u,w) \in E(\overline{G}),(w,v) \in E(\overline{G})$. 此时 $d_{\overline{G}}\langle u,v \rangle=2$.

综上所述,$\overline{G}$ 的直径必小于 3.

7. 若 G 中孤立结点的个数大于等于 2,则结论自然成立. 若 G 中有一个孤立结点,则 G 中至少有 3 个结点,因而不考虑孤立结点,就是说,G 中每个结点的度数都大于等于 1. 又因为 G 是简单图,所以每个结点的度都小于等于 $n-1$. 而 G 中结点的度的取值只能是 $1,2,\cdots,n-1$ 这 $n-1$ 个数,结点有 n 个,故至少有两个结点的度数相同.

8. 因为 G 与 $\overline{G}$ 的并为完全图 K_n,且 n 为奇数,所以 K_n 中每个结点的度数 $n-1$ 为偶数. 若在 G 中有一个奇度数结点 v,而结点 v 在 $\overline{G}$ 中也必为奇度数结点. 因而 G 与 $\overline{G}$ 的奇度数结点个数相同.

9. 设 $e=(u,v)$ 为 G 中一条边,若 e 不是割边,则 $G-e$ 仍为连通图 G',即结点 u,v 之间仍存在路径. 此时

在 G' 中再加上边 e,构成原图 G,而在 G 中 u,v 之间至少有两条路径,故 u,v 之间有回路,与 G 中无回路矛盾,故 e 为 G 的割边(桥).

10. 用第二归纳法.

(1) 当 $n=1$ 时,由于 G 中无回路,故 G 是由一个孤立节点构成的图,此时 $m=0=n-1$.

(2) 假设 $n\leqslant k$ 时 $m=n-1$ 成立.

当 $n=k+1$ 时,取 G 中任意边 $e=(u,v)$,由第 9 题可知,e 为割边,故 $G-e$ 为非连通图,不妨设其可划分为两个连通分支 G_1,G_2.

设 G_1,G_2 中的结点数和边数分别为 n_1,n_2 和 m_1,m_2,显然有 $n_1\leqslant k,n_2\leqslant k$.由假设可知 $m_i=n_i-1(i=1,2)$,则有 $m=m_1+m_2+1=n_1-1+n_2-1+1=n_1+n_2-1=n-1$.

因此,结论成立.

11. 因 G 连通,由第 10 题可知,当 G 中无回路时,G 中边数 $m=n-1$;当 G 中有回路时,$m>n-1$.因而 G 的边数 $m\geqslant n-1$.

n 个结点的无向简单图,以完全图 K_n 的边数最多,为 $\frac{1}{2}n(n-1)$.于是有 $n-1\leqslant m\leqslant\frac{1}{2}n(n-1)$.

12. (1) $\boldsymbol{A}=\begin{pmatrix}1&2&1&0\\0&0&1&0\\0&0&0&1\\0&0&1&0\end{pmatrix}$,则 $\boldsymbol{A}^2=\begin{pmatrix}1&2&3&1\\0&0&0&1\\0&0&1&0\\0&0&0&1\end{pmatrix}$,$\boldsymbol{A}^3=\begin{pmatrix}1&2&4&3\\0&0&1&0\\0&0&0&1\\0&0&1&0\end{pmatrix}$,$\boldsymbol{A}^4=\begin{pmatrix}1&2&6&4\\0&0&0&1\\0&0&1&0\\0&0&0&1\end{pmatrix}$,

$\boldsymbol{B}=\boldsymbol{A}^1+\boldsymbol{A}^2+\boldsymbol{A}^3+\boldsymbol{A}^4=\begin{pmatrix}4&8&14&8\\0&0&2&2\\0&0&2&2\\0&0&2&2\end{pmatrix}$.

(2) 由 $\boldsymbol{A}^4$ 可知,v_1 到 v_4 长度为 4 的路径有 4 条.

(3) G 中长度小于等于 4 的路径的数目为 $\boldsymbol{B}$ 中元素和,即 46.

第 6 章

习题 6.1

1. (1) rs;

分析:设完全二部图 $K_{r,s}$ 的结点集为 V,则 $V=V_1\bigcup V_2,V_1\bigcap V_2=\varnothing$,且 $|V_1|=r,|V_2|=s,K_{r,s}$ 是简单图,且 V_1 中每个结点都与 V_2 的所有结点相邻,V_1 中任何两个不同结点关联的边互不相同,所以边数为 $m=rs$.

(2) $\min\{r,s\}$.

2. A,C,D.

3. 设 $V_1=\{$甲,乙,丙$\}$ 为工人集合,$V_2=\{a,b,c\}$ 为任务集合,可构造无向图 $G=\langle V,E\rangle$,其中,$V=V_1\bigcup V_2,E=\{(x,y)|x$ 能胜任 $y\}$,则 G 为二部图,如图 16 所示.

本题是求图中完美匹配问题,给图中一个完美匹配就对应一个分配方案.从图 16 中可以看出:可以找到多个完美匹配.例如,取 $M_1=\{($甲$,a),($乙$,b),($丙$,c)\},M_2=\{($甲$,b),($乙$,a),($丙$,c)\}$.

4. 如图 17 所示,(a),(b) 分别为 $K_{1,3},K_{2,2}$.

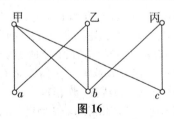

图 16

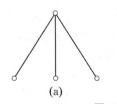

(a)

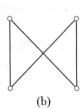

(b)

图 17

5. 若 G 为零图,则用一种颜色就够了;若 G 是非零图的二部图,则用两种颜色就够了.

分析:根据二部图的定义可知,n 阶零图(无边的图)是二部图,对 n 阶零图的每个结点都用同一种颜色染色.因为无边,所以不会出现相邻结点染同色的情况,因而一种颜色就够用了.

而对于非零图的二部图 G,其结点集 $V=V_1 \cup V_2$,$V_1 \cap V_2 = \varnothing$,$G$ 中任何边的两个端点都分别属于 V_1 和 V_2.也就是说,不存在两个端点都在 V_1 中或都在 V_2 中的边.因而 V_1 中的各结点彼此不相邻,V_2 中结点也彼此不相邻.于是,给 V_1 中的结点染同一种颜色,V_2 中的结点染另一种颜色,就能保证任何一条边的两个端点都染不同颜色,也就是用两种颜色就够了.

习题 6.2

1. (1) $k+1$;

分析:设 G 的 k 个连通分支分别为 $G_1,G_2,\cdots,G_k$,且 G_i 中的结点数、边数和面数分别为 $n_i,m_i,r_i(i=1,2,\cdots,k)$.由欧拉公式有

$$n_i - m_i + r_i = 2 \quad (i=1,2,\cdots,k). \qquad \text{①}$$

对①式的两边求和,得

$$\sum_{i=1}^{k} n_i - \sum_{i=1}^{k} m_i + \sum_{i=1}^{k} r_i = 2k. \qquad \text{②}$$

而

$$\sum_{i=1}^{k} n_i = n, \quad \sum_{i=1}^{k} m_i = m, \quad \sum_{i=1}^{k} r_i = r+k-1, \qquad \text{③}$$

将③式代入②式,得 $n-m+r=k+1$.

(2) 3;

分析:设 G 具有 $k(k \geqslant 1)$ 个连通分支.若 G 中无回路,则 G 为一森林,从而必有 $m=n-k$,将 $m=15,n=7$ 代入,得 $k=-8$,矛盾,因而 G 中必有回路.于是,G 的平面图的每个面至少由 $l(l \geqslant 3)$ 条边围成.又因为 $m \leqslant \frac{l}{l-2}(n-k-1) \leqslant \frac{l}{l-2}(n-2) \Rightarrow l \leqslant 3$.显然 $l=3$.

(3) $2n-4$.

分析:因为 G 是连通简单平面图,并且 $n \geqslant 3$,故由欧拉公式的推论可知 $m \leqslant 3n-6$.又知 G 的边数 $m \geqslant 2$,而 G 的平面图每个面至少由 3 条边围成,因而应有 $3r \leqslant 2m$,则 $3r \leqslant 2(3n-6) \Rightarrow r \leqslant 2n-4$.

2. 设图 G 的 r 个面分别为 $r_1,r_2,\cdots,r_r$,因为 $\sum_{i=1}^{r} d(r_i)=2e$,而 $d(r_i) \geqslant k(1 \leqslant i \leqslant r)$,故 $2e \geqslant kr$,即 $r \leqslant \frac{2e}{k}$.而 $v-e+r=2$,故 $v-e+\frac{2e}{k} \geqslant 2$,即 $e \leqslant \frac{k(v-2)}{k-2}$.

3. 用反证法.假设每个结点的度数均大于 4,即 $\deg(v_i) \geqslant 5(v_i$ 为该图的任意结点),因为 $2e=\sum_{i=1}^{v} \deg(v_i) \geqslant 5v(e$ 为该图的边数,v 为该图的结点数),所以 $v \leqslant \frac{2}{5}e$.又由于 $e \leqslant 3v-6$,代入后得到 $e \leqslant \frac{6}{5}e-6$,即 $e \geqslant 30$.矛盾.

4. 设图 G 的结点数为 v,边数为 e,面数为 r,则 $v=6,e=12$.由欧拉公式得 $r=2+e-v=8$.因为 $\sum_{i=1}^{8} d(r_i)=2e=24$,而 $d(r_i) \geqslant 3$,故必有 $\deg(v_i)=3$,即每个面都由 3 条边围成.

5. 用反证法.设 G 和 $\overline{G}$ 都是平面图,图 G 的结点数为 v,边数为 e,图 $\overline{G}$ 的结点数为 v',边数为 e',显然有

$$v=v', \quad e+e'=\frac{1}{2}v(v-1).$$

将不等式

$$e \leqslant 3v-6, \quad e' \leqslant 3v'-6=3v-6$$

相加,得

$$\frac{1}{2}v(v-1)=e+e'\leqslant 6v-12.$$

化简得

$$v^2-13v+24\leqslant 0.$$

故 $2<v<11$，与假设矛盾.

6. 用反证法. 设 G 为非连通的，则不妨设它具有 $k(k\geqslant 2)$ 个连通分支 $G_1,G_2,\cdots,G_k$. 设 G_i 的结点数为 n_i，边数为 $m_i(i=1,2,\cdots,k)$.

若存在 $n_j=1$，则 k 必为 2，因为只有此时 G 为一个平凡图，并上一个 K_6 才能使其边数为 15，而 K_6 不是平面图，它的子图 K_5 已不是平面图，这矛盾于 G 为平面图，所以不存在 $n_j=1$.

若存在 $n_j=2$，G_j 中至多有一条边. 另外 5 个结点构成 K_5 时边数最多，但最多边数只能为 10，与 G 有 15 条边矛盾.

因此，n_i 必大于等于 3，则由欧拉公式的推论知，$m_i\leqslant 3(n_i-2)=3n_i-6, i=1,2,\cdots,k$. 求和得 $m\leqslant 3n-6k$. 将 $n=7,m=15$ 代入得 $15\leqslant 21-6k\Rightarrow k\leqslant 1$，与 $k\geqslant 2$ 矛盾.

7. 彼得森图中每一个面由 5 条边围成，$k=5,e=15,v=10$，而不等式 $e\leqslant\dfrac{k(v-2)}{k-2}$ 不成立，所以彼得森图不是平面图.

8. 因为 G 为简单图，所以 G 中无环也无平行边，因而任何圈至少由三条边围成，于是 G 的任何有限面至少由三条边围成. 而这时，无限面必由若干个回路围成，因而边界至少为 3 条边.

9. 因为 $\delta(G)=4$，因而结点数 $n\geqslant 5$，面数 $r\leqslant 2n-4$，边数 $m\leqslant 3n-6$（用反证法）. 若 G 中至多有 5 个度数小于等于 5 的结点，其余结点的度数均大于等于 6，则有

$$5\times 4+(n-5)\times 6\leqslant\sum_{i=1}^{n}\deg(v_i)=2m\leqslant 2(3n-6)\Rightarrow -10\leqslant -12,$$

矛盾.

10. E；C.

11. (1) 如图 18 所示，(a) 为 K_5，而 (b) 是由 K_5 去掉边 e（用虚线表示）产生的平面图，此时 (b) 中缺少的边 e 为对角线. 如果在 K_5 中去掉的边 e 为非对角线，则得到的图如图 18(d) 所示.

(2) 如图 18 所示，(c) 给出了由 $K_{3,3}$ 中缺少边 e（用虚线表示）的平面图.

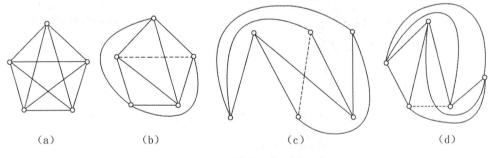

(a)　　　　　(b)　　　　　(c)　　　　　(d)

图 18

12. 不妨设 G 是连通的，否则，可对它的每个连通分支进行讨论. 由欧拉公式有

$$n-m+r=2\quad (n\text{ 为结点数}, m\text{ 为边数}, r\text{ 为面数}). \qquad\qquad ①$$

而由已知条件有

$$r<12\quad\text{且}\quad n\leqslant\frac{2}{3}m. \qquad\qquad ②$$

将②式的结果代入①式，得

$$2<\frac{2}{3}m-m+12,\quad\text{即}\quad m<30. \qquad\qquad ③$$

若所有的面均至少由 5 条边围成,则

$$5r \leqslant 2m, \quad 即 \quad r \leqslant \frac{2}{5}m. \tag{④}$$

将②式,④式代入①式,得

$$2 \leqslant \frac{2}{3}m - m + \frac{2}{5}m, \quad 即 \quad m \geqslant 30. \tag{⑤}$$

⑤式与③式矛盾,因而必存在至多由 4 条边围成的面.

13. 用反证法. 若 G 为非连通图,设有 $k(k \geqslant 2)$ 个连通分支 $G_1, G_2, \cdots, G_k$,在 G_1 中取 v_1,在 G_2 中取 v_2,则加边 (v_1, v_2) 后的新图 $G \bigcup \{(v_1, v_2)\}$ 还是平面图,这与 G 为极大平面图矛盾.

习题 6.3

1. (1) 5;

分析:设 T 有 x 片树叶,即 T 有 x 个度数为 1 的结点,则 T 的结点数 $n = 3 + 2 + x$,T 的边数 $m = n - 1 = 4 + x$,于是 $2m = 2(4 + x) = \sum_{i=1}^{n} \deg(v_i) = 3 \times 3 + 2 \times 2 + 1 \cdot x = 13 + x$,解得 $x = 5$.

(2) 5;

分析:设 T 有 x 个 3 度的结点,则 T 的结点数 $n = 7 + x$,T 的边数 $m = n - 1 = 6 + x$,则 $2m = 12 + 2x = \sum_{i=1}^{n} \deg(v_i) = 3x + 7$,解得 $x = 5$.

(3) $k - 1$.

分析:设具有 k 个连通分支的森林为 G,这 k 个连通分支分别为 $T_1, T_2, \cdots, T_k$. 因为它们全为树,所以加新边不能在 T_i 内部加,否则必产生回路,从而就不能构成无向树. 因此,必须在不同的连通分支之间加新边,且每加一条新边后,所得到的森林就减少一个连通分支. 恰好加 $k - 1$ 条新边,就能使所得图连通且无回路,因而成为树.

2. 必要性. 如果图 G 是树,则删去任一边后,就成为非连通图,故任一条边都是 G 的割边.

充分性. 任取两个结点 u 和 v,图 G 是连通的,u 和 v 之间就有路径. 如果连接 u 和 v 有两条路径,则这两条路径就可组成一个回路. 而删去该回路上任意一条边,不改变图的连通性,故该回路上的各边都不是割边,与假设矛盾. 因此,任意两个结点之间恰有一条路径,故图 G 是树.

3. 必要性. 用反证法. 设边 e 包含在 G 的每棵生成树中,但 e 不是割边. 在图 G 中删去 e 得到图 G',则 G' 仍是连通图. G' 必有一棵生成树 T,而 T 中不包含边 e,故与假设矛盾.

充分性. 设边 e 是 G 的割边,删去 e,则 G 就分成两个互不连通的子图 G_1 和 G_2. 对于 G 的任一生成树 T,由于 T 是连通图,故连接 G_1 和 G_2 之间的唯一边 e 必在 T 中.

4. 设有 x 个度数为 1 的结点,则结点数为 $v = 2 + 1 + 3 + x = 6 + x$,边数为 $e = v - 1 = 5 + x$,而 $2e = \sum_{i=1}^{v} \deg(v_i)$,故 $2(5 + x) = 2 \times 2 + 1 \times 3 + 3 \times 4 + x$,解得 $x = 9$.

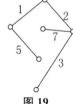

5. 图 6-17 的最小生成树如图 19 所示.

6. (1) 若一条边在 G 的任何生成树中,则该边应为 G 的割边;

(2) 若一条边不在 G 的任何生成树中,则该边应为 G 中某结点的环.

图 19

7. 用反证法. 若 $\overline{T} = G - T$ 中含 G 的一割集 S,即 $S \subseteq E(\overline{T})$. 于是 $T \subseteq G - S$,可是 $G - S$ 不连通,这与 T 是连通的矛盾. 因而 $\overline{T}$ 中不可能含 G 的任何割集,从而 G 的任何割集必含有 T 的树枝.

8. 显然 e 是 T 的割边,$T - e$ 分成两个连通的分支,设一个连通分支的结点集为 V_1,则另一个连通分支的结点集为 $V_2 = V - V_1$. 设 $S = \{e' \mid e'$ 的两个端点分别属于 V_1 和 $V_2, e' \in E(G)\}$,显然 e 在 S 中,即 S 被包含在 $E(\overline{T} \bigcup \{e\})$ 中. 由上题可知,S 的任何不含 e 的真子集都不是 G 的割集. 由 S 的构造可知,S 的含 e 的真子集也不是 G 的割集. 而 S 是 G 的割集,故 S 是含树枝 e 的 G 的唯一的割集.

9. 设 T 中有 n 个结点,m 条边. 若 T 中至多有 s 片树叶,则 T 中有 $n - s$ 结点的度数大于等于 2. 又至少有一个结点的度数大于等于 k,则

$$2m = 2n - 2 = \sum_{i=1}^{n} \deg(v_i) \geqslant 2(n-s-1) + k + s, \quad 即 \quad s \geqslant k,$$

所以 T 中至少有 k 片树叶.

10. 虽然 T_1, T_2 是 G 的不同的生成树,但它们的树枝数都是 $n-1$. 因为由第 8 题结论可知,$n-1$ 个树枝对应 $n-1$ 个割集,所以 G 关于 T_1 和 T_2 的割集数目也是相同的.

11. 所求二叉树如图 20(b)所示.

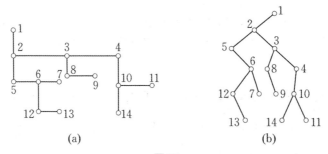

图 20

12. 所求最优二叉树如图 21 所示.

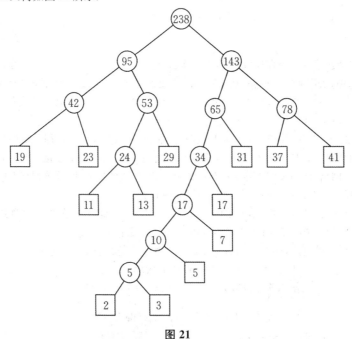

图 21

13. 设 T 的结点数为 n,分枝点数为 i,根据完全二叉树的定义,有 $n = i + t$,$m = 2i$,$m = n - 1$,故有 $m = 2t - 2$.

14. 设 T 的结点数为 n,则 $n = i + t$,总边数为 ri,则 $ri = n - 1$,故有 $(r-1)i = t - 1$.

15. 设某树有 n 个结点,结点集为 N,边数为 e,则由树的等价定义可知 $e = n - 1$,于是 $\sum_{v_i \in N} \deg(v_i) = 2e = 2n - 2$.

16. 设树的分枝点数为 i,树叶数为 t,则树的结点数为 $i + t$. 对于满二叉树,有 $i = t - 1$. 所以满二叉树的结点数为 $i + t = 2t - 1$,是奇数.

17. 不一定.

分析:n 阶无向树 T 具有 $n-1$ 条边,这是无向树 T 的必要条件,但不是充分条件. 例如,$n-1$ 阶圈和一个孤立结点组成的无向简单图就具有 $n-1$ 条边,但显然不是树.

总练习题 6

1. 用反证法. 若 $K_{3,3}$ 是平面图,则它的每个面至少由 $t \geqslant 4$ 条边围成,因而可得 $9 \leqslant \frac{4}{2}(6-2)=8$,矛盾,所以二部图 $K_{3,3}$ 不是平面图.

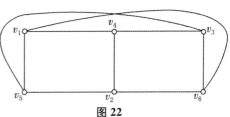

图 22

2. 如图 22 所示,在图 $K_{3,3}$ 中,只有两条边相交.

3. r_1 的边界为 $BADB$;r_2 的边界为 $BCDB$;r_3 的边界为 $CDEFEC$;r_4 的边界为 $ABCEA$;r_5 为无限面,其边界为 $ADEA$.

4. 设 G 的边数为 m,面数为 r. 由于 G 的每个面的次数都是 3,于是 $3r=2m$,则有 $r=\frac{2}{3}m$. 由欧拉公式有 $n=m-r+2=\frac{m}{3}+2$. 若在 G 的不相邻的两结点 u,v 之间加一条边 (u,v),得 $G'=G\bigcup\{(u,v)\}$,则 G' 的边数、结点数分别为

$$m'=m+1, \quad n'=n=\frac{m}{3}+2.$$

假设 G' 是平面图,则 G' 仍是连通简单平面图,而 $n'\geqslant 3$,所以有

$$m'\leqslant 3n'-6, \quad \text{即} \quad m+1=m'\leqslant 3\left(\frac{m}{3}+2\right)-6=m,$$

矛盾,故 G' 为非平面图.

5. 所构造的 3 棵非同构的树分别如图 23(a),(b),(c)所示.

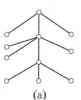 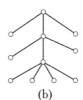 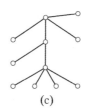

（a）　　　　　　（b）　　　　　　（c）

图 23

6. 所求最小生成树(有两种可能的情形)如图 24 所示.

7. 所求最优二叉树如图 25 所示.

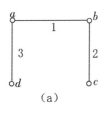 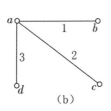 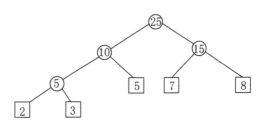

（a）　　　　　　（b）

图 24　　　　　　　　　　　　　　　　图 25

8. 仅有一个结点的入度为 0,其余结点的入度均为 1 的有向图不一定是有向树. 如图 26 所示的有向图满足条件,但它们都不是树.

9. 5 个结点可以形成 3 棵非同构的树,它们分别如图 27(a),(b),(c)所示.

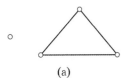 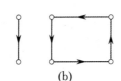 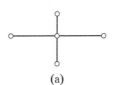

（a）　　　　　　（b）　　　　　　　（a）　　　　　　（b）　　　（c）

图 26　　　　　　　　　　　　　　图 27

10. 设 G 的 k 个连通分支分别为 $G_1,G_2,\cdots,G_k$，又设 G_i 有 n_i 个结点，m_i 条边 $(i=1,2,\cdots,k)$. 因为 G_1，$G_2,\cdots,G_k$ 都是树，由树的定义可知 $m_i=n_i-1$，故有

$$m=\sum_{i=1}^{k}m_i=\sum_{i=1}^{k}(n_i-1)=n-k.$$

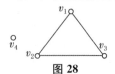

图 28

11. 命题不正确. 例如，一个孤立结点和三阶无向完全图 K_3 构成的图为非连通图，故它不是树，如图 28 所示.

12. 设 T 为一棵非平凡的无向树，$P=v_1v_2\cdots v_k$ 为 T 中长度最长的路径. 若 v_1 和 v_k 中至少有一个不是树叶，不妨设 v_k 不是树叶，即 $\deg(v_k)\geqslant 2$，则 v_k 除了与 P 上的点 v_{k-1} 相邻外，必存在结点 v_{k+1} 与 v_k 之间有边关联，且 v_{k+1} 不在 P 上；否则，将产生回路. 于是，$v_1v_2\cdots v_kv_{k+1}$ 仍是 T 的一条路径，可是它比 P 长，这与 P 为最长路径相矛盾，所以 v_k 必为树叶. 类似可证 v_1 也是树叶.

13. 在图 6-23(a) 中，v_1,v_2 都为中心；在图 6-23(b) 中，v_7 为中心.

第7章

习题 7.1

1.~5. 略.

6. (1) 因 $(a,b)*(x,y)=(ax,ay+b),(x,y)*(a,b)=(xa,xb+y)$，故 $*$ 在 S 上不可交换.
又因
$$((a,b)*(x,y))*(c,d)=(ax,ay+b)*(c,d)=(axc,axd+ay+b),$$
$$(a,b)*((x,y)*(c,d))=(a,b)*(xc,xd+y)=(axc,a(xd+y)+b)=(axc,axd+ay+b),$$
故是可结合的.
又 $(a,b)*(a,b)=(a^2,ab+b)\neq(a,b)$，即 $(a,b)^2\neq(a,b)$，故不是幂等的.

(2) 由 $(a,b)*(x,y)=(a,b)$，即 $(ax,ay+b)=(a,b)$，所以 $\begin{cases}ax=a,\\ay+b=b,\end{cases}$ 解得 $x=1,y=0$.

易见 $(a,b)*(1,0)=(1,0)*(a,b)=(a,b)$，故单位元为 $(1,0)$.

由 $(a,b)*(x,y)=(x,y)$，即 $(ax,ay+b)=(x,y)$，故 $ax=x,ay+b=y$，仅当 $x=0$ 及 $y=\dfrac{b}{1-a}$ 成立. 由 a，b 的任意性知，无零元.

又由 $(a,b)*(x,y)=(1,0)$，即 $(ax,ay+b)=(1,0)$，故 $ax=1,ay+b=0$，解得 $x=\dfrac{1}{a},y=-\dfrac{b}{a}$. 故当 $a\neq 0$ 时，$(a,b)^{-1}$ 存在且 $(a,b)^{-1}=\left(\dfrac{1}{a},-\dfrac{b}{a}\right)$.

7. (3). 单位元为 1.

8. (3).

9. 左单位元； 右单位元.

10. $(B,+)$ 不是 $(\mathbf{N},+)$ 的子代数. 因 $x_1=2$ 与 $x_2=5$ 都是 20 的因子，但 $x_1+x_2=2+5=7$ 不是 20 的因子，故 B 关于运算 $+$ 不封闭.

11. 任取 $n\mathbf{Z}$ 中的两个元素 nz_1 与 $nz_2(z_1,z_2\in\mathbf{Z})$，则有 $nz_1+nz_2=n(z_1+z_2)\in n\mathbf{Z}$，即 $n\mathbf{Z}$ 对运算 $+$ 封闭，故 $(n\mathbf{Z},+)$ 是 V 的子代数.

12. V 的所有子代数为 $(\{1\},\circ),(\{1,2\},\circ),(\{2,3\},\circ),(\{1,3\},\circ),(\{1,2,3\},\circ),(\{2\},\circ),(\{3\},\circ)$.

13. 平凡子代数为 $(\{1\},\circ)$ 及 $(\{1,2,3\},\circ)$，其余为真子代数.

习题 7.2

1. A.

2. D.

3. 因 $f: \mathbf{R} \to A, f(x) = \begin{bmatrix} x & 0 & 0 \\ 0 & x & 0 \\ 0 & 0 & x \end{bmatrix}$ 为一双射,又

$$f(x \times y) = \begin{bmatrix} xy & 0 & 0 \\ 0 & xy & 0 \\ 0 & 0 & xy \end{bmatrix} = \begin{bmatrix} x & 0 & 0 \\ 0 & x & 0 \\ 0 & 0 & x \end{bmatrix} \begin{bmatrix} y & 0 & 0 \\ 0 & y & 0 \\ 0 & 0 & y \end{bmatrix} = f(x) \times f(y),$$

故 f 为同构映射.

4. 设代数系统 $(X, \circ)$ 上的任意两个同余关系为 R_1 与 R_2,即对 $\forall (x_1, y_1), (x_2, y_2) \in R_1$,有 $(x_1 \circ x_2, y_1 \circ y_1) \in R_1$;对 $\forall (a_1, b_1), (a_2, b_2) \in R_2$,有 $(a_1 \circ a_2, b_1 \circ b_2) \in R_2$. 于是,对任意的 $(a, b), (c, d) \in R_1 \cap R_2$,则 $(a \circ c, b \circ d) \in R_1$ 且 $(a \circ c, b \circ d) \in R_2$,所以 $(a \circ c, b \circ d) \in R_1 \cap R_2$. 因此,$R_1 \cap R_2$ 仍为同余关系.

5. (1) R 不是同余关系. 例如,由于 $(2,5) \in R$(因 $|2-5| = 3 < 10$),$(5,13) \in R$(因 $|5-13| = 8 < 10$),但 $|2-13| = 11 > 10$,所以 $(2,13) \notin R$,传递性不成立,故 R 不是等价关系,也不是同余关系.

(2) 显然 $(2,1) \in R$,但 $(1,2) \notin R$,对称性不成立,故 R 不是等价关系,也不是同余关系.

6. 提示:R 为一等价关系,且将 $\mathbf{Z}$ 分成 9 个等价类:$[0], [1], [2], \cdots, [8]$. $(\mathbf{Z}/R, *) = \{[0], [1], \cdots, [8]\}$.

7. 提示:作 $f: \mathbf{R} \to \mathbf{R}, f(x) = e^x$.

习题 7.3

1. 略.

2. 略.

3. 易证,$+_m$ 在 $\mathbf{Z}_m$ 上是封闭的,又 $\forall [a], [b], [c] \in \mathbf{Z}_m$,有

$$([a] +_m [b]) +_m [c] = (a+b) \bmod m +_m [c] = (a+b+c) \bmod m$$
$$= [a] +_m (b+c) \bmod m = [a] +_m ([b] +_m [c]).$$

单位元为 $[0]$. 故 $(\mathbf{Z}_m, +_m)$ 为一单元半群. 同理可证 $(\mathbf{Z}_m, \times_m)$ 为单元半群.

4. 略.

5. 略.

6. 显然,运算 $\cdot$ 在 S 上是封闭的. 又对 $\forall (a,b), (c,d), (u,v) \in S$,有

$$((a,b) \cdot (c,d)) \cdot (u,v) = (a \circ c, b * d) \cdot (u,v)$$
$$= ((a \circ c) \circ u, (b * d) * v) = (a \circ c \circ u, b * d * v);$$
$$(a,b) \cdot ((c,d) \cdot (u,v)) = (a,b) \cdot (c \circ u, d * v)$$
$$= (a \circ (c \circ u), b * (d * v)) = (a \circ c \circ u, b * d * v),$$

所以 $((a,b) \cdot (c,d)) \cdot (u,v) = (a,b) \cdot ((c,d) \cdot (u,v))$. 故 $(S, \cdot)$ 为一半群.

7. 显然,$\mathbf{Z}^+$ 关于 $\circ$ 封闭. 对 $\forall a, b, c \in \mathbf{Z}^+$,有 $(a \circ b) \circ c = a \circ (b \circ c)$. 事实上,令

$$a \circ b = \gcd(a,b) = k, \quad b \circ c = \gcd(b,c) = n,$$

则

$$(a \circ b) \circ c = k \circ c = l, \quad a \circ (b \circ c) = a \circ n = l',$$

于是 $l | k$ 且 $l | c$. 又 $k | b, k | a$,故 $l | b$ 且 $l | a$,从而 $l | n$,所以 $l \leqslant l'$(这里 $|$ 表示整除).

同理,$l' | a$ 且 $l' | n$. 又 $n | b, n | c$,所以 $l' | c, l' | b$,从而 $l' | k$,故 $l' \leqslant l$. 于是 $l' = l$,即 $(a \circ b) \circ c = a \circ (b \circ c)$. 故 $(\mathbf{Z}^+, \circ)$ 为一半群.

习题 7.4

1. (1) 略. (2) 略.

(3) $(G, \times_{11})$ 构成群. 因易证 $(G, \times_{11})$ 为一代数系统,而 $\times_{11}$ 满足结合律,故为半群. 又存在单位元 1,且 $1^{-1} = 1, 10^{-1} = 10$(因 $10 \times_{11} 10 = 100 \bmod 11 = 1$).

(4) 易验证 $(G, \times_{11})$ 为一半群. 又存在单位元 1. 因 $3 \times_{11} 4 = (3 \times 4) \bmod 11 = 1$,所以 $3^{-1} = 4, 4^{-1} = 3$. 同

理 $5^{-1}=9, 9^{-1}=5$. 故 $(G, \times_{11})$ 为一群.

2. 因对 $\forall x \in G$, 有 $x^2 = x * x = e$, 所以 $x^{-1} = x$. 于是, 对 $\forall a, b \in G$, 有 $a * b = (a * b)^{-1} = b^{-1} * a^{-1} = b * a$, 故 $(G, *)$ 为交换群.

3. $ST = \begin{pmatrix} 1 & 2 & 3 & 4 & 5 \\ 4 & 1 & 2 & 5 & 3 \end{pmatrix}, T^{-1} = \begin{pmatrix} 1 & 2 & 3 & 4 & 5 \\ 3 & 1 & 5 & 4 & 2 \end{pmatrix}$.

4. $(1\,2\,3)(2\,3\,4)(1\,4)(2\,3) = \left[\begin{pmatrix} 1 & 2 & 3 & 4 \\ 2 & 3 & 1 & 4 \end{pmatrix} \begin{pmatrix} 1 & 2 & 3 & 4 \\ 1 & 3 & 4 & 2 \end{pmatrix} \right] \left[\begin{pmatrix} 1 & 2 & 3 & 4 \\ 4 & 2 & 3 & 1 \end{pmatrix} \begin{pmatrix} 1 & 2 & 3 & 4 \\ 1 & 3 & 2 & 4 \end{pmatrix} \right]$

$$= \begin{pmatrix} 1 & 2 & 3 & 4 \\ 2 & 1 & 4 & 3 \end{pmatrix} \begin{pmatrix} 1 & 2 & 3 & 4 \\ 4 & 3 & 2 & 1 \end{pmatrix} = \begin{pmatrix} 1 & 2 & 3 & 4 \\ 3 & 4 & 1 & 2 \end{pmatrix} = (1\,3)(2\,4).$$

5. 略.

6. 设 $(G, *)$ 为循环群, a 为生成元, 即 $G = (a)$, 则对 $\forall x, y \in G$, $\exists k_1, k_2 \in \mathbf{Z}$, 使 $x = a^{k_1}, y = a^{k_2}$, 于是
$$x * y = a^{k_1} * a^{k_2} = a^{k_1+k_2} = a^{k_2} * a^{k_1} = y * x,$$
故 $(G, *)$ 为交换群.

7. 略.

8. 对 $\forall a, b \in H$, 有 $a \circ x = x \circ a, b \circ x = x \circ b \,(\forall x \in G)$. 于是 $a \circ b \circ x = a \circ (x \circ b) = (a \circ x) \circ b = x \circ a \circ b$, 故 $a \circ b \in H$. 又因为
$$a \circ x \circ a^{-1} = x \circ a \circ a^{-1} = x \circ (a \circ a^{-1}) = x \circ e = x, \quad a^{-1} \circ (a \circ x \circ a^{-1}) = a^{-1} \circ x,$$
所以 $(a^{-1} \circ a) \circ x \circ a^{-1} = a^{-1} \circ x$, 故 $x \circ a^{-1} = a^{-1} \circ x$, 即 $a^{-1} \in H$. 所以 $(H, \circ)$ 为子群.

9. 略.

10. $(\{0\}, +_{12}), (\{0,6\}, +_{12}), (\{0,4,8\}, +_{12}), (\{0,3,6,9\}, +_{12}), (\{0,2,4,6,8,10\}, +_{12}), (\mathbf{Z}_{12}, +_{12})$.

11. 设 G 为 6 阶群, 由拉格朗日定理的推论 7.1 可知, G 中元素的周期只可能是 1, 2, 3, 6. 若 G 中含有周期为 6 的元素, 不妨设这个元素为 a, 则 a^2 的周期是 3. 若 G 中无周期为 6 的元素, 则必有周期为 3 的元素. 若不然, G 只含周期为 1 或 2 的元素, 即 $\forall a \in G$, 有 $a^2 = e$. 于是, 由本节第 2 题知 G 是交换群. 取 G 中两个不同的周期为 2 的元素 a 和 b, 令 $H = \{e, a, b, ab\}$, 易证 H 是 G 的子群. 但 $|H| = 4, |G| = 6$, 与拉格朗日定理矛盾.

12. 设 E 表示 n 阶单位矩阵, 则 $E \in H$, H 非空. $\forall M_1, M_2 \in H$, 则 $\det(M_1 M_2^{-1}) = \det(M_1) \det(M_2^{-1}) = 1$, 所以 $M_1 M_2^{-1} \in H$. 由子群判定定理可知 $H \leqslant G$. 对于 $\forall A \in G, M \in H$, 因
$$\det(AMA^{-1}) = \det(A) \det(M) \det(A^{-1}) = \det(A) \det(A^{-1}) = \det(AA^{-1}) = \det(E) = 1,$$
故 $AMA^{-1} \in H$. 所以 H 是 G 的不变子群.

13. (1) 略; (2) $G_6/H = \{H, Hg, Hg^2\}$.

14. 设 $(G, \circ)$ 为一有限群, 又设 $a \in G$ 是 G 中周期大于 2 的元素, 于是 $a \neq e$ 且 $a^2 \neq e$. 又由 $a \circ a^{-1} = e$, 可知 $a \neq a^{-1}$, 而 a^{-1} 与 a 的周期是相同的. 于是, 由群的逆元的唯一性知, 群 $(G, \circ)$ 中周期大于 2 的元素必定是成对出现的, 故其个数必为偶数.

习题 7.5

1. (1) $(Q(\sqrt{5}), +, \times)$ 为一个环. 事实上, 对 $\forall x_1 = a + b\sqrt{5}, x_2 = c + d\sqrt{5}$, 有 $x_1 + x_2 = (a+c) + (b+d)\sqrt{5} \in Q(\sqrt{5})$, $x_1 \times x_2 = (ac+5bd) + (ad+bc)\sqrt{5} \in Q(\sqrt{5})$; $+$ 与 $\times$ 显然满足结合律; 零元为 $0 = 0 + 0 \times \sqrt{5}$; $\times$ 对 $+$ 显然满足分配律; x_1 的负元为 $-a - b\sqrt{5}$; $+$ 显然满足交换律. 故 $(Q(\sqrt{5}), +)$ 为一交换群, $(Q(\sqrt{5}), \times)$ 为一半群. 所以 $(Q(\sqrt{5}), +, \times)$ 为一环.

(2) 略.

2. 因 $(R, +, \circ)$ 是环, 所以 $(R, \circ)$ 为一半群. 又 $G = \{a \mid a^{-1} \in R\} \subset R$, 所以对 $\forall a \in G, a^{-1}$ 存在, 且 $a^{-1} \in G$,

从而 $a \circ a^{-1} = 1 \in G$. 故 $(G, \circ)$ 为一个群.

3. 略.

4. A 是环, 但不是整环, 也不是域. 考虑矩阵 $\begin{pmatrix} 1 & -1 \\ -1 & 1 \end{pmatrix}$ 和 $\begin{pmatrix} 1 & 1 \\ 1 & 1 \end{pmatrix}$, 它们都是 A 中的矩阵, 但由于

$\begin{pmatrix} 1 & -1 \\ -1 & 1 \end{pmatrix} \begin{pmatrix} 1 & 1 \\ 1 & 1 \end{pmatrix} = \begin{pmatrix} 0 & 0 \\ 0 & 0 \end{pmatrix}$, 因此, $\begin{pmatrix} 1 & -1 \\ -1 & 1 \end{pmatrix}$ 是左零因子, $\begin{pmatrix} 1 & 1 \\ 1 & 1 \end{pmatrix}$ 是右零因子. 故 A 不是无零因子环,

也不是整环, 也不是域.

5. 略.

总练习题 7

1. 不存在单位元, 0 是右单位元, 不存在零元, 0 是幂等元.

2. (1) 因 A 对运算 $*$ 不封闭, 如 $a = 2, b = -5$, 则 $a * b = 2 * (-5) = |-5| = 5 \notin A$, 故不构成代数系统.

(2) 易验证其是代数系统.

3. 按定义易验证.

4. (1) H_1 不能构成 V 的子代数. 因对 $\forall 2n_1 + 1, 2n_2 + 1 \in H_1$, 有 $(2n_1 + 1) + (2n_2 + 1) = 2n_1 + 2n_2 + 2 \notin H_1$, 故 H_1 对加法运算不封闭.

(2) H_2 也不能构成 V 的子代数, 因 $1 + 1 = 2 \notin H_2$.

(3) H_3 能构成 V 的子代数, 只需验证运算 $+$ 与 $\times$ 在 H_3 上封闭.

5. 提示: 先定义函数 $h: \mathbf{C} \to M$, 对 $\forall a + ib \in \mathbf{C}$, 有 $h(a + ib) = \begin{pmatrix} a & b \\ -b & a \end{pmatrix}$, 然后按定义验证即可.

6. $(\mathbf{R}, \circ)$ 是一个半群, 因对 $\forall a, b, c \in \mathbf{R}$, 有 $(a \circ b) \circ c = |a| \times |b| \times |c| = a \circ (b \circ c)$.

7. 单位元为 0; 易验证 $(a \circ b) \circ c = a \circ (b \circ c)$, 故为半群.

8. $(G, \circ)$ 是一个群. 事实上, 易验证 $(a \circ b) \circ c = a \circ (b \circ c)$; 对 $\forall a \in G, 0 \circ a = a \circ 0 = a$, 所以 0 是 $(G, \circ)$ 的单位元; 对 $\forall a \in G, a \circ \dfrac{a}{a-1} = \dfrac{a}{a-1} \circ a = 0$, 故 $a^{-1} = \dfrac{a}{a-1} \in G$.

9. 易验证 $(H, +)$ 是 $(\mathbf{Z}, +)$ 的子群.

10. 群 $(\mathbf{Z}_6, +_6)$ 的阶为 6. 元素 0 的周期为 1; 元素 1 的周期为 6; 元素 2 的周期为 3; 元素 3 的周期为 2; 元素 4 的周期为 3; 元素 5 的周期为 6.

11. 设 $(G, *)$ 是一个阶为偶数的有限群, 则 G 中周期大于 2 的元素个数为偶数. 又单位元 e 是群中唯一一个周期为 1 的元素, 于是 G 中周期为 2 的元素必存在, 且个数为奇数.

12. (1) $f(e_1) = e_2 \circ f(e_1) = [((f(e_1))^{-1} \circ f(e_1))] \circ f(e_1) = (f(e_1))^{-1} \circ f(e_1) = e_2$.

(2) 对 $\forall a \in G_1, f(e_1) = f(a * a^{-1}) = f(a) \circ f(a^{-1}) = e_2$, 又 $f(a) \circ (f(a))^{-1} = e_2$, 故 $f(a) \circ f(a^{-1}) = f(a) \circ (f(a))^{-1}$. 由消去律知 $f(a^{-1}) = (f(a))^{-1}$.

13. 对 $\forall x \in G$, 都有它的逆元 $x^{-1} \in G$, 使得 $x * x^{-1} = x^{-1} * x = e$, 因互为逆元的两个不相等的元素是成对出现的, 且群中有唯一单位元 e, $|G|$ 为偶数, 故至少存在一个元素是以自身为逆元, 所以必存在 $a \in G, a \neq e$, 但 $a * a = e$.

14. $(G, \times_7)$ 是循环群, 其生成元为 $[3]$ 与 $[5]$.

15. 设 $(G, *)$ 是循环群, 其生成元是 a. 设 $(S, *)$ 是 $(G, *)$ 的子群, 且 $S \neq \{e\}$, 则存在最小正整数 m, 使 $a^m \in S$. 对于任意的 $a^l \in S$, 必有 $l = tm + r (0 \leqslant r < m, t$ 为整数, r 为非负整数). 故 $a^r = a^{l-tm} = a^l * (a^m)^{-t} \in S$. 因为 m 是 $a^m \in S$ 的最小正整数, 所以只能有 $r = 0$, 即得 $a^l = (a^m)^t$. 这说明, S 中的任意元素都是 a^m 的乘幂, 故 $(S, *)$ 是以 a^m 为生成元的循环群.

16. (1) R 不是同余关系. 可先说明 R 为等价关系 (自反的、对称的、传递的), 但存在 $(-2, -2) \in R, (1, 4) \in R$, 使得 $(-2+1, -2+4) = (-1, 2) \notin R$.

(2) R 不是同余关系. 可先说明 R 为等价关系, 但存在 $(-4, 6) \in R, (6, -6) \in R$, 使得 $(-4+6, 6-6) =$

$(2,0) \notin R.$

17. $\{0,2,4\}+_6 0=\{0,2,4\}, \{0,2,4\}+_6 1=\{1,3,5\}, \{0,2,4\}+_6 2=\{2,4,0\}, \{0,2,4\}+_6 3=\{3,5,1\},$ $\{0,2,4\}+_6 4=\{4,0,2\}, \{0,2,4\}+_6 5=\{5,1,3\}.$ 不同的右陪集只有两个.

18. (1) 没有关于乘法的单位元,所以不是整环;

(2) 对 $\forall x \neq 0$,不存在关于加法的逆元,所以不是整环;

(3) 易验证为整环.

19. (1) 验证 $(\{0,1\}, \oplus)$ 是交换群;

(2) 验证 $(\{0,1\}, \odot)$ 是可交换的单位半群,且满足无零因子条件;

(3) 验证 $\odot$ 对 $\oplus$ 可分配,

故为整环.

20. (1) 没有关于加法的逆元,故不是域;

(2) 易验证 $(A,+,\times)$ 是一个交换环,又因 A 中关于乘法的单位元是 $1, a+b\sqrt{3}$ (a,b 是任意非零有理数) 关于乘法的逆元为 $\dfrac{a-\sqrt{3}b}{a^2-3b^2}$,所以 $(A,+,\times)$ 是域;

(3) 因当 $b \neq 0$ 时, $a+b\sqrt[3]{5}$ (a 是任意有理数) 关于乘法的逆元不存在,因此 $(A,+,\times)$ 不是域.

第 8 章

习题 8.1

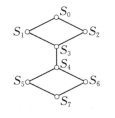

图 29

1. (1) 交换律、吸收律、结合律、幂等律.   (2) a; a.

2. (1) (a),(b),(c);   (2) A.

3. $(S, \leqslant)$ 是格. 对 $\forall a,b \in S$,有 $a \wedge b = \min\{a,b\}, a \vee b = \max\{a,b\}.$

4. $(L, \subseteq)$ 的哈斯图如图 29 所示,它是格, $\wedge$ 为集合的交运算 $\cap$, $\vee$ 为集合的并运算 $\cup$.

5. 略.

6. 略.

7. 提示:对具有 1,2,3 个元素的格分别讨论.

8. 提示:用反证法.

习题 8.2

1. 提示:用数学归纳法.

2. $\mathbf{Z}$ 在偏序关系 $\leqslant$ (对任意的 $a,b \in \mathbf{Z}, a \leqslant b$ 当且仅当 $\min\{a,b\}=a$) 下构成一个链,因为每一个链都是分配格,所以 $(\mathbf{Z}, \min, \max)$ 是一个分配格.

3. 必要性. 可直接计算.

充分性. 可令 $a=(A \vee B) \wedge (A \vee C), b=B \vee C, c=A$,将其代入式子,即可证明.

4. d 的补元为 $c, e; a$ 的补元为 c;由于 b 没有补元,所以 $(A, \leqslant)$ 不是有补格.

5. 是有补格;不是分配格.

6. 图 30(a) 所示的格是有补格,但不是分配格;图 30(b) 所示的格是分配格,但不是有补格.

7. 提示:用反证法.

8. 提示:用反证法.

9. 略.

习题 8.3

1. 提示:直接利用布尔代数性质计算.

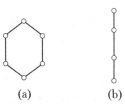

(a)   (b)

图 30

2. (1) b； (2) $c \wedge (a \vee \bar{b})$； (3) $a \wedge b \vee a \wedge c \vee b \wedge c$； (4) $\overline{a \wedge b}$.

3. 略.

4. $f(a \wedge b) = f(\overline{\overline{a \wedge b}}) = \overline{f(\overline{a \wedge b})} = \overline{f(\bar{a} \vee \bar{b})} = \overline{f(\bar{a}) \vee f(\bar{b})} = \overline{f(\bar{a})} \wedge \overline{f(\bar{b})} = f(a) \wedge f(b)$.

5. 略.

6. $\bar{b}$.

7. 原子为 $2,5,7$.

8. 不能.

总练习题 8

1. 略.

2. 提示：直接验证满足格的定义条件.

3. 提示：用反证法.

4. ～**7.** 略.

8. (1) 略；

(2) n 个原子：$(1,0,\cdots,0),(0,1,\cdots,0),\cdots,(0,0,\cdots,1)$；

(3) 略.

9. $f(x_1,x_2,x_3) = x_1 \overline{x_2} + x_2 \overline{x_3} + \overline{x_1} x_3$.

第 9 章

习题 9.2

1. 20 个.

2. $\dbinom{12}{4}\dbinom{8}{4}\dbinom{20}{2}\dbinom{18}{2}\dbinom{16}{2}\dbinom{14}{2}\dbinom{12}{3}\dbinom{9}{3}\dbinom{6}{3}$（种）.

3. $\dbinom{6+3-1}{3} = 56$（种）.

4. $\dbinom{7+5-1}{12-7} = \dbinom{11}{5} = 462$（组）.

5. $\dbinom{7+12-1}{12} = \dbinom{18}{6} = 18\,564$（种）.

习题 9.3

1. 提示：取一直径使其过这 6 个点之一，再等分此圆为 6 个圆心角为 $60°$ 的扇形.

2. 提示：设 $b_i = a_1 + a_2 + \cdots + a_i (i=1,2,\cdots,n)$，$b_i$ 除以 n 的余数为 $1,2,\cdots,n-1$.

3. 考察 $\overset{k \uparrow 1}{\overbrace{11\cdots1}} = a_k (k=1,2,\cdots,m)$，考虑 a_k 除以 m 的余数.

习题 9.4

1. 5 人.

2. (1) 366 个； (2) 134 个； (3) 232 个.

3. 348 000 个.

4. 30 个.

5. 共 9 组解.

习题 9.5

1. (1) $\dfrac{x^3}{(1-x^2)^3}$； (2) 3.

2. (1) 3 种； (2) 30 个.

3. 6 种.

4. 15 组.

5. $\frac{1}{2}(3^n+1)(n\geqslant3)$ 种.

习题 9.6

1. $a_n=3^n+1$.

2. $a_n=3^n-n3^{n-1}$.

3. $a_n=\frac{13}{9}(-2)^n+\frac{n}{3}+\frac{5}{9}$.

4. 提示:求递归方程 $a_n=a_{n-1}+n,a_1=2$,得 $a_n=\frac{1}{2}(n^2+n+2)$.

总练习题 9

1. $\binom{6}{1}\binom{5}{2}\times P_5^3=3\ 600(种)$.

2. $\frac{6!}{2!\,3!}=60(种)$.

3. $\binom{m+n-1}{n}(个)$.

4. 提示:以 a_i 为首项的最长递增子序列为 $l_i(i=1,2,\cdots,n^2+1)$,然后用反证法,并结合抽屉原理.

5. 提示:设这群人数为 n,显然最多朋友的数目不超过 $n-1$,若命题不真,则与抽屉原理矛盾.

6. 提示:设 $S^*=\{\infty-a,\infty-b,\infty-c\},p_1,p_2,p_3$ 分别表示 S 的 10-可重组合中多于 3 个 a,4 个 b,5 个 c 的可重组合.

7. 1 308(种).

8. 352(种).

9. 60(个).

10. 提示:建立递归方程 $a_n=a_{n-1}+2(n-1)$,解得 $a_n=n^2-n+2$.

11. $\frac{1}{5}\cos\frac{n\pi}{2}+\frac{2}{5}\sin\frac{n\pi}{2}+\frac{2^n}{20}(n\geqslant4)$.

参 考 文 献

[1]谢美萍,陈媛.离散数学[M].2版.北京:清华大学出版社,2014.

[2]王瑞胡,罗万成.离散数学及其应用[M].北京:清华大学出版社,2014.

[3]吴明芬,张先勇.离散数学[M].北京:人民邮电出版社,2014.

[4]耿素云,屈婉玲,张立昂.离散数学[M].5版.北京:清华大学出版社,2013.

[5]殷剑宏,金菊良.离散数学[M].北京:机械工业出版社,2013.

[6]左孝凌,李为鑑,刘永才.离散数学[M].上海:上海科学技术文献出版社,1982.

[7]董晓蕾,曹珍富.离散数学[M].北京:机械工业出版社,2009.

[8]徐洁磐,朱怀宏,宋方敏.离散数学及其在计算机中的应用:第四次修订[M].北京:人民邮电出版社,2008.

[9]王遇科.离散数学[M].北京:北京理工大学出版社,1986.

[10]江泽坚,吴智泉.实变函数论[M].北京:人民教育出版社,1961.

[11]张禾瑞.近世代数基础:修订本[M].北京:高等教育出版社,2010

[12]李乔.组合数学基础[M].北京:高等教育出版社,1993.

[13]邵嘉裕.组合数学[M].上海:同济大学出版社,1991.

[14]陈小亘.组合数学[M].上海:东方出版中心,1997.

[15]Stante D F,Mcallister D F. Discrete Mathematics in Computer Science[M]. New Jersey:Prentice Hall,1977.

[16]Brualdi R A. Introductory Combinatorics:Fifth Edition[M]. New Jersey:Prentice Hall,2009.

图书在版编目(CIP)数据

离散数学/李晓培，陈小亘，曾亮主编. —北京：北京大学出版社，2019.9
ISBN 978-7-301-30674-1

Ⅰ. ①离… Ⅱ. ①李…②陈…③曾… Ⅲ. ①离散数学—高等学校—教材 Ⅳ. ①O158

中国版本图书馆 CIP 数据核字(2019)第 171557 号

书　　　名	离散数学	
	LISAN SHUXUE	
著作责任者	李晓培　陈小亘　曾　亮　主编	
责 任 编 辑	王剑飞	
标 准 书 号	ISBN 978-7-301-30674-1	
出 版 发 行	北京大学出版社	
地　　　址	北京市海淀区成府路 205 号　　100871	
网　　　址	http://www. pup. cn	
电 子 邮 箱	zpup@pup. cn	
新 浪 微 博	@北京大学出版社	
电　　　话	邮购部 010-62752015　　发行部 010-62750672　　编辑部 010-62765014	
印 刷 者	湖南省众鑫印务有限公司	
经 销 者	新华书店	
	787 毫米×1092 毫米　16 开本　14.75 印张　369 千字	
	2019 年 9 月第 1 版　2024 年 12 月第 4 次印刷	
定　　　价	46.00 元	

未经许可，不得以任何方式复制或抄袭本书之部分或全部内容。
版权所有，侵权必究
举报电话：010-62752024　电子邮箱：fd@pup. cn
图书如有印装质量问题，请与出版部联系，电话：010-62756370